EL LIBRO DEL PORQUÉ

JUDEA PEARL
Y DANA MACKENZIE

EL LIBRO DEL PORQUÉ

La nueva ciencia de la causa y el efecto

Traducción de
GONZALO GARCÍA

PASADO & PRESENTE
BARCELONA

Para Ruth

PREFACIO

Hace casi dos décadas, cuando escribí el prefacio de mi libro Causality *(2000), me atreví a incluir el siguiente comentario pese a que algunos amigos me aconsejaron rebajar el tono: «La causalidad ha experimentado una profunda transformación: aquel viejo concepto envuelto en misterio se ha convertido en un objeto matemático con una semántica bien definida y una lógica bien fundamentada. Se han solventado paradojas y controversias, se ha dado explicación a conceptos resbaladizos y ahora, mediante matemáticas elementales, podemos resolver problemas prácticos que por mucho tiempo se habían tenido por metafísicos o inabordables. En pocas palabras: la causalidad se ha matematizado».*

Al releer el pasaje, veo que me quedé algo corto. Lo que describí como una «transformación» ha resultado ser una «revolución» que ha cambiado la forma de pensar en muchas ciencias. Es lo que muchos denominan hoy «la Revolución Causal» y la emoción que ha generado en los círculos de la investigación se está extendiendo a la educación y las aplicaciones. Creo que ha llegado el momento de compartirla con un público más general.

Este libro aspira a un triple objetivo. En primer lugar pretende poner ante la lectora o el lector, en lenguaje no matemático, el contenido intelectual de la Revolución Causal y las formas en que está afectando tanto a nuestra vida como a nuestro futuro. En segundo lugar, querría compartir algunos de los viajes heroicos, no necesariamente exitosos, que los científicos han emprendido para abordar las preguntas cruciales sobre causas y efectos.

Por último, devolveré la Revolución Causal al seno en el que se engendró —la inteligencia artificial— con la intención de describir cómo se pueden construir robots que aprendan a comunicarse en nuestra lengua materna, es decir, la lengua de la causa y el efecto. Esta nueva generación de robots debería explicarnos por qué han ocurrido las cosas, por qué han respondido como lo han hecho, por qué la naturaleza funciona de unas formas y no de otras. Una meta más ambiciosa aún es que también deberían ense-ñarnos cosas sobre nosotros mismos: por qué nuestra mente se activa como lo hace y qué significa pensar racionalmente sobre causas y efectos, méritos y remordimientos, intención y responsabilidad.

Cuando escribo una ecuación tengo una idea muy clara de quiénes la leerán. No sucede lo mismo cuando me dirijo al público general, lo que re-presenta una aventura del todo nueva para mí. Quizá resulte extraño, pero esta nueva experiencia ha supuesto uno de los viajes educativos más gratifi-cantes de mi vida. La necesidad de dar forma a las ideas en el lenguaje de los lectores, de hacer conjeturas sobre su formación previa, sus preguntas y sus reacciones, ha contribuido más a aguzar mi comprensión de la causali-dad que todas las ecuaciones que había escrito antes de redactar este libro.

En consecuencia, siempre estaré agradecido a mis lectores. Confío en que estarán tan impacientes como yo por ver los resultados.

JUDEA PEARL
Los Ángeles, octubre de 2017

INTRODUCCIÓN

MEJOR EL CEREBRO QUE LOS DATOS

> Siempre que una ciencia ha prosperado, ha prosperado gracias a sus propios símbolos.
>
> AUGUSTUS DE MORGAN (1864)

Este libro narra la historia de una ciencia que, a pesar de haber transformado la manera en la que distinguimos los hechos de la ficción, apenas ha recibido la atención del público general. Las consecuencias de esta nueva ciencia ya están impactando en facetas cruciales de nuestra vida y tienen el potencial de afectar a un número aún mayor, desde el desarrollo de nuevos fármacos hasta el control de la política económica, desde la educación y la robótica hasta el control de armas y el calentamiento global. Pese a la diversidad de estos conjuntos de problemas y su carácter en apariencia inconmensurable, y por extraño que pueda parecer, la nueva ciencia los abarca todos bajo un marco unificado que prácticamente no existía hace dos décadas.

La nueva ciencia no tiene un nombre especialmente atractivo. Por mi parte, al igual que muchos de mis colegas, la llamo sencillamente «inferencia causal». Tampoco se caracteriza por una tecnología especialmente avanzada. De hecho, la tecnología ideal que la inferencia causal aspira a emular se halla en el interior de nuestra mente. Hace decenas de miles de años, los seres humanos empezaron a darse cuenta de que ciertas cosas causan otras cosas, y que alterar lo primero puede modificar lo segundo. Ninguna otra especie lo ha comprendido; no, desde luego, en la misma medida que nosotros. Este descubrimiento dio origen a las sociedades organizadas, a los pueblos y las ciudades, y con el tiempo a la civilización de raíz científica y tecnológica de la que hoy disfrutamos. Y todo ello por hacer una pregunta simple: ¿Por qué?

La clave de la inferencia causal es tomarse en serio esta pregunta. Partimos de suponer que el cerebro humano es la herramienta más avanzada jamás concebida para la gestión de las causas y los efectos. Nuestros cerebros almacenan una cantidad increíble de conocimiento causal que, añadiendo los datos, podríamos utilizar para dar respuesta a algunas de las cuestiones más acuciantes de nuestro presente. Con una ambición aún mayor, cuando de verdad comprendamos la lógica que subyace al pensamiento causal, podremos emularla en los ordenadores modernos para crear un «científico artificial». Este robot inteligente sería capaz de descubrir fenómenos aún desconocidos, daría explicación a dilemas científicos aún pendientes, diseñaría nuevos experimentos y seguiría incrementando el conocimiento causal a partir de la observación de nuestro entorno.

Pero antes de entrar en conjeturas sobre tal clase de evolución futurista es importante entender qué logros corresponden ya de hecho a la inferencia causal. Exploraremos de qué manera ha transformado el pensamiento científico en prácticamente todas las disciplinas que trabajan con datos y de qué modo está a punto de cambiar nuestras vidas.

La nueva ciencia aborda preguntas aparentemente tan directas como las siguientes:

- ¿Qué eficacia posee un determinado tratamiento a la hora de prevenir una enfermedad?
- ¿Nuestras ventas han subido a consecuencia de la nueva ley tributaria o quizá de nuestros anuncios?
- ¿Cuál es el coste de la atención sanitaria atribuible a la obesidad?
- ¿El historial de contrataciones puede demostrar que un empleado se rige por criterios de discriminación sexual?
- Estoy a punto de renunciar a mi trabajo. ¿Debo hacerlo?

Estas preguntas tienen en común el interés por las relaciones de causa y efecto, según se refleja en palabras como «prevenir», «a consecuencia», «atribuible», «criterios» y «debo». Son palabras corrientes en la lengua cotidiana y nuestra sociedad no cesa de formular tal clase de preguntas. Aun así, hasta hace muy poco tiempo, la ciencia no nos proporcionaba medios para expresarlas, no digamos ya para darles contestación.

La principal aportación de la inferencia causal a la humanidad ha sido, con gran diferencia, convertir esta desatención científica en una

cosa del pasado. La nueva ciencia ha engendrado un lenguaje matemático simple que permite expresar tanto las relaciones causales que ya
conocemos bien como aquellas que deseamos investigar. La capacidad
de expresar esta información en forma matemática ha producido una
gran diversidad de métodos poderosos y fundamentados que combinan nuestro conocimiento con los datos y responden a preguntas causales como las cinco mencionadas más arriba.

Personalmente he tenido la suerte de participar en esta evolución
científica durante el último cuarto de siglo. He contemplado cómo se
forjaban sus avances en los pupitres de los estudiantes y los laboratorios de investigación, y he oído resonar sus hitos en conferencias científicas alejadas del foco de la atención pública. En estos momentos,
cuando entramos en la era de una inteligencia artificial fuerte y muchos pregonan las posibilidades infinitas de los macrodatos (*Big Data*)
y el aprendizaje profundo (*deep learning*), creo que resulta oportuno
—y emocionante— desvelar a las lectoras y lectores algunos de los
caminos más innovadores en los que la nueva ciencia se está adentran-
do, cómo afecta esto a la ciencia de los datos, y las múltiples maneras
en que ello cambiará nuestras vidas en el siglo XXI.

El calificativo de «nueva ciencia» quizá lleve al lector a enarcar las
cejas con escepticismo. Tal vez esté pensando que esta supuesta nove-
dad no es tal, sino tan antigua como Virgilio, que en el 29 a. C. ya afirmaba: «Afortunado el que ha podido comprender las causas de las cosas». O quizá cifre su nacimiento en el momento en que los fundadores
de la estadística moderna, Francis Galton y Karl Pearson, descubrieron por primera vez que los datos de población pueden arrojar luz sobre cuestiones científicas. Por desgracia, no aprovecharon la ocasión
para dar importancia a la causalidad y, como se verá en las secciones
históricas de este libro, hay mucho que contar sobre este desafortunado error. Aun así a mi modo de ver el impedimento más grave ha sido
el abismo que separa el vocabulario en el que expresamos las preguntas
causales y el vocabulario en el que tradicionalmente hemos comunicado las teorías científicas.

Para apreciar la profundidad de esta brecha imaginemos a qué dificultades se enfrentaría un científico que quisiera expresar algunas relaciones causales obvias; por ejemplo, que la lectura B de un barómetro
registra la presión atmosférica P. Es fácil expresar esta relación en una
ecuación como $B = kP$, donde k es alguna constante de proporcionali-
dad. Actualmente las reglas del álgebra nos permiten reescribir la mis-

ma ecuación de múltiples formas, por ejemplo $P = B/k$, $k = B/P$ o $B - kP = 0$. Todas significan lo mismo: que si conocemos dos de las tres cantidades, las que sean, la tercera está determinada. Ninguna de las letras k, B o P goza de una situación de privilegio matemático sobre las demás. Pero entonces, ¿cómo podemos expresar la firme convicción de que la presión causa los cambios del barómetro, y no al revés? Y si no podemos expresar siquiera algo tan sencillo, ¿cómo confiar en expresar las otras muchas convicciones causales que carecen de fórmulas matemáticas, como sería por ejemplo que el canto del gallo no provoca la salida del sol?

El profesorado que tuve en la universidad tampoco podía hacerlo, pero nunca se lamentó por ello. Apostaría a que tampoco se quejó ninguno de los maestros que usted haya tenido. Ahora entendemos por qué: nunca les mostraron un lenguaje matemático de causas, ni les revelaron tampoco sus beneficios. De hecho hay que reprochar a la ciencia que, a lo largo de tantas generaciones, haya desatendido el desarrollo de tal lenguaje. Todo el mundo sabe que apretar un interruptor enciende o apaga una luz, o que una tarde sofocante aumentará las ventas de la heladería local. ¿Por qué los científicos no han dado con fórmulas que describan hechos tan obvios, como sí han hecho con las leyes básicas de la óptica, la mecánica o la geometría? ¿Por qué han permitido que estos hechos languidezcan entre la simple y desnuda intuición, desprovistos de los útiles matemáticos que han permitido que otras ramas de la ciencia florezcan y maduren?

La respuesta es, en parte, que las herramientas científicas se crean para responder a necesidades científicas. Y precisamente porque no hallamos problema en manejar todo lo relativo a los interruptores, los helados y los barómetros, hasta ahora no se ha percibido la necesidad de una maquinaria matemática específica. Pero cuando la curiosidad científica se ha incrementado y hemos empezado a plantear preguntas causales en situaciones complejas —legales, de negocios, médicas, de acción gubernamental—, nos hemos encontrado que carecíamos de las herramientas y los principios que debía proporcionarnos una ciencia madura.

No es infrecuente que en la ciencia se produzcan tal clase de despertares tardíos. Por ejemplo, hasta hará unos cuatro siglos, la gente vivía feliz con su pericia natural para manejar las incertidumbres de la vida cotidiana, desde cruzar una calle a meterse en una trifulca, con los posibles riesgos de cada caso. Solo después de que se inventaran complejos juegos de azar —en ocasiones, diseñados con mimo para invitarnos a tomar decisiones erróneas—, matemáticos como Blaise Pascal (1654), Pierre de Fermat (1654) y Christiaan Huygens (1657) consideraron necesario desarrollar lo que hoy conocemos como teoría de la probabilidad. Igualmente, matemáticos como Edmond Halley (1693) y Abraham de Moivre (1725) solo empezaron a examinar las tablas de mortalidad para calcular esperanzas de vida cuando las compañías de seguros de vida pidieron cálculos precisos sobre las rentas vitalicias. Un tercer ejemplo: cuando los astrónomos reclamaron predicciones rigurosas del movimiento celestial animaron a Jacob Bernoulli, Pierre-Simon Laplace y Carl Friedrich a crear una teoría de errores que nos ayudara a separar las señales del ruido. Todos estos métodos fueron predecesores de la estadística actual.

Irónicamente, la necesidad de contar con una teoría de la causalidad empezó a emerger al mismo tiempo que la estadística. De hecho, la estadística moderna nació a partir de las preguntas causales que Galton y Pearson formularon sobre la herencia, y de sus ingeniosos intentos de darles respuesta mediante datos transgeneracionales. Por desgracia, fallaron en la empresa; en vez de pararse a preguntar *por qué*, optaron por declarar que eran preguntas inabordables y se centraron en desarrollar —libre de toda causalidad— una próspera disciplina llamada estadística.

Fue un momento crítico en la historia de la ciencia. Se estuvo muy cerca de aprovechar la ocasión para dotar a las preguntas causales de un lenguaje propio, pero al final no se le sacó partido. A partir de entonces se consideró que se trataba de preguntas acientíficas, que se confinaron a la clandestinidad. Pese al heroico esfuerzo del genetista Sewall Wright (1889-1988), durante más de medio siglo el vocabulario causal estuvo prácticamente prohibido. Y cuando se veta la expresión, se veta el pensamiento y se anquilosan los principios, los métodos y las herramientas.

No es preciso que un lector sea científico para haber sido testigo de esta prohibición. En los primeros cursos de Estadística se enseña a todo estudiante a repetir el mantra de que la correlación no supone causalidad. ¿Acaso no es de sentido común? El canto del gallo se correlaciona muy a menudo con el amanecer, pero no lo causa.

Por desgracia, la estadística ha convertido la perogrullada en fetiche. Se insiste en que la correlación no supone causalidad, pero no se nos dice qué es la causalidad. En el índice de materias de un manual de estadística no hay entrada para «causa». A los estudiantes nunca se les permite aseverar que X es la causa de Y; solo que X e Y están «relacionadas» o «asociadas».[1]

A consecuencia de esta prohibición, se entendió asimismo que no era necesario disponer de útiles matemáticos con los que gestionar las preguntas causales, y la estadística se centró exclusivamente en el compendio de los datos, sin interpretación. Hubo una excepción brillante, el análisis de caminos (*path analysis*), inventado por el genetista Sewall Wright en la década de 1920. Aunque fue un antecesor directo de los métodos abordados por el presente libro, el análisis de caminos fue objeto de un claro menosprecio por la estadística y comunidades afines, por lo que languideció durante varias décadas en su condición embrionaria. Lo que debería haber sido el primer paso hacia la inferencia causal quedó sin continuación hasta la década de 1980. El resto de la estadística —y las numerosas disciplinas que se guiaban por ella— permaneció en la Era de la Prohibición, sumida en el error de creer que la respuesta a todas las preguntas científicas debe buscarse en los datos gracias a las ingeniosas estrategias de una «minería» especializada (*data mining*).

En buena medida, esta historia *datocéntrica* nos sigue persiguiendo hoy. En nuestra época se presupone que solventaremos todos nuestros problemas gracias a los macrodatos. En las universidades proliferan los cursos de «ciencia de datos» y las empresas de la «economía de los datos» ofrecen empleos lucrativos a los «científicos» especializados. Sin embargo, confío en que este libro convencerá al lector de que los datos carecen de toda inteligencia. Nos dirán que las personas que han tomado un medicamento se han recuperado antes que las que no lo han hecho, pero no pueden explicar por qué. Pudiera ser, por ejemplo, que todos los que tomaron el fármaco lo hubieran hecho porque podían permitírselo y de no haberlo ingerido se habrían recuperado con la misma rapidez.

Una y otra vez, en la ciencia como en los negocios, vemos situaciones en las que los datos no son suficientes. Los entusiastas de los macrodatos, en su mayoría, aun siendo relativamente conscientes de sus limitaciones, siguen aspirando a una inteligencia datocéntrica como si no hubiera acabado ya la Era de la Prohibición.

Ahora bien, como ya he dicho antes, en las últimas tres décadas las cosas han sufrido una transformación radical. En la actualidad, gracias a modelos causales muy elaborados, los científicos pueden abordar problemas que antaño se consideraban insolubles, cuando no ajenos a toda investigación científica. Hace tan solo un siglo, por ejemplo, no se habría considerado científico plantear si fumar supone un peligro para la salud. La simple mención de las palabras «causa» o «efecto» habría levantado una tormenta de objeciones en cualquier revista estadística digna de tal nombre.

Incluso dos décadas atrás, formularle a un estadístico una pregunta como: «¿La aspirina me ha cortado el dolor de cabeza?» habría despertado casi el mismo asombro que interesarse por si creía en el vudú. Por citar a un querido compañero de profesión, habría podido ser «el tema de una conversación informal, pero no de un estudio científico». En nuestros días, por el contrario, los epidemiólogos, los expertos en ciencias sociales e informática, y al menos algunos de los economistas y estadísticos más adelantados plantean tal clase de preguntas de forma rutinaria y les dan respuesta con precisión matemática. A mi modo de ver, es un cambio plenamente revolucionario. Por eso me atrevo a hablar de la Revolución Causal, una conmoción científica que incluye, en vez de descartar, nuestra innata capacidad cognitiva de comprender causas y efectos.

La Revolución Causal no ha sucedido en el vacío. Se apoya en un secreto matemático cuya descripción más precisa es «cálculo de la causalidad» y que responde a algunos de los problemas más difíciles jamás planteados sobre las relaciones de causa y efecto. Estoy impaciente por desvelar este cálculo, no solo porque la historia de su evolución es tan turbulenta como intrigante, sino sobre todo porque espero que algún día se desarrollará su potencial en plenitud, más allá de lo que alcanzo siquiera a imaginar... ¿Quizá incluso por obra de alguna lectora o lector de este libro?

El cálculo de la causalidad precisa de dos lenguajes: diagramas causales para expresar lo que sabemos y un lenguaje simbólico, similar al álgebra, para expresar lo que deseamos saber. Los diagramas causales son simples dibujos de puntos y flechas que compendian el conocimiento científico disponible. Los puntos representan «variables», que se corresponden con intereses cuantificables. Por su parte las flechas representan relaciones causales, constatadas o hipotéticas, entre esas variables; nos dicen a qué variables «escucha» otra determinada variable. El trazo, la comprensión y el uso de estos diagramas resultan extremadamente fáciles, y el lector los encontrará por docenas en las páginas de este libro. Si sabe orientarse con un mapa de calles unidireccionales, comprende los diagramas causales y puede contestar a la clase de preguntas que se han planteado al principio de esta introducción. Aunque en este libro (como de hecho en mis últimos treinta y cinco años de investigación) he optado por los diagramas causales, esta herramienta no es el único modelo causal posible. A algunos científicos (por ejemplo los económetras) les gusta trabajar con ecuaciones matemáticas; otros (como los estadísticos radicales) prefieren enumerar puntos de partida que en apariencia resumen la estructura del diagrama. Independientemente del lenguaje, el modelo debería describir (con unas u otras cualidades) el proceso que genera los datos; en otras palabras, las fuerzas de causa y efecto que actúan en nuestro entorno y dan forma a los datos.

En paralelo a este «lenguaje del conocimiento», de carácter diagramático, tenemos asimismo un «lenguaje de las preguntas», simbólico, que expresa aquellas cuestiones a las que les buscamos respuesta. Por ejemplo, si nos interesa el efecto de un fármaco (F) a lo largo de una vida (V), la duda podría formularse simbólicamente como: $P(V \mid do(F))$. En otras palabras, ¿cuál es la probabilidad (P) de que un paciente típico sobreviva V años si se le da ese fármaco? La pregunta describe lo que los epidemiólogos calificarían de intervención o tratamiento y se corresponde con lo que medimos en un ensayo clínico. En muchos casos también desearemos comparar $P(V \mid do(F))$ con $P(V \mid do(sin\ F))$, que se corresponde con los pacientes «de control», que no han recibido el tratamiento. El operador do^* significa que nos ocupamos de una intervención activa, no de una observación pasiva. En la estadística clásica no existe nada remotamente parecido a este operador.

Es necesario invocar un operador de intervención $do(D)$ para asegurarnos de que los cambios observados en los años de vida (V) se deben al fármaco en sí y no se confunden con otros factores que tienden a acortar o alargar la vida. Si en lugar de intervenir nosotros dejamos que el propio paciente decida si toma el medicamento o no, esos otros factores podrían influir en su decisión y las diferencias percibidas en los años de vida ya no se deberían tan solo al hecho de tomar o no el fármaco. Imaginemos, por ejemplo, que solo los enfermos terminales tomaron el fármaco. Sin duda estas personas serían distintas a las que no tomarían el medicamento y al comparar los dos grupos se refleja-

---

* Literalmente, «hacer». Para no alterar las fórmulas, dejaremos este operador en su forma original en inglés. *(N. del t.)*

rían diferencias en la gravedad de la dolencia, antes que en el efecto del fármaco. Por el contrario, si sean cuales sean las condiciones previas se obliga a los pacientes a utilizar el fármaco, o se les impide hacerlo, se borrarían todas las diferencias preexistentes y dispondríamos de una comparación válida.

En lenguaje matemático, la frecuencia observada en los años de vida V entre los pacientes que han tomado voluntariamente el fármaco se escribe $P(V \mid F)$, lo que es la probabilidad condicional estándar que aparece en los manuales clásicos de la estadística. Aquí se expresa que la probabilidad (P) de una determinada esperanza de vida V está condicionada a ver que el paciente toma el fármaco F. Nótese que $P(V \mid F)$ puede resultar del todo distinto a $P(V \mid do(F))$. La diferencia entre *ver* que alguien toma un fármaco y *hacer* que lo tome es fundamental y explica por qué no llegamos a la conclusión de que el descenso de un barómetro está causando la tormenta que se avecina. Ver que el barómetro desciende incrementa la probabilidad de la tormenta, pero en cambio hacer que baje no afecta a esa probabilidad.

Esta confusión entre ver y hacer ha resultado en una multitud de paradojas, y en este libro nos ocuparemos de algunas. Un mundo carente de $P(V \mid do(F))$ y regido tan solo por $P(V \mid F)$ sería muy extraño, sin lugar a dudas. Por ejemplo, los pacientes evitarían ir al médico, para reducir la probabilidad de caer enfermos de gravedad; las ciudades despedirían a los bomberos para limitar la incidencia de los fuegos; los médicos recetarían un fármaco a hombres y mujeres, pero no a un paciente cuyo sexo no constara; etc. Resulta difícil creer que hace menos de tres décadas la ciencia actuaba de hecho en un mundo así: el operador *do* no existía.

Uno de los logros culminantes de la Revolución Causal ha sido explicar cómo se pueden predecir los efectos de una intervención sin haberla llevado a cabo de hecho. Pero esto habría sido imposible si, para empezar, no hubiéramos definido un operador *do* que nos permita formular la pregunta adecuada y, en segundo lugar, no hubiéramos concebido una forma de simularlo por medios no invasivos.

Cuando la cuestión científica que nos interesa implica pensar en retrospectiva, recurrimos a otro tipo de expresión exclusiva del razonamiento causal, que se denomina «contrafactualidad». Supongamos por ejemplo que Juan se ha tomado el fármaco F y ha fallecido un mes más tarde; queremos averiguar si el fármaco le ha provocado la muerte. Para responder a esta duda debemos imaginar un escenario en el que Juan estaba a punto de tomar el medicamento pero ha cambiado de opinión. En tal caso, ¿habría sobrevivido?

Si nos fijamos en la estadística clásica, una vez más, se limita a acumular datos, por lo que ni siquiera nos proporciona un lenguaje con el que formular la pregunta. La inferencia causal nos permite la notación y, más importante aún, nos ofrece una solución. Al igual que cuando se predice el efecto de intervenciones (según el ejemplo que planteábamos antes), en muchos casos podemos emular un pensamiento humano retrospectivo gracias a un algoritmo que recoge cuanto sabemos sobre el mundo que observamos y genera una respuesta sobre el mundo contrafactual. Esta «*algoritmación* de los contrafactuales» es otra de las perlas que ha descubierto la Revolución Causal.

El razonamiento contrafactual, que se ocupa de los *¿y si...?*, quizá enoje a algunos lectores o lectoras, que lo tendrán por acientífico. Sin duda, la observación empírica no puede ni confirmar ni rebatir las respuestas a tal clase de preguntas. Ahora bien, nuestra mente no cesa de formular valoraciones muy fiables y reproducibles sobre lo que podría ser o haber sido. A nadie se le escapa, por ejemplo, que si esta mañana el gallo no hubiera cantado, el sol habría salido igualmente. Este consenso surge del hecho de que los contrafactuales no son el fruto de un capricho, sino que reflejan la estructura misma de nuestro modelo del mundo. Dos personas que comparten el mismo modelo causal también compartirán todas las valoraciones contrafactuales.

Los contrafactuales son las piezas básicas de construcción tanto de la conducta moral como del pensamiento científico. La capacidad de reflexionar sobre las propias acciones pasadas e imaginar escenarios alternativos está en la base del libre albedrío y la responsabilidad social. *Algoritmar* los contrafactuales invita a las máquinas pensantes a beneficiarse también de esta capacidad, a participar de esta forma de reflexionar sobre el mundo, exclusiva (hasta ahora) de los seres humanos.

La referencia a las *máquinas pensantes* del último párrafo es deliberada. Por mi parte llegué a este tema como científico informático, cuando trabajaba en el campo de la inteligencia artificial (IA). Esto implica dos diferencias con respecto a la mayoría de los colegas con los que comparto la arena de la inferencia causal. En primer lugar, en el mundo de la IA, no se puede decir que un tema se ha comprendido a fondo hasta que se le puede enseñar a un robot mecánico. Por eso se verá que hago hincapié, una y otra vez, en la notación, el lenguaje, el vocabulario y la gramática. Soy obsesivo, por ejemplo, con el tema de si podemos expresar una determinada afirmación en un lenguaje dado y si una afirmación se sigue de otras. Es sorprendente cuánto se puede aprender por el mero hecho de atender a la gramática de las formulaciones científicas. Mi hincapié en el lenguaje procede asimismo de la profunda convicción de que el lenguaje da forma a nuestros pensamientos. No hay forma de responder a una pregunta que no se puede plantear, y no se puede plantear una pregunta si se carece de las palabras necesarias. Como estudioso de la filosofía y la ciencia informática, mi atracción por la inferencia causal deriva en buena medida de la emoción de ver cómo un lenguaje científico desatendido pasa de la cuna a la madurez.

Mi formación previa en el aprendizaje de las máquinas me ha proporcionado un incentivo más para estudiar la causalidad. A finales de la década de 1980 llegué a la conclusión de que el hecho de que las máquinas no pudieran entender las relaciones causales era, quizá, el mayor de los obstáculos en su adquisición de una inteligencia equiparable a la humana. En el último capítulo de este libro volveré a mis raíces para que exploremos juntos las consecuencias de la Revolución Causal en el campo de la inteligencia artificial. Creo que una IA fuerte es un objetivo alcanzable, y que no le debemos tener miedo precisamente porque la causalidad forma parte de la solución. Un módulo de razonamiento causal dotará a las máquinas de la capacidad de reflexionar sobre sus errores, señalar las deficiencias de programación, actuar como entidades morales y conversar con los seres humanos, con naturalidad, al respecto de nuestras decisiones e intenciones.

Un esquema de la realidad

En nuestros días, todo el mundo ha oído sin duda términos como «conocimiento», «información», «inteligencia» y «datos», y alguien quizá tenga dudas al respecto de sus diferencias o cómo interactúan entre sí. Aquí propongo añadir otro concepto en el mismo puchero, el de «modelo causal», y me parece razonable que el lector se pregunte si el resultado final no será aún más confuso.

¡No lo será! De hecho, anclará en un contexto concreto y significativo los conceptos escurridizos de ciencia, conocimiento y datos y nos permitirá ver cómo los tres colaboran para generar respuestas a cuestiones científicas difíciles. La Figura I.1 esquematiza un «motor de inferencia causal» que quizá serviría para que una futura inteligencia artificial manejara el razonamiento causal. Es importante advertir que no se trata tan solo de un esquema de cara al futuro, sino también de una guía sobre cómo funcionan los modelos causales en las aplicaciones científicas de nuestros días y cómo interactúan con los datos.

El motor de inferencia acepta tres clases de entradas —Premisas, Interrogantes y Datos— y genera tres tipos de elementos de salida. El primero es una decisión de Sí/No al respecto de si, en teoría, el interrogante formulado se puede responder con el modelo causal existente (presuponiendo que los datos son perfectos e ilimitados). Si se responde que Sí, el motor de inferencia produce entonces un Estimando. Se trata de una fórmula matemática que podemos imaginar como una receta para generar la respuesta a partir de cualesquiera datos hipotéticos, siempre que se pueda disponer de ellos. Por último, cuando el motor de inferencia haya recibido la entrada de Datos, usará la receta para generar una Estimación de respuesta real, junto con los cálculos estadísticos de cuánta incertidumbre incluye esa estimación. Esta incertidumbre da cuenta del volumen del conjunto de datos y del hecho que puede ser incompleto y contener errores.

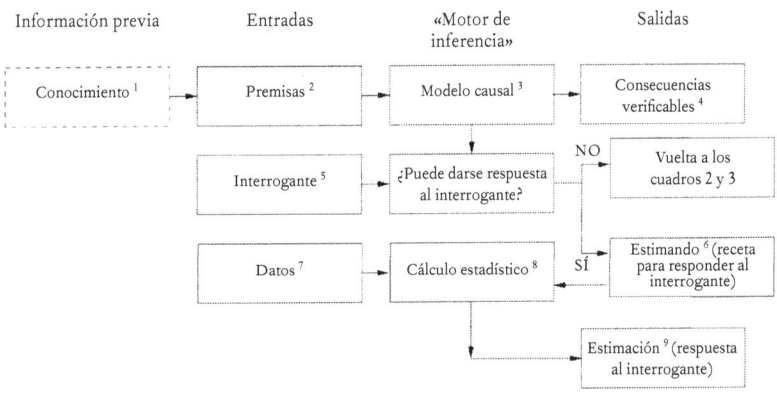

FIGURA I.1. Manera en que un «motor de inferencia» combina los datos con el conocimiento causal para generar respuestas a los interrogantes que nos interesan. El recuadro de líneas intermitentes no forma parte del motor en sí, pero es necesario para construirla. También podríamos trazar flechas entre los cuadros 4 y 9 y el cuadro 1, pero aquí he preferido simplificar al máximo el diagrama.

Para poder explorar el esquema con mayor profundidad he numerado los recuadros del 1 al 9, y procederé a examinarlos en el contexto de la pregunta: «¿Cuál es el efecto del fármaco F en una esperanza de vida V?».

1. Con «Conocimiento» aludo a las huellas de la experiencia que el agente razonador ha tenido en el pasado, incluidas las observaciones pasadas, acciones pasadas, formación educativa y rumores que se hayan considerado relevantes para el interrogante planteado. El recuadro se marca con una línea de puntos para indicar que el «Conocimiento» está implícito en la mente del agente pero no se explica formalmente en el modelo.

2. La investigación científica requiere siempre de premisas simplificadoras, es decir, supuestos y postulados que el investigador cree conveniente explicitar a partir del Conocimiento disponible. Aunque la mayor parte de lo que el investigador sabe permanece implícito en su cerebro, solo las premisas ven la luz del día y se encapsulan en el modelo. En realidad se pueden leer a partir del modelo, por lo que algunos lógicos han llegado a la conclusión de que un modelo no es otra cosa que una lista de premisas. Sin embargo, los científicos informáticos no están nada de acuerdo con tal afirmación, y defienden que la forma en que las premisas se representan pueden suponer una enorme diferencia en la capacidad personal de especificarlas correctamente, extraer conclusiones e incluso ampliarlas o modificarlas a la luz de pruebas relevantes.

3. Existen varias alternativas para los modelos causales: diagramas causales, ecuaciones estructurales, proposiciones lógicas, etc. Por mi parte soy un firme partidario de los diagramas causales para casi todas las aplicaciones, esencialmente por su carácter transparente, pero también porque ofrecen respuestas explícitas a muchas de las cuestiones que deseamos preguntar. En lo que atañe a la construcción del diagrama, la definición de la «causalidad» es simple, aunque un tanto metafórica: una variable X es una causa de Y si Y «escucha» a X («atiende» a X) y determina su valor en respuesta a lo que oye. Por ejemplo, si sospechamos que los años de vida V de un paciente «escuchan» si este ha tomado el fármaco F, denominamos a F causa de V y en un diagrama causal trazamos una flecha de F a V.

Como es natural, es probable que la respuesta al interrogante sobre F y V dependa igualmente de otras variables que también se deben representar en el diagrama, junto con sus causas y efectos. (Aquí las designaremos colectivamente como Z.)

4. El patrón de escucha prescrito por los caminos del modelo causal suele tener como resultado dependencias o patrones observables en los datos. Se les da el nombre de «Consecuencias verificables» porque se pueden utilizar para verificar el modelo. Se trata de afirmaciones como «Ningún camino conecta F y V», que se traduce en la aseveración estadística «F y V son independientes»; es decir, hallar F no modifica la probabilidad de V. Si los datos contradicen esta consecuencia es una señal de que necesitamos revisar nuestro modelo. Tales revisiones requieren de otro motor que recibe las entradas desde los recuadros 4 y 7 y computa el «grado de idoneidad», es decir, hasta qué punto los datos son compatibles con las premisas del modelo. Por mor de la simplicidad, en la Figura 1.1 no he mostrado este segundo motor.

5. Los interrogantes que se plantean al motor de inferencia son las preguntas científicas que deseamos responder. Deben formularse con un vocabulario causal. Por ejemplo, ¿qué es $P(V \mid do(F))$? Entre los principales logros de la Revolución Causal figura haber dotado a este lenguaje de transparencia científica y rigor matemático.

6. «Estimando» es una palabra que procede del latín, con el sentido de «lo que se debe estimar». Se trata de una cantidad estadística que se calculará a partir de los datos y que, una vez calculada, es legítimo que represente la respuesta a nuestro interrogante. Aunque se escribe como una fórmula de probabilidad —por ejemplo, $P(V \mid F, Z) \times P(Z)$— de hecho es una receta para responder al interrogante causal mediante el tipo de datos de los que disponemos, una vez certificada por el motor.

    Es de gran importancia comprender que, en contra de las estimaciones tradicionales de la estadística, algunos interrogantes quizá no puedan recibir respuesta con el modelo causal vigente, ni siquiera después de haber reunido una cierta cantidad de datos. Por ejemplo, si nuestro modelo muestra que tanto F como V dependen de una tercera variable Z (como pudiera ser aquí el estadio de una enfermedad) y no tenemos ninguna manera de medir Z, entonces la pregunta $P(V \mid do(F))$ no se puede responder. En este caso, reunir datos supone solo una pérdida de tiempo. Lo que debemos hacer es volver atrás y refinar el modelo, ya sea añadiendo otros conocimientos científicos que pudieran permitirnos calcular Z o incorporando supuestos de simplificación (a riesgo de equivocarnos), como por ejemplo que el efecto de Z en F carece de relevancia.

7. Los datos son los ingredientes que se usarán para la receta del estimando. Resulta crucial comprender que los datos no poseen ninguna comprensión de las relaciones causales. Nos hablan de cantidades como $P(V \mid F)$ o $P(V \mid F, Z)$. Es tarea del estimando decirnos cómo cocinar estas cantidades estadísticas para obtener una expresión que se basa en los supuestos del modelo y resulta equivalente, desde el punto de vista de la lógica, al interrogante causal; pongamos, $P(V \mid do(F))$.

Tengamos en consideración que el mismo concepto de los estimandos (y, de hecho, toda la parte superior de la Figura 1.1) no existe en los métodos tradicionales del análisis estadístico. Ahí, estimando e interrogante coinciden. Por ejemplo, si nos interesamos por el porcentaje de personas que han vivido V y han tomado el fármaco F, nos limitamos a escribir la cuestión como $P(F \mid V)$. La misma cantidad sería nuestro estimando. Esto ya especifica qué porcentaje de los datos conviene estimar y no necesita de ningún conocimiento causal. Por esta razón, a algunos estadísticos, todavía hoy, les resulta sumamente difícil comprender que ciertos conocimientos residan fuera de las competencias de la estadística o entender por qué los datos por sí solos no pueden compensar la ausencia de conocimiento científico.

8. La estimación es lo que sale del horno. Sin embargo, su carácter es meramente aproximado debido a otra verdad constatada sobre los datos: la población puede ser infinita, en teoría, pero la muestra siempre será finita. En nuestro ejemplo de trabajo la muestra consta de los pacientes que deseamos estudiar. Incluso si los elegimos al azar siempre hay cierta posibilidad de que los porcentajes medidos en la selección no sean representativos de los que se dan en la población en su conjunto. Por suer-

te, la disciplina de la estadística se beneficia de las técnicas avanzadas del aprendizaje de las máquinas y nos ofrece muchas, pero muchas formas de manejar esta incertidumbre: para suavizar los datos escasos se recurre a menudo a modelos paramétricos y semiparamétricos, métodos de probabilidad máxima y cálculos de la propensión.

9. A la postre, si nuestro modelo es correcto y los datos, suficientes, tendremos una respuesta al interrogante causal, del tipo: «El fármaco *F* incrementa la vida *V* de los pacientes diabéticos un 30 % (con un margen de error de +/- 20 %)». ¡Hurra! Esta respuesta se incorporará a nuestro conocimiento científico (recuadro 1) y, si las cosas no han salido como esperábamos, quizá nos sugiera mejoras para nuestro modelo causal (recuadro 3).

Este diagrama de flujo quizá parezca complicado, a primera vista; quizá el lector se esté preguntando si es verdaderamente necesario. A fin de cuentas, en nuestra vida corriente somos más o menos capaces de hacer valoraciones causales sin tener que acomodarnos a un proceso tan complicado y, desde luego, sin necesidad de aplicar la matemática de las probabilidades y los porcentajes. Nuestra intuición causal, por lo general, se basta para manejar la clase de incertidumbres que podemos hallar en la gestión de la casa y la familia o incluso en la vida profesional. Pero si queremos que un robot necio aprenda a pensar causalmente, o hacer avanzar las fronteras del conocimiento científico donde no podemos contar con la guía de la intuición, entonces resulta imprescindible disponer de un procedimiento como este, cuidadosamente estructurado.

En todo este proceso quiero destacar en especial el papel de los datos. En primer lugar téngase en cuenta que solo reunimos datos después de haber planteado el modelo causal, haber afirmado qué interrogante científico deseamos responder y haber derivado el estimando. Es una diferencia clara con respecto al modelo estadístico tradicional que, como hemos recordado más arriba, ni siquiera cuenta con un modelo causal.

Pero el mundo científico actual presenta un nuevo desafío cuando se trata de razonar con sensatez sobre las causas y efectos. Aunque en el ámbito científico la conciencia de que se requiere un modelo causal haya dado un salto prodigioso, sin embargo muchos investigadores en materia de inteligencia artificial preferirían ahorrarse la fase penosa de construir o adquirir un modelo causal y basar todas las tareas cognitivas exclusivamente en los datos. Se tiene la esperanza —en nuestros días, en general, tácita— de que siempre que surjan cuestiones causales los propios datos nos guiarán hasta las respuestas correctas.

Soy declaradamente escéptico con respecto a esta tendencia porque sé que los datos por sí mismos son del todo incapaces de comprender las causas y efectos. Por ejemplo, la información sobre los efectos de una acción o intervención simplemente no figura en los datos básicos, salvo que se reúnan mediante una manipulación experimental controlada. Por el contrario, cuando contamos con un modelo causal a menudo podemos predecir el resultado de una intervención y ello a partir de datos no manipulados ni intervenidos.

La defensa de los modelos causales resulta todavía más necesaria cuando aspiramos a responder a interrogantes contrafactuales del tipo: «¿Qué habría pasado si hubiéramos actuado de otro modo?». Analizaremos los contrafactuales con especial detalle porque son los interrogantes más exigentes para cualquier inteligencia artificial. Además se encuentran en el centro mismo de los avances cognitivos que nos hicieron humanos y de las capacidades imaginativas que han posibilitado la ciencia. También aclararemos por qué todo interrogante sobre el mecanismo por el que las causas transmiten sus efectos —la pregunta de «¿Por qué?» por antonomasia— es de hecho, aunque quizá no lo parezca, una cuestión contrafactual. Así pues, si queremos que en algún momento los robots sepan responder a un «¿Por qué?» o por lo menos comprender qué significa la pregunta, deberemos pertrecharlos con un modelo causal y enseñarles a resolver interrogantes contrafactuales, como en la Figura 1.1.

Otra ventaja de los modelos causales en comparación con la minería de datos y el aprendizaje profundo es la adaptabilidad. Obsérvese que en la Figura 1.1 el estimando se computa exclusivamente a partir del modelo causal, antes de examinar las especificidades de los datos. Esto dota al motor de inferencia causal de una adaptabilidad suprema porque el estimando computado resulta válido para cualquier dato compatible con el modelo cualitativo, independientemente de las relaciones numéricas existentes entre las variables.

Para ver qué importancia reviste esta adaptabilidad compárese este motor con un agente de aprendizaje —en este ejemplo, un ser humano, pero en otros podría ser quizá un algoritmo de aprendizaje profundo o quizá una persona que utiliza un algoritmo de aprendizaje profundo— que intente aprender solamente a partir de los datos. Cuando observe el resultado V de muchos pacientes a los que se ha dado el fármaco F, nuestra persona puede predecir la probabilidad de que un paciente con las características Z pueda sobrevivir V años. Ocurre que la trasladan a otro hospital, en otro barrio de la ciudad, donde las características de la población (dieta, higiene, hábitos de trabajo) son distintas. Incluso si las nuevas características se limitan a modificar las relaciones numéricas existentes entre las variables apuntadas, no tendrá más remedio que reciclarse, empezar de cero y aprender una nueva función de predicción. Un programa de aprendizaje profundo no da para más: solo sabe unir datos y funciones. En cambio, si nuestra persona contara con un modelo de cómo funciona el fármaco y la estructura causal se mantiene intacta en la nueva ubicación, entonces el estimando obtenido durante la fase de instrucción no perdería su validez. Se podría aplicar a los nuevos datos para generar una nueva función de predicción específica para la nueva población.

Muchos interrogantes científicos tienen un aspecto distinto cuando se los examina «con la lente de la causalidad», y para mí ha supuesto un placer jugar con esta lente, cuyo potencial se ha ido enriqueciendo con nuevas perspectivas y nuevas herramientas a lo largo de los últimos veinticinco años. Espero —y de hecho creo— que los lectores y las lectoras de este libro compartirán mi placer. Así pues pasaré a cerrar esta introducción con un adelanto de los próximos alicientes que aparecerán en este libro.

El capítulo 1 ensambla los tres peldaños de observación, intervención y contrafactuales para armar la Escalera de la Causalidad, que es asimismo la metáfora central del presente libro. También expondrá los principios básicos del razonamiento con diagramas causales, nuestra herramienta principal de modelado, de modo que el lector dispondrá de lo necesario para dominar el razonamiento causal; de hecho habrá llegado mucho más lejos que varias generaciones de científicos de datos que los habían intentado interpretar con una lente carente de modelo, pasando por alto las distinciones sobre las que arroja luz la Escalera de la Causalidad. El capítulo 2 narra la extravagante historia de cómo la disciplina de la estadística se cegó a sí misma a la causalidad, lo que ha implicado consecuencias de gran alcance en todas las ciencias que dependían de datos. También narra la historia de uno de los grandes héroes de este libro, el genetista Sewall Wright, que en la década de 1920 trazó los primeros diagramas causales y durante muchos años fue uno de los pocos científicos que osaron tomarse en serio la causalidad.

El capítulo 3 refiere una historia igualmente curiosa: cómo me convirtió a la causalidad trabajar en la IA y, en particular, en las redes bayesianas. Este fue el primer instrumento que permitió a los ordenadores pensar en «tonos de gris»; durante un tiempo creí que tenían la llave que desencadenaría la IA. Hacia finales de la década de 1980, sin embargo, concluí que me había equivocado, y este capítulo refiere el viaje de la profecía a la apostasía. Aun así, las redes bayesianas siguen siendo una herramienta muy importante para la IA y siguen encapsulando buena parte de la fundamentación matemática de los diagramas causales. Además de presentar una introducción asequible, regida por la causalidad, al teorema de Bayes y el método de razonamiento bayesiano, el capítulo 3 entretendrá al lector con ejemplos de aplicación de las redes de Bayes en la vida real.

El capítulo 4 habla de la principal contribución de la estadística a la inferencia causal: el ensayo controlado aleatorio (RCT, por sus siglas inglesas). Desde una perspectiva causal, el RCT es un instrumento de creación humana para desvelar el interrogante $P (V \mid do(F))$, que es una propiedad de la naturaleza. Su objetivo esencial es desasociar las variables de interés (digamos, F y V) frente a otras variables (Z) que en caso contrario tendrían influencia sobre ambas. Eliminar las distorsiones o la «confusión» que estas variables agazapadas generan ha supuesto un problema durante todo un siglo. Este capítulo conduce al lector hasta una solución sorprendentemente sencilla al problema general de los factores de confusión, que el lector podrá comprender con diez minutos lúdicos de trazar caminos en un diagrama.

El capítulo 5 versa sobre un momento especialmente fecundo de la historia de la causalidad —más aún, de la historia de la ciencia—, cuando los estadísticos lidiaban con la cuestión de si fumar causa cáncer de pulmón. Como no podían usar su instrumento favorito, el ensayo controlado aleatorio, les resultaba difícil ponerse de acuerdo en la respuesta, e incluso en cómo dar sentido a la pregunta. El debate del tabaco pone de relieve la estricta importancia de la causalidad. Millones de vidas se perdieron o acortaron porque los científicos carecían de una metodología o un lenguaje adecuados para dar respuesta a los interrogantes causales.

Si el capítulo 5 abordaba cuestiones de especial gravedad, el 6 confío en que nos devolverá una sonrisa. Es un capítulo de paradojas: la paradoja de Monty Hall, la paradoja de Simpson, la paradoja de Berkson y alguna más. Esta clase de paradojas clásicas tienen su gracia como rompecabezas, pero también incluyen una faceta más seria, sobre todo cuando se las contempla desde la perspectiva causal. De hecho, casi todas representan un choque con la intuición causal que, por lo tanto, sirve para revelar la anatomía de esta intuición. Constituían una señal de alarma que debería haber llevado a los científicos a comprender que la intuición humana se basa en una lógica causal, no estadística. Creo que el lector disfrutará de esta presentación novedosa de sus viejas paradojas favoritas.

Los capítulos 7 a 9, por último, llevan al lector a emprender un ascenso vertiginoso por la Escalera de la Causalidad. Empezaremos en el capítulo 7, con preguntas sobre la intervención; contaré cómo mis estudiantes y yo pasamos veinte años batallando para automatizar las respuestas a los interrogantes de tipo *do*. Al final tuvimos éxito, y este capítulo explica el meollo del «motor de inferencia causal» que genera la respuesta Sí/No y el estimando de la Figura 1.1. Analizar este motor dará al lector el poder de detectar ciertos patrones en el diagrama causal que ofrecen respuestas inmediatas al interrogante causal. Estos patrones reciben los nombres de ajuste de puerta trasera, ajuste de puerta delantera y variables instrumentales, y, en la práctica, son los verdaderos caballos de tiro de la inferencia causal.

El capítulo 8 le conducirá hasta lo alto de la escalera con el estudio de los contrafactuales. Se considera que estos suponen una parte fundamental de la causalidad desde por lo menos 1748, cuando el filósofo escocés David Hume propuso la siguiente definición (algo tortuosa) de causalidad: «Podemos definir una causa como un objeto seguido por otro, donde a todos los objetos similares al primero siguen objetos similares al segundo. O, en otras palabras, donde de no haber existido el primer objeto, el segundo no habría llegado a existir». David Lewis, filósofo de la Universidad de Princeton, que falleció en 2001, apuntó que en realidad Hume estaba proporcionando dos definiciones, y no una; la primera, de la regularidad (es decir, a la causa sigue el efecto, de forma regular) y la segunda del contrafactual («de no haber existido el primer objeto...»). Mientras que los filósofos y científicos han prestado su atención sobre todo a la definición de la regularidad, Lewis planteaba que la definición del contrafactual es más similar y próxima a la intuición humana: «Entendemos que una causa es algo que provoca una diferencia, y la diferencia que provoca debe ser distinta a lo que habría sucedido sin ella».

Al lector le alegrará saber que ahora podemos dejar atrás las discusiones académicas y obtener un valor (o probabilidad) real para todo interrogante contrafactual, por enrevesado que sea. Resultan de especial interés las preguntas que se refieren a las causas suficientes y necesarias de los acontecimientos observados. Por ejemplo, ¿cuán probable es que la acción del demandado sea una causa necesaria del perjuicio sufrido por el demandante? ¿Cuán probable es que el cambio climático, como obra del hombre, sea una causa suficiente de una ola de calor?

El capítulo 9, por último, analiza el tema de la mediación. Tal vez se haya preguntado, cuando hablábamos sobre el trazo de flechas en un diagrama causal, si deberíamos dibujar una flecha del fármaco F a la vida V si el fármaco afecta los años de vida solo a través de su efecto sobre la presión sanguínea Z (un mediador). En otras palabras, ¿el efecto de F sobre V es directo o indirecto? Si las dos cosas son ciertas, ¿cómo evaluamos su importancia relativa? Tales cuestiones no poseen tan solo un gran interés científico, sino también ramificaciones prácticas: si entendemos el mecanismo con el que un fármaco actúa, quizá seamos capaces de desarrollar otros medicamentos con el mismo efecto que sean más baratos o tengan menos efectos secundarios.

Por fortuna veremos que esta antiquísima búsqueda de un mecanismo de mediación se ha reducido ahora a un ejercicio de álgebra, y que los científicos están usando las nuevas posibilidades de la caja de herramientas causal para resolver tales problemas.

El capítulo 10 cierra el libro volviendo al problema que en un principio me llevó a la causalidad: la automatización de la inteligencia de nivel humano (llamada en ocasiones «IA fuerte»). Creo que el razonamiento causal resulta esencial para que las máquinas se comuniquen con nosotros en nuestro propio lenguaje sobre las políticas gubernamentales, los experimentos, las explicaciones, las teorías, el remordimiento, la responsabilidad, el libre albedrío y las obligaciones; resulta esencial también para que, a la postre, tomen sus propias decisiones morales.

Si pudiera resumir el mensaje de este libro en una frase lo más concisa posible, diría: usted es más inteligente que los datos. Los datos no comprenden las causas y los efectos; las personas, sí. Espero que la nueva ciencia de la inferencia causal nos permitirá comprender mejor cómo lo hacemos, porque no existe una forma mejor de entendernos a nosotros mismos que emulándonos. En la era de los ordenadores, esta nueva comprensión también trae consigo la expectativa de amplificar nuestras capacidades innatas de forma que podamos dotar de más sentido a los datos, sean macro o micro.

LA ESCALERA DE LA CAUSALIDAD

En el principio...

Yo debía tener unos seis o siete años cuando leí por primera vez la historia de Adán y Eva en el Jardín del Edén. Ni a mis compañeros de clase ni a mí nos sorprendió lo más mínimo las caprichosas exigencias de Dios, que les prohibía comer del Árbol del Conocimiento. Los dioses sabrán, pensábamos. En cambio nos intrigaba la idea de que nada más comer del Árbol del Conocimiento Adán y Eva fueran conscientes, como lo éramos nosotros, de su desnudez.

En la adolescencia fuimos cobrando interés por los aspectos más filosóficos del relato (los estudiantes israelíes leen el Génesis varias veces al año). Nos interesaba esencialmente la idea de que la aparición del conocimiento humano no había sido un proceso gozoso, sino doloroso, y vino acompañado de la desobediencia, la culpa y el castigo. Algunos se preguntaban si valía la pena renunciar a la vida despreocupada del Paraíso. ¿Las posteriores revoluciones agrícola y científica compensan las penalidades económicas, las guerras y las injusticias sociales que la vida moderna entraña?

No me entiendan mal: no éramos creacionistas; incluso nuestros maestros eran darwinistas de corazón. Sabíamos, no obstante, que el autor que había coreografiado el relato del Génesis batallaba por responder a las cuestiones filosóficas más acuciantes de su tiempo. Además sospechábamos que la narración mostraba las huellas culturales del proceso real por el que el *Homo sapiens* se había hecho con el dominio del planeta. En este proceso acelerado y superevolutivo, ¿cuál había sido entonces la secuencia de los pasos?

Mi interés por estos temas se desvaneció en mis primeros años de carrera como profesor de Ingeniería, pero se reactivó de golpe en la década de 1990, cuando estaba redactando mi libro *Causality* y tuve que enfrentarme a la Escalera de la Causalidad.

Mientras releía el Génesis por enésima vez, me llamó la atención un matiz que, de algún modo, se me había pasado por alto hasta entonces. Cuando Dios encuentra a Adán escondido en el jardín le pregunta: «¿Has comido del árbol del que te prohibí comer?». A lo que Adán responde: «La mujer que me diste por compañera me dio el fruto del árbol y yo comí». «¿Qué habéis hecho?», le pregunta Dios a Eva. Ella contesta: «La serpiente me engañó, y comí».

Como bien sabemos, este juego de las culpas no convenció al Todopoderoso, que los expulsó a los dos del Edén. Lo que de pronto me llamó la atención fue que Dios quisiera saber *qué* se había hecho, y le respondieran con un *porqué*. Dios quería conocer los hechos, ellos le contestaron con explicaciones. Más aún, los dos estaban plenamente convencidos de que al describir las causas sus acciones se verían bajo otra luz. ¿De dónde habían sacado esta idea?

Para mí estos matices tenían consecuencias de gran calado. Primero, en una fase muy temprana de nuestra evolución, los seres humanos nos dimos cuenta de que el mundo no se compone exclusivamente de hechos desnudos (lo que hoy quizá llamaríamos «datos»), sino que una intrincada red de relaciones de causa y efecto une estos hechos entre sí. En segundo lugar, las explicaciones causales, no los hechos desnudos, integran el grueso de nuestro conocimiento; por lo tanto satisfacer el anhelo de explicaciones debería ser la piedra angular de la inteligencia artificial. Por último, aquella transición por la que pasamos de procesar datos a generar explicaciones no fue progresiva; fue un salto que precisó del impulso externo de una fruta extraordinaria. Esto encajaba a la perfección con lo que había observado, teóricamente, en la Escalera de la Causalidad: ninguna máquina puede llegar a elaborar explicaciones solo a partir de meros datos. Necesita algo más.

Si procuramos confirmar estos mensajes con la ciencia de la evolución, no encontraremos el Árbol del Conocimiento, por descontado, pero seguiremos viendo una gran transición que no se explica. En nuestros días sabemos que los seres humanos evolucionaron a partir de unos ancestros simiescos, durante un período de 5 a 6 millones de años; y sabemos también que estos procesos evolutivos graduales no son infrecuentes en la vida en nuestro planeta. Pero en los últimos 50.000 años (a grandes rasgos) ha ocurrido algo único: lo que algunos denominan Revolución Cognitiva y otros (con su pizca de ironía) el Gran Salto Adelante. Los seres humanos adquirimos la capacidad de modificar el medio —y nuestras propias capacidades— a una velocidad extraordinariamente más rápida.

Por ejemplo, durante varios millones de años, las águilas y las lechuzas han ido desarrollando una capacidad visual asombrosa; pero no por ello han concebido nunca gafas, microscopios, telescopios o aparatos de visión nocturna. En cambio los seres humanos hemos producido estos milagros en cuestión de unos pocos siglos. Por mi parte denomino este fenómeno «acelerón superevolutivo». A algunos lectores quizá no les satisfaga que esté comparando manzanas con naranjas, la evolución con la ingeniería; pero esto es exactamente lo que quiero hacer. La evolución nos ha dado la capacidad de hacer ingeniería con nuestras vidas, un don que no les ha concedido a las águilas ni las lechuzas; y la pregunta, una vez más, es: «¿Por qué?». ¿Qué destreza computacional adquirieron de pronto los seres humanos, pero no las águilas?

Al respecto se han propuesto muchas teorías. Una de ellas resulta sumamente pertinente para la idea de la causalidad. En su libro *Sapiens: de animales a dioses*, el historiador Yuval Harari postula que la clave de todo fue que nuestros ancestros tenían la capacidad de imaginar cosas inexistentes, lo cual les permitió comunicarse mejor. Antes de este cambio solo podían confiar en las personas de su familia o su tribu inmediatas. A partir de entonces, por el contrario, la confianza se hizo extensiva a comunidades mayores unidas por expectativas y fantasías comunes (por ejemplo, la creencia en divinidades invisibles pero imaginables, en la vida de ultratumba o en el carácter divino de sus líderes). Estemos o no de acuerdo con la teoría de Harari, la conexión existente entre la imaginación y las relaciones causales es casi obvia. ¿Qué utilidad tendría preguntarse por las causas de algo, si no podemos imaginar las consecuencias? A la inversa, no se puede afirmar que Eva te ha hecho comer del árbol salvo que puedas imaginar un mundo en el que, en contra de la realidad, ella no te hubiera dado la manzana.

Volviendo a nuestros antecesores *Homo sapiens*: su imaginación causal recién adquirida les permitió hacer muchas cosas con más eficiencia, por medio del delicado proceso al que llamamos «planificación». Pensemos en una tribu que se prepara para la caza del mamut. ¿Qué necesitarían para lograr su objetivo? Tengo que admitir que mi pericia como cazamamuts está algo oxidada, pero como estudioso de las máquinas pensantes he aprendido lo siguiente: una entidad pensante (ya sea un ordenador, un troglodita o un catedrático) solo podrá hacer realidad una tarea de tal magnitud si planifica las cosas de antemano. Debería decidir a cuántos cazadores recluta; calcular, a tenor del viento imperante, desde dónde acercarse al animal; en suma, imaginar y comparar entre sí las consecuencias de varias estrategias de caza. Para tal fin, nuestra entidad pensante debe poseer, consultar y manipular un modelo mental de su realidad.

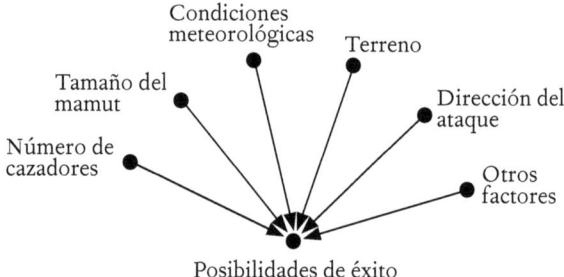

FIGURA 1.1. Causas que pueden afectar al éxito de una caza de mamut.

La Figura 1.1 muestra cómo podríamos dibujar esta clase de modelo mental. Cada punto de la figura representa una causa de éxito. Téngase en cuenta que las causas son múltiples y ninguna es determinante. Es decir, no podemos estar seguros de que contar con más cazadores vaya a traducirse en una caza efectiva ni de que la lluvia tenga el efecto contrario; pero en todo caso sabemos que estos factores cambian la probabilidad de éxito.

El modelo mental es la arena en la que se desarrolla la imaginación. Esto nos permite experimentar con escenarios distintos, introduciendo alteraciones locales en el modelo. En algún lugar del modelo mental de nuestros cazadores había una subrutina que evaluaba el efecto del número de cazadores. Cuando sopesaban añadir más no tenían que evaluar desde cero todos los demás factores. Es decir, podían introducir un cambio local en el modelo, sustituyendo «Cazadores = 8» con «Cazadores = 9», y reevaluar la probabilidad de éxito. El carácter modular es un rasgo crucial de los modelos causales.

Con ello no pretendo dar a entender, lógicamente, que nuestros primitivos dibujaran de hecho un modelo pictórico como este. Pero cuando queremos imitar el pensamiento humano en un ordenador —o de hecho cuando intentamos resolver problemas científicos poco habituales— trazar un esquema explícito de puntos y fechas resulta de suma utilidad. Estos diagramas causales son el núcleo computacional del «motor de inferencia causal» que hemos descrito en la introducción.

LOS TRES NIVELES DE LA CAUSALIDAD

Tal vez he transmitido hasta aquí la impresión de que la capacidad de organizar en causas y efectos nuestro conocimiento del mundo era un rasgo monolítico que se adquirió de golpe. Pero de hecho mi estudio del aprendizaje de las máquinas me ha enseñado que un aprendiz causal debe dominar por lo menos tres niveles distintos de capacidad cognitiva: observar, hacer e imaginar.

El primer nivel —ver u observar— implica detectar regularidades en nuestro entorno, y lo compartimos con muchos animales, así como con los seres humanos primitivos, antes de la Revolución Cognitiva. El segundo —hacer— supone predecir el efecto (o los efectos) de alteraciones deliberadas del medio, así como elegir entre las modificaciones con vistas a obtener un resultado deseado. Solo un puñado de especies ha mostrado ejemplos de esta habilidad. El uso de herramientas —mientras sea intencionado, y no solo accidental o copiado de los antecesores— podría interpretarse como señal de que se ha alcanzado este segundo nivel. Pero ni siquiera los usuarios de herramientas poseen necesariamente una «teoría» de sus instrumentos, que les diga por qué funcionan y qué hacer en caso contrario. Para esto se necesita haber llegado a un nivel de intelección que permita imaginar. Ante todo, este tercer nivel nos preparó para ulteriores revoluciones en la agricultura y la ciencia y condujo a una intensificación brusca y radical del impacto de nuestra especie sobre el planeta.

No lo puedo demostrar; pero matemáticamente puedo argumentar que los tres niveles poseen diferencias fundamentales, pues cada uno añade capacidades ausentes en los inferiores. Para esto utilizo un marco que se remonta a Alan Turing, el pionero de la investigación en materia de inteligencia artificial (IA), que propuso clasificar un sistema cognitivo según los interrogantes a los que pueda responder. Se trata de un enfoque excepcionalmente fructífero cuando hablamos de causalidad, porque deja de lado discusiones largas e improductivas sobre qué es exactamente la causalidad, para centrarse en cambio en una pregunta concreta y con respuesta: «¿Qué sabe hacer un razonador causal?». Dicho con más precisión: ¿qué sabe computar un organismo que posee un modelo causal, a diferencia de otro que carezca de tal modelo?

Mientras que Turing buscaba una clasificación binaria (humano o no humano), la nuestra tiene tres peldaños que se corresponden con

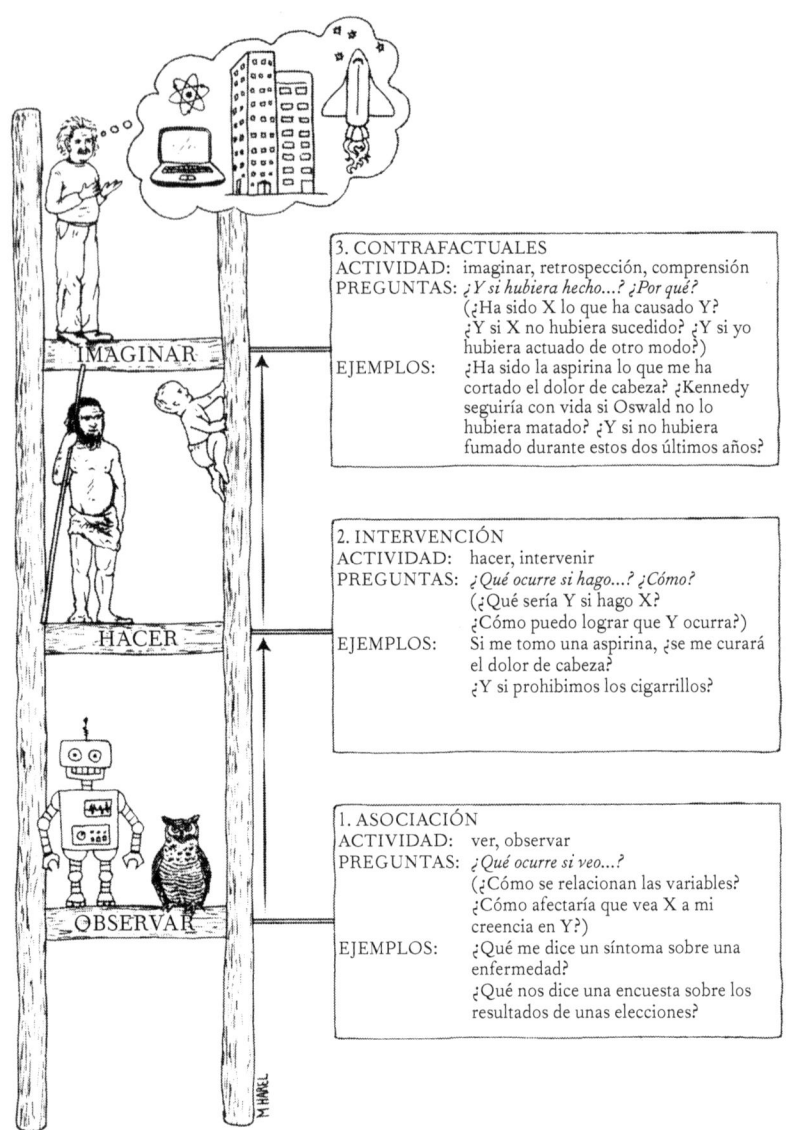

3. CONTRAFACTUALES
ACTIVIDAD: imaginar, retrospección, comprensión
PREGUNTAS: *¿Y si hubiera hecho...? ¿Por qué?*
(¿Ha sido X lo que ha causado Y?
¿Y si X no hubiera sucedido? ¿Y si yo
hubiera actuado de otro modo?)
EJEMPLOS: ¿Ha sido la aspirina lo que me ha
cortado el dolor de cabeza? ¿Kennedy
seguiría con vida si Oswald no lo
hubiera matado? ¿Y si no hubiera
fumado durante estos dos últimos años?

2. INTERVENCIÓN
ACTIVIDAD: hacer, intervenir
PREGUNTAS: *¿Qué ocurre si hago...? ¿Cómo?*
(¿Qué sería Y si hago X?
¿Cómo puedo lograr que Y ocurra?)
EJEMPLOS: Si me tomo una aspirina, ¿se me curará
el dolor de cabeza?
¿Y si prohibimos los cigarrillos?

1. ASOCIACIÓN
ACTIVIDAD: ver, observar
PREGUNTAS: *¿Qué ocurre si veo...?*
(¿Cómo se relacionan las variables?
¿Cómo afectaría que vea X a mi
creencia en Y?)
EJEMPLOS: ¿Qué me dice un síntoma sobre una
enfermedad?
¿Qué nos dice una encuesta sobre los
resultados de unas elecciones?

FIGURA 1.2. La Escalera de la Causalidad, con organismos representativos en cada nivel. La mayoría de animales, al igual que las máquinas con aprendizaje de nuestros días, se hallan en el primer peldaño: aprenden por asociación. Los que usan herramientas, como los humanos primitivos, se encuentran en el segundo peldaño si actúan de forma planificada, no por simple imitación. También podemos utilizar experimentos para aprender los efectos de las intervenciones, y es de creer que así es como los bebés adquieren buena parte de su conocimiento causal. Quienes aprenden con contrafactuales, en el peldaño superior, pueden imaginar mundos que no existen e inferir razones para los fenómenos observados. (*Fuente*: Ilustración de Maayan Harel.)

interrogantes causales cada vez más poderosos. Con estos criterios podemos unir los tres niveles de interrogación en una única Escalera de la Causalidad (Figura 1.2), una metáfora sobre la cual volveremos de forma repetida.

Dediquemos algún tiempo a analizar con detalle cada peldaño de la escalera. En el primer nivel, la asociación, buscamos regularidades en la observación. Así lo hace un búho cuando observa cómo se mueve una rata y calcula dónde es probable que el roedor esté un momento más tarde; es lo que hace un programa informático de go cuando estudia una base de datos con millones de partidas de este juego para determinar qué movimientos se asocian con un mayor porcentaje de victorias. Decimos que un hecho está asociado con otro si al observar uno cambia la probabilidad de observar el otro.

El primer peldaño de la escalera requiere predicciones que se basan en observaciones pasivas. Se caracteriza por la pregunta: «¿Qué ocurre si veo...?». Imaginemos por ejemplo un director de márketing, en unos grandes almacenes, que pregunta: «¿Cuán probable resulta que un cliente que ha comprado pasta de dientes compre también hilo dental?». Esta clase de interrogantes son el elemento primario de la estadística y para darles respuesta, antes que nada, reunimos y analizamos datos. En nuestro caso, para contestar empezaremos por tomar los datos relativos a la conducta adquisitiva de todos los clientes, seleccionaremos los de quienes compraron pasta de dientes y, dentro de este grupo, calcularemos qué porcentaje adquirió también hilo dental. Este porcentaje, denominado también «probabilidad condicional», mide (en el caso de datos extensos) el grado de asociación existente entre «comprar pasta de dientes» y «comprar hilo dental». Simbólicamente lo podemos escribir como P (hilo | dentífrico). La «P» representa la «probabilidad» y la línea vertical significa «si», «dado que» (en este caso, «si uno ve»).

Los estadísticos han desarrollado muchos métodos complejos para reducir un corpus de datos extenso e identificar asociaciones entre variables. La «correlación» o «regresión» (una medida típica de la asociación, que se mencionará a menudo en este libro) implica trazar una línea entre una serie de puntos de datos y calcular la inclinación de esa línea. Algunas asociaciones pueden tener una interpretación causal obvia y otras, no. Pero la estadística, por sí sola, no puede indicar cuál es la causa y cuál el efecto: la pasta dentífrica o el hilo dental. Desde el punto de vista de la gestión de ventas, quizá no tenga especial importancia. Para contar con una buena predicción no es imprescindible disponer de una buena explicación. La lechuza sabe cazar bien sin comprender por qué la rata va siempre del punto *A* al punto *B*.

A algunos lectores quizá les haya sorprendido comprobar que no he vacilado en situar las máquinas aprendices modernas en el primer peldaño de la Escalera de la Causalidad, es decir, con una sabiduría equiparable a la de una lechuza. Parece haber un aluvión constante de noticias sobre los rápidos avances de los sistemas de aprendizaje de las máquinas: coches que se conducen solos, sistemas de reconocimiento de voz y, en particular en los últimos años, algoritmos de aprendizaje profundo (o redes neuronales profundas). ¿Cómo puede ser que no hayan pasado del primer nivel?

Los logros del aprendizaje profundo han sido ciertamente llamativos e incluso asombrosos. Aun así, el éxito principal del aprendizaje profundo ha sido mostrar que ciertas preguntas o tareas que nos parecían difíciles en realidad no lo son. No ha abordado los interrogantes verdaderamente difíciles que siguen impidiéndonos disponer de una IA similar a la humana. A consecuencia de esos logros aparentes, la opinión pública tiende a pensar que la «IA fuerte» —máquinas que piensan como seres humanos— está a la vuelta de la esquina, quizá incluso ya entre nosotros. Sin embargo, nada podría estar más lejos de la verdad. Estoy plenamente de acuerdo con Gary Marcus, neurocientífico de la Universidad de Nueva York, que hace poco escribió en el *New York Times* que el campo de la inteligencia artificial está viviendo «un estallido de microdescubrimientos». Es la clase de hechos que proporciona excelentes titulares, pero las máquinas siguen hallándose a una distancia decepcionante de la cognición humana. Adnan Darwiche, colega en el departamento de Informática de la Universidad de California (Los Ángeles), ha expresado su posición en un artículo cuyo título enmarca la cuestión del modo más preciso, a mi entender: «¿Inteligencia de tipo humana o capacidades de tipo animal?». El objetivo de la IA fuerte es generar máquinas con una inteligencia similar a la humana, que sean capaces de conversar con las personas y orientarlas. El aprendizaje profundo nos ha proporcionado máquinas con unas capacidades a todas luces impresionantes, pero sin inteligencia. La diferencia es muy relevante y se explica por la ausencia de un modelo de realidad.

Al igual que hace treinta años, los programas de aprendizaje de las máquinas (incluidos los que cuentan con redes neuronales profundas) actúan casi por completo en modo asociativo. Parten de un flujo de observaciones a las que intentan asociar una función, de un modo muy similar a como un estadístico traza una línea a partir de una serie de puntos. Las redes neuronales profundas han añadido muchas más capas a la complejidad de la función proporcionada, pero el proceso de asociación sigue estando impulsado por meros datos. A medida que se van incorporando datos, la precisión mejora; pero las redes no se benefician del «acelerón superevolutivo». Nos conducen a un sistema frágil y especializado que resulta inescrutable incluso para sus propios programadores. Los arquitectos de un programa como AlphaGo (que hace poco derrotó a los mejores jugadores humanos de go) no saben en realidad por qué funciona; solo saben que funciona. La ausencia de flexibilidad, adaptabilidad y transparencia no resulta en absoluto sorprendente, antes bien: en un sistema que funciona en el primer nivel de la Escalera de la Causalidad, resulta inevitable.

Para subir de escalón en los interrogantes causales, tenemos que empezar a cambiar el mundo. Una pregunta típica de este segundo nivel es: «¿Qué pasará con nuestras ventas de hilo dental si duplicamos el precio del dentífrico?». Esto ya requiere de una nueva clase de conocimiento, ausente en los datos, que hallaremos en el segundo peldaño de la Escalera de la Causalidad: la intervención.

La intervención se encuentra por encima de la asociación porque no se conforma con ver, sino que también modifica lo que existe. Ver humo nos indica cosas muy distintas, en cuanto a la probabilidad de un incendio, que hacer humo. Los datos de recopilación pasiva no nos permiten responder a interrogantes sobre la intervención, por extenso que sea el corpus de datos o profunda que sea la red neuronal. Para muchos científicos ha sido traumático darse cuenta de que ninguno de los métodos que aprendieron gracias a la estadística basta para expresar —no digamos ya contestar— una pregunta simple como: «¿Qué sucede si duplicamos el precio?». Me consta porque no en pocas ocasiones les he ayudado a ascender al siguiente peldaño de la escalera.

¿Por qué la observación no es suficiente para responder a la pregunta sobre el hilo dental? ¿Por qué no podemos recurrir a nuestra ingente base de datos de las compras anteriores y ver qué ha sucedido cuando la pasta de dientes ha costado el doble? Esto se debe a que, en las ocasiones anteriores, el precio puede haber sido mayor por razones distintas. Por ejemplo: quizá había pocas existencias y todas las tiendas han tenido que subir el precio de venta. Pero ahora pensamos en una intervención deliberada que dictaminará un precio nuevo independientemente de las condiciones del mercado. El resultado, por lo tanto, podría ser muy distinto a cuando el cliente no podía encontrar ofertas mejores en otros establecimientos. Si dispusiéramos de datos sobre las condiciones de mercado imperantes en las ocasiones anteriores, quizá la predicción se podría mejorar, pero... ¿qué datos necesitamos? ¿Y cómo lo podemos saber? Esta es exactamente la clase de interrogantes que la ciencia de la inferencia causal nos permite responder.

Una forma muy directa de predecir el resultado de una intervención es experimentar con ella en condiciones cuidadosamente controladas. Las compañías de macrodatos como Facebook lo saben, y experimentan constantemente para ver qué ocurre si los elementos de la pantalla se disponen de otra manera, o si se aborda al cliente de otro modo (o incluso si se le ofrece otro precio).

Sin embargo, reviste más interés, y es menos conocido —incluso en Silicon Valley—, que a veces podemos predecir con éxito los efectos de una intervención sin necesidad de experimentar. Por ejemplo, la gestión de ventas podría desarrollar un modelo de conducta del consumidor que incluya las condiciones de mercado. Aunque no tenga datos sobre todos los factores, quizá maneje datos sobre un número suficiente de sustitutos cruciales y pueda formular la predicción. Un modelo causal de especial fuerza y precisión nos puede permitir utilizar datos del primer peldaño (observacionales) para responder a interrogantes del segundo (sobre la intervención). Sin el modelo causal no podríamos pasar del primer peldaño al segundo. Por esto los sistemas de aprendizaje profundo (mientras usen solamente datos del primer nivel y carezcan de un modelo causal) nunca podrán responder a las preguntas sobre intervenciones, que por definición quebrantan las normas del entorno en el que se ha instruido a la máquina.

Según ponen de relieve estos ejemplos, el interrogante que define el segundo peldaño de la Escalera de la Causalidad es: «¿Qué ocurre si hacemos...?». ¿Qué pasará si *alteramos* el entorno? Podemos escribir esta clase de interrogante como P (*hilo* | *do*(*dentífrico*)), que pregunta por la probabilidad de que vendamos el hilo dental a un determinado precio, en el supuesto de que alteremos el precio de la pasta.

Otra pregunta popular del segundo nivel de causalidad es: «¿Cómo...?», que es prima hermana del «¿Qué ocurre si hacemos...?». Por ejemplo, el departamento de ventas quizá nos transmita que hay un exceso de dentífrico en el almacén. «¿Cómo le podemos dar salida?», pregunta. Es decir: ¿qué precio tenemos que ponerle? La pregunta se refiere de nuevo a una intervención, que deseamos emprender mentalmente antes de decidir si la hacemos, y cómo la hacemos, en la vida real. Esto requiere un modelo causal.

En la vida cotidiana realizamos contínuamente intervenciones, aunque por lo general no designemos la acción con un término tan rimbombante. Por ejemplo, cuando nos tomamos una aspirina para curar un dolor de cabeza, intervenimos sobre una variable (la cantidad de aspirina en nuestro cuerpo) buscando un efecto sobre otra (el estado de nuestro dolor de cabeza). Si nuestra intuición causal acerca de la aspirina es correcta, la variable del «resultado» responderá pasando de «dolor de cabeza» a «sin dolor de cabeza».

Aunque tomar en consideración las intervenciones es un paso importante en la escalera causal, todavía no basta para responder todas las preguntas interesantes. Podríamos tener dudas como: el dolor de cabeza ha desaparecido, pero ¿por qué? ¿Ha sido la aspirina que me tomé? ¿La comida? ¿Recibir buenas noticias? Esta clase de interrogantes nos conducen hasta el peldaño superior de la Escalera de la Causalidad, el nivel de los contrafactuales, porque para darles respuesta debemos ir atrás en el tiempo, cambiar la historia y preguntarnos: «¿Qué habría sucedido si no me hubiera tomado la aspirina?». No hay experimento en el mundo que pueda negar un tratamiento a una persona que ya lo ha recibido y comparar los dos resultados. Es necesario, en consecuencia, importar una clase totalmente distinta de conocimiento.

Los contrafactuales tienen una relación especialmente problemática con los datos porque los datos son, por definición, factuales. No pueden decirnos qué ocurrirá en un mundo imaginario en el que se niegan de raíz hechos constatados. Sin embargo, en su búsqueda de explicaciones, la mente humana hace esta clase de inferencias de forma fiable y repetida. Lo hizo Eva al alegar, como causa de su acción, que la serpiente la había engañado. Esta capacidad distingue con claridad la inteligencia humana de la animal, pero también de las versiones amodélicas de la IA y el aprendizaje de las máquinas.

La idea de que la ciencia pueda realizar afirmaciones útiles sobre estados condicionales, mundos que no existen y cosas que no han sucedido ¿despierta quizá escepticismo? En realidad siempre ha realizado tales aseveraciones. Las leyes de la física, por ejemplo, se pueden interpretar como afirmaciones contrafactuales, tales como: «De haberse duplicado el peso colgado de este muelle, su extensión también se habría duplicado» (ley de Hooke). Ciertamente, es una afirmación respaldada por una gran cantidad de pruebas experimentales (del segundo peldaño), realizadas con cientos de muelles en decenas de laboratorios y miles de ocasiones distintas. Ahora bien, cuando se la unge del carácter de «ley», los físicos la interpretan como una relación funcional que rige este muelle dado, en este mismo momento, bajo valores de peso hipotéticos. Todos estos mundos distintos en los que el peso es de x gramos y la longitud del muelle de Lx centímetros se tratan como mundos objetivamente cognoscibles y activos de forma simultánea, aunque de hecho solo exista uno de ellos.

Si volvemos al ejemplo del dentífrico, una pregunta del peldaño superior sería: «¿Cuál es la probabilidad de que un cliente que compró pasta de dientes la hubiera comprado igualmente si hubiéramos doblado el precio?». Estamos comparando el mundo real (en el que sabemos que el cliente compró el dentífrico al precio actual) con un mundo ficticio (en el que la pasta costaría el doble).

Disponer de un modelo causal que pueda dar respuesta a interrogantes contrafactuales ofrece unas recompensas inmensas. Descubrir el porqué de un error nos permite introducir, en el futuro, las medidas correctivas necesarias. Saber por qué un tratamiento ha funcionado en algunas personas, y en otras no, puede llevar a una nueva cura para una enfermedad. Responder a la pregunta: «¿Qué habría pasado si las cosas hubieran sido distintas?» nos permite aprender de la historia y de la experiencia ajena, algo que no parece estar al alcance de ninguna otra especie. No es de extrañar que el filósofo griego Demócrito (460-370 a. C.) dijera: «Antes preferiría descubrir una causa que ser el rey de Persia».

Que los contrafactuales estén situados en lo más alto de la Escalera de la Causalidad explica por qué hago tanto hincapié en ellos como momento crucial en la evolución de la conciencia humana. Estoy plenamente de acuerdo con Yuval Harari en que la representación de criaturas imaginarias puso de manifiesto una nueva capacidad, que él denominó Revolución Cognitiva. Su ejemplo más característico es la escultura del Hombre León, hallada en la cueva de Stadel (suroeste de Alemania) y expuesta hoy en el Museo de Ulm (véase la Figura 1.3). El Hombre León, de una antigüedad aproximada de 40.000 años, es un diente de mamut esculpido en forma de quimera: mitad hombre, mitad león.

No sabemos quién esculpió el Hombre León ni cuál era su propósito, pero sí sabemos que lo crearon seres humanos de anatomía moderna y que representa una cesura con respecto a cualquier arte o arte-

FIGURA 1.3. El Hombre León de la cueva de Stadel. La representación más antigua conocida de una criatura imaginaria (mitad hombre, mitad león) es emblema de una capacidad cognitiva novedosa: la de razonar sobre contrafactuales. (Fuente: Foto de Yvonne Mühleis, por cortesía de la Oficina de Patrimonio Cultural del Land de Baden-Württemberg/Museo de Ulm, Alemania.)

sanía precedentes. Hasta aquel momento, los seres humanos habían creado herramientas y arte representativo, desde cuentas a flautas, desde puntas de lanza a gravados elegantes de caballos u otros animales. El Hombre León es distinto: una criatura puramente imaginativa.

Como manifestación de la novedosa capacidad de imaginar cosas que nunca han existido, el Hombre León es el precursor de todas las teorías filosóficas, los descubrimientos científicos y las innovaciones tecnológicas, desde los microscopios a los aviones o los ordenadores. Cada uno de estos ha tenido que adquirir forma en la imaginación de alguien antes de hacerse realidad en el mundo material.

Este salto adelante en la capacidad cognitiva fue tan profundo e importante para nuestra especie como cualquiera de los cambios anatómicos que nos hizo humanos. Pasados 10.000 años desde la creación del Hombre León, todos los demás homínidos (salvo los de Flores, cuyo aislamiento geográfico era extremo) se habían extinguido. Y los seres humanos hemos seguido transformando el mundo natural con una celeridad pasmosa, usando la imaginación para sobrevivir, adaptarnos y, a la postre, tomar las riendas. La ventaja que nos proporcionó la capacidad de imaginar contrafactuales era entonces la misma que representa hoy: la flexibilidad, la posibilidad de reflexionar sobre las acciones pasadas para mejorar y, lo que quizá sea aún más significativo: la disposición a asumir la responsabilidad por las acciones pasadas y presentes.

Como se mostraba en la Figura 1.2, los interrogantes característicos del tercer peldaño de la Escalera de la Causalidad son: «¿Y si hubiera hecho...?» y «¿Por qué?». Ambos suponen comparar el mundo observado con un mundo contrafactual. Los experimentos no bastan por sí solos para responder a tal clase de preguntas. Mientras el primer peldaño se ocupa del mundo que vemos, y el segundo, de un mundo del todo nuevo, pero que se puede ver, el tercer peldaño se enfrenta a un mundo que no se puede ver (en la medida en que contradice lo que se está viendo). Para poder salvar esta distancia necesitamos un modelo del proceso causal subyacente, que a veces se denomina «teoría» o (cuando nos merece una confianza abrumadora) «ley de la naturaleza». En una palabra: necesitamos *comprender*. Esto es, por descontado, el santo grial de cualquier campo científico: desarrollar una teoría que nos permita predecir qué pasará en situaciones que ni siquiera hemos llegado a concebir. Pero va aún más allá: contar con tales leyes nos permite «violarlas» de forma selectiva para crear mundos que contradicen el nuestro. Nuestra próxima sección plantea esta clase de violaciones en acción.

EL MINITEST DE TURING

En 1950, Alan Turing preguntó qué significaría que un ordenador pensara como un ser humano. Sugirió realizar una prueba práctica que él llamó «juego de la imitación» pero que todos los estudiosos de la IA han denominado desde entonces «test de Turing». Desde un punto de vista práctico, podremos considerar a un ordenador una máquina pensante si una persona corriente que se comunicara por escrito con la computadora fuera incapaz de distinguir si habla con otra persona o con un ordenador. Para Turing, era algo completamente factible. «Creo que en el plazo de unos cincuenta años —escribió— será posible programar ordenadores que sepan jugar tan bien al juego de la imitación que un interrogador promedio no tendrá más de un 70 % de posibilidades de acertar en la identificación pasados cinco minutos de diálogo».

La predicción de Turing era ligeramente inexacta. Cada año se celebra la competición Loebner, que premia al *chatbot* más humano del mundo y otorga una medalla de oro y 100.000 dólares al programa que acierte a engañar a los cuatro jueces, haciéndoles creer que es humano. En 2015, después de veinticinco años de concurso, ni un solo programa ha logrado confundir no ya a todos los jueces, sino siquiera a la mitad.

Turing no solo sugirió el «juego de la imitación», sino que también propuso una estrategia ganadora. «En vez de intentar generar un programa que emule una mente adulta, ¿por qué no esforzarse por generar uno que simule la de un niño?». Si fuéramos capaces de hacer eso, podríamos enseñarle de la misma forma en que enseñamos a un niño y, ¡abracadabra!, al cabo de veinte años (o menos, a tenor de la gran velocidad de los ordenadores) tendremos una inteligencia artificial. «Es de creer que el cerebro infantil se parece a un cuaderno recién comprado en la papelería: un mecanismo muy simple y un buen montón de hojas en blanco», escribió. En este punto se equivocaba: el cerebro infantil abunda en mecanismos y en plantillas preexistentes.

Sin embargo, creo que Turing estaba en el buen camino. Probablemente no acertaremos a crear una inteligencia similar a la humana hasta que hayamos podido crear una inteligencia similar a la infantil; y a este respecto, dominar la causalidad resulta crucial.

¿Cómo puede una máquina adquirir el conocimiento causal? Esto sigue suponiendo un gran desafío que, sin duda, implicará una combinación intrincada de inputs procedentes de la experimentación activa, la observación pasiva y (no menos importante) el programador. Se deberá introducir una información parecida a la que se recibe en la infancia, y el programador debe ocupar el lugar de la evolución, los padres y los compañeros.

Ahora bien, podemos contestar una pregunta no tan ambiciosa: ¿Cómo pueden las máquinas (y las personas) representar el conocimiento causal de forma que les permita acceder con prontitud a la información necesaria y responder a las preguntas con el acierto y la sencillez propios de una criatura de tres años? Este es, de hecho, el interrogante central de este libro.

Yo lo denomino «minitest de Turing». La idea es tomar un relato simple, codificarlo de algún modo en una máquina y poner a prueba si esta puede responder correctamente preguntas causales que una persona puede contestar. Es «mini» por dos razones. En primer lugar, porque se limita al razonamiento causal y excluye otros aspectos de la inteligencia humana, como la visión o el lenguaje natural. En segundo lugar porque permitimos que el concursante codifique la historia con la representación que le convenga, y descargue a la máquina de la tarea de adquirir el relato a partir de su propia experiencia personal. Pasar con éxito esta prueba menor ha sido el afán de mi vida laboral: de forma consciente durante los últimos veinticinco años, y subconsciente antes incluso.

Como es lógico, cuando preparamos el minitest de Turing, la cuestión de la representación tiene que preceder a la de la adquisición. Sin representación no sabríamos cómo almacenar la información para uso futuro. Aun si permitiéramos que nuestro robot manipulara el entorno a voluntad, cualquier información aprendida de este modo se olvidaría, si no proporcionamos al robot una plantilla con la que codificar los resultados de tales manipulaciones. Una de las grandes aportaciones de la IA al estudio de la cognición ha sido el paradigma: «Primero la representación, luego la adquisición». A menudo, la búsqueda de una buena representación ha llevado a intuir la forma como debería adquirirse el conocimiento (ya sea a partir de datos o de un programador).

Siempre que describo el minitest de Turing, me hacen un comentario recurrente: será fácil aprobarlo haciendo trampa. Por ejemplo, tomamos la lista de todas las preguntas posibles, almacenamos las respuestas correctas y, cuando se plantea la pregunta, se lee la respuesta memorizada. No hay forma de distinguir (según este argumento) entre una máquina que maneja una lista de preguntas y respuestas, sin inteligencia, y otra que responde como haríamos usted y yo: comprendiendo la pregunta y empleando un modelo causal mental para generar una respuesta. Si hacer trampas es tan fácil, ¿qué probaría el minitest de Turing?

El filósofo John Searle introdujo esta posibilidad de engaño —que se conoce como «el argumento de la habitación china»— en 1980, en respuesta a una afirmación de Turing según la cual la capacidad de fingir inteligencia equivale a poseer inteligencia. La réplica de Searle solo tiene un defecto: hacer trampa no es fácil; en realidad es imposible. Incluso con un número reducido de variables, la cantidad de preguntas posibles crece de forma astronómica. Supongamos que tenemos diez variables causales que solo pueden adoptar dos valores: 0 o 1. Pues bien, el total de interrogantes posibles ascendería aproximadamente a 30 millones, del estilo de: «¿Cuál es la probabilidad de que el resultado sea 1, contando que *vemos* que la variable *X* es igual a 1 y que *hacemos* que la variable *Y* sea igual a 0, y *Z* igual a 1?». Si hubiera más variables, o más de dos condiciones posibles para cada una, el total de posibilidades ascendería a una cantidad simplemente inimaginable. La lista de Searle exigiría más elementos que el número de átomos en el universo. Así pues, una lista tonta de preguntas y respuestas nunca podrá simular la inteligencia de un niño (y no digamos, de un adulto).

Los seres humanos tienen que contar, en el cerebro, con alguna representación compacta de la información necesaria, así como algún procedimiento efectivo para interpretar las preguntas adecuadamente y obtener la respuesta correcta a partir de la representación almacenada. Para pasar con éxito el minitest de Turing, por lo tanto, necesitamos pertrechar a las máquinas con una representación de una eficiencia similar y un algoritmo de extracción de respuestas.

Tal clase de representación no solo existe, sino que posee una simplicidad infantil: un diagrama causal. Ya hemos visto un ejemplo: el diagrama de la caza del mamut. Si tenemos en cuenta con qué extrema facilidad la gente puede comunicar su saber por medio de diagramas de puntos y flechas, tiendo a pensar que nuestro cerebro usa de hecho una representación de este estilo. Pero más importante para nosotros: estos modelos pasan el minitest de Turing... y no se sabe de ningún otro modelo que lo haga. Examinemos algunos ejemplos.

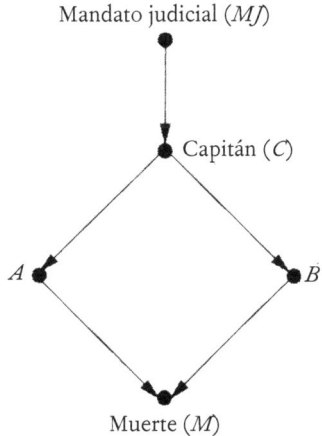

FIGURA 1.4. Diagrama causal para el ejemplo del pelotón de fusilamiento. *A* y *B* representan (las acciones de los) soldados *A* y *B*.

Supongamos que un preso está a punto de ser ejecutado por un pelotón de fusilamiento. Para que esto ocurra, debe producirse un encadenamiento determinado de los acontecimientos. Primero, el tribunal ordena ejecutar al reo. El mandato llega a un capitán, que da la instrucción de abrir fuego a los soldados del pelotón (*A* y *B*). Supongamos que son tiradores obedientes y expertos: solo disparan si se les ordena hacerlo y su acción acarrea la muerte del preso.

La Figura 1.4 muestra un diagrama que representa la historia que acabo de referir. Todos los elementos desconocidos (*MJ*, *C*, *A*, *B*, *M*) son variables de verdadero/falso. Así, por ejemplo, si *M* = verdadero, el preso muere; si *M* = falso, el preso sigue con vida. *MJ* = falso significa que el tribunal no ha dictado la orden; *MJ* = verdadero, que sí lo ha hecho, etc.

Con este diagrama podemos empezar a responder interrogantes causales de distintos peldaños de la escalera causal. Primero podemos contestar preguntas de asociación (esto es: ¿qué nos dice un hecho sobre otro?). Si el preso está muerto, ¿significa eso que el tribunal ha impartido la orden? Podemos (nosotros, pero también un ordenador) inspeccionar el grafo, establecer las reglas referidas a las flechas (con una lógica estándar) y concluir que los dos soldados no habrían disparado de no haber recibido instrucciones de su capitán. A su vez, el capitán no habría dado tales instrucciones de no haber tenido el mandato judicial en sus manos. En consecuencia, la respuesta a nuestra pregunta es *sí*. Veamos otra posibilidad. Constatamos, por ejemplo, que *A* ha disparado. ¿Qué nos dice esto sobre *B*? Guiado por las flechas, el ordenador llega a la conclusión de que *B* también tiene que haber disparado. (*A* no habría abierto fuego sin las instrucciones del capitán, con lo cual *B* también tiene que haber disparado.) Esto es cierto aunque *A* no cause *B* (no hay flecha de *A* a *B*).

Si subimos otro peldaño en la Escalera de la Causalidad podemos formular preguntas sobre la intervención. ¿Qué ocurre si el Soldado *A* decide disparar por propia iniciativa, sin aguardar las instrucciones del capitán? ¿El preso estará vivo o muerto? El interrogante tiene un elemento claramente contradictorio. Acabamos de afirmar que *A* solo dispara si se le manda hacerlo, y sin embargo ahora queremos saber qué ocurre si abre fuego sin que se le ordene. Si queremos limitarnos a las reglas de la lógica —como es típico de los ordenadores—, la pregunta carece de sentido. Como decía en tales casos el robot de *Lost in Space*, la serie televisiva de ciencia ficción de los años sesenta: «Eso no computa».

Si queremos que nuestro ordenador comprenda la causalidad, tenemos que enseñarle a quebrantar las reglas. Debemos mostrarle la diferencia entre observar sin más un acontecimiento y, por otro lado, hacer que se produzca: «Cuando hagas que algo suceda —le diremos al ordenador—, elimina todas las flechas que concluyen en ese acontecimiento y sigue con el análisis aplicando una lógica ordinaria, como si las flechas nunca hubieran estado ahí». En nuestro caso, eliminaremos todas las flechas que llevan a la variable intervenida (*A*). También determinamos manualmente el valor de la variable, según lo prescrito: verdadero. Esta «cirugía» peculiar tiene una razón de ser simple: para hacer que un acontecimiento ocurra, lo emancipamos de todas las demás influencias y lo sometemos a una única influencia nueva: la que exige que ocurra.

La Figura 1.5 muestra el diagrama causal que resultaría de nuestro ejemplo. Esta intervención supone, inevitablemente, la muerte del prisionero. Esa es la función causal que subyace a la flecha que conduce de *A* a *M*.

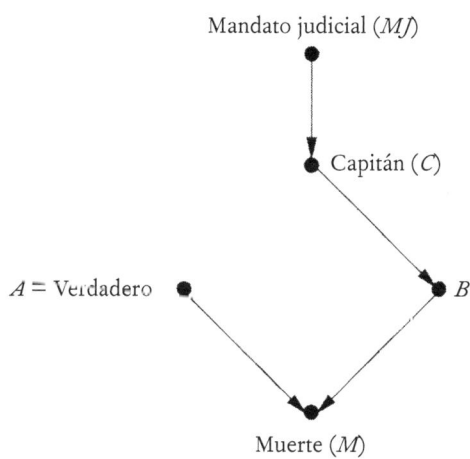

Mandato judicial (*MJ*)

Capitán (*C*)

A = Verdadero

B

Muerte (*M*)

FIGURA 1.5. Razonamiento sobre intervenciones. El soldado *A* decide disparar; se elimina la flecha de *C* a *A* y se otorga a *A* el valor de *verdadero*.

Nótese que esta conclusión coincide con la conclusión intuitiva de que el disparo de *A*, no autorizado, acarreará la muerte del prisionero; por eso la cirugía deja intacta la flecha de *A* a *M*. Por otro lado, nuestra impresión intuitiva también sería que *B* (con toda probabilidad) *no* ha abierto fuego; en el modelo, nada indica que la decisión de *A* afecte a las variables que no son resultado del disparo de *A*. Vale la pena insistir. Si *vemos* que *A* dispara, llegamos a la conclusión de que *B* también ha disparado. Pero si *A* por su propia iniciativa *decide* abrir fuego, o si *hacemos* que *A* dispare, entonces con *B* sucede lo contrario.[1] Esta es la diferencia entre *ver* y *hacer*. Solo un ordenador capaz de comprender esta diferencia puede pasar con éxito el minitest de Turing.

Nótese asimismo que la mera recopilación de macrodatos no nos habría ayudado a ascender por la escalera y responder las preguntas anteriores. Supongamos que hay un periodista que reúne los resultados de las escenas de ejecución, día tras día. Los datos siempre consistirán en dos clases de acontecimientos: o las cinco variables son verdaderas o las cinco son falsas. No hay forma de que esta clase de datos, en ausencia de la comprensión de quién atiende a quién, permita que el periodista (o un algoritmo de aprendizaje de una máquina) prediga los resultados de convencer al tirador *A* de que no abra fuego.

Por último, como ilustración del tercer peldaño de la Escalera de la Causalidad, demos respuesta a un interrogante contrafactual. Supongamos que el prisionero yace en tierra, muerto. A partir de aquí podemos concluir (recurriendo al nivel uno) que *A* ha disparado, *B* ha disparado, el capitán ha dado la señal y el tribunal ha dictado el mandato. Pero ¿qué ocurriría si *A* hubiera decidido no abrir fuego? ¿El prisionero seguiría con vida? Esta pregunta nos pide comparar el mundo real con un mundo ficticio y contradictorio en el que *A* no ha disparado. En el mundo ficticio, la flecha que lleva a *A* se borra para que *A* quede liberado de escuchar a *C*. En su lugar, situaremos el valor de *A* en falso, sin modificar su historia pasada con respecto al mundo real. Así las cosas, el mundo ficticio se parece a la Figura 1.6.

Para pasar con éxito el minitest de Turing, nuestro ordenador debe llegar a la conclusión de que el prisionero, en el mundo ficticio, también habría muerto, porque el disparo de *B* lo habría matado. Así pues, el atrevimiento de *A*, con su cambio de opinión, no habría bastado para salvar la vida del preso. Sin duda esta es una de las razones por las que existen los pelotones de fusilamiento: asegurarse de que el mandato judicial se cumple y aliviar en algo la carga de responsabilidad de cada tirador individual, que así puede afirmar, con la conciencia (un poco) tranquila, que su acción no ha causado la muerte del prisionero porque «habría muerto en cualquier caso».

Podría parecer que emprendemos un camino tortuoso para dar contestación a preguntas banales cuya respuesta era obvia de entrada.

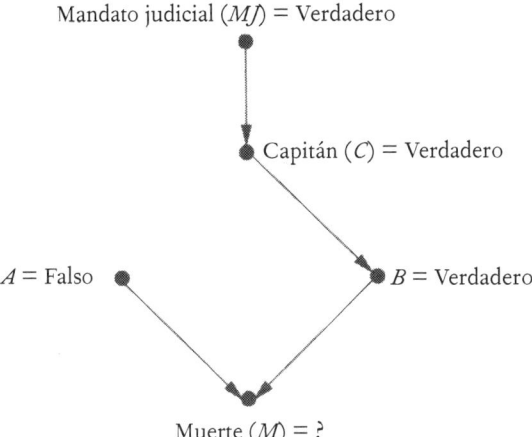

Mandato judicial (*MJ*) = Verdadero

Capitán (*C*) = Verdadero

A = Falso

B = Verdadero

Muerte (*M*) = ?

FIGURA 1.6. Razonamiento contrafactual. Vemos que el prisionero está muerto y nos preguntamos qué habría sucedido si el soldado *A* hubiera decidido no disparar.

¡No puedo estar más de acuerdo! El razonamiento causal le resulta fácil porque es humano y en su momento tuvo tres años y dispuso de un maravilloso cerebro infantil que comprendía la causalidad mejor que ningún animal o ningún ordenador. El «problema del mini Turing» tan solo pretende que el razonamiento causal también sea factible para los ordenadores. En el proceso quizá aprendamos algo sobre cómo lo hacen las personas. Según muestran los tres ejemplos, debemos enseñar al ordenador a quebrantar de forma selectiva las reglas de la lógica. Los ordenadores no destacan por su capacidad para quebrantar las normas, a diferencia de los niños, que son maestros consumados. (¡Y también los cavernícolas! El Hombre León no se podría haber creado sin romper la regla de qué cabeza se corresponde con cada cuerpo.)

Sin embargo, no pequemos de exceso de complacencia con la superioridad humana. A una persona le puede costar mucho llegar a la conclusión causal correcta en un gran número de situaciones. Por ejemplo, cuando las variables se multiplican, y no son simplemente binarias (verdadero o falso). En vez de predecir si un prisionero seguirá con vida o habrá muerto, quizá deseemos predecir cuánto ascenderá la tasa de desempleo si elevamos el salario mínimo. Esta clase de razonamiento causal cuantitativo suele quedar fuera del alcance de nuestra intuición. Por otro lado, en el ejemplo del pelotón de fusilamiento hemos excluido las incertidumbres: quizá el capitán dio la orden una fracción de segundo después de que el tirador *A* decidiera abrir fuego, quizá el arma del tirador *B* se encasquilló, etc. Para manejar la incertidumbre necesitamos información sobre la posibilidad de que se produzcan alternativas.

Quisiera plantear un ejemplo en el que las probabilidades son clave. Se hace eco del debate público que estalló en Europa cuando se introdujo por vez primera la vacuna de la viruela. De forma inesperada, los datos mostraban que morían más personas por la inoculación de viruela que por la propia enfermedad. Como era de esperar, algunas voces utilizaron la información para reclamar la prohibición de la vacuna, pese a que de hecho estaba salvando vidas porque estaba erradicando la viruela. Veamos algunos datos ficticios para ilustrar el efecto y resolver la polémica.

Imaginemos que de un millón de niños, se vacuna al 99 %, y no al 1 % restante. Si se vacuna a la criatura, esta tendrá una probabilidad del 1 % de sufrir una reacción que, en el 1 % de los casos de reacción, resultará fatal. Por otro lado, es imposible que contraiga la viruela. Por su parte, si no se vacuna al pequeño, como es obvio, este no tendrá ninguna probabilidad de desarrollar una reacción a la vacuna, pero sí una posibilidad de uno entre cincuenta de contraer la viruela. Por último supongamos que la viruela resulta fatal en uno de cada cinco casos.

En estas circunstancias, estaremos de acuerdo, creo, en que la vacunación parece una buena idea. La probabilidad de sufrir una reacción es inferior a la de sufrir la viruela y la reacción es mucho menos peligrosa que la enfermedad. Pero ahora fijémonos en los datos. Del millón de niños inicial se vacuna a 990.000, 9.900 experimentan una reacción y 99 mueren por esta. Por el otro lado, no se vacuna a 10.000, 200 contraen la viruela y 40 mueren por la enfermedad. Podría resumirse que la vacuna mata a más niños (99) que la enfermedad (40).

Puedo ponerme en el lugar de esos padres y madres que quizá se manifestarían ante el Departamento de Salud con carteles que afirmen: «¡Las vacunas matan!». Y los datos parecen estar de su parte: las vacunas, en efecto, causan un total de muertes más elevado que la propia viruela. Pero ¿la lógica también está de su parte? ¿Hay que prohibir las vacunas o tomar en consideración las muertes que han evitado? En la Figura 1.7 vemos el diagrama causal de este ejemplo.

Cuando empezamos, la tasa de vacunación era del 99 %. Ahora planteemos la pregunta contrafactual: «¿Qué sucedería si reducimos el

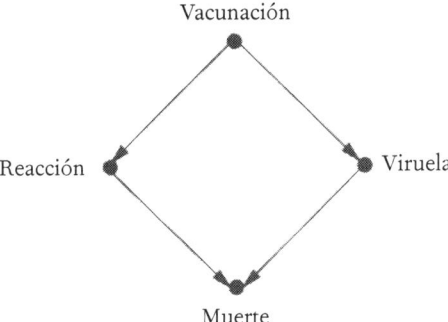

FIGURA 1.7. Diagrama causal para el ejemplo de la vacunación. ¿Vacunar es beneficioso o perjudicial?

índice a 0?». Aplicando las probabilidades enunciadas más arriba, concluiremos que del millón de niños, 20.000 habrían contraído la viruela y 4.000 habrían fallecido. Si comparamos el mundo contrafactual con el mundo real, veremos que no vacunar habría costado la vida a 3.861 niños (la diferencia entre 4.000 y 139). Deberíamos dar las gracias al lenguaje de los contrafactuales por ayudarnos a evitar tales costes.[2]

La conclusión principal, para un estudioso de la causalidad, es que un modelo causal va más allá del trazar flechas. Tras las flechas hay probabilidades. Cuando dibujamos una flecha de X a Y, estamos afirmando implícitamente que alguna función o regla de probabilidad especifica cómo cambiaría Y si X fuera distinta. Quizá sepamos cuál es la regla; lo más probable es que tengamos que extraerla de los datos. Uno de los rasgos más intrigantes de la Revolución Causal, no obstante, es que en muchos casos podemos no especificar en absoluto todos esos detalles matemáticos. Muy a menudo *la simple estructura del diagrama* nos ayuda a calcular toda clase de relaciones causales y contrafactuales: simples o complejas, deterministas o probabilistas, lineales o no lineales.

Desde el punto de vista de la informática, el plan para pasar con éxito el minitest de Turing también resulta llamativo por el hecho de haber usado la misma rutina en los tres ejemplos: se traduce el relato a un diagrama, se escucha el interrogante, se aplica la cirugía que corresponda a la pregunta dada (interventora o contrafactual; si la pregunta es asociativa no se requiere cirugía) y se utiliza el modelo causal modificado para computar la respuesta. No ha resultado necesario instruir a la máquina para que maneje una multitud de interrogantes nuevos cada vez que hemos modificado la historia. El sistema es lo bastante flexible; funciona siempre que podemos dibujar un diagrama causal, tenga este que ver con los mamuts, los pelotones de fusilamiento o las vacunas. Esto es exactamente lo que buscamos para un motor de inferencia causal: la clase de flexibilidad de la que disfrutamos como seres humanos.

Por descontado, no hay magia alguna en un diagrama. Funciona bien porque porta información causal; es decir, al construir el diagrama hemos preguntado: «¿Quién podría ser la causa directa de la muerte del prisionero?» o «¿Cuáles son los efectos directos de las vacunas?». Si hubiéramos construido el diagrama interesados tan solo por las asociaciones, no habría sido igual de capaz. Por ejemplo, en la Figura 1.7, si invertimos la flecha Vacunación → Viruela, obtendríamos las mismas asociaciones en los datos, pero llegaríamos a la conclusión errónea de que la viruela afecta a las vacunas.

Las décadas de experiencia con esta clase de preguntas me han convencido de que, tanto en un sentido cognitivo como en el filosófico, la idea de la causa y el efecto es mucho más fundamental que la de probabilidad. Empezamos a aprender causas y efectos antes de comprender el lenguaje y saber nada de matemáticas. Hay estudios que demuestran que los niños de tres años ya entienden todos los niveles de la Escalera de la Causalidad. De un modo similar, el conocimiento representado en un diagrama causal es por lo general mucho más sólido que el codificado en una distribución de probabilidad. Supongamos por ejemplo que ha pasado un tiempo y se ha presentado una vacuna mucho más segura y efectiva. Supongamos asimismo que, gracias a la mejora en las condiciones higiénicas y socioeconómicas, el peligro de contraer la viruela también ha disminuido. Estos cambios tendrán un efecto drástico en todas las probabilidades implicadas; pero —y quiero llamar la atención sobre esto— la estructura del diagrama permanece inalterada. Este es el gran secreto de los modelos causales. Más aún, una vez que hemos completado el análisis y sabemos cómo calcular los beneficios de la vacunación a partir de los datos, no es necesario que repitamos todo el análisis de cero. Como se ha visto ya en la introducción, seguirá siendo válido el mismo estimando (es decir, la receta para dar respuesta a la pregunta) y, mientras el diagrama no cambie, se puede aplicar a los nuevos datos y producir una nueva estimación en respuesta a nuestro interrogante. Tiendo a pensar que precisamente este carácter robusto explica que la intuición humana se organice en torno de las relaciones causales, no estadísticas.

SOBRE PROBABILIDADES Y CAUSALIDAD

Reconocer que la causalidad no se puede reducir a las probabilidades ha sido el fruto de una batalla muy costosa, tanto para mí, en lo personal, como para los filósofos y científicos en general. Una larga tradición de filósofos se ha dedicado especialmente a comprender el significado de «causa», desde David Hume y John Stuart Mill en los siglos XVIII y XIX, respectivamente, a Hans Reichenbach y Patrick Suppes a mediados del siglo XX, y Nancy Cartwright, Wolfgang Spohn y Christopher Hitchcock en nuestros días. En particular, empezando por Reichenbach y Suppes, los filósofos han intentado definir la causalidad en términos de probabilidad, a partir de la noción de «aumento de probabilidad»: X causa Y si X eleva la probabilidad de Y.

Se trata de un concepto sólidamente arraigado en la intuición. Podemos afirmar, por ejemplo, que «Conducir con imprudencia causa accidentes» o que «Suspenderás el curso por tu holgazanería», con la clara conciencia de que los antecedentes solo hacen que las consecuencias sean más probables, no absolutamente seguras. Sería de esperar, por lo tanto, que el aumento de la probabilidad pudiera convertirse en el puente que une el primer y el segundo peldaño de la Escalera de la Causalidad. Por desgracia esta intuición nos ha conducido a varias décadas de intentos fallidos.

¿Qué ha impedido que esos intentos salieran bien? No la idea en sí misma, sino el modo en que se expresó formalmente. Sin apenas excepciones, los filósofos han expresado la frase «X incrementa la probabilidad de Y» usando probabilidades condicionales y escribiendo $P(Y \mid X) > P(Y)$. Se trata de una interpretación errónea, como no habrá pasado por alto, porque «incrementa» es un concepto causal, que connota una influencia causal de X sobre Y. La expresión $P(Y \mid X) > P(Y)$, por otro lado, solo habla de observaciones y medios: «Si vemos X, entonces la probabilidad de Y aumenta». Pero este incremento puede obedecer a otras razones, incluyendo que Y sea una causa de X o que alguna otra variable (Z) sea la causa de las dos. ¡Esa es la pega! Devuelve a los filósofos a la casilla de salida, empeñados en eliminar esas «otras razones».

Las probabilidades, según se enuncian en expresiones como $P(Y \mid X)$, se hallan en el primer peldaño de la Escalera de la Causalidad y por sí mismas nunca pueden dar respuesta a interrogantes del segundo o tercer peldaño. Todo intento de «definir» la causalidad mediante los conceptos de apariencia más simple del primer peldaño están condenados al fracaso. Por eso no he intentado definir la causalidad en ningún pasaje de este libro: una definición requiere de una reducción y la reducción nos exige pasar a un peldaño inferior. Por el contrario, he aspirado a desarrollar un programa que en última instancia será más constructivo: explicar cómo se puede responder a los interrogantes causales y qué información se necesita para darles contestación. Si esto parece extraño, téngase en cuenta que los matemáticos adoptan exactamente este enfoque para la geometría euclidiana. En ningún libro de geometría se encontrará la definición de los términos «punto» y «línea». Aun así podemos responder a todos y cada uno de los interrogantes relacionados por medio de los axiomas de Euclides (o mejor aún, de las diversas versiones modernas de los axiomas euclidianos).[3]

Pero examinemos con más cuidado este criterio del aumento de probabilidad y veamos dónde embarranca. La cuestión de la causa común (o *factor de confusión*) de X e Y ha sido de las que más complicaciones ha causado a los filósofos. Si nos tomamos al pie de la letra el criterio del aumento de probabilidad, tendremos que llegar a la conclusión de que las ventas de helados causan delitos porque la criminalidad es más elevada en los meses en que se venden más helados. En este caso en particular podemos explicar el fenómeno porque los dos elementos, tanto las ventas de helados como los delitos, son mayores en verano, cuando no hace frío. Sin embargo, aún tenemos que preguntarnos qué criterio filosófico general podría indicarnos que la causa es el tiempo, no las ventas de helados.

Los filósofos se han esforzado por mejorar la definición condicionándola a lo que llamaron «factores de fondo» (otro nombre para los factores de confusión), lo que resulta en el criterio $P(Y \mid X, K = k) > P(Y \mid K = k)$, donde K hace referencia a variables de fondo. De hecho, este criterio va bien para el ejemplo del helado, si consideramos la temperatura como una variable de fondo. Por ejemplo, si nos limitamos a los días en los que la temperatura es de 30 °C no encontraremos ninguna asociación residual entre los helados y los delitos. Solo cuando comparamos los días de 30 °C con los de -1 °C topamos con la ilusión del aumento de probabilidad.

Aun así, ningún filósofo ha sido capaz de ofrecer una respuesta general convincente a la pregunta: «¿Qué variables es necesario incluir en el conjunto de fondo K, como variables a las que condicionamos?». La razón es evidente: el factor de confusión también es un concepto causal y, por lo tanto, escapa a las formulaciones probabilistas. En 1983, Nancy Cartwright solventó este punto muerto enriqueciendo la descripción del contexto de fondo con un elemento causal. Propuso que condicionáramos a cualquier factor que resultara «causalmente relevante» para el efecto. Al adoptar un concepto del segundo peldaño de la Escalera de la Causalidad, renunció en lo esencial a la idea de definir causas basándose tan solo en la probabilidad. Era un avance, pero abrió la puerta a la crítica de que definimos una causa refiriéndonos a la causa misma.

Las polémicas filosóficas sobre el contexto K más apropiado continuaron durante más de dos décadas, hasta acabar en un *impasse*. En realidad, en el capítulo 4 veremos un criterio correcto, pero no estropearé la sorpresa aquí. Por el momento baste con decir que es casi imposible enunciar este criterio sin diagramas causales.

En resumen: la causalidad probabilística siempre ha encallado en las rocas de la confusión. Cada vez que los defensores de la causalidad probabilística ponen a flote la nave con un casco nuevo, el barco choca contra la misma roca y se abre una brecha igual. Una vez que se comete el error de representar el «aumento de probabilidad» en el lenguaje de las probabilidades condicionales, da igual la cantidad de parches probabilísticos que añadamos: no llegaremos al siguiente peldaño de la Escalera. Por extraño que pueda resultar, la noción del aumento de probabilidad no puede expresarse mediante probabilidades.

Para rescatar la idea del aumento de probabilidad tenemos que recurrir a otro medio, al operador *do*: podemos afirmar que X causa Y si $P(Y \mid do(X)) > P(Y)$. Como la intervención es un concepto del segundo peldaño, esta definición puede reflejar la interpretación causal del incremento de probabilidades, y además se puede conseguir que sea operativa gracias a los diagramas causales. En otras palabras, si tenemos un diagrama causal y datos disponibles y un investigador pregunta si $P(Y \mid do(X)) > P(Y)$, podremos dar una respuesta de forma coherente y algorítmica y, en consecuencia, decidir si X es una causa de Y en el sentido del aumento de probabilidad.

Por lo general presto mucha atención a lo que los filósofos tienen que decir sobre conceptos resbaladizos como la causalidad, la inducción y la lógica de la inferencia científica. Los filósofos tienen la ventaja de estar apartados del alboroto de las polémicas científicas y las realidades prácticas de tratar con datos. Están menos contaminados que otros científicos por los sesgos anticausales de la estadística. Pueden invocar una tradición de pensamiento sobre la causalidad que se remite como mínimo a Aristóteles, y pueden hablar de causación sin sonrojarse ni ocultar el tema bajo la etiqueta de la «asociación».

Sin embargo, con su voluntad de matematizar el concepto de la causalidad —lo que en sí mismo es una idea encomiable—, los filósofos se entregaron demasiado pronto al único lenguaje de manejo de la incertidumbre que conocían: el de la probabilidad. En su mayoría han dejado atrás este error, pero por desgracia se siguen persiguiendo ideas similares en la econometría actual, con etiquetas como «causalidad de Granger» o «autocorrelación de vectores».

Es momento de hacer una confesión: yo cometí ese mismo error. No siempre antepuse la causalidad a la probabilidad. ¡Bien al contrario! Cuando empecé a trabajar con la inteligencia artificial, a principios de los años ochenta, pensé que la inteligencia artificial necesitaba con urgencia la incertidumbre. No solo eso, sino que insistí en representar la incertidumbre por medio de probabilidades. Así, como explico en el capítulo 3, desarrollé una aproximación al razonamiento en condiciones de incertidumbre, las «redes bayesianas», que imitan cómo un cerebro idealizado y descentralizado podría incorporar las probabilidades a sus decisiones. Suponiendo que veamos determinados hechos, las redes bayesianas pueden computar con agilidad la probabilidad de que otros hechos datos sean verdaderos o falsos. Como quizá no podía ser de otro modo, las redes bayesianas calaron de inmediato en la comunidad de la inteligencia artificial y en nuestros días todavía se las considera como un paradigma principal de la IA, para el razonamiento con incertidumbre.

Aunque el éxito perdurable de las redes bayesianas me complace, no lograron salvar la brecha entre la inteligencia artificial y la humana. Estoy seguro de que ya habrá caído en la cuenta de qué falta: la causalidad. En efecto, había fantasmas causales por todas partes. Las flechas señalaban invariablemente de las causas a los efectos y los responsables de las prácticas notaban a menudo que, cuando se invertía la dirección de las flechas, resultaba imposible controlar los sistemas de diagnóstico. Pero la mayoría tendíamos a pensar que se trataba de un hábito cultural, o un producto de viejos patrones de pensamiento, no de un aspecto central de la conducta inteligente.

En aquel momento, yo estaba tan intoxicado por el poder de las probabilidades que consideré que la causalidad era un concepto subordinado, una mera conveniencia, un atajo mental para expresar dependencias probabilísticas y distinguir variables relevantes de las irrelevantes. En mi libro *Probabilistic Reasoning in Intelligent Systems*, de 1988, escribí: «La causalidad es un lenguaje que uno puede hablar con eficiencia al respecto de ciertas estructuras de relaciones de relevancia». Hoy me avergüenza esta redacción, porque no cabe duda de que «relevancia» es una noción propia del primer peldaño. Cuando el libro salió de la imprenta, de algún modo tenía ya la certeza de que me equivocaba. Entre los colegas de la ciencia informática, mi libro se convirtió en la Biblia del razonamiento con incertidumbre; pero yo ya me sentía como un apóstata.

Las redes bayesianas habitan un mundo en el que todos los interrogantes se pueden reducir a probabilidades o (por decirlo con la terminología de este capítulo) grados de asociación entre variables; no podían ascender al segundo ni tercer peldaño de la Escalera de la Causalidad. Por fortuna, para subir a lo más alto bastaba con dos ligeras modificaciones. Primero, en 1991, la idea de la cirugía de grafos les dio el poder de manejar tanto las observaciones como las intervenciones. Otra modificación, en 1994, las llevó al tercer nivel y les permitió manejar contrafactuales. Pero estos cambios merecen un análisis más detallado, que se verá en un capítulo posterior. Lo esencial es lo siguiente: las probabilidades codifican nuestras creencias sobre un mundo estático, y en cambio la causalidad nos indica si, y cómo, cambian las probabilidades cuando el mundo cambia, ya sea de resultas de una intervención o por un acto imaginativo.

Sir Francis Galton exhibe el funcionamiento de su «quincunce» (o «tablero de Galton») en la Royal Institution. Concebía su aparato, semejante a una máquina de millón, como una analogía de la herencia de rasgos genéticos tales como la estatura. Las bolas se acumulan formando una curva acampanada, similar a la distribución de las estaturas humanas. El enigma de por qué, de una generación a otra, las estaturas no se dispersan como harían las bolas le llevó a descubrir la «regresión a la media». (*Ilustración de Dakota Harr.*)

2

DE LOS BUCANEROS A LOS COBAYAS: LA GÉNESIS DE LA INFERENCIA CAUSAL

❦

> Y sin embargo, se mueve.
>
> Atribuido a GALILEO GALILEI (1564-1642)

Durante cerca de dos siglos, uno de los rituales más perdurables de la ciencia británica ha sido la «conferencia de los viernes por la tarde» en la Royal Institution.* Muchos descubrimientos del siglo XIX se anunciaron por vez primera a la opinión pública en este escenario: Michael Faraday y los principios de la fotografía en 1839; J. J. Thomson y el electrón en 1897; James Dewar y la licuefacción del hidrógeno en 1904.

Era un acontecimiento indisociable del boato; era literalmente un espectáculo científico, y el público, lo más selecto de la sociedad británica, acudía de punta en blanco (los hombres, con esmoquin y pajarita). A la hora convenida sonaba una campana y se hacía pasar al orador al auditorio. Tradicionalmente la conferencia se iniciaba de inmediato, sin introducción ni preámbulos. Los experimentos y las demostraciones en vivo formaban parte del espectáculo.

El 9 de febrero de 1877, el orador de la tarde era Francis Galton, miembro de la Royal Society, primo hermano de Charles Darwin, reputado explorador de África, inventor de la toma de huellas dactilares y modelo arquetípico del científico caballero de la era victoriana. La conferencia se titulaba «Leyes típicas de la herencia». El aparato experimental de la velada fue un invento curioso que él presentó como «quincunce», aunque hoy es más conocido por el nombre de «tablero

---

* Real Institución de Gran Bretaña, en Londres. *(N. del t.)*

de Galton» (en el programa de televisión *The Price Is Right*,* ha aparecido a menudo un juego similar, denominado allí Plinko). El tablero
de Galton consta de una distribución triangular de espigas o clavijas y
una abertura en lo alto, por la que se introducen bolitas de metal. Las
bolas van rebotando hacia abajo, de una hilera a la siguiente, como en
una máquina de millón, hasta que ocupan un lugar en una serie de ranuras situadas en el fondo (véase el frontispicio de este capítulo). Si
nos fijamos en una bola cualquiera, los zigzags a izquierda y derecha
parecen ser simple fruto del azar. Pero si se introducen muchas bolas
en el tablero se pone de manifiesto una regularidad asombrosa: las bolas acumuladas en el fondo acabarán formando una curva aproximadamente acampanada. Las ranuras más próximas al centro formarán las
columnas más altas y el número de bolas de cada ranura irá reduciéndose hasta quedar en cero en los márgenes del quincunce.

Este patrón tiene una explicación matemática. La trayectoria de
cada una de las bolas es como una secuencia de lanzamientos de cara
o cruz. Cada vez que una bola choca con una espiga, rebota a la izquierda o a la derecha; desde cierta distancia, se diría que por simple
efecto del azar. La suma de los resultados —pongamos: mayor número de derechas que de izquierdas— determina en qué ranura acabará la
bola. Según el teorema del límite central, demostrado en 1810 por Pierre-Simon Laplace, todo proceso azaroso de este estilo —que equival-
ga a la suma de una serie larga de cara o cruz— conducirá a la misma
distribución de probabilidades, denominada «distribución normal» (o
curva acampanada). El tablero de Galton no es sino la demostración
visual del teorema de Laplace.

La verdad es que el teorema del límite central es un milagro de las
matemáticas del siglo XIX. Pensemos en ello: aunque la trayectoria de
cada una de las bolas sea impredecible, la trayectoria de 1.000 bolas es
extremadamente predecible. (Se trata de un hecho más que conveniente para los productores de *El precio justo*, que pueden calcular con precisión cuánto dinero se llevarán, a largo plazo, los concursantes del
Plinko). Es la misma ley por la que las compañías de seguros resultan
tan rentables, pese a las incertidumbres de los asuntos humanos.

El elegante público de la Royal Institution debió preguntarse qué
tenía que ver todo eso con las leyes de la herencia, el tema anunciado
de la conferencia. Para ilustrar la relación, Galton les mostró algunos

---

* «El precio justo». (*N. del t.*)

datos reunidos en Francia sobre la estatura de los reclutas militares. Esta también sigue una distribución normal: muchos hombres son de estatura media y el número se va reduciendo hasta llegar a los extremamente altos o extremamente bajos. De hecho, no importa si hablas de 1.000 reclutas militares o 1.000 bolas del tablero de Galton: las cantidades de cada ranura (o categoría de estatura) son casi las mismas.

Así pues, para Galton, el quincunce era un modelo de la herencia de la estatura (o, de hecho, de muchos otros rasgos genéticos). Se trata de un modelo causal. En una formulación muy simplificada, Galton creía que las bolas «heredan» la posición en el quincunce del mismo modo en que las personas heredan la estatura.

Pero si aceptamos este modelo —provisionalmente— se plantea el enigma que fue el tema central de la velada de Galton. La anchura de la curva acampanada depende del número de hileras de espigas que haya entre la cúspide y la base. Supongamos ahora que duplicamos el número de hileras. Esto crearía un modelo para dos generaciones de herencia, en el que la primera mitad de las hileras representaría la primera generación y la segunda mitad, la segunda. Inevitablemente, hallaremos más variación en la segunda generación que en la primera y, en generaciones sucesivas, la curva acampanada será cada vez más ancha.

Sin embargo, esto no sucede con la estatura humana real. De hecho, la anchura de la distribución de las estaturas humanas permanece relativamente constante a lo largo del tiempo. Hace un siglo no había personas de tres metros, y sigue sin haberlas. ¿Qué explica la estabilidad de la dotación genética de la población? Galton llevaba unos ocho años dándole vueltas a este enigma, desde que en 1869 había publicado su libro *Hereditary Genius*.

Como da a entender la referencia del título al «genio», lo que en verdad interesaba a Galton no eran los juegos de feria o la estatura humana, sino la inteligencia humana. Como miembro de una familia extensa con una cantidad llamativa de genios científicos, a Galton sin duda le habría gustado demostrar que el genio es una cosa de familia. Y en el libro citado se había propuesto hacer exactamente esto. Recopiló una minuciosa genealogía de 605 ingleses «eminentes» de los cuatro siglos anteriores. Pero descubrió que los hijos y los padres de aquellos hombres eminentes eran algo menos eminentes; y menos eminentes aún, los abuelos y los nietos.

Resultaría fácil decir ahora que el libro de Galton era una tontería seudocientífica. A fin de cuentas, ¿cómo se define la eminencia? ¿Y acaso no se dio cuenta de que los miembros de una familia eminente quizá tuvieron éxito gracias a su situación de privilegio, más que a su talento? Aunque los críticos del libro señalaron esta posibilidad, Galton, curiosamente, siguió sin prestarle atención.

Aun así Galton había emprendido un camino interesante, como se puso de relieve cuando empezó a fijarse en rasgos como la estatura, rasgos que es más fácil medir y están más directamente ligados a la herencia que la «eminencia». Los hijos de hombres altos tendían a ser más altos que la media, pero no tanto como sus padres. Los hijos de hombres bajos, por su parte, tendían a ser más bajos que la media, pero tampoco tanto como sus padres. Galton denominó este fenómeno primero como «reversión» y luego como «regresión a la media». El fenómeno se puede percibir en muchas otras circunstancias. Si unos estudiantes realizan dos exámenes estandarizados distintos sobre la misma materia, los que obtuvieron mejor puntuación en el primer examen suelen puntuar por encima de la media en el segundo, pero no obtienen un resultado tan bueno como la primera vez. El fenómeno de la regresión a la media es omnipresente en todas las facetas de la vida, la educación y los negocios. Por ejemplo, en el béisbol es habitual que el *rookie* del año (jugador que se desempeña con una excelencia inesperada en su primera temporada) sufra en el segundo año un «bajón», con un rendimiento no tan brillante.

Galton no sabía todo esto, y creía que había dado con una ley de la herencia, no de la estadística. Pensaba que la regresión a la media debía tener alguna causa y así lo manifestó con un ejemplo en su conferencia de la Royal Institution. Mostró al público un quincunce de dos capas (Figura 2.1).

Después de pasar por la primera serie de espigas, las bolas pasaban por unos canales inclinados que las acercaban al centro del tablero. Luego pasaban por una segunda serie de espigas. Un Galton triunfante mostró que los canales compensaban con exactitud la tendencia expansiva de la distribución normal. En esta ocasión, la distribución acampanada de las probabilidades mantenía una anchura constante de una generación a otra.

Galton conjeturó, por lo tanto, que la regresión a la media era un proceso físico, la forma en que la naturaleza se aseguraba de que la distribución de la estatura (o la inteligencia) seguía siendo la misma de una generación a otra. «El proceso de reversión coopera con la ley general de la desviación», le dijo Galton a su público. Lo comparó con la

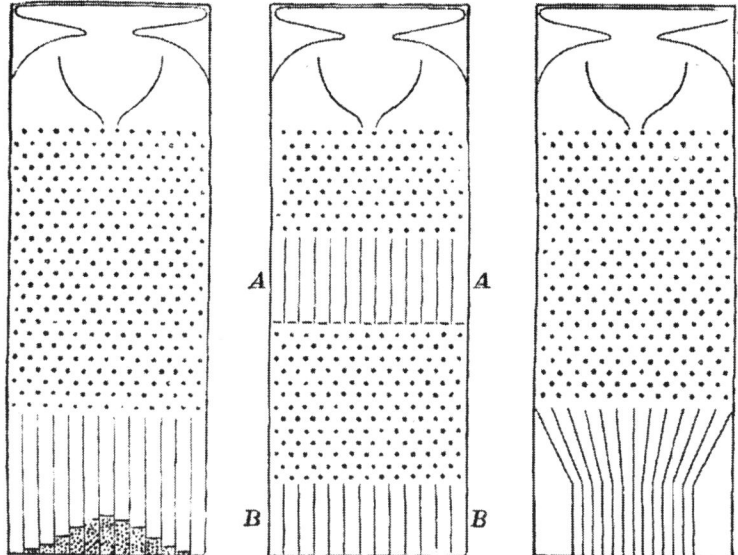

FIGURA 2.1. El tablero de Galton, usado por Francis Galton como analogía de la herencia de la estatura humana. Cuando se lanzan muchas bolas por este aparato, que recuerda a una máquina de millón, los rebotes al azar hacen que se acumulen formando una curva acampanada (izquierda). Galton observó que al pasar dos veces, A y B, por el tablero de Galton (como análogo de dos generaciones), la curva acampanada se ensancha (centro). Para contrarrestar esta tendencia, instaló unos canales inclinados que vuelven a acercar al centro a la «segunda generación». Los canales son la explicación causal que Galton da a la regresión a la media (derecha). (*Fuente*: Francis Galton, *Natural Inheritance* [1889].)

ley de Hooke, la ley física que describe la tendencia de un muelle a regresar a su longitud de equilibrio.

Recordemos la fecha. En 1877, Galton buscaba una explicación causal y pensaba que la regresión a la media era un proceso causal, como una ley de la física. Se equivocaba, pero ni mucho menos ha sido el único. Mucha gente sigue cometiendo el mismo error aun en nuestros días. Por ejemplo, los expertos en béisbol siempre buscan explicaciones causales para el «bajón del segundo año». Se quejan de que el jugador «ha desarrollado un exceso de confianza» o arguyen que «los otros jugadores han descubierto sus puntos débiles». Quizá estén en lo cierto, pero el bajón no requiere de ninguna explicación causal. Que ocurra con frecuencia se debe a las simples leyes del azar.

La explicación estadística moderna es muy sencilla. Según la ha resumido Daniel Kahneman en su libro *Pensar rápido, pensar despacio*: «Éxito = talento + suerte. Gran éxito = un poco más de talento + mucha suerte». Probablemente un jugador que sea elegido *rookie* del año tenga más talento que la media, pero probablemente también haya tenido mucha suerte. En la temporada siguiente no es probable que sea tan afortunado y su promedio de bateo será inferior.

En 1889, Galton había llegado a esta conclusión, y en el proceso —con cierta decepción, pero también fascinación— dio un primer gran paso hacia el divorcio de la estadística y el estudio de la causalidad. El razonamiento es sutil, pero vale la pena hacer el esfuerzo de comprenderlo. Es el primer llanto de la estadística, como disciplina recién nacida.

Galton había empezado a reunir una diversidad de estadísticas «antropométricas», tales como estatura, longitud del antebrazo, de la cabeza, anchura de la cabeza... Se dio cuenta de que cuando trazaba la estatura como función de la longitud del antebrazo, por ejemplo, se producía el mismo fenómeno de la regresión a la media. Los hombres altos solían tener antebrazos más largos que la media, pero la diferencia no era tan marcada como en el caso de la estatura. Como es obvio, la estatura no es una causa de la longitud del antebrazo, ni viceversa; en todo caso, la herencia genética las causa a las dos. Galton empezó a utilizar una nueva palabra para esta clase de relación: la estatura y la longitud del antebrazo estaban «correlacionadas» (en su primera formulación optó por la variante inglesa *co-related*, pero más tarde se decantó por la forma más habitual: *correlated*).

Más adelante cayó en la cuenta de un hecho aún más asombroso: en la comparación generacional se podía revertir el orden temporal, es decir: los padres también regresan a la media. El padre de un hijo que es más alto que la media, probablemente, será más alto que la media pero no tan alto como su hijo (véase la Figura 2.2). Cuando Galton se fijó en este hecho tuvo que renunciar a toda idea de dar una explicación causal a la regresión, porque en ningún caso la estatura de los hijos podría causar la de los padres.

En un principio, el hecho puede parecer paradójico. «¡Veamos! —se podría pensar—. ¿Acaso eso quiere decir que los padres altos suelen tener hijos más bajos y los hijos altos, padres más bajos? ¿Cómo pueden ser ciertas las dos afirmaciones? ¿Cómo puede ser el hijo, al mismo tiempo, más alto y más bajo que el padre?».

La clave es que no estamos hablando de un padre y un hijo concretos, sino de dos poblaciones. Empecemos con una población de padres de 1,83 m de estatura. Como son más altos que la media, los hijos regresarán hacia la media; pongamos que la estatura media de los hijos sea de 1,80 m. Ahora bien, la población de parejas de padre-hijo con padres de 1,83 m no es la misma que la población de parejas padre-hijo con hijos de 1,80 m. Cada padre del primer grupo, por definición, mide 1,83 m. Pero el segundo grupo tendrá unos pocos padres que medirán más de 1,83 m y muchos que medirán menos de 1,83 m. Su

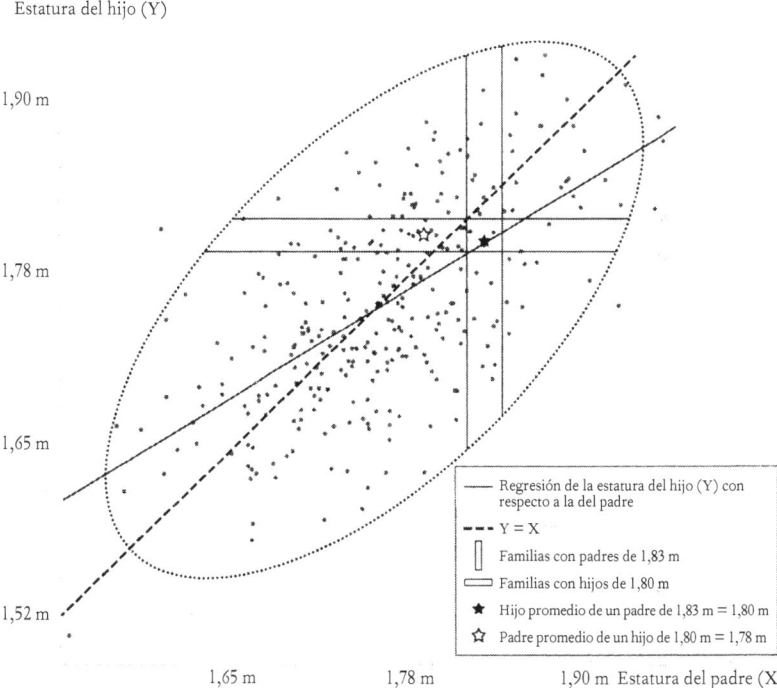

FIGURA 2.2. El diagrama de dispersión muestra un conjunto de datos de estaturas, en el que cada punto representa la estatura de un padre (en el eje x) y su hijo (eje y). La línea discontinua coincide con el eje de la elipse, mientras que la línea continua (denominada «línea de regresión») enlaza los puntos de más a la izquierda y más a la derecha de la elipse. La diferencia entre las dos da cuenta de la regresión a la media. Por ejemplo, la estrella negra muestra que los padres de 1,83 m de estatura tienen, en promedio, hijos de 1,80 m. Es decir, la estatura media de todos los puntos de datos en la franja vertical es de 1,80 m. La franja horizontal y la estrella blanca muestran que se produce la misma pérdida de altura en la dirección no causal (hacia atrás en el tiempo). (*Fuente*: Figura de Maayan Harel con la contribución de Christopher Boucher.)

estatura media será inferior al 1,80 m, lo que de nuevo exhibe una regresión a la media.

Otra forma de ilustrar la regresión es por medio de un diagrama «de dispersión», como el de la Figura 2.2. Cada pareja de padre e hijo se representa con un punto, en el que la coordenada x se corresponde con la estatura del padre y la coordenada y, con la del hijo. Así pues, un padre y un hijo que midan ambos 1,75 m estarán representados por un punto en (1,75 m, 1,75 m), en el centro mismo del diagrama de dispersión. Un padre que mida 1,83 m con un hijo de 1,80 m estará representado por un punto en (1,83 m, 1,80 m), en la esquina nororiental del diagrama. Fijémonos en que el diagrama de dispersión tiene una forma aproximadamente elíptica; este hecho, que resultó crucial para el análisis de Galton, es característico de las distribuciones normales con dos variables.

Como se puede ver en la Figura 2.2, las parejas de padre-hijo con padres de 1,83 m se hallan en una franja vertical centrada en el 1,83 m; en cambio las parejas padre-hijo con hijos de 1,80 m se hallan en una franja horizontal centrada en el 1,80 m. He aquí la prueba visual de que hablamos de dos poblaciones diferentes. Si nos centramos tan solo en la primera población (parejas con padres de 1,83 m) podemos preguntar: «En promedio, ¿cuánto miden los hijos?». Es lo mismo que preguntar dónde está el centro de esa franja vertical y, a simple vista, se percibe que el centro está cerca del 1,80 m. Si dirigimos ahora la mirada a la segunda población (con hijos de 1,80 m) podemos preguntar: «En promedio, ¿cuánto miden los padres?». Es lo mismo que preguntarnos por el centro de la franja horizontal, que a simple vista situaremos hacia unos 1,78 m.

Podemos ir más allá y pensar en seguir el mismo procedimiento para todas las franjas verticales. Eso equivale a preguntar: «Para los padres de estatura x, ¿cuál es la mejor predicción de la estatura del hijo (y)?». Alternativamente podemos tomar cada franja horizontal y preguntar dónde está su centro: para los hijos de estatura y, ¿cuál es la mejor «predicción» (o en este caso, *retrodicción*) de la altura del padre?

Mientras reflexionaba sobre esta cuestión, Galton se topó con un hecho importante: las predicciones coinciden siempre con una línea, que denominó «línea de regresión», que es menos pronunciada que el eje mayor (o eje de simetría) de la elipse (Figura 2.3). De hecho hay dos líneas de esta clase, según qué variable se prediga y cuál se utilice como evidencia. Podemos predecir la estatura del hijo basándonos en la paterna o bien la estatura del padre a partir de la del hijo. Es una si-

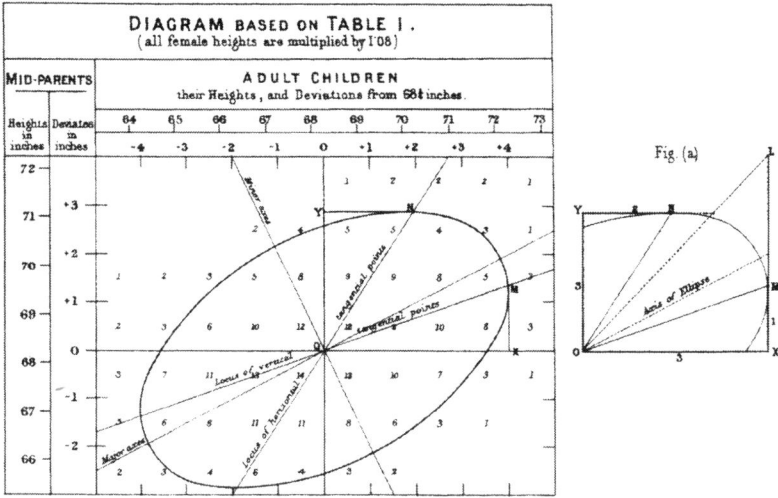

FIGURA 2.3. Líneas de regresión de Galton. La línea OM ofrece la mejor predicción de la estatura de un hijo, siempre que se conozca la del padre; la línea ON ofrece la mejor predicción de la estatura paterna si se conoce la del hijo. Ninguna es idéntica al eje mayor (eje de simetría) del diagrama de dispersión. (*Fuente*: Francis Galton, *Journal of the Anthropological Institute of Great Britain and Ireland* [1886], pp. 246-263, lámina X.)

tuación completamente simétrica. Una vez más, esto pone de manifiesto que, en lo que respecta a la regresión a la media, no existe diferencia entre causa y efecto.

La inclinación de la regresión permite predecir el valor de una variable, siempre que sepamos el valor de la otra. En el contexto del problema de Galton, una pendiente del 0,5 supondría que cada 2,5 cm adicionales se corresponderían en promedio con 1,27 cm del hijo (y viceversa). Una inclinación del 1 sería la correlación perfecta, es decir, cada 2,5 cm adicionales del padre pasa, de forma determinista, al hijo, que también sería 2,5 cm más alto. La inclinación no puede ser nunca superior a 1; si lo fuera, los hijos de padres altos serían más altos, en promedio, y los de padres bajos, más bajos; en tal caso, la distribución de alturas solo podría ensancharse, con el paso del tiempo. Al cabo de unas pocas generaciones empezaríamos a tener personas de por ejemplo 2,75 m y 0,60 m, algo que no se observa en la naturaleza. Así pues, suponiendo que la distribución de estaturas se mantenga inalterada de una generación a la siguiente, la pendiente de la línea de regresión no puede ser superior a 1.

La ley de la regresión se aplica incluso cuando correlacionamos dos cantidades diferentes, como la estatura y el cociente intelectual. Si se traza una cantidad como función de otra en un diagrama de dispersión redibujando la escala de los dos ejes como es debido, la pendiente de la línea de mejor encaje siempre se caracteriza por las mismas propiedades. Es igual a 1 solo cuando una cantidad puede predecir la otra con exactitud; es 0 cuando la predicción es una simple conjetura aleatoria. La inclinación (después de escalar) es la misma independientemente de si se traza X como función de Y o, a la inversa, Y como función de X. En otras palabras, la inclinación es agnóstica con respecto a las causas y los efectos. Una variable puede causar la otra, o quizá las dos son efecto de una tercera causa; para los fines de la predicción, carece de importancia.

Por primera vez, la idea galtoniana de la correlación ofreció una medida objetiva, independiente de toda interpretación o valoración humana, de cómo se relacionan entre sí dos variables. Las dos variables pueden representar la estatura, la inteligencia o los ingresos; pueden hallarse en relación causal, neutral o de causalidad inversa. La correlación siempre reflejará el grado de predictibilidad cruzada entre las dos variables. Karl Pearson, discípulo de Galton, derivó más adelante una fórmula para la pendiente de la línea de regresión (debidamente reescalada) que denominó «coeficiente de correlación». Este sigue siendo el primer número que los estadísticos de todo el mundo calculan cuando quieren saber con qué fuerza se relacionan dos variables distintas en un conjunto de datos. Galton y Pearson sin duda se emocionaron al descubrir una forma universal de describir las relaciones entre variables al azar. A Pearson, en especial, los resbaladizos y añejos conceptos de causa y efecto le parecían anticuados y acientíficos, en comparación con un concepto matemáticamente claro y preciso como el coeficiente de correlación.

GALTON Y LA BÚSQUEDA ABANDONADA

Es una ironía de la historia que Galton emprendiera un camino en busca de la causalidad y acabara descubriendo la correlación, una clase de relación que no atiende a las causas. Aun así, en sus escritos quedaron algunos indicios de pensamiento causal. «Es fácil ver que la correlación [entre el tamaño de dos órganos] tiene que ser consecuencia de las variaciones de los dos órganos y deberse en parte a causas comunes», escribió en 1889.

Lo primero que se sacrificó en el altar de la correlación fue la compleja maquinaria con la que Galton explicaba la estabilidad de la dotación genética de una población. El quincunce simulaba la creación de variaciones en la estatura y su transmisión de una generación a la siguiente. Pero Galton tuvo que añadir canales inclinados al quincunce con el fin específico de contener la diversidad cada vez más extendida en la población. Al cabo de ocho años, como no logró encontrar un mecanismo biológico satisfactorio que diera cuenta de esta fuerza restauradora, Galton se limitó a abandonar el empeño y centró su atención en los cantos de sirena de la correlación. El historiador Stephen Stigler, que ha dedicado muchas páginas a Galton, se fijó en este giro repentino de las aspiraciones y los objetivos galtonianos: «Lo que faltaba, tácitamente, era Darwin, los canales y toda la "supervivencia del más apto"... Con una ironía suprema, lo que se había iniciado como un intento de matematizar el marco de *El origen de las especies* concluyó con el descarte, ¡por innecesaria!, de la esencia de esta gran obra».

Pero a nosotros, en la era moderna de la inferencia causal, se nos sigue planteando el problema original. ¿Cómo explicamos la estabilidad de la población pese a las variaciones darwinianas que una generación confiere a la siguiente?

Si volvemos a examinar la máquina de Galton a la luz de los diagramas causales, lo primero que yo veo es que la máquina se construyó mal. Debería haberse empezado porque la dispersión creciente que llevó a Galton a introducir una fuerza contraria no estuviera ahí. De hecho, si seguimos el camino de una bola que cae de un nivel del quincunce al siguiente, vemos que el desplazamiento del nivel siguiente hereda la suma total de variaciones que le han ido confiriendo las espigas a lo largo de la trayectoria. Esto entra en contradicción flagrante con las ecuaciones de Kahneman:

Éxito = talento + suerte
Gran éxito = un poco más de talento + mucha suerte

Según estas ecuaciones, el éxito de la segunda generación no hereda la suerte de la primera generación. La suerte es, por definición, un suceso transitorio, que por lo tanto no tiene impacto en las generaciones futuras. Pero este comportamiento transitorio resulta incompatible con la máquina de Galton.

Para comparar estos dos conceptos, puestos en paralelo, dibujemos los diagramas causales asociados. En la Figura 2.4(a) (el concepto de Galton), el éxito se transmite a través de las generaciones y las variaciones de fortuna se acumulan indefinidamente. Esto podría resultar natural si se equipara el «éxito» a la riqueza o la eminencia. Ahora bien, para la herencia de rasgos físicos como la estatura, tenemos que cambiar el modelo galtoniano por el de la Figura 2.4(b). Aquí solo el componente genético, mostrado aquí como «talento», pasa de una generación a la siguiente. La suerte afecta independientemente a cada generación, de modo que los factores de azar de una generación no tienen manera de afectar a generaciones posteriores, ya sea directa o indirectamente.

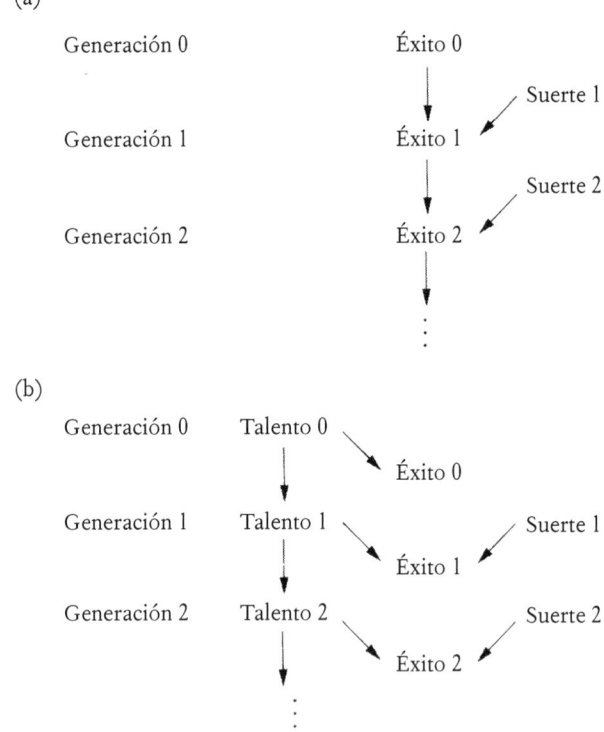

FIGURA 2.4. Dos modelos de herencia. (a) El modelo del tablero de Galton, en el que la suerte se acumula de una generación a otra, con lo que la distribución del éxito está cada vez más extendida. (b) Un modelo genético, en el que la suerte no se acumula y que conduce a una distribución constante del éxito.

Ambos modelos son compatibles con la distribución acampanada de la estatura. Pero el primer modelo no es compatible con la estabilidad de la distribución de la altura (o el éxito). El segundo modelo, por otro lado, muestra que para explicar la estabilidad del éxito de una generación a la siguiente basta con explicar la estabilidad de la dotación genética de la población (talento). Tal estabilidad recibió una explicación matemática satisfactoria en 1908, en la obra de G. H. Hardy y Wilhelm Weinberg (por eso ahora la conocemos como «equilibrio de Hardy-Weinberg»). Y ciertamente, estos autores utilizaron otro modelo causal: la teoría mendeliana de la herencia.

Retrospectivamente, hay que recordar que Galton no podía haber contado con la obra de Mendel, Hardy y Weinberg. En 1877, cuando pronunció su conferencia, la obra de Gregor Mendel, aun siendo de 1866, había caído en el olvido (y no se la redescubrió hasta 1900), y probablemente, por otro lado, el nivel matemático de las demostraciones de Hardy y Weinberg era demasiado para él. Pero resulta interesante constatar que Galton estuvo muy cerca de encontrar el marco correcto y, asimismo, que el diagrama causal facilita mucho la identificación de su premisa errónea: la transmisión de la suerte de una generación a la siguiente. Por desgracia, siguió la senda errónea de un modelo causal hermoso, pero defectuoso; y más adelante, como había descubierto la belleza de la correlación, acabó pensando que la causalidad ya no hacía falta.

Por cerrar esta sección de Galton con un comentario personal, confieso que he cometido un pecado capital de la redacción de textos históricos —uno de los muchos pecados que cometeré en este libro—. En la década de 1960 se consideró pasado de moda escribir historia desde el punto de vista de la ciencia moderna, como he hecho más arriba. Con aire burlón, se tildó de «historiografía *whig*» (o «liberal»), el estilo historiográfico que, con la ventaja de la perspectiva, se centraba en los experimentos y las teorías exitosas, y daba poco crédito a las teorías fallidas y los callejones sin salida. La historiografía moderna adoptó un estilo más democrático, que trataba con el mismo respeto a los químicos y los alquimistas y hacía hincapié en comprender todas las teorías en el contexto social de su propia época.

Cuando se trata de explicar cómo se expulsó a la causalidad de la estadística, sin embargo, luciré con orgullo la capa de un historiador *whig*. Simplemente, no hay otra forma de comprender cómo la estadística se convirtió en una empresa de reducción de datos, ciega a los modelos, si no es poniéndose las gafas de la causalidad y refiriendo de nuevo las historias de Galton y Pearson a la luz de la nueva ciencia de la causa y el efecto. De hecho, al hacerlo así, rectifico las distorsiones introducidas por los historiadores de la corriente hoy preponderante, quienes, en ausencia del vocabulario causal, se maravillan con la invención de la correlación sin prestar atención a las bajas: la muerte de la causalidad.

PEARSON: LA CÓLERA DEL FANÁTICO

Completar la tarea de eliminar la causalidad de la estadística recayó sobre Karl Pearson, el discípulo de Galton. Pero ni siquiera él lo consiguió del todo.

Leer el *Natural Inheritance* de Galton fue uno de los grandes momentos de la vida de Pearson. En 1934 escribió: «Me sentí como un bucanero de los tiempos de Drake, uno de esos hombres, que ¡así lo define el diccionario!, "sin ser piratas, tenían tendencias ciertamente piráticas". Interpreté... que Galton quería decir que había una categoría más general que la causalidad: la correlación, de la cual la causación era solo el límite; y que esta nueva concepción de la correlación posibilitaba introducir en buena medida la psicología, la antropología, la medicina y la sociología en el ámbito del análisis matemático. Galton fue el primero que me liberó del prejuicio según el cual solo era razonable aplicar la matemática a fenómenos naturales bajo la categoría de la causalidad».

Es decir, Pearson entendía que Galton había ampliado el vocabulario de la ciencia. La causalidad quedaba reducida a un simple caso especial de la correlación (en concreto, el caso en el que el coeficiente de correlación es de 1 o -1 y la relación entre x e y es determinista). Expone su concepto de causalidad, con gran claridad, en *The Grammar of Science* (1892): «El hecho de que una determinada secuencia haya ocurrido y se haya repetido en el pasado es una cuestión de experiencia para la que recurrimos al concepto de "causalidad"... La ciencia no puede, en ningún caso, demostrar ninguna necesidad inherente en una secuencia, ni probar con absoluta seguridad que se tiene que repetir». En resumen: para Pearson la causalidad es tan solo una cuestión de repetición y, en un sentido determinista, nunca se puede probar. En cuanto a la causalidad en el mundo no determinista, Pearson se mostró aún más desdeñoso: «la descripción científica última de la relación entre dos cosas siempre se puede remitir... a una tabla de contingencia». En otras palabras: para la ciencia solo existen los datos; punto. Desde esta perspectiva, las nociones de intervención y contrafactuales que hemos visto en el capítulo 1 no existen, y para hacer ciencia no necesitamos nada más que el primer peldaño de la Escalera de la Causalidad.

El salto mental de Galton a Pearson es de veras impresionante —y quizá digno de un bucanero—. Galton solo había demostrado que un fenómeno, la regresión a la media, no necesitaba una explicación causal. Ahora Pearson borraba de la ciencia toda la causalidad, en su conjunto. ¿Por qué dio este salto?

El historiador Ted Porter, en su biografía *Karl Pearson*, observa que el autor ya miraba la causalidad con escepticismo antes de haber leído el libro de Galton. Pearson había estado lidiando con la base filosófica de la física y escribió (por ejemplo): «Hablar de que la fuerza es una causa del movimiento es exactamente lo mismo que afirmar que el crecimiento de los árboles se debe a las dríades». Más en general, Pearson pertenecía a la escuela filosófica que se conoce como «positivista», que sostiene que el universo es producto del pensamiento humano y la ciencia no hace sino describir esos pensamientos. Así pues la causalidad, concebida como un proceso objetivo que ocurre en el mundo, fuera del cerebro humano, no podía tener sentido científico. Un pensamiento significativo solo puede reflejar patrones de observación que la correlación se basta para describir por completo. Una vez llegó a la conclusión de que la correlación era un descriptor del pensamiento humano más universal que la causalidad, Pearson estaba preparado para descartar del todo la causalidad.

Porter pinta un retrato vigoroso de un Pearson que, a lo largo de su vida, se calificó a sí mismo de *Schwärmer*, una palabra alemana que podemos traducir como «entusiasta» pero también interpretar más duramente como «fanático». Después de licenciarse en Cambridge, en 1879, Pearson pasó un año en Alemania, y se enamoró tanto de su cultura que se apresuró a germanizar su nombre con una K inicial. Era socialista mucho antes de que la doctrina fuera popular, y en 1881 le escribió a Karl Marx para ofrecerse a traducir al inglés *Das Kapital*. Pearson, del que es justo decir que fue uno de los primeros feministas de Inglaterra, puso en marcha una institución —el Men's and Women's Club, en London— para debatir sobre «la cuestión de la mujer». Le preocupaba que la mujer ocupara una posición subordinada en la so-

ciedad y abogaba por que se le pagara por su trabajo. Era extremamente apasionado con las ideas, a la vez que muy cerebral con sus pasiones.
Tardó casi medio año en convencer a la que sería su esposa, Maria
Sharpe, de que se casara con él, y las cartas que se cruzaron sugieren
que ella estaba realmente atemorizada ante la posibilidad de no estar a
la altura de los elevados ideales intelectuales de él.

Cuando Pearson encontró a Galton y su concepto de correlación,
le sirvió para centrar sus propias pasiones: creía que la idea podía
transformar el mundo de la ciencia y aportar rigor matemático a campos como la biología y la psicología. Y para hacer realidad su misión,
se puso manos a la obra con la determinación de un bucanero. Su primer artículo sobre estadística vio la luz en 1893, cuatro años después
de que Galton descubriera la correlación. En 1901 había fundado una
revista, *Biometrika*, que sigue siendo una de las publicaciones más in-
fluyentes de la estadística (abierta a algunos documentos heréticos,
pues en 1995 acogió mi primer artículo sobre los diagramas causales).
En 1903, el Gremio de Pañeros le había concedido una beca para poner en marcha un Laboratorio de Biométrica en el University College
de Londres, que en 1911 se convirtió oficialmente en departamento:
Galton, a su muerte, había dejado una donación para una cátedra (con
la condición de que su primer titular fuera Pearson). Durante casi dos
décadas, el Laboratorio de Biométrica de Pearson fue el centro mundial de la estadística.

Cuando Pearson dispuso de poder, su fanatismo se fue manifes-
tando cada vez con mayor claridad. Como ha escrito Porter en su biografía: «el movimiento estadístico de Pearson tenía algunos rasgos de
secta cismática. Exigía lealtad y compromiso a los asociados y expulsa-
ba de la iglesia biométrica a los disidentes». Uno de sus primeros ayu-
dantes, George Udny Yule, fue también de los primeros en sentir la
cólera de Pearson. La necrológica que Yule dedicó a Pearson, redactada para la Royal Society en 1936, transmite la profundidad de la herida,
aunque disfrazada en un lenguaje cortés.

> El contagio de su entusiasmo, es cierto, poseía un valor incalculable;
> pero su dominio, su afán mismo por ayudar, podía resultar perjudi-
> cial... Este deseo de dominar, de que todo fuera exactamente como él
> quería, se ha expresado también de otros modos, en particular en la di-
> rección de *Biometrika*, sin duda la revista cuyo proceso de edición ha
> sido el más personal de todas las que se hayan publicado... Quienes se

apartaban de él y empezaban a pensar por sí mismos era fácil que descubrieran —como en efecto sucedió, dolorosamente, en más de un caso— que, tras una divergencia de opinión, mantener la cordialidad de las relaciones pasaba a resultar difícil y, tras una crítica expresa, sencillamente imposible.

Aun así, en el edificio que Pearson erigió para una ciencia sin causalidad había grietas, y quizá más aún entre los fundadores que entre los discípulos posteriores. Recordemos aquí, por ejemplo, que el propio Pearson redactó algunos artículos sorprendentes sobre las «correlaciones espurias», un concepto al que es imposible dotar de sentido sin hacer alguna referencia a la causalidad.

Pearson se dio cuenta de que resulta relativamente fácil encontrar correlaciones que son simplemente una memez. Citemos como ejemplo un caso divertido, posterior a la época de Pearson: en una nación, existe una correlación poderosa entre el consumo de chocolate per cápita y el número de ganadores de premios Nobel. Parece una memez porque no podemos imaginar ninguna forma en la que tomar chocolate pudiera causar premios Nobel. Hay una explicación más probable: en los países occidentales más ricos se come más chocolate, y los ganadores de premios Nobel se han escogido también, en su mayoría, entre estos países. Pero nos hallamos ante una explicación causal y, para Pearson, no son necesarias para el pensamiento científico. Para él la causalidad era tan solo un «fetiche entre los arcanos inescrutables de la ciencia moderna». Se suponía que el objetivo de la comprensión científica eran las correlaciones. Pero esto dejaba a Pearson en una posición extraña, cuando tocaba explicar por qué una correlación es significativa y otra, «espuria». Defiende que una correlación genuina indica que las variables están unidas por una «relación orgánica», a diferencia de lo que sucede en las espurias. Pero ¿qué es una «relación orgánica»? ¿No es acaso la causalidad, bajo otro nombre?

Conjuntamente, Pearson y Yule reunieron varios ejemplos de correlaciones espurias. Un caso típico es lo que hoy se denomina «factor de confusión», del que es un buen ejemplo la historia del chocolate y el Nobel (la riqueza y la ubicación geográfica son factores de confusión, o causas comunes, tanto del consumo de chocolate como de la frecuencia de concesión de los Nobel). Otro tipo de «correlación absurda» emerge a menudo en los datos de series temporales. Yule encontró por ejemplo una correlación increíblemente elevada (0,95) entre la tasa de mortalidad en Inglaterra, en un año dado, y el porcentaje de matrimonios oficiados ese año por la Iglesia de Inglaterra. ¿Castigaba Dios a los anglicanos por su afición al matrimonio? ¡No! Sencillamente, coincidían temporalmente dos tendencias históricas distintas: la tasa de mortalidad del país estaba reduciéndose y la participación en la Iglesia de Inglaterra iba declinando. Como las dos menguaban al mismo tiempo, se producía una correlación positiva entre las dos, pero sin conexión causal.

Pearson ya había descubierto en 1899 el que probablemente es el tipo más interesante de «correlación espuria». Surge cuando dos poblaciones heterogéneas se agregan para constituir una. Pearson, al igual que Galton, recopilaba obsesivamente datos sobre el cuerpo humano. Así, había obtenido medidas de 806 cráneos de varón y 340 cráneos de mujer de las Catacumbas de París (Figura 2.5). Calculó la correlación existente entre la longitud y la anchura de los cráneos. Cuando el cálculo se aplicaba exclusivamente a hombres o a mujeres, las correlaciones eran insignificantes: no había una asociación significativa entre la longitud y la anchura de cráneo. Ahora bien, cuando se combinaban los dos grupos se llegaba a una correlación de 0,197 que, habitualmente, se tendría por significativa. La idea tiene sentido porque hoy sabemos que una longitud craneal reducida es un indicio probable de que haya pertenecido a una mujer y, por lo tanto, de que la

FIGURA 2.5. Karl Pearson con un cráneo de las Catacumbas de París. (*Fuente*: Ilustración de Dakota Harr.)

anchura también será inferior. Sin embargo Pearson entendía que se trataba de una falsedad estadística. El hecho de que la correlación fuera positiva carecía de un sentido «orgánico» o biológico; era tan solo el producto de haber combinado de forma inapropiada dos poblaciones distintas.

Este ejemplo es un caso de un fenómeno más general, conocido como «paradoja de Simpson». El capítulo 6 abordará cuándo es apropiado segregar los datos en grupos separados y explicará por qué con la agregación pueden surgir correlaciones espurias. Pero veamos ahora qué escribió Pearson: «A los que insisten en mirar todas las correlaciones como causa y efecto, el hecho de que pueda producirse una correlación entre dos caracteres A y B muy poco relacionados al crear una combinación artificial de dos razas estrechamente aliadas tiene que producirles no poca conmoción». Como ha escrito Stephen Stigler: «No puedo resistirme a conjeturar que él mismo fue el primero en quedar conmocionado». En esencia, Pearson se estaba reprendiendo a sí mismo por la tendencia a pensar causalmente.

Si contemplamos el mismo ejemplo a través de la lente de la causalidad, solo podemos decir: ¡Que ocasión tan buena... y tan desaprovechada! En un mundo ideal, tal clase de ejemplos quizá habrían movido a un científico de talento a pensar por qué se había sentido conmocionado y desarrollar una ciencia que prediga la aparición de correlaciones espurias. Como mínimo, este científico debería explicarnos cuándo agregar los datos y cuándo no. Pero como guía para sus seguidores, Pearson tan solo aportó que una combinación «artificial» (sin que esté claro cómo debemos entender este adjetivo) es mala. Irónicamente, gracias a la lente causal, ahora sabemos que en algunos casos el resultado correcto procede de los datos agregados, no de los separados. La lógica de la inferencia causal puede decirnos, de hecho, en cuál tenemos que confiar. ¡Ojalá Pearson estuviera aquí para disfrutarla!

No todos los estudiantes de Pearson siguieron sus pasos a ciegas. Yule, que rompió con Pearson por otras razones, también discrepaba en este punto. Al principio lo hallamos en el bando de la línea dura, al sostener que las correlaciones dicen todo lo que podríamos desear comprender sobre la ciencia. Ahora bien, cambió de opinión, hasta cierto punto, cuando quiso explicar las condiciones de pobreza de Londres. En 1899 estudió la cuestión de si el *out-relief* («socorro externo»: asistencia económica entregada a un hogar pobre sin necesidad de que sus integrantes vivan en un asilo) incrementaba la tasa de pobreza.

Los datos mostraban que los distritos con un mayor subsidio externo poseían un mayor índice de pobreza, pero a Yule no le pasó por alto que la correlación podía ser espuria: esos distritos también tenían más población anciana que tendía a contar con menos recursos. Ahora bien, se puso de manifiesto que al comparar incluso distritos con un mismo porcentaje de población anciana, la correlación se mantenía. Tuvo entonces la valentía de aseverar que la mayor tasa de pobreza «se debe» al socorro externo. Después de haber quebrantado las reglas, recuperó la línea oficial apuntando en una nota al pie: «Estrictamente hablando, donde dice "se debe a" léase "está asociada con"». Aquí estableció el modelo que adoptarían varias generaciones de científicos, detrás de él: pensaban que algo «se debe a» y escribían que «está asociado con».

Con Pearson y sus seguidores abiertamente hostiles a la causalidad, y disidentes tibios como Yule, con temor a enfrentarse al líder, se habían sentado las bases para que otro científico del otro lado del océano planteara el primer desafío directo a la cultura que evitaba la causación.

SEWALL WRIGHT, CONEJILLOS DE INDIAS Y DIAGRAMAS DE CAMINOS

Cuando Sewall Wright llegó a la Universidad de Harvard, en 1912, su currículum académico no permitía prever qué efecto tan perdurable iba a tener sobre la ciencia. Había asistido a un centro universitario menor (y hoy difunto), el Lombard College de Illinois, y se licenció en una clase de tan solo siete estudiantes. Entre sus profesores figuraba su propio padre, Philip Wright, un académico «oficial de todo» que también dirigía la prensa de la facultad. Sewall y su hermano Quincy ayudaban en los servicios editoriales y, entre otras cosas, publicaron los primeros poemas de un estudiante de Lombard que descollaría en el panorama literario de Estados Unidos: Carl Sandburg.

Después de licenciarse, Sewall Wright siguió muy unido a su padre; de hecho cuando Sewall se mudó a Massachusetts, *papa* Philip hizo lo mismo. Más adelante, cuando Sewall empezó a trabajar en Washington D. C., el padre también se trasladó, primero a la Comisión de Aranceles y luego a la Institución Brookings, como economista. Aunque sus intereses académicos divergían, hallaron formas de colaborar: Philip fue el primer economista que utilizó los diagramas de caminos (*path diagrams*), inventados por su hijo.

Wright llegó a Harvard para estudiar genética, por entonces de moda entre los temas científicos porque se acababa de redescubrir la teoría de Gregor Mendel sobre los genes dominantes y recesivos. William Castle, tutor académico de Wright, había identificado ocho factores hereditarios distintos (que hoy llamaríamos «genes») que afectaban al color de la piel en los conejos. Castle encomendó a Wright que hiciera el mismo estudio con conejillos de Indias. Después de doctorarse en 1915, Wright recibió una oferta para la que sin duda reunía una cualificación única: cuidar de los cobayas del USDA (Departamento de Agricultura de Estados Unidos).

Uno se pregunta si el USDA tenía claro a quién estaba incorporando cuando contrató a Wright. Quizá esperaba a un cuidador aplicado, capaz de poner orden en el caos de veinte años de archivos deficientes. Wright hizo tal cosa y mucho, mucho más. Los conejillos de Indias de Wright fueron el trampolín de toda su carrera y el conjunto de su teoría de la evolución, como los pinzones de las Galápagos que habían inspirado a Charles Darwin. Wright fue de los primeros en defender la idea de que la evolución no es gradual, como había planteado Darwin, sino que avanza mediante estallidos relativamente bruscos.

En 1925, Wright ocupó una plaza en la Universidad de Chicago, lo que probablemente convenía más a una persona de intereses teóricos tan amplios. No por ello desatendió a sus conejillos de Indias. Suele contarse la anécdota de que, en cierta ocasión, tenía en brazos a un cobaya revoltoso mientras estaba dando clase y, distraídamente, empezó a usar al animalillo para borrar la pizarra (véase la Figura 2.6). Aunque los biógrafos de Wright están de acuerdo en que la historia es probablemente apócrifa, no es raro que los relatos de esta clase contengan más verdad que las áridas biografías.

Aquí nos interesan en particular los trabajos iniciales de Wright en el USDA. En los cobayas no había manera de que la herencia del color de la piel se rigiera por las leyes mendelianas. Resultó virtualmente imposible criar un cobaya enteramente blanco o de color, e incluso las familias más endogámicas (con múltiples generaciones derivadas del emparejamiento de hermanos y hermanas) seguían teniendo una variación pronunciada, desde los animales principalmente blancos a los mayoritariamente de color. Esto contradecía la predicción de la gené-

FIGURA 2.6. Sewall Wright fue el primero en desarrollar un método matemático para responder a preguntas causales a partir de datos: los diagramas de caminos. Su amor por las matemáticas solo se vio superada por la pasión por los conejillos de Indias. (*Fuente*: Ilustración de Dakota Harr.)

tica mendeliana según la cual un rasgo concreto se «fijaría» después de varias generaciones de endogamia.

Wright empezó a poner en duda que la cantidad de blanco se rigiera exclusivamente por la genética y planteó que algunas variaciones se debían a «factores de desarrollo» en el útero materno. Hoy, en retrospectiva, sabemos que es así. Los distintos genes del color se expresan en lugares distintos del cuerpo, y los patrones de color dependen no solo de los genes que el animal haya heredado, sino de dónde y en qué combinaciones resulta que se expresan o suprimen.

Como sucede a menudo (¡al menos, entre las personas más ingeniosas!), un problema acuciante en la investigación fructifica en nuevos métodos de análisis, cuyo valor trasciende en mucho el origen especializado en la genética de los cobayas. Sin embargo, a Sewall Wright es probable que calcular los factores de desarrollo le pareciera un problema sencillo que ya podría haber resuelto cuando estudiaba matemáticas en la clase de su padre, en Lombard. Al examinar la magnitud de una cantidad desconocida, primero se asigna un símbolo a esa cantidad, luego se expresa cuanto se sabe sobre esta y otras cantidades en forma de ecuaciones matemáticas y, por último, si se dispone de la paciencia necesaria y las ecuaciones suficientes, se las puede resolver para encontrar la cantidad que nos interesa.

En el caso de Wright, la cantidad deseada y desconocida (mostrada en la Figura 2.7) era d, el efecto de los «factores de desarrollo» sobre la piel blanca. En sus ecuaciones entraban también otras cantidades causales, como h, los factores «hereditarios», también desconocidos. Por último —y aquí el golpe de ingenio— Wright mostró que si conocíamos las cantidades causales de la Figura 2.7, podíamos predecir correlaciones en los datos (no mostrados en el diagrama) por medio de una simple regla gráfica. Esta regla tiende un puente entre el mundo profundo y oculto de la causalidad y el mundo superficial de las correlaciones. Fue el primer puente levantado entre la causalidad y la probabilidad, la primera vez que se cruzaba la barrera que separa el primer y el segundo peldaño de la Escalera de la Causalidad. Una vez tendido

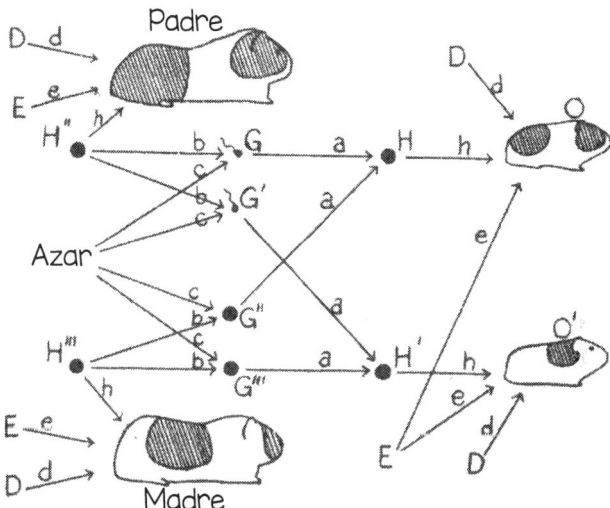

FIGURA 2.7. El primer diagrama de caminos de Sewall Wright, que expone los factores que determinan el color de la piel de los conejillos de Indias. D son los factores de desarrollo (posteriores a la concepción, anteriores al nacimiento), E los factores ambientales (tras el nacimiento), G los factores genéticos específicos del padre o la madre, H los factores hereditarios combinados de ambos padres, O, O', la descendencia. El objetivo del análisis era calcular la fuerza de los efectos de D, E, H (escrito d, e, h en el diagrama). (*Fuente:* Sewall Wright, *Proceedings of the National Academy of Sciences* [1920], pp. 320-332.)

el puente Wright pudo recorrerlo hacia atrás, *desde* las correlaciones medidas en los datos (primer peldaño) *a* las cantidades causales ocultas *d* y *h* (segundo peldaño). Lo hizo resolviendo ecuaciones algebraicas. Sin duda a Wright le pareció sencillo, pero lo cierto es que resultó revolucionario porque fue la primera demostración de que el mantra de que la correlación no supone causalidad debía dar paso a: «Algunas correlaciones sí implican causalidad».

A la postre, Wright pudo mostrar que los factores de desarrollo hipotéticos eran más importantes que la herencia. En una población de conejillos de Indias criados al azar, el 42 % de la variación en los patrones de pelaje se debía a la herencia y el 58 %, al desarrollo. En cambio, en una familia muy endogámica, solo el 3 % de la variación en el pelaje blanco se debía a la herencia, mientras que el 92 % obedecía a los factores de desarrollo. En otras palabras: veinte generaciones de endogamia habían eliminado casi por completo la variación genética, pero los factores de desarrollo seguían actuando.

Aunque el resultado es interesante, lo crucial, para nuestra historia, es la forma en que Wright defendió sus argumentos. El diagrama de caminos de la Figura 2.7 es el plano callejero que nos indica cómo navegar por el puente que une los peldaños uno y dos. Es una revolución científica compendiada en una imagen... y encima, ¡acompañada de unos cobayas adorables!

Obsérvese que el diagrama de caminos muestra todos los factores imaginables que podrían afectar a la pigmentación de un bebé cobaya. Las letras *D*, *E* y *H* se refieren respectivamente a los factores de desarrollo, ambiente y herencia. Cada progenitor (padre y madre) y cada cría (descendiente *O* y *O'*) posee su propio conjunto de factores *D*, *E* y *H*. Las dos crías comparten los factores ambientales *E*, pero las historias de su desarrollo *D* son distintas. El diagrama incorpora la perspectiva de la genética mendeliana, por entonces novedosa: la herencia *H* de una cría está determinada por el esperma y los óvulos de sus padres (*G* y *G'*), determinados a su vez por la herencia de los padres (*H''* y *H'''*) a través de un proceso de mezcla que en aquel momento aún no se comprendía (porque no se había descubierto el ADN). Se entendía, no obstante, que el proceso de mezcla incluía un elemento de azar (mostrado como «Azar» en el diagrama).

El diagrama no muestra de forma explícita la diferencia entre una familia endogámica y una ordinaria. En una familia endogámica se produciría una correlación poderosa entre la herencia del padre y la madre, que Wright indicó con una flecha de doble punta entre H'' y H'''. Con esta salvedad, todas las flechas del diagrama son monodireccionales y conducen de una causa a un efecto. Por ejemplo, la flecha de G a H indica que el espermatozoide del padre puede tener un efecto causal directo en la herencia de la cría. La ausencia de una flecha de G a H' transmite que el espermatozoide que dio lugar al descendiente O no posee efecto causal sobre la herencia del descendiente O'.

Si el lector va separando el diagrama de esta forma, flecha a flecha, creo que encontrará que todas y cada una tienen perfecto sentido. Nótese también que cada flecha se acompaña de una letra en minúscula (a, b, c...). Estas letras son lo que se denomina «coeficientes del camino» y representan la fortaleza de los efectos causales que Wright quería resolver. A grandes rasgos, un coeficiente del camino representa la cantidad de variabilidad de la variable *objetivo* que se explica por la variable *fuente*. Por ejemplo, resulta bastante obvio que el 50 % de la composición hereditaria de cada cría debe proceder de cada uno de los progenitores, de forma que a debería ser $1/2$. (Por razones técnicas, Wright optó por la raíz cuadrada, con lo que $a = 1/\sqrt{2}$ y $a^2 = 1/2$.)

Esta interpretación de los coeficientes del camino, entendida como la cantidad de la variación explicada por una variable, era razonable en aquel momento. La interpretación causal moderna es distinta: ahora los coeficientes del camino representan el resultado de una intervención hipotética sobre la variable fuente. Pero la noción de intervención tuvo que aguardar hasta la década de 1940 y Wright no podía haberla previsto cuando escribió su artículo, en 1920. Por suerte, en los modelos simples que analizó entonces, las dos interpretaciones proporcionan el mismo resultado. Quiero hacer hincapié en que el diagrama de caminos no es tan solo una imagen atractiva; es un dispositivo computacional poderoso porque la regla de cómputo de las correlaciones (el puente entre el primer y el segundo peldaño) implica trazar las trayectorias que enlazan dos variables una con otra y multiplicar los coeficientes encontrados por el camino. Por otro lado obsérvese que las flechas omitidas transmiten de hecho premisas más significativas que las presentes. Una flecha ausente restringe el efecto causal a cero, mientras que una presente es del todo agnóstica sobre la magnitud del efecto (salvo que *a priori* impongamos algún valor al coeficiente del camino).

El artículo de Wright fue un *tour de force* que merece figurar entre los grandes hitos de la biología del siglo XX. Sin lugar a dudas, es un hito en la historia de la causalidad. La Figura 2.7 es el primer diagrama causal publicado nunca, el primer paso de la ciencia del siglo XX hacia el segundo peldaño de la Escalera de la Causalidad. ¡Y no es ningún paso vacilante, sino atrevido y decisivo! Al año siguiente Wright publicó un artículo mucho más general, titulado «Correlación y causalidad», que explicaba cómo funcionaba el análisis de caminos en circunstancias distintas a la cría de conejillos de Indias.

No sé qué clase de reacción esperaba aquel científico de treinta años, pero la que recibió tuvo que asombrarle. Llegó en forma de refutación, publicada en 1921 por cierto Henry Niles, discípulo del estadístico estadounidense Raymond Pearl (con el que no me une parentesco), que a su vez era estudiante de Karl Pearson, el padrino de la estadística.

En el mundo académico abunda el salvajismo amable, como he tenido el honor de soportar en alguna que otra ocasión de mi carrera —en general muy plácida—; pero aun así he visto pocas críticas tan salvajes como la de Niles. La inicia con una larga serie de citas de sus héroes, Karl Pearson y Francis Galton, que aseveran la redundancia —más aún, la plena insignificancia— de la palabra «causa». Y concluye: «Contrastar la "causalidad" con la "correlación" está injustificado porque la causación no es sino una correlación perfecta». La frase se hace eco directo de lo que Pearson escribió en su *Grammar of Science*.

Niles expresa su desdén por el conjunto de la metodología de Wright. Escribe: «La falacia fundamental del método parece ser la premisa de que es posible establecer *a priori* un sistema gráfico relativamente simple que represente con veracidad las líneas de acción de diversas variables entre sí y con respecto a un resultado común». Por último, Niles repasa varios ejemplos y, equivocándose con torpeza en los cálculos (porque no se había tomado la molestia de entender las reglas de Wright), llega a conclusiones opuestas. Como resumen declara: «Por lo tanto concluimos que, filosóficamente, la base del método de los coeficientes del camino es defectuosa, a la vez que, en la práctica, hemos podido constatar que los resultados de su aplicación carecen de toda fiabilidad».

Desde un punto de vista científico, quizá no vale la pena entrar a discutir con detalle las críticas de Niles; pero el texto es muy importante para la historia de la causalidad. En primer lugar refleja fielmente la actitud de su generación hacia la causalidad, así como el control total que su mentor, Karl Pearson, tenía sobre el pensamiento científico de su tiempo. En segundo lugar, en nuestros días se siguen escuchando las objeciones de Niles.

Ciertamente, hay ocasiones en las que los científicos no conocen toda la red de relaciones existentes entre sus variables. En tal caso —aducía Wright— podemos usar el diagrama como forma de exploración; podemos plantear determinadas relaciones causales y calcular qué correlaciones predice entre las variables. Si estas se contradicen con los datos, tenemos una prueba de que las relaciones que planteábamos eran falsas. Esta forma de usar los diagramas de caminos, redescubierta en 1953 por el economista Herbert Simon (galardonado en 1978 con un Nobel), ha sido fuente de inspiración de muchos trabajos de ciencias sociales.

Aunque no es necesario conocer todas las relaciones causales entre las variables que nos interesan y podríamos extraer algunas conclusiones a partir de una información tan solo parcial, Wright insiste en un aspecto con absoluta claridad: no se puede llegar a conclusiones causales sin algunas hipótesis causales. Recordemos a este respecto la conclusión del capítulo 1: no se puede responder un interrogante del segundo peldaño de la Escalera de la Causalidad usando tan solo datos recopilados en el primer peldaño.

En este contexto, a veces me preguntan: «¿Esto no convierte en circular el razonamiento causal? ¿No se está presuponiendo lo que se pretende demostrar?». La respuesta es NO. Al combinar premisas obvias, cualitativas y muy moderadas (por ejemplo, que el color del pelaje de una cría no influye en el de los padres) con veinte años de datos sobre los cobayas, Wright obtuvo un resultado cuantitativo que no tiene nada de obvio: que el 42 % de la variación de color se debe a la herencia. Extraer conclusiones que no son evidentes a partir de lo evidente no es circular; es un triunfo científico y hay que ensalzarlo como tal.

La aportación de Wright es única porque la información que conduce a la conclusión (la heredabilidad del 42 %) residía en dos lenguajes matemáticos no solo distintos, sino casi incompatibles: el de los diagramas, por un lado, y el de los datos, por otro. Esta idea herética de casar la «información en flechas», cualitativa, con la «información en datos», cuantitativa (¡dos lenguas extrañas!) fue uno de los milagros que primero me atrajo, como científico informático, a la presente empresa.

Muchas personas siguen cometiendo el error de Niles: pensar que el objetivo del análisis causal es demostrar que X es una causa de Y, o bien encontrar la causa de *Y* desde cero. Este es el problema del descubrimiento causal, el gran sueño que yo ambicionaba cuando me sumergí por vez primera en los modelos gráficos (y sigue siendo un ámbito de estudio vigoroso). En contraste, la investigación de Wright —y la de este libro— se centra en representar un conocimiento causal plausible en algún lenguaje matemático, combinarlo con datos empíricos y responder a interrogantes causales con valor práctico. Wright entendió desde el principio que el descubrimiento causal era mucho más difícil, tal vez imposible. En su respuesta a Niles, afirma: «El autor [en referencia a sí mismo] nunca ha planteado la insensata pretensión de que la teoría de los coeficientes de caminos proporcione una fórmula general para deducir relaciones causales. Desea aducir que combinar el conocimiento de las correlaciones con el conocimiento de las relaciones causales para obtener determinados resultados es distinto a deducir relaciones causales a partir de las correlaciones, como da a entender la afirmación de Niles».

«E PUR SI MUOVE» («Y SIN EMBARGO, SE MUEVE»)

Si yo fuera un historiador profesional probablemente me detendría aquí. Pero he prometido ser un «historiador *whig*» y, por lo tanto, no puedo abstenerme de expresar mi más profunda admiración por la precisión de las palabras de Wright en la cita que concluye la sección anterior, que no han perdido frescura en los noventa años transcurridos desde que las expresó y, en lo esencial, definió el nuevo paradigma del análisis causal moderno.

Mi admiración por la precisión de Wright, aun siendo inmensa, todavía cede ante mi admiración por su determinación y valor. Imaginemos la situación en 1921. Un matemático autodidacta se enfrenta en solitario al *establishment* de la estadística. Le dicen: «Tu método se basa en una comprensión totalmente equivocada de la naturaleza de la causalidad en el sentido científico». Y él contesta: «¡En ningún caso! Mi método genera algo importante, que va más allá de todo lo que vosotros podéis generar». Ellos insisten: «Nuestros gurús ya examinaron estos problemas, hace dos décadas, y llegaron a la conclusión de que lo que has hecho es absurdo. Solo has combinado correlaciones con correlaciones, y has obtenido más correlaciones. Ya lo entenderás cuando crezcas». Él no cede: «No desprecio a vuestros gurús, pero al pan, pan. Mis coeficientes del camino no son correlaciones. Son algo del todo distinto: efectos causales».

Imagínese que está en el colegio y los amigos se burlan de usted por creer que $3 + 4 = 7$, cuando todo el mundo sabe que $3 + 4 = 8$. Pide ayuda a la maestra, pero esta también afirma que $3 + 4 = 8$. ¿Quién no volvería a casa pensando que quizá se equivoca? Hasta el más fuerte de los hombres empezaría a vacilar en sus convicciones. Lo sé porque yo he estado en ese colegio.

Pero Wright no pestañeó siquiera. Y eso que no se trataba de una simple cuestión de aritmética, en la que puede haber alguna clase de verificación independiente. Solamente los filósofos se habían atrevido a opinar sobre la naturaleza de la causalidad. ¿De dónde procedía la convicción personal de Wright de estar en el buen camino y de que todo el resto de la clase se equivocaba? Quizá la educación característica del Midwest de Estados Unidos y el hecho de haber asistido a un colegio universitario tan diminuto habían fomentado la seguridad en sí mismo y le habían enseñado que el conocimiento más seguro no es sino el que uno mismo se construye.

Entre los primeros libros de ciencia que leí en mi escuela, uno contaba cómo la Inquisición obligó a Galileo a rectificar la enseñanza de que la Tierra da vueltas en torno del Sol; Galileo tuvo que rectificar, pero musitó: «Y sin embargo, se mueve» (*E pur si muove*). Creo que no habrá un niño en el mundo que, después de leer esta leyenda, no se haya sentido inspirado por el valor con el que Galileo defendía sus convicciones. Y aun así, por mucho que me admire su resistencia, también reconozco que al menos él podía apoyarse en las observaciones astronómicas. Wright solo contaba con conclusiones no verificadas; por ejemplo, que los factores de desarrollo explican el 58 % (no el 3 %) de la variación. No podía apoyarse más que en la convicción personal de que los coeficientes del camino cuentan más cosas que las correlaciones, y aun así se afirmó: «Y sin embargo, se mueve».

Los colegas me dicen que, cuando las redes bayesianas lucharon contra el *establishment* de la inteligencia artificial (véase el capítulo 3), yo me comporté de una forma obstinada, firme, incluso inflexible. De hecho recuerdo que estaba absolutamente convencido de la idoneidad de mi enfoque, sin la más mínima vacilación. Pero tenía de mi parte la teoría de la probabilidad. Wright, en cambio, no contaba con el respaldo ni de un solo teorema. Los científicos habían abandonado la causalidad, así que Wright no podía disponer de ningún marco teórico. Tampoco podía apoyarse en las autoridades, a diferencia de Niles, porque no podía citar a nadie; tres décadas antes, los gurús ya habían dictado sus veredictos.

Pero Wright debió de contar con el alivio —y un indicio de que estaba en el buen camino— de comprender que él podía dar respuesta a interrogantes que, de otro modo, quedaban sin contestar. Uno de estos interrogantes abiertos era por ejemplo determinar la importancia relativa de varios factores. Podemos hallar otro ejemplo hermoso de ello en su artículo «Correlación y causalidad», de 1921, donde se pregunta en qué afectará al peso de una cría de cobaya el hecho de pasar un día más en el útero materno. Quiero examinar la respuesta de Wright con cierto detalle, para disfrutar de la belleza de su método y satisfacer a los lectores que deseen saber cómo funciona la matemática del análisis de caminos.

Observemos primero que la respuesta de Wright no se puede responder directamente, porque no podemos pesar a la cría que aún está en la matriz. Lo que sí podemos hacer, en cambio, es comparar el peso al nacer de cobayas que hayan pasado (pongamos) sesenta y seis días de gestación con el de los que hayan pasado sesenta y siete. Wright constató que los conejillos de Indias que habían pasado un día más en el útero pesaban de media 5,66 gramos más, al nacer. De aquí podríamos concluir —ingenuamente— que un embrión de cobaya engorda 5,66 gramos al día justo antes de nacer.

«¡Es un error!», advierte Wright. Las crías que nacen más tarde suelen nacer más tarde por una razón: comparten la camada con menos hermanos. Esto significa que durante el embarazo gozan de condiciones más favorables al crecimiento. Un cachorro que solo tenga dos hermanos, por ejemplo, ya pesará más de entrada, en el día sesenta y seis, que una cría con cuatro hermanos. Así pues la diferencia de peso al nacer tiene dos causas que es preciso diferenciar. ¿Qué parte de los 5,66 gramos obedece al hecho de pasar un día más en el útero, y qué parte se debe a tener menos hermanos con los que competir?

Wright respondió a la pregunta creando un diagrama de caminos (Figura 2.8). X representa el peso del cachorro al nacer. Q y P representan las dos causas conocidas del peso al nacer: la duración de la gestación (P) y el ritmo de crecimiento en el útero (Q). L representa el tamaño de la camada, que afecta tanto a P como a Q (una camada más

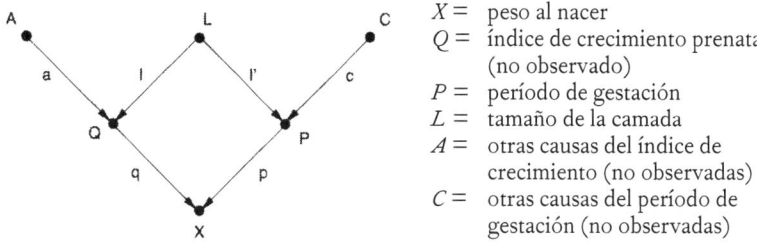

X = peso al nacer
Q = índice de crecimiento prenatal
    (no observado)
P = período de gestación
L = tamaño de la camada
A = otras causas del índice de
    crecimiento (no observadas)
C = otras causas del período de
    gestación (no observadas)

FIGURA 2.8. Diagrama causal (de caminos) para el ejemplo del peso al nacer.

numerosa hace que el cachorro crezca más despacio y disponga de menos días en el útero). Es fundamental llamar la atención sobre el hecho de que podemos medir X, P y L, en todas las crías, pero no Q. Por último, A y C son causas exógenas sobre las que carecemos de datos (por ejemplo, factores hereditarios y ambientales que controlan el índice de crecimiento y tiempo de gestación independientemente del tamaño de la camada). La premisa importante de que son factores independientes entre sí se refleja en la ausencia de flechas que los unan, así como de antecesores comunes.

Pues bien, la cuestión a la que Wright debía responder era: «¿Cuál es el efecto directo del período de gestación P sobre el peso al nacer X?». El dato de 5,66 gramos por día no muestra el efecto directo, sino solo una correlación, sesgada por el tamaño de la camada (L). Para averiguar el efecto directo es necesario eliminar este sesgo.

En la Figura 2.8, el efecto directo se representa con el coeficiente del camino p, que se corresponde con el camino $P \rightarrow X$. El sesgo debido al tamaño de la camada se corresponde con el camino $P \leftarrow L \rightarrow Q \rightarrow X$. Y ahora viene la magia algebraica: la cantidad del sesgo es igual al producto de los coeficientes del camino que uno encuentra en ese camino (en otras palabras: l veces l' veces q).[1] La correlación total, por lo tanto, es tan solo la suma de los coeficientes del camino de los dos caminos: dicho con álgebra, $p + (l \times l' \times q) = 5,66$ gramos diarios.

Si sabemos los coeficientes del camino l, l' y q, entonces podemos calcular el segundo término y restárselo a 5,66 para obtener la cantidad deseada p. Pero no los sabemos porque Q (por ejemplo) no se ha medido. Aquí es donde reluce con un brillo particular el ingenio de los coeficientes del camino. Los métodos de Wright nos dicen cómo expresar cada una de las correlaciones medidas en términos de coeficientes del camino. Después de hacerlo así con todas las parejas medidas (P, X),

(L, X) y (L, P), podemos obtener tres ecuaciones que se resolverán algebraicamente para conocer los coeficientes del camino desconocidos p, l' y $l \times q$. Habremos acabado porque habremos obtenido la cantidad deseada p.

Hoy podemos saltarnos las matemáticas y calcular p con una inspección superficial del diagrama. Pero en 1920 era la primera vez que se invocaba a las matemáticas para conectar la causalidad con la correlación. ¡Y funcionó! Wright calculó que p era 3,34 gramos al día. En otras palabras, si todas las otras variables (A, L, C, Q) se hubieran mantenido constantes y solo el período de gestación se hubiera incrementado en un día, el aumento medio del peso al nacer habría sido de 3,34 gramos diarios. Fijémonos en que el resultado tiene sentido, desde el punto de vista de la biología: nos indica con qué rapidez crecen los cachorros cada día antes de nacer. En cambio la cifra de 5,66 gramos diarios carece de relevancia biológica porque combina dos procesos separados, uno de los cuales no es causal sino anti-causal (o *diagnóstico*) en la conexión $P \leftarrow L$. La primera lección que extraer de este ejemplo es que el análisis causal nos permite cuantificar procesos en el mundo real, y no solo patrones en los datos. Los cachorros no engordan 5,66 gramos cada día, sino 3,34. La segunda lección, tanto si el lector ha seguido las matemáticas como si no: en el análisis de caminos, se llega a conclusiones sobre relaciones causales individuales mediante un examen del diagrama en su conjunto. Para calcular cualquier parámetro dado puede ser necesaria toda la estructura del diagrama.

En un mundo en el que la ciencia progresara lógicamente, la respuesta de Wright a Niles debería haber producido emoción científica y, acto seguido, la adopción entusiasta de su métodos por otros científicos o estadísticos. Pero no ocurrió así: «Uno de los misterios en la historia de la ciencia, entre 1920 y 1960, fue la virtual ausencia de cualquier uso apreciable del análisis de caminos, salvo por el propio Wright y los estudiosos de la cría de animales — escribió otro genetista, James Crow—. Aunque Wright había puesto de relieve la diversidad de problemas a los que cabía aplicar el método, no se siguió el ejemplo».

Crow no lo sabía, pero el misterio se hizo extensivo también a las ciencias sociales. En 1972, el economista Arthur Goldberger lamentó la «escandalosa desatención» a la obra de Wright, durante ese período, y comentó, con entusiasmo de converso, que «el enfoque [de Wright]...

ha sido la chispa que ha prendido el renacimiento del uso de modelos causales en sociología en fechas recientes».

¡Si tan solo pudiéramos volver atrás para preguntar a los contemporáneos de Wright por qué no le prestaron atención! Crow sugiere una razón: el análisis de caminos «se presta mal a los programas "enlatados". El usuario tiene que manejar una hipótesis y concebir un diagrama apropiado con múltiples secuencias causales». Crow estaba señalando aquí una cuestión esencial: el análisis de caminos —como cualquier otro ejercicio de inferencia causal— necesita del pensamiento científico. La estadística en cambio, según se la practica a menudo, desincentiva este recurso y prefiere los procedimientos «enlatados». Un científico siempre preferirá el cálculo rutinario con los datos, antes que los métodos que pongan en cuestión su conocimiento científico.

R. A. Fisher, indiscutido sumo sacerdote de la estadística en la generación posterior a Galton y Pearson, describió la diferencia de forma sucinta. En 1925 escribió: «Se puede contemplar la estadística como... el estudio de los métodos de reducción de datos». Prestemos atención a las tres palabras «métodos», «reducción» y «datos». Wright aborrecía la idea de reducir la estadística a una colección de métodos; Fisher la defendía. El análisis causal, de manera decidida, no versa solo sobre datos; en el análisis causal por un lado tenemos que incorporar alguna comprensión del proceso que genera los datos, por el otro obtendremos algo que no estaba en los datos de partida. Pero Fisher tenía razón en un punto: cuando se elimina la causalidad de la estadística, tan solo nos queda la reducción de datos.

Aunque Crow no lo menciona, William Provine, biógrafo de Wright, señala otro factor que podría haber contribuido a la falta de apoyos para el análisis de caminos. A partir de mediados de la década de 1930, Fisher consideró a Wright como un enemigo. Antes he citado el comentario de Yule sobre lo difíciles que resultaban las relaciones con Pearson desde el momento en que discrepabas de él, y que se tornaban imposibles si lo criticabas. Pues bien, sobre Fisher cabe afirmar exactamente lo mismo. Este autor sostuvo disputas desagradables con todos los que no pensaban como él, incluidos Pearson; el hijo de este, Egon; Jerzy Neyman (volveremos sobre ellos dos en el capítulo 8), y por descontado Wright.

El verdadero centro de la rivalidad entre Fisher y Wright no era el análisis de caminos, sino la biología evolutiva. Fisher no estaba de acuerdo con la teoría de Wright (conocida como «deriva genética») según la cual una especie puede evolucionar con rapidez cuando su población experimenta un cuello de botella. Los detalles de la polémica quedan fuera de los márgenes de este libro, por lo que invito a los lectores interesados a consultar a Provine. Lo que resulta relevante para nosotros es que, entre las décadas de 1920 y 1950, la mayor parte del mundo científico ensalzó a Fisher como oráculo del conocimiento estadístico. Y podemos tener la certeza de que Fisher nunca dijo ni una sola palabra a nadie sobre el análisis de caminos.

En la década de 1960, la situación empezó a cambiar. Un grupo de científicos sociales —entre los que figuraban Otis Duncan, Hubert Blalock y un economista ya citado, Arthur Goldberger— redescubrieron el análisis de caminos como método para predecir el efecto de las medidas y políticas sociales y educativas. En lo que supone de nuevo una ironía de la historia, en 1947 ya se había pedido a Wright que expusiera su teoría ante un influyente grupo de econométras, la Comisión Cowles; pero no logró comunicarles con ninguna claridad de qué trataban los diagramas de caminos. Solo cuando los economistas llegaron a ideas similares por sus propios medios se forjó una conexión, de corta vida.

Los destinos del análisis de caminos en la economía y la sociología siguieron trayectorias distintas, que en ambos casos supusieron traicionar las ideas de Wright. Los sociólogos rebautizaron el análisis de caminos como modelos de ecuaciones estructurales (en sus siglas inglesas: SEM), incorporaron los diagramas y los usaron de forma extensa hasta 1975, cuando un paquete informático llamado LISREL automatizó (en algunos casos) el cálculo de los coeficientes de caminos. Wright habría podido predecir qué sucedió a continuación: el análisis de caminos pasó a ser un método mecánico y los investigadores se convirtieron en usuarios de programas informáticos, con escaso interés por lo que sucedía «bajo el capó». A finales de la década de 1980, el estadístico David Freedman planteó un reto público, para que se explicaran los supuestos que se ocultaban bajo la metodología de los SEM, que no obtuvo respuesta; algunos expertos destacados en la materia llegaron a negar que los SEM tuvieran nada que ver con la causalidad.

En economía, la parte algebraica del análisis de caminos se dio en llamar «modelos de ecuación simultánea» (no se usa acrónimo). En lo esencial, los economistas no recurrieron a los diagramas de caminos, y siguen sin hacerlo en la actualidad; prefieren basarse en ecuaciones numéricas y el álgebra matricial. Esto ha tenido la penosa consecuencia de que, como las ecuaciones algebraicas no son direccionales (es decir, $x = y$ es lo mismo que $y = x$), los economistas carecían de medios de notación que les permitieran distinguir las ecuaciones causales de las regresivas y, por lo tanto, no podían responder a preguntas relativas a medidas y políticas, ni siquiera después de resolver las ecuaciones. En fechas muy tardías, incluso en 1995, la mayoría de economistas se abstenía de atribuir explícitamente un significado causal o contrafactual a sus ecuaciones. Incluso quienes utilizaban ecuaciones estructurales para las decisiones políticas seguían sin curarse de su desconfianza hacia los diagramas —pese a que podrían haberles ahorrado incontables páginas de cálculos—. No es de extrañar que, incluso en nuestros días, se escuche a algunos economistas afirmar que «todo está en los datos».

Por esta suma de razones, la promesa de los diagramas de caminos no se hizo realidad, ni siquiera en parte, hasta, en el mejor de casos, la década de 1990. En 1983 el propio Wright tuvo que subir al ring una vez más para defenderlos, en esta ocasión, en el *American Journal of Human Genetics*. Cuando escribió este artículo Wright contaba más de noventa años. Resulta maravilloso —pero también trágico— leer este texto que, en 1983, abordaba el mismo tema ya planteado en 1923. ¿Cuántas veces, en la historia de la ciencia, hemos tenido el privilegio de contar con el creador de una teoría sesenta años después de que la expusiera por vez primera en un papel? Sería como si Charles Darwin se hubiera levantado de la tumba para testificar en el «Juicio del Mono», contra John T. Scopes, en 1925. Pero también resulta trágico porque en esos sesenta años su teoría debería haberse desarrollado, haber crecido y prosperado; y en cambio apenas había avanzado desde la década de 1920.

El artículo de Wright respondía a una crítica del análisis de caminos, publicada en la misma revista por Samuel Karlin (un matemático de Standford, galardonado en 1989 con la Medalla Nacional de Ciencia, que realizó aportaciones fundamentales a la economía y la genética de la población) y otros dos coautores. Aquí nos interesan dos argumentos de Karlin.

En primer lugar, Karlin objeta al análisis de caminos por una razón que Niles no planteó: da por sentado que todas las relaciones entre dos variables del diagrama de caminos son lineales. Esta premisa permite a Wright describir las relaciones causales con un solo número, el coeficiente del camino. Si las ecuaciones no fueran lineales, entonces el efecto sobre Y del cambio en X de una unidad podría depender del valor actual de X. Ni Karlin ni Wright se dieron cuenta de que estaba a punto de surgir una teoría no lineal general (la desarrollaría, tres años más tarde, un estudiante estelar de mi laboratorio: Thomas Verma).

Pero la crítica más interesante de Karlin es la que él mismo consideraba primordial: «Por último, y creemos que de una forma sumamente fructífera, uno puede adoptar un enfoque en lo esencial libre de modelos, que busque comprender los datos interactivamente por medio de una batería de exposiciones, índices y contrastes. Este enfoque hace hincapié en que la interpretación de los resultados sea ante todo robusta». En esta única frase Karlin está expresando lo poco que habían cambiado las cosas desde los días de Pearson y cuánta influencia ejercía aún, en 1983, la ideología de este. Está afirmando que los datos, por sí solos, contienen todo el saber científico; basta con acertar en los masajes y engatusamientos (a través de las «exposiciones, índices y contrastes») para que dispensen las perlas de su sabiduría. No hay ninguna necesidad de que el análisis tome en consideración qué proceso ha generado los datos. Nos iría igual de bien, si no mejor aún, con un «enfoque... libre de modelos». Si Pearson viviera en nuestros días, en la era de los macrodatos, diría exactamente lo mismo: todas las respuestas están en los datos.

Por supuesto, la aseveración de Karlin incumple todo lo que hemos aprendido en el capítulo 1. Para hablar de causalidad, tenemos que manejar un modelo mental del mundo real. Un «enfoque libre de modelos» quizá nos conduzca hasta el primer peldaño de la Escalera de la Causalidad, pero no más allá.

A Wright hay que concederle el gran crédito de haber entendido lo mucho que estaba en juego, y declaró, sin ambigüedad: «Al considerar que la alternativa de preferencia es el enfoque libre de modelos (3)... Karlin *et al.* están instando no solo a cambiar el método, sino a abandonar el propósito del análisis de caminos y la evaluación de la importancia relativa de las diversas causas. No puede existir un análisis similar sin un modelo. A quienes desean realizar esa clase de evaluación, les aconsejan que renuncien al deseo y se dediquen a otra cosa».

Wright entendió que estaba defendiendo la esencia misma del método científico y la interpretación de los datos. Yo aconsejaría hoy lo mismo a los entusiastas de los macrodatos y la ausencia de modelos. Por descontado, está bien extraer de los datos toda la información que nos puedan proporcionar, pero preguntémonos hasta dónde podemos llegar por esa vía. Nunca nos llevará más allá del primer peldaño de la Escalera de la Causalidad ni podrá responder siquiera una pregunta tan sencilla como: «¿Cuál es la importancia relativa de diversas causas?». *E pur si muove!*

DE LA OBJETIVIDAD A LA SUBJETIVIDAD: LA CONEXIÓN BAYESIANA

Otro tema de la refutación de Wright podría indicar otra posible razón para la resistencia de los estadísticos a la causalidad. El autor afirma repetidamente que por su parte no quiere que se «esteoretipe» o «tipifique» el análisis de caminos. Según Wright, «el enfoque no estereotipado del análisis de caminos difiere profundamente de los modos de descripción estereotipados diseñados para evitar todo alejamiento de la objetividad absoluta».

¿Qué quiere decir con esto? En primer lugar, que el análisis de caminos debería basarse en la comprensión personal de los procesos causales de cada usuario, según se refleja en el diagrama causal. No se puede reducir a una rutina mecánica como las propias de los manuales de estadística. Para Wright, dibujar un diagrama de caminos no es un ejercicio de estadística; es un ejercicio de genética, economía, psicología o el ámbito de experiencia que corresponda a cada científico.

En segundo lugar, Wright explica el atractivo de los métodos «sin modelos» por su objetividad. Esto ha sido sin duda un santo grial de los estadísticos desde el primer día; podríamos decir que desde el 15 de marzo de 1934, cuando se fundó la Sociedad Estadística de Londres. En la carta fundacional se afirmaba que los datos debían ser prioritarios en todos los casos, por encima de opiniones e interpretaciones. Los datos son objetivos; las opiniones son subjetivas. Este paradigma es muy anterior a Pearson. La batalla por la objetividad —la voluntad de razonar exclusivamente a partir de datos y experimentos— ha formado parte del modo en que la ciencia se ha definido a sí misma desde Galileo.

A diferencia de la correlación y de la mayoría de los otros instrumentos de la corriente central de la estadística, el análisis causal requiere que el usuario tome decisiones subjetivas. Debe trazar un diagrama causal que refleje su creencia cualitativa —mejor aún: la creencia consensuada por los investigadores en su ámbito de trabajo— sobre la topología de los procesos causales en funcionamiento. Debe abandonar un dogma con siglos de existencia: la objetividad por amor a la objetividad. Allí donde interviene la causalidad, una pizca de sabia subjetividad nos cuenta más cosas sobre el mundo real que cualquier cantidad de objetividad.

En el párrafo inmediatamente anterior hablaba yo de que «la mayoría» de los útiles de la estadística aspiran a una objetividad completa. Ahora bien, existe una excepción importante a esta regla. Una rama de la estadística —la estadística «bayesiana»— ha ido cobrando cada vez más popularidad durante los últimos cincuenta años, aproximadamente. Si antaño se la había considerado casi un anatema, hoy está plenamente aceptada y se puede asistir a todo un congreso de estadística sin escuchar ninguna de las agrias polémicas entre «bayesianos» y «frecuentistas» que solían atronar tales conferencias en las décadas de 1960 y 1970.

El prototipo del análisis bayesiano sería el siguiente: Creencia previa + Pruebas nuevas → Creencia revisada. Por ejemplo, imaginemos que lanzamos una moneda diez veces y resulta que, en nueve de las diez ocasiones, sale cara. Probablemente surgirán dudas sobre la creencia de que la moneda es buena y no está trucada de algún modo. Pero ¿hasta qué punto? Un estadístico ortodoxo afirmaría: «En ausencia de pruebas adicionales, tiendo a pensar que la moneda está trucada y apostaría nueve a uno a que el próximo lanzamiento sale cara».

Un estadístico bayesiano, en cambio, diría: «Espera un momento. También hay que tener en cuenta lo que sabemos sobre la moneda». ¿Es el cambio de la frutería local o nos la ha dado un jugador sospechoso? Si es una moneda más, como cualquier otra, la mayoría no dejaremos que la coincidencia de las nueve caras sacuda tan radicalmente nuestra creencia. Y a la inversa, si de antemano sospechábamos que la moneda podía estar trucada, el hecho de que hayan salido nueve caras será para nosotros un indicio aún más claro del sesgo previo.

La estadística bayesiana nos proporciona una forma objetiva de combinar las pruebas observadas con nuestro conocimiento previo (o nuestra creencia subjetiva) para obtener una creencia revisada y, en consecuencia, una predicción revisada de qué ocurrirá la próxima vez que lancemos la moneda. Lo que los frecuentistas no podían soportar era que los bayesianos permitieran que la opinión, en forma de probabilidades subjetivas, hiciera intrusión en el prístino reino de la estadística. La corriente principal de la estadística acabó cediendo, aunque fuera a regañadientes, cuando el análisis bayesiano demostró ser un instrumento superior para toda una serie de aplicaciones, desde la predicción del tiempo al rastreo de submarinos enemigos. Además, en muchos casos se puede demostrar que la influencia de las creencias previas se desvanece a medida que se incrementa la magnitud de los datos, lo cual deja, a la postre, una única conclusión objetiva.

Por desgracia, que la estadística aceptara en su seno a la subjetividad bayesiana no contribuyó en nada a que se aceptara la subjetividad causal, del tipo que necesitamos para especificar un diagrama de caminos. ¿Por qué? La respuesta se encuentra en una barrera lingüística de primera categoría. Para expresar los supuestos subjetivos, los estadísticos bayesianos siguen utilizando el lenguaje de la probabilidad, esto es, el lenguaje materno de Galton y Pearson. Los supuestos que entran en la inferencia causal, por el contrario, requieren un lenguaje más rico (los diagramas) que resulta extraño por igual a los bayesianos y los frecuentistas. La reconciliación entre ambas facciones muestra que las barreras filosóficas se pueden dejar atrás con buena voluntad y una lengua en común. No así las barreras lingüísticas, que no se superan tan fácilmente.

Más aún, el elemento subjetivo de la información causal no necesariamente mengua con el paso del tiempo, a la vez que se incrementa la cantidad de datos. Dos personas que creen en distintos diagramas causales pueden analizar los mismos datos, pero quizá no lleguen nunca a la misma conclusión, independientemente de lo «macro» que lleguen a ser los datos. La perspectiva es terrorífica para los paladines de la objetividad científica, y esto explica que se nieguen a aceptar que basarse en la información causal subjetiva resulta inevitable.

Como faceta positiva, la inferencia causal es objetiva en un sentido concreto cuya importancia es crucial: una vez que dos personas se ponen de acuerdo en las premisas, nos proporciona una forma 100 % objetiva de interpretar cualquier nueva prueba (o dato). Esta propiedad la comparte con la inferencia bayesiana. Mi prudente lector probablemente no se sorprenderá al saber que yo llegué a la teoría de la causalidad a través de un camino tortuoso que partió de la probabilidad bayesiana y luego dio un rodeo enorme a través de las redes bayesianas. Referiré esta historia en el próximo capítulo.

Sherlock Holmes se encuentra con su homólogo moderno, un robot pertrechado con una red bayesiana. De modos distintos, los dos se enfrentan a la pregunta de cómo inferir causas a partir de las observaciones. La fórmula que leemos en la pantalla es el teorema de Bayes. (*Fuente*: Ilustración de Maayan Harel.)

3

DE LAS EVIDENCIAS A LAS CAUSAS: EL REVERENDO BAYES SE ENCUENTRA CON EL SEÑOR HOLMES

> ¿Andarán dos juntos, a menos que se pongan de acuerdo? / ¿Rugirá el león en el bosque sin haber cazado presa?
>
> Amós, 3:3-4

«Elemental, querido Watson».

Así solía decir Sherlock Holmes (al menos, en las películas) justo antes de asombrar a su leal ayudante con una de sus famosas deducciones nada elementales. Pero de hecho Holmes no se limitaba a la deducción, que avanza de una hipótesis a una conclusión. Su gran habilidad era en realidad la inducción, que se mueve en la dirección contraria, de las pruebas hacia las hipótesis.

Otra de sus famosas citas nos da a entender cuál era su *modus operandi*: «Cuando has eliminado lo imposible, lo que quede, por improbable que sea, tiene que ser la verdad». Después de haber *inducido* varias hipótesis, Holmes las eliminaba una a una hasta *deducir* (por eliminación) cuál era la correcta. Aunque la inducción y la deducción van de la mano, la primera es, con mucho, la más misteriosa. Y era la clave para que detectives como Sherlock Holmes se pudieran mantener en el mercado.

Sin embargo, en años recientes los expertos en inteligencia artificial (IA) han hecho grandes avances hacia la automatización del proceso de razonamiento de las pruebas a las hipótesis, e igualmente de los efectos a las causas. Yo mismo tuve la suerte de participar en los primerísimos estadios de este progreso al desarrollar uno de sus útiles básicos, lo que se conoce como «redes bayesianas». Este capítulo explica qué son, examina algunas de sus aplicaciones modernas y refiere la tortuosa trayectoria por la que me llevaron a estudiar la causalidad.

BONAPARTE, EL DETECTIVE INFORMÁTICO

El 17 de julio de 2017, el vuelo 17 de Malaysia Airlines despegó del aeropuerto de Schiphol, en Ámsterdam, con rumbo a Kuala Lumpur. Por desgracia el avión no alcanzó nunca su destino. A las tres horas de vuelo, cuando el reactor sobrevolaba la Ucrania oriental, fue derribado por un misil tierra-aire de fabricación rusa. Perdieron la vida las 298 personas que iban a bordo: los 283 pasajeros y los 15 tripulantes.

El 23 de julio, cuando los primeros cadáveres llegaron a los Países Bajos, se declaró día de luto nacional. Pero para los investigadores del Instituto Forense Neerlandés (IFN) de La Haya, ese 23 de julio fue el día en que el reloj empezó a correr. Tenían la tarea de identificar los restos de los fallecidos con la mayor celeridad posible, para que, después de entregarlos a los seres queridos, se les pudiera enterrar. El tiempo resultaba esencial porque cualquier día añadido de incertidumbre solo incrementaría el pesar de las familias dolientes.

Los investigadores se toparon con muchos obstáculos. Los cuerpos habían sufrido quemaduras muy graves y muchos estaban conservados en formaldehído, que malogra el ADN. Por otro lado, como la Ucrania oriental era territorio de guerra, los expertos forenses solo tuvieron un acceso esporádico al lugar del accidente. Siguieron llegando restos, a medida que se recuperaban, durante más de diez meses. Por último, los investigadores no contaban con muestras previas del ADN de las víctimas, por la sencilla razón de que las víctimas no eran delincuentes. Tendrían que conformarse con la coincidencia parcial con el ADN de parientes.

Por fortuna, los científicos del IFN podían disponer de un instrumento poderoso, un programa de identificación de víctimas de desastres, de lo más avanzado: el Bonaparte. Este software, desarrollado a mediados de la década de 2000 por un equipo de la Universidad Radboud de Nimega, utiliza redes bayesianas para combinar información de ADN procedente de distintos familiares de las víctimas.

Gracias en parte a la precisión y velocidad de Bonaparte, en diciembre de 2014 el IFN había conseguido identificar restos de 294 de las 298 víctimas. En 2016 solo dos víctimas del accidente (dos ciudadanos neerlandeses) se habían desvanecido sin dejar huella.

Las redes bayesianas, el instrumento de razonamiento maquinal que subyace a un programa como Bonaparte, afecta nuestras vidas de muchas maneras que por lo general pasan inadvertidas. Se las utiliza en el software de reconocimiento de voz, en los filtros del correo no deseado, en las predicciones meteorológicas, en la evaluación de posibles pozos petrolíferos, en el proceso de aprobación de los artilugios médicos por parte de la agencia federal estadounidense de Administración de Alimentos y Medicamentos. Cuando jugamos en una Microsoft Xbox, una red bayesiana puntúa nuestra habilidad. Los códigos que cualquiera de nuestros teléfonos móviles utiliza para seleccionar la llamada entre otros varios miles de llamadas son descodificados mediante la propagación de creencias, un algoritmo concebido para redes bayesianas. Vint Cerf, el gran evangelista de Internet que trabaja para otra compañía que quizá les suene, Google, lo ha expresado así: «Somos unos gigantescos consumidores de métodos bayesianos».

En este capítulo narraré la historia de las redes bayesianas, desde sus raíces, en el siglo XVIII, hasta su desarrollo, en la década de 1980, y ofreceré algunos otros ejemplos de cómo se las utiliza hoy. Su vínculo con los diagramas causales es simple: un diagrama causal es una red bayesiana en la que cada flecha significa una relación causal directa (o al menos, la posibilidad) en la dirección de esa flecha. No todas las redes bayesianas son causales y, en muchas aplicaciones, esto carece de importancia. Ahora bien, quien quiera formular un interrogante del segundo o tercer peldaño por medio de una red bayesiana, tendrá que dibujar el diagrama prestando una atención escrupulosa a la causalidad.

EL REVERENDO BAYES Y EL PROBLEMA DE LA PROBABILIDAD INVERSA

Thomas Bayes, la persona con cuyo nombre bauticé a estas redes en 1985, nunca soñó que una fórmula que derivó en la década de 1750 se utilizará algún día para identificar a víctimas de desastres. A él le preocupaban solo las probabilidades de dos acontecimientos, uno de los cuales (la *hipótesis*) ocurría antes que el otro (la *evidencia*). Sin embargo, tenía muy presente la causalidad. De hecho, las aspiraciones causales fueron la fuerza impulsora de su análisis de la «probabilidad inversa».

Al parecer, el reverendo Thomas Bayes, un pastor presbiteriano que vivió de 1702 a 1761, fue todo un loco de las matemáticas. Por ser «disidente» de la Iglesia de Inglaterra no pudo estudiar en Oxford o Cambridge, con lo que optó por la Universidad de Escocia, donde es probable que dedicara especial atención a esa materia. Cuando regresó a Inglaterra continuó interesándose por las matemáticas, incluso organizó círculos de debate al respecto.

En un artículo publicado póstumamente (véase la Figura 3.1), Bayes abordó un problema que le iba como anillo al dedo, por cuanto enfrentaba las matemáticas con la teología. Por situar el contexto, en 1748 el filósofo escocés David Hume había escrito un ensayo titulado *De los milagros* en el que defendía que un testigo presencial no podía bastar para demostrar que había sucedido un milagro. El milagro que

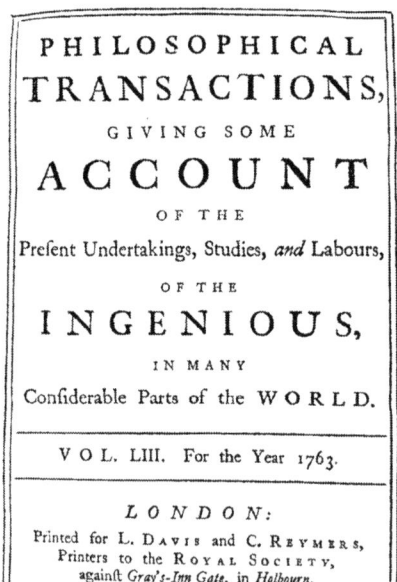

FIGURA 3.1. Portada de la revista en la que se publicó el artículo póstumo de Thomas Bayes sobre la probabilidad inversa, y primera página de la introducción de Richard Price.

Hume tenía en mente, claro está, era la resurrección de Cristo, pero era lo bastante prudente para no decirlo por su nombre (veinte años antes, el teólogo Thomas Woolston había acabado en la cárcel por la blasfemia de haber escrito tal cosa). El argumento principal de Hume era que una evidencia inherentemente falible no podía desmentir una proposición dotada de la fuerza de una ley natural, como: «Los muertos no vuelven a la vida».

Para Bayes, esta afirmación acarreaba naturalmente unas preguntas, cabría decir que holmesianas: ¿Cuántas pruebas harían falta para convencernos de que algo que tenemos por improbable ha sucedido de hecho? Una hipótesis ¿cuándo cruza la línea de la imposibilidad a la improbabilidad, e incluso a probabilidad o a práctica certeza? Aunque el interrogante se formula con el lenguaje de la probabilidad, sus implicaciones eran deliberadamente teológicas. Richard Price, el pastor que a la muerte de su colega encontró el ensayo entre las posesiones de Bayes y lo dio a publicar con una entusiasta introducción escrita por él mismo, quiso hacer hincapié expreso en este punto:

> El propósito al que aspiro es mostrar qué razón tenemos para creer que, en la constitución de las cosas, existen leyes fijas que regulan cómo suceden las cosas y que, por lo tanto, la estructura del mundo tiene que ser efecto de la sabiduría y el poder de una causa inteligente; y con ello confirmar el argumento que las causas finales dan a favor de la existencia de la Divinidad. Será fácil ver que el problema inverso que en este ensayo se resuelve puede aplicarse aún más directamente a este propósito; puesto que nos muestra, con distinta precisión, en cada caso de cualquier orden o recurrencia particular de acontecimientos, qué razón existe para pensar que tal recurrencia u orden se derivan de regulaciones o causas estables en la naturaleza, y no de ninguna irregularidad del azar.

El propio Bayes no abordó ninguna cuestión parecida en su artículo; fue Price quien puso de manifiesto las implicaciones teológicas, quizá con la intención de multiplicar el alcance del texto de su amigo. Pero resultó que Bayes no necesitaba la ayuda. El artículo se ha recordado y ha sido motivo de debates dos siglos y medio más tarde, no por su teología, sino porque muestra que la probabilidad de una causa se puede deducir de un efecto. Si conocemos la causa, es fácil calcular la probabilidad del efecto, una probabilidad directa, que mira hacia adelante. Si vamos en la dirección contraria —un problema que en época de Bayes se conocía como de «probabilidad inversa»— resulta más difícil. Bayes no explicó por qué es más difícil; lo consideró un hecho evidente, demostró que sin embargo era factible, y nos mostró la manera de llevarlo a cabo.

Para apreciar la naturaleza del problema examinemos el ejemplo que él mismo sugirió en el artículo póstumo de 1763. Imaginemos que lanzamos una bola de billar en una mesa, asegurándonos de que rebote muchas veces, con lo cual no podemos tener ni idea de dónde acabará. ¿Cuál es la probabilidad de que se detenga a menos de x centímetros del lado izquierdo de la mesa? Si conocemos la longitud de la mesa y es perfectamente lisa y conforme, se trata de una pregunta muy sencilla (Figura 3.2, arriba). Por ejemplo, en una mesa de *snooker*, que mide 365 cm, la probabilidad de que se pare a menos de 30 cm del extremo sería de 30/365. Si la mesa midiera 244 cm, la probabilidad sería de 30/244.

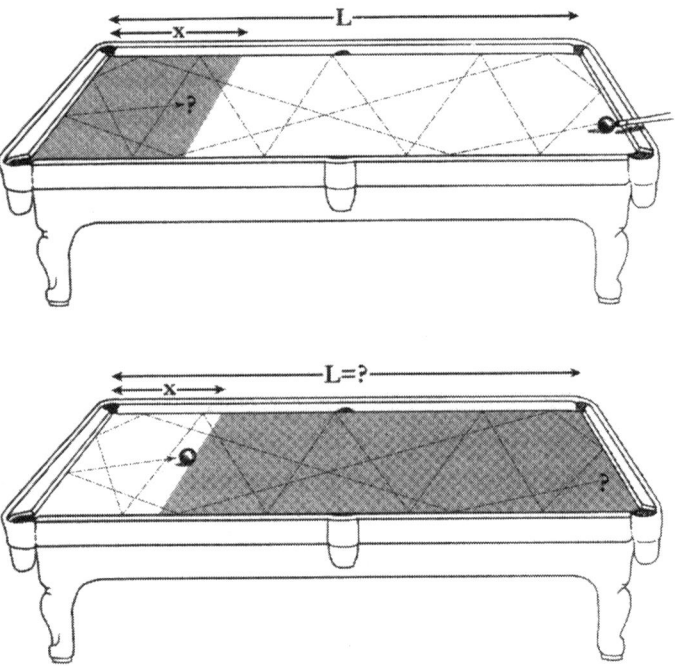

FIGURA 3.2. El ejemplo de Thomas Bayes con la mesa de billar. En la primera versión, que es un interrogante de probabilidad directa, conocemos la longitud de la mesa y queremos calcular la probabilidad de que la bola se detenga a menos de x cm del final. En la segunda, un interrogante de probabilidad inversa, observamos que la bola se ha detenido a x cm del final y queremos calcular la probabilidad de que la longitud de la mesa sea L. (*Fuente*: Ilustración de Maayan Harel.)

Nuestra comprensión intuitiva de la física nos indica que, en general, si la longitud de la mesa es de L cm, la probabilidad de que la bola se detenga a menos de x cm del final es de x/L. Cuanto mayor sea la longitud de la mesa (L), menor será la probabilidad, porque habrá más posiciones que competirán por el honor de ser el lugar de reposo de la bola. En cambio, cuanto mayor sea el valor de x, mayor será la probabilidad, porque incluirá un conjunto mayor de posiciones de reposo.

Ahora tomemos en consideración el problema de la probabilidad inversa. Observamos que la posición final de la bola es $x = 30$ cm de la banda opuesta, pero no se nos indica la longitud L (Figura 3.2, abajo). El reverendo Bayes preguntaba: «¿Cuál es la probabilidad de que la longitud sea de, por ejemplo, 30 m?». El sentido común nos indica que es más probable que L sea 15 m, antes que 30 m, porque cuanto más larga sea la mesa, más difícil resulta explicar que la bola haya terminado tan cerca del final. Pero ¿cuánto mayor es esa probabilidad? La «intuición» o el «sentido común» no nos ofrecen una orientación clara.

¿Por qué era mucho más fácil evaluar mentalmente la probabilidad directa (de x dada L) que la probabilidad de L dado x? En este ejemplo, la asimetría procede del hecho de que L actúa como causa y x es el efecto. Si observamos una causa —por ejemplo, Juan lanza una pelota hacia una ventana— la mayoría podemos predecir el efecto (es probable que la pelota rompa el cristal). La cognición humana funciona en esta dirección. Pero dado el efecto (una ventana rota), necesitamos mucha más información para deducir la causa (qué chico lanzó la pelota que la rompió o, para empezar, el hecho de que la rompió una pelota). Para seguir la pista de todas las causas posibles se requiere la mente de un Sherlock Holmes. Bayes pretendía deshacer la asimetría cognitiva y explicar cómo una persona corriente puede evaluar también las probabilidades inversas.

Para ver cómo funciona el método de Bayes, empecemos por un ejemplo simple. Tenemos los clientes de una tetería y datos que documentan sus preferencias. Los datos, como bien sabemos desde el capítulo 1, hacen caso omiso de las asimetrías de causa-efecto y, por lo tanto, deberían ofrecernos un modo de resolver el enigma de la probabilidad inversa.

Imaginemos que dos tercios de los clientes que acuden al salón piden té, y la mitad de los que toman té, también piden galletas. ¿Qué fracción de la clientela pide té con galletas? La pregunta no tiene truco, así que confío en que la respuesta será casi evidente: como la mitad de dos tercios es un tercio, se concluye que un tercio de los clientes piden té y también galletas.

Para una ilustración numérica, supongamos que tabulamos los pedidos de los doce próximos clientes que entren por la puerta. Como muestra la Tabla 3.1, dos tercios de los clientes (1, 5, 6, 7, 8, 9, 10, 12) querían té y un tercio del total, galletas (1, 5, 8, 12). Así pues, la proporción de clientes que han pedido té con galletas es en efecto de (1/2) × (2/3) = 1/3, justo como habíamos predicho antes de ver los datos concretos.

TABLA 3.1. Datos ficticios para el ejemplo del té con galletas.

Cliente	Té	Galletas	Cliente	Té	Galletas
1	Sí	Sí	7	Sí	No
2	No	Sí	8	Sí	Sí
3	No	No	9	Sí	No
4	No	No	10	Sí	No
5	Sí	Sí	11	No	No
6	Sí	No	12	Sí	Sí

El punto de partida del teorema de Bayes es darse cuenta de que podríamos haber analizado los datos en orden inverso. Es decir, podríamos haber observado que cinco doceavos de los clientes (1, 2, 5, 8, 12) pidieron galletas y de ellos, cuatro quintos (1, 5, 8, 12) pidieron té. En consecuencia la proporción de clientes que pidieron tanto té como galletas es (4/5) × (5/12) = 1/3. Naturalmente, no es una coincidencia que el resultado sea el mismo; tan solo estamos calculando la misma cantidad de dos formas distintas. El orden temporal en el que los clientes hacen el pedido no tiene relevancia.

Para convertir esto en una regla general, podemos convenir que $P(T)$ denota la probabilidad de que un cliente pida té y $P(G)$ la probabilidad de que quiera galletas. Si ya sabemos que un cliente ha pedido té, entonces $P(G \mid T)$ denota la probabilidad de que pida galletas (recordemos que la línea vertical significa «si, dado que»). Igualmente, $P(T \mid G)$ denota la probabilidad de que quiera té si sabemos que ya se ha interesado por las galletas. Así pues, el primer cálculo que hicimos dice:

$$P(G \, \text{CON} \, T) = P(G \mid T) \, P(T).$$

Y el segundo cálculo dice:

$$P(G \text{ CON } T) = P(T \mid G) P(G).$$

Así las cosas, como ya dijo Euclides hace 2.300 años, dos cosas que son iguales a una tercera cosa son también iguales entre sí. Por lo tanto también tiene que ser verdad que

$$P(G \mid T) P(T) = P(T \mid G) P(G) \qquad (3.1)$$

Esta ecuación de aspecto inocente pasó a la historia como «teorema de Bayes». Si nos fijamos atentamente en qué dice, veremos que ofrece una solución general al problema de la probabilidad inversa. Nos dice que si sabemos la probabilidad de G dado T, —es decir, $P(G \mid T)$—, deberíamos ser capaces de averiguar la probabilidad de T dado G, $P(T \mid G)$, siempre suponiendo, claro está, que conozcamos $P(T)$ y $P(G)$. Este es quizá el papel más importante del teorema de Bayes en la estadística: podemos calcular la probabilidad condicional directamente en una dirección, en la que nuestra capacidad de juicio resulta más fiable, y usar las matemáticas para derivar la probabilidad condicional en la otra dirección, en la que nuestro juicio tiende a confundirse. La ecuación interpreta el mismo papel en las redes bayesianas: le indicamos al ordenador las probabilidades directas y, cuando sea necesario, el ordenador nos indica las probabilidades inversas.

Para ver cómo funciona el teorema de Bayes en el ejemplo de la tetería, supongamos que no nos hemos molestado en calcular $P(T \mid G)$ y nos hemos dejado en casa la tabla con los datos. Pese a todo coincide que recordamos que la mitad de los que pidieron té también quisieron galletas, y que dos tercios de los clientes querían té y cinco doceavos, galletas. De forma inesperada, el jefe pregunta: «Pero ¿qué proporción de los galleteros pidieron té?». No nos dejaremos arrastrar por el pánico, porque se puede averiguar a partir de las otras probabilidades. El teorema de Bayes afirma que $(1/2)(2/3) = P(T \mid G)(5/12)$, con lo cual la respuesta al interrogante es $P(T \mid G) = 4/5$, porque $4/5$ es el único valor de $P(T \mid G)$ que hará cierta la ecuación.

También podemos considerar el teorema de Bayes como una forma de actualizar nuestras creencias en una hipótesis concreta. Entender esto posee una importancia extrema, porque una gran parte de las creencias humanas sobre los hechos futuros se basa en la frecuencia con la que esos hechos, u otros similares, han sucedido en el pasado. En nuestro caso, cuando un cliente entre por la puerta del establecimiento pensaremos —a partir de encuentros pasados con clientes parecidos— que probablemente quiera un té. Pero si primero pide unas galletas, nos parecerá aún más probable. De hecho podríamos incluso sugerirle la combinación: «¿Le apetece también un té?». El teorema de Bayes, simplemente, nos permite poner cifras a este proceso de razonamiento. En la Tabla 3.1 podemos ver que la probabilidad *a priori* de que el cliente quiera un té (como primera petición, nada más entrar) es de dos tercios. Pero si nos pide galletas, ahora contamos con una información adicional de la que antes no disponíamos: la probabilidad actualizada de que quiera un té, teniendo en cuenta que ha pedido galletas, es $P(T \mid G) = 4/5$.

Desde el punto de vista de las matemáticas, el teorema de Bayes se reduce a esto. Casi parece trivial. Implica tan solo el concepto de la probabilidad condicional, más una pequeña dosis de antigua lógica griega. Parece justificable que alguna lectora o lector se pregunte cómo un truco tan simple ha podido dar tanta fama a Bayes y provocar que se discuta sobre su teorema durante dos siglos y medio. A fin de cuentas, ¿no se supone que los hechos matemáticos resuelven controversias, en vez de generarlas?

Aquí debo confesar que en el ejemplo de la tetería, al derivar el teorema de Bayes a partir de los datos, he quitado importancia a dos objeciones de importancia, una filosófica y otra práctica. La filosófica procede de la interpretación de las probabilidades como grado de creencia, según la hemos utilizado, implícitamente, en el ejemplo del té. ¿Quién ha dicho que las creencias actúen, o deban actuar, como porcentajes de los datos? La clave del debate filosófico es si resulta legítimo traducir al lenguaje de las probabilidades una expresión como «dado que» o «suponiendo que yo sepa». Incluso si estamos de acuerdo en que las probabilidades no condicionales $P(G)$, $P(T)$ y $P(G \text{ CON } T)$ reflejan mi grado de creencia en tales proposiciones, ¿quién dice que mi grado de creencia en T, una vez revisado, deba ser igual a la relación $P(G \text{ CON } T)/P(T)$, según dictamina el teorema de Bayes? ¿El «dado que conozca T» es lo mismo que «entre los casos en los que ha sucedido T»? El lenguaje de la probabilidad, expresado con símbolos como $P(G)$, pretendía captar el concepto de las frecuencias en los juegos de azar. Pero la expresión «dado que conozca» es epistemológica y debería regirse por la lógica del conocimiento, no por la de las frecuencias y las proporciones.

Desde una perspectiva filosófica, el logro de Thomas Bayes radica en haber propuesto la primera definición formal de la probabilidad condicional en tanto que relación $P(G \mid T) = P(G \text{ CON } T)/P(T)$. De su ensayo hay que admitir que resultaba confuso; no usa ningún término como «probabilidad condicional», sino la prolija formulación «la probabilidad del segundo [acontecimiento] suponiendo que ocurra el primero». Para que se reconociera que el nexo «dado que» merecía un propio símbolo hubo que aguardar hasta la década de 1880; y el estándar actual de la barra vertical, en $P(G \mid T)$, lo introdujo en 1931 Harold Jeffreys (más conocido como geofísico que por su aportación a la teoría de la probabilidad).

Como hemos visto, el teorema de Bayes es, formalmente, una consecuencia elemental de su definición de la probabilidad condicional. Desde el punto de vista de la epistemología, sin embargo, dista de ser elemental. De hecho actúa como teorema normativo para actualizar las creencias como respuesta a las pruebas. En otras palabras, deberíamos entender el teorema de Bayes no tan solo como una definición conveniente del nuevo concepto de «probabilidad condicional», sino como aspiración empírica a representar fielmente la expresión lingüística «dado que conozca». Afirma, entre otras cosas, que la creencia que una persona adscribe a G después de averiguar T nunca es inferior al grado de creencia que se atribuye a G CON T antes de descubrir T. También implica que cuanto más sorprendente sea la evidencia de T —cuando menor sea $P(T)$—, más convencido debería quedar uno de su causa G. No es de extrañar que Bayes y su amigo Price, como pastores episcopales, creyeran haber replicado efectivamente a Hume. Si T es un milagro («Jesucristo se levantó de entre los muertos») y G es una hipótesis estrechamente relacionada («Jesucristo es el hijo de Dios»), nuestro grado de creencia en G se dispara extraordinariamente si nos consta el hecho de que T es cierto. Cuando más milagroso sea el milagro, más creíble resulta la hipótesis que explica que suceda. Esto explica a su vez por qué los redactores del Nuevo Testamento quedaban tan impresionados por las declaraciones de los testigos.

Ahora consideremos la objeción práctica al teorema de Bayes, que puede tener más consecuencias una vez que abandonamos el reino de la teología para entrar en el de la ciencia. Si intentamos aplicar el teorema al enigma de la bola de billar, para averiguar $P(L \mid x)$

necesitamos una cantidad que la física de las bolas de billar no nos proporciona: se necesita la probabilidad *a priori* de la longitud L, que nos resulta tan difícil de estimar como la buscada $P(L \mid x)$. Además esta probabilidad variará notablemente de una persona a otra, según haya sido la experiencia previa de cada cuál con mesas de diferente longitud. Así, una persona que nunca haya visto una mesa de *snooker* dará poco crédito a la idea de que *L* pueda ser superior a tres metros; a la inversa, quien solo haya visto mesas de *snooker*, pero ninguna de billar, concederá *a priori* una probabilidad muy baja a que *L* sea inferior a tres metros. Esta variabilidad, conocida también como «subjetividad», se presenta a veces como una deficiencia de la inferencia bayesiana. Pero desde otro punto de vista se trata de una ventaja considerable: nos permite expresar matemáticamente la experiencia personal y combinarla con datos de una forma transparente y regida por principios. El teorema de Bayes informa a nuestro razonamiento en casos en los que la intuición corriente nos falla o la emoción nos podría extraviar. Demostraremos este poder en una situación que todos conoceremos.

Supongamos ahora que nos sometemos a una prueba médica para comprobar si tenemos una enfermedad y el resultado es positivo. ¿Cuán probable es que en efecto estemos enfermos? Para ser más específicos, digamos que la enfermedad es el cáncer de mama y la prueba, una mamografía. En este ejemplo, la probabilidad *directa* es la probabilidad de un resultado positivo de la prueba dado que tengamos la enfermedad: $P(prueba \mid enfermedad)$. Es lo que un médico denominaría «sensibilidad» de la prueba: la capacidad de detectar acertadamente una enfermedad. En general es la misma para todos los tipos de pacientes, porque tan solo depende de la capacidad técnica del instrumento de análisis para detectar las anormalidades asociadas con la enfermedad. La probabilidad *inversa*, sin duda, es la que más nos preocupará: ¿Cuál es la probabilidad de que tenga la enfermedad, dado que la prueba ha resultado positiva? Se trata de $P(enfermedad \mid prueba)$, y representa un flujo de información en dirección no causal, desde el resultado de la prueba hacia la probabilidad de la enfermedad. Esta probabilidad no necesariamente es igual para todos los tipos de pacientes; sin duda, el resultado positivo será más alarmante en un paciente con un historial familiar de la dolencia, frente a otro sin antecedentes.

Fijémonos en que hemos empezado a hablar de direcciones causales y no causales. En el ejemplo del té no lo hicimos porque carecía de relevancia qué viniera primero, pedir té o pedir galletas. Solo importaba qué probabilidad condicional nos sentíamos más capaces de eva-luar. Pero el contexto causal aclara por qué nos sentimos menos cómo-dos evaluando la «probabilidad inversa», y el ensayo de Bayes aclara que esta es exactamente la clase de problema que le interesaba.

Supongamos que una mujer de cuarenta años se somete a una ma-mografía para saber si padece cáncer de mama y le da un resultado po-sitivo. La hipótesis, E (por «enfermedad»), es que tiene cáncer. La evi-dencia, M, es el resultado de la «mamografía». ¿Hasta qué punto debe creer en la hipótesis? ¿Debe someterse a cirugía?

Podemos responder los interrogantes reescribiendo el teorema de Bayes como sigue:

$$(\text{Probabilidad actualizada de } E) = P(E \mid M) =$$
$$(\text{razón de verosimilitud}) \times (\text{probabilidad } a\ priori \text{ de } E) \quad (3.2)$$

donde el nuevo término «razón de verosimilitud» (*likelihood ratio*) está dado por $P(M \mid E)/P(M)$. Mide cuánto más probable es que la prueba dé positivo en personas con la enfermedad que entre la pobla-ción general. La ecuación 3.2, por lo tanto, nos indica que la nueva evidencia M aumenta la probabilidad de E en una proporción fija, in-dependientemente de cuál fuera la probabilidad anterior.

Este concepto es importante. Sigamos con un ejemplo para ver cómo funciona. Para una mujer típica de cuarenta años, la probabili-dad de tener cáncer de mama durante el año siguiente es de aproxima-damente una entre setecientos; usaremos este dato como nuestra pro-babilidad *a priori*.

Para calcular la razón de verosimilitud necesitamos conocer $P(M \mid E)$ y $P(M)$. En el contexto médico, $P(M \mid E)$ es la sensibilidad de la mamografía: la probabilidad de que la prueba dé positivo si se tiene cáncer. Según el Consorcio de Vigilancia del Cáncer de Mama (BCSC), la sensibilidad de las mamografías, para mujeres de cuarenta años, es del 73 %.

El denominador, $P(M)$, no es tan fácil de resolver. Una mamogra-fía positiva, M, puede proceder tanto de pacientes que tienen la enfer-medad como de pacientes que no. Así pues, $P(M)$ debería ser una media ponderada de $P(M \mid E)$ (la probabilidad de una mamografía positiva entre quienes tienen la enfermedad) y $P(M \mid \sim E)$ (la proba-bilidad de una prueba positiva entre quienes no la tienen). Este segun-do elemento se conoce como «índice de falsos positivos». Según el

BCSC, el índice de falsos positivos para mujeres de cuarenta años se acerca al 12 %.

¿Por qué una media ponderada? Porque hay muchas más mujeres sanas ($\sim E$) que mujeres con cáncer (E). Dado que, de hecho, solo una de cada setecientas mujeres tiene cáncer, y las otras 699 no, la probabilidad de una mamografía positiva para una mujer elegida al azar tendrá que estar influida mucho más poderosamente por las 699 mujeres que no tienen cáncer que por la única mujer que sí.

Matemáticamente calculamos la media ponderada como sigue:

$$P(M) = (1/700) \times (73\,\%) + (699/700) \times (12\,\%) \approx 12,1\,\%.$$

La ponderación se produce porque solo una de cada setecientas mujeres tiene un 73 % de posibilidades de que la prueba dé positivo, mientras que las otras 699 tienen un 12 %. Como cabría esperar con estos números, $P(M)$ resulta ser muy próxima al índice de falsos positivos.

Ahora que conocemos $P(M)$, podemos calcular por fin la probabilidad actualizada de que una mujer tenga cáncer de mama cuando la mamografía ha dado positivo. La razón de verosimilitud es 73 %/12,1 % ≈ 6. Como dije antes, este es el factor con el que aumentamos la probabilidad *a priori* para calcular la probabilidad actualizada de que tenga cáncer. Como la probabilidad previa era de uno entre setecientos, la probabilidad actualizada es 6 × 1/700 ≈ 1/116. En otras palabras: sigue teniendo menos del 1 % de probabilidad de tener cáncer.

La conclusión es llamativa. Creo que la mayoría de las mujeres de cuarenta años con un resultado positivo de una mamografía se asombrarán al saber que siguen teniendo menos del 1 % de probabilidades de tener cáncer de mama. La Figura 3.3 quizá permita entender mejor la razón: la cifra de positivos reales (mujeres con cáncer de mama) es tan diminuta que el número de falsos positivos tiende a anularla. Que el resultado nos sorprenda procede de una confusión cognitiva habitual entre la probabilidad directa, que está bien estudiada y profusamente documentada, y la probabilidad inversa, que se necesita para la toma de decisiones personales.

El conflicto entre nuestra percepción y la realidad explica en parte el escándalo que estalló cuando, en 2009, el Grupo de Trabajo de Servicios de Prevención de Estados Unidos recomendó que las mujeres de cuarenta años no se hicieran mamografías anuales. El Grupo de Trabajo entendió algo que muchas mujeres no tenían presente: cuando

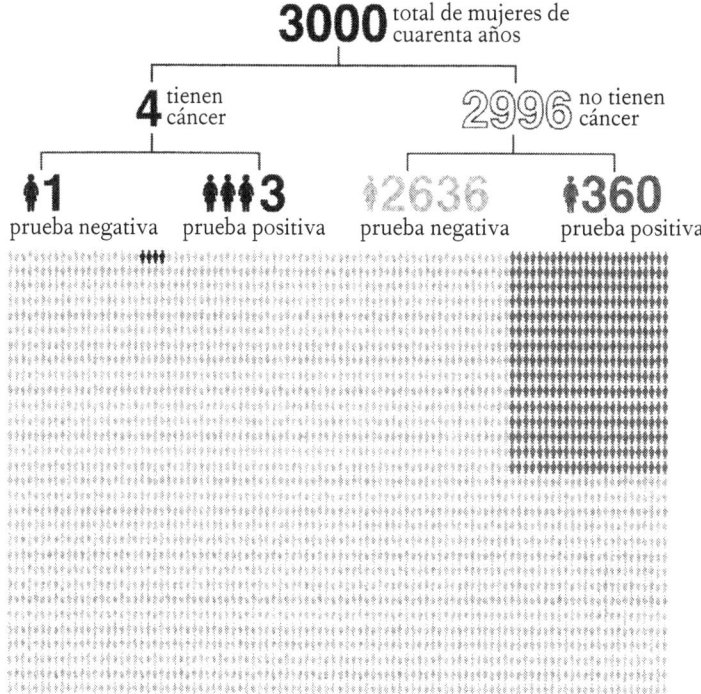

FIGURA 3.3. En este ejemplo, basado en índices de falsos positivos y falsos negativos proporcionados por el Consorcio de Vigilancia del Cáncer de Mama, solo 3 de cada 363 mujeres de cuarenta años con un resultado positivo en una prueba de cáncer de mama tienen de veras la enfermedad. (Las proporciones no se corresponden exactamente con las del texto por efecto del redondeo.) (*Fuente*: Infografía de Maayan Harel.)

hay un resultado positivo, a esa edad, es mucho más probable que se trate de una falsa alarma que de una detección real de un cáncer; y por la falsa alarma, muchas mujeres sufrían un terror innecesario (y seguían un tratamiento médico innecesario).

Sin embargo, la historia sería muy distinta si nuestra paciente tuviera un gen que la colocara en situación de especial riesgo de contraer cáncer de mama (pongamos, de uno entre veinte en el año siguiente). En tal caso, un resultado positivo incrementaría la posibilidad a casi 1/3. Para una mujer que se encuentre en esta situación, la posibilidad de que la prueba le proporcione una información vital es mucho más elevada. En consecuencia, el Grupo de Trabajo recomendaba que las mujeres en situación de algo riesgo siguieran haciéndose las mamografías anuales.

Este ejemplo pone de manifiesto que P (*enfermedad* | *test*) no es igual para todo el mundo, sino que depende del contexto. Si una persona sabe que de entrada se halla en una situación de riesgo especial, el teorema de Bayes le permite incluir esa información como factor. En cambio si uno sabe que es inmune a una enfermedad dada, ¡no tiene ni que preocuparse con las pruebas! P (*test* | *enfermedad*), por el contrario, no depende de la situación de riesgo de cada cuál. Es una probabilidad «robusta» ante tales variaciones, lo que explica (hasta cierto punto) por qué los médicos organizan su conocimiento según probabilidades directas y se comunican con ellas. En el primer caso estamos ante propiedades de la enfermedad en sí, su estadio de progresión, o la sensibilidad de los instrumentos de detección; de ahí que sigan sin mostrar apenas variación ante las razones de la enfermedad (epidemia, alimentación, higiene, condición socioeconómica, historia familiar...). La probabilidad inversa, P (*enfermedad* | *test*), sí es sensible a esas condiciones.

Los lectores con memoria histórica se preguntarán, sin duda, cómo gestionó Bayes la subjetividad de P (L), donde L es la longitud de la mesa de billar. La respuesta consta de dos partes. En primer lugar a Bayes no le interesaba la longitud de la mesa *per se*, sino por sus consecuencias futuras (la probabilidad de que la siguiente bola se detuviera en algún lugar específico de la mesa). En segundo lugar Bayes partía de que L se determina mecánicamente lanzando una bola de billar desde una distancia mayor, digamos L^*. De esta manera otorgaba objetividad a P (L) y transformaba el problema en uno en el que las probabilidades *a priori* se pueden estimar a partir de los datos, como vemos en los ejemplos del té con galletas y la prueba del cáncer.

En muchos sentidos, el teorema de Bayes es un destilado del método científico. Un manual describiría el método científico como: (1) formular una hipótesis, (2) deducir una consecuencia verificable de la hipótesis, (3) realizar un experimento y reunir las pruebas y (4) actualizar la creencia en la hipótesis. Por lo general los manuales se ocupan de pruebas y actualizaciones simples, de sí o no: la prueba o bien confirma o bien refuta la hipótesis. ¡Pero la vida y la ciencia nunca son tan simples! Todas las pruebas llegan con cierta cantidad de incertidumbre. El teorema de Bayes nos indica cómo realizar el paso (4) en el mundo real.

Del teorema de Bayes
a las redes bayesianas

A principios de la década de 1980, el campo de la inteligencia artificial había avanzado hasta llegar a un callejón sin salida. Desde que Alan Turing había expuesto el desafío original en su artículo de 1950 «Maquinaria computacional e inteligencia», la IA se había abordado sobre todo a partir de los «sistemas basados en reglas» (o «sistemas expertos»), que organizan el conocimiento como una colección de hechos generales y específicos, junto con una serie de reglas de inferencia que los conectan. Por ejemplo, Sócrates es un hombre (hecho específico). Todos los hombres son mortales (hecho general). A partir de esta base de conocimiento podemos (nosotros o una máquina inteligente) derivar el hecho de que Sócrates es mortal, a partir de la regla de inferencia universal: si todos los A son B, y x es un A, entonces x es un B.

En teoría, es un enfoque apropiado; pero las reglas simples y puras raramente captan el conocimiento real. Aunque quizá no siempre nos demos cuenta, constantemente estamos tratando con excepciones a las reglas e incertidumbres en las pruebas. En 1980 había quedado claro que los sistemas expertos tenían dificultades para realizar inferencias correctas a partir de un conocimiento incierto. El ordenador no podía replicar el proceso de inferencia de un experto humano porque los propios expertos no eran capaces de expresar su proceso de pensamiento con el lenguaje que el sistema proporcionaba.

Los años finales de la década de 1970, por lo tanto, fueron de agitación. La comunidad de la IA se preguntaba cómo lidiar con la incertidumbre. No faltaron ideas. Lotfi Zadeh, de Berkeley, planteó una «lógica difusa», en la que las afirmaciones no son verdaderas ni falsas sino que adoptan una serie de posibles valores de verdad. Glen Shafer, de la Universidad de Kansas, propuso «funciones de creencia» que asignan dos probabilidades a cada hecho: una que indica qué probabilidad hay de que sea «posible», la otra, la probabilidad de que sea «demostrable». Edward Feigenbaum y sus colegas de la Universidad de Stanford probaron con los «factores de certeza», que insertaban mediciones numéricas de la incertidumbre en las reglas de inferencia determinista.

Por desgracia, aunque eran ideas ingeniosas, tales enfoques adolecían de un defecto común: aplicaban modelos al experto, no al mundo, y por lo tanto tendían a producir resultados involuntarios. Por ejemplo no podían funcionar tanto en el modo diagnóstico como en el predictivo, la especialidad indiscutida del teorema de Bayes. En el caso del factor de certeza, el teorema «Si fuego, entonces humo (con certeza c_1)» no se podía combinar de forma coherente con «Si humo, entonces fuego (con certeza c_2)» sin desencadenar un incremento desenfrenado de la creencia.

En aquel momento también se sopesó la probabilidad, pero adquirió mala reputación de inmediato por su formidable exigencia de espacio de almacenamiento y tiempo de procesado. Por mi parte entré en la arena bastante tarde, en 1982, con una propuesta obvia, pero radical: en vez de reinventar de cero una nueva teoría de la incertidumbre, mantengamos la probabilidad como guardiana del sentido común y limitémonos a reparar sus deficiencias computacionales. Más en concreto, en vez de representar la probabilidad con tablas colosales, como se había hecho antes, representémosla con una red de variables asociadas con flexibilidad. Si permitimos que cada variable interactúe solo con unas pocas variables próximas, quizá podamos superar los obstáculos computacionales que habían provocado la caída de otros probabilistas.

La idea no se me ocurrió mientras dormía; la tomé de un artículo de David Rumelhart, científico cognitivo en la Universidad de California en San Diego, y pionero de las redes neuronales. Su artículo sobre la lectura infantil, publicado en 1976, dejaba claro que leer es un proceso complejo en el que hay neuronas activas en muchos niveles distintos y al mismo tiempo (véase la Figura 3.4). Algunas neuronas tan solo reconocen rasgos individuales, como círculos o líneas. Por encima de ellas, otra capa de neuronas combina esas formas y crea conjeturas sobre cuál podría ser la letra. En la Figura 3.4, la red lidia con una gran ambigüedad en torno a la segunda palabra. En el nivel de las letras, podría tratarse de «FHP», pero esto no tiene especial sentido en el nivel de las palabras. En el nivel de la palabra podría ser «FAR» o «CAR» o «FAT». Las neuronas pasan la información al nivel sintáctico, que decide que, después de la palabra «THE», espera encontrar un sustantivo. Por último esta información se transmite hasta lo más alto, el nivel semántico, que cae en la cuenta de que la frase anterior mencionaba un Volkswagen, con lo que lo más probable es que el sintagma sea «THE CAR», en referencia a ese

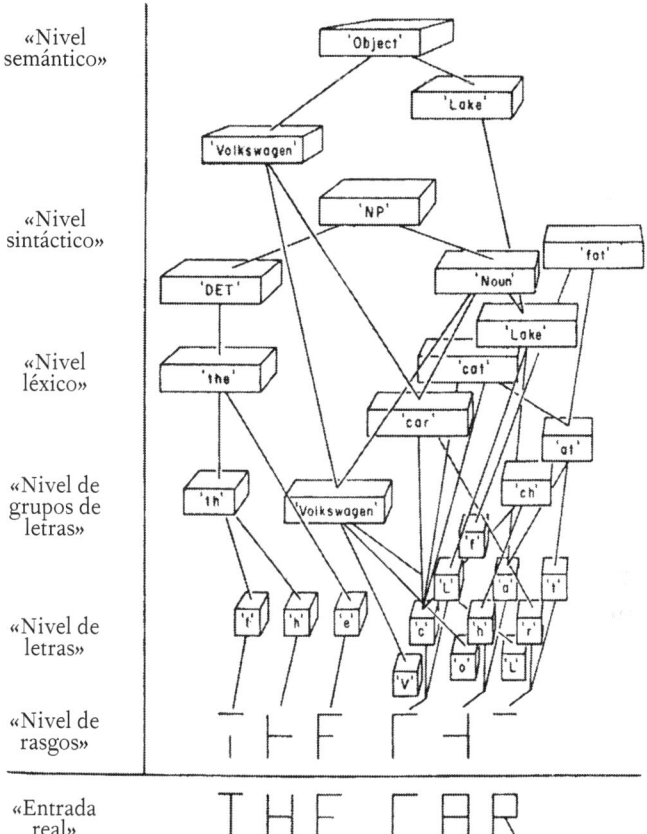

FIGURA 3.4. Esquema de David Rumelhart de cómo una red de intercambio de mensajes leería el sintagma «THE CAR». (*Fuente*: Cortesía del Center for Brain and Cognition, Universidad de California, San Diego.)

mismo coche. La clave aquí es que todas las neuronas transmiten información cruzada, del nivel más alto al más bajo y a la inversa, de un lado a otro. Es un sistema muy paralelo; y también muy distinto a la percepción que solemos tener del cerebro como un sistema monolítico, de control muy centralizado.

Tras leer el artículo de Rumelhart llegué a la convicción de que cualquier inteligencia artificial tendría que modelarse sobre lo que sabemos sobre la forma en que los seres humanos procesan la información neuronal, y que el razonamiento de las máquinas en condiciones de incertidumbre tendría que construirse con una similar arquitectura de intercambio de mensajes. Pero ¿cuáles son los mensajes? Esto tardé varios meses en resolverlo. A la postre comprendí que los mensajes eran probabilidades condicionales en una dirección y razones de verosimilitud en la otra.

Por decirlo con más precisión, supuse que la red sería jerárquica, con flechas que señalarían de las neuronas superiores a las inferiores, o de los «nodos padre» a los «nodos hijo». Cada nodo enviaría un mensaje a todos los vecinos (situados en la jerarquía tanto por arriba como por debajo) sobre su grado actual de creencia en torno a la variable que rastreaba (por ejemplo: «Estoy seguro, con un grado de dos tercios, de que esta letra es una R»). El receptor procesaría el mensaje de dos formas distintas, según la dirección. Si el mensaje iba de padre a hijo, el hijo actualizaría las creencias recurriendo a probabilidades condicionales, como las que vimos en el ejemplo del té con galletas. Si el mensaje iba de un nodo filial a uno paterno, este actualizaría sus creencias multiplicándolas por una razón de verosimilitud, como en el ejemplo de la mamografía.

Aplicar estas dos reglas de forma repetida, a todos los nodos de la red, se conoce como «propagación de creencias». Visto en retrospectiva no hay nada arbitrario o inventado en estas reglas, que cumplen estrictamente con el teorema de Bayes. Lo verdaderamente difícil era asegurarse de que, independientemente del orden en que los mensajes se enviaran, las cosas acabaran asentándose con un equilibrio cómodo; más aún, que el equilibrio final representara el estado de creencia correcto de las variables. Cuando digo «correcto» quiero decir como si hubiéramos llevado a cabo la computación con métodos de manual, y no por medio del intercambio de mensajes.

Fue un desafío que nos mantuvo ocupados —a mis estudiantes y a mí, y también a mis colegas— durante varios años. Pero a finales de la década de 1980 habíamos resuelto las dificultades hasta el punto de que las redes bayesianas se habían convertido en un plan práctico para el aprendizaje de las máquinas. En la década siguiente se produjo un aumento constante de las aplicaciones en el mundo real, tales como los filtros del correo no deseado y el reconocimiento de voz. Sin embargo, por entonces yo ya estaba intentando ascender por la Escalera de la Causalidad y confié la faceta probabilística de las redes bayesianas al cuidado de otros.

LAS REDES BAYESIANAS: QUÉ NOS DICEN
LAS CAUSAS DE LOS DATOS

Aunque Bayes no lo sabía, su teorema de la probabilidad inversa representa la más sencilla de las redes bayesianas. En este punto hemos visto ya la red con varias apariencias: Té → Galletas, Enfermedad → Prueba, o, más en general, Hipótesis → Evidencia. A diferencia de los diagramas causales con los que trataremos durante todo el libro, una red bayesiana no presupone que la flecha posea ningún significado causal. La flecha significa tan solo que conocemos la probabilidad «directa», $P\,(galletas \mid té)$ o $P\,(prueba \mid enfermedad)$. El teorema de Bayes nos indica cómo invertir el procedimiento, específicamente: multiplicando la probabilidad *a priori* por una razón de verosimilitud.

Formalmente, la propagación de creencias funciona exactamente igual tanto si las flechas son no causales como si lo son. Aun así, uno puede tener la sensación intuitiva de que en este último caso hemos hecho algo más significativo que en aquel. Es así porque nuestros cerebros están equipados con una maquinaria especial para comprender las relaciones de causa-efecto (como el cáncer y las mamografías), y no así para las meras asociaciones (como el té y las galletas).

El paso siguiente, después de una red de dos nodos con una conexión, es, claro está, una red de tres nodos con dos conexiones, que llamaré «confluencia» (*junction*). Son los componentes básicos de todas las redes bayesianas (y las redes causales). Existen tres tipos básicos de confluencias, con cuya ayuda podemos caracterizar cualquier patrón de flechas de la red.

1. $A \rightarrow B \rightarrow C$. Esta confluencia es el ejemplo más simple de una «cadena» (*chain*) o mediación. En ciencia, solemos pensar en B como el mecanismo —o «mediador»— que transmite el efecto de A a C. Un ejemplo habitual es el de Fuego → Humo → Alarma. Aunque solemos hablar de una alarma antiincendios, en realidad se activan con el humo; el fuego en sí no hace saltar la alarma, y por eso no hay una flecha directa de aquel a esta. El fuego tampoco hace sonar la alarma por ninguna otra variable, como el calor. Solo funciona cuando se liberan moléculas de humo en el aire. Si anulamos esta conexión de la cadena —por ejemplo, atrapando las moléculas de humo con una vitrina de gases— la alarma no sonará.

Esta observación nos lleva a un punto conceptual importante, en relación con las cadenas: el mediador *B* «oculta» información sobre *A* a *C* y viceversa. El primero en señalarlo fue Hans Reichenbach, un experto germano-estadounidense en filosofía de la ciencia. Por ejemplo, una vez que sabemos cuál es el valor de Humo, saber cosas sobre Fuego no nos aporta ninguna razón para elevar ni reducir nuestra creencia en Alarma. Esta estabilidad de la creencia es un concepto del primer peldaño; por lo tanto también se tiene que reflejar en los datos, si están disponibles. Supongamos que contamos con una base de datos de todos los casos en los que ha habido fuego, ha habido humo o la alarma se ha disparado. Si solo miramos las filas en las que Humo = 1, esperaremos que Alarma = 1, independientemente de si Fuego = 0 o Fuego = 1. Este patrón de ocultación se mantiene igual cuando el efecto no es determinista. Por ejemplo, imaginemos un sistema de alarma defectuoso, que no responde bien en el 5 % de los casos. Si nos fijamos solo en las filas en las que Humo = 1, hallaremos que la probabilidad de Alarma = 1 es la misma (un 95 %) independientemente de si Fuego = 0 o Fuego = 1.

El proceso de fijarse tan solo en las filas de la tabla en las que Humo = 1 se denomina «condicionar a una variable». Igualmente, decimos que Fuego y Alarma son condicionalmente independientes, dado el valor de Humo. Es importante saber esto cuando se programa una máquina para que actualice sus creencias; la independencia condicional autoriza a la máquina a centrarse en la información relevante y no prestar atención al resto. Todos necesitamos esta clase de licencia en el pensamiento cotidiano o, de lo contrario, dedicaríamos todo el tiempo a perseguir señales falsas. Pero ¿cómo decidimos de qué información se prescinde, cuando cada información nueva modifica los límites entre lo relevante y lo irrelevante? Para los humanos, es una comprensión natural. Cualquier niña o niño de tres años entiende el efecto de ocultación, aunque no sepa qué nombre tiene. Tal instinto tiene que haber procedido de alguna clase de representación mental que, posiblemente, se asemeje a un diagrama causal. Pero las máquinas carecen de tal instinto, y esta es una de las razones por las que las pertrechamos con diagramas causales.

2. $A \leftarrow B \rightarrow C$. Esta clase de confluencia se conoce como «bifurcación» (*fork*), y B suele denominarse «causa común» o «factor de confusión» de A y C. Un factor de confusión hará que A y C estén estadísticamente correlacionadas aunque no las una ninguna conexión causal directa. Un buen ejemplo (que debo a David Freedman) es Talla del zapato $\leftarrow$ Edad del niño $\rightarrow$ Capacidad lectora. Los niños con zapatos más grandes tienden a leer con más competencia. Pero la relación no es de causa y efecto. ¡Subir la talla de los zapatos no hará que el niño lea mejor! Simplemente, las dos variables se explican por una tercera, que es la edad del pequeño. Los niños mayores calzan zapatos más grandes y son asimismo lectores más avanzados.

Podemos eliminar esta correlación espuria, como la llamaban Karl Pearson y George Udny Yule, condicionando a la edad del niño. Por ejemplo, si nos fijamos tan solo en los infantes de siete años, no esperaremos hallar relación entre la talla de los zapatos y la competencia lectora. Como en el caso de las confluencias de cadena, A y C son condicionalmente independientes, dado B.

Antes de pasar a la tercera confluencia es preciso aclarar un punto. Las independencias condicionales que acabo de mencionar se manifiestan siempre que miramos estas confluencias de forma aislada. Si las rodean otros caminos causales, habrá que tomar en consideración también esos caminos. El milagro de las redes bayesianas radica en el hecho de que las tres clases de confluencias que ahora estamos describiendo por separado son suficientes para leer todas las independencias que una red bayesiana implica, por complicadas que sean.

3. $A \rightarrow B \leftarrow C$. Esta es la confluencia más fascinante, el «colisionador» (*collider*). Felix Elwert y Chris Winship han puesto un ejemplo ilustrador con tres características de los intérpretes de Hollywood: Talento $\rightarrow$ Fama $\leftarrow$ Belleza. Con esto afirmamos que tanto el talento como la belleza contribuyen al éxito de una actriz o un actor, pero que la belleza y el talento carecen por completo de relación mutua en la población general.

Ahora veremos que el patrón de colisión funciona exactamente al revés que las cadenas y bifurcaciones cuando condicionamos a la variable central. Si, para empezar, A y C son independientes, condicionar a B las hará dependientes. Por ejemplo, si nos fijamos tan solo en actores famosos (en otras palabras, si observamos la variable Fama = 1), veremos una correlación negativa entre talento y belleza: descubrir que una celebridad no es atractiva incrementa nuestra creencia de que tal actor o actriz posee talento.

Esta correlación negativa se designa a veces con el nombre de «sesgo de colisión» o también «efecto de justificación» (*explain-away effect*). Por simplificar, supongamos ahora que se puede adquirir la fama sin exhibir a la vez talento y belleza; basta con uno. En tal contexto, si la Celebridad *A* es un actor excelente, esto «justifica» su éxito, y no es necesario que sea más guapo que una persona cualquiera. En cambio si la Celebridad *B* es un actor pésimo, la única forma de explicar su éxito es su atractivo. Así pues, ante el resultado Fama = 1, el talento y la belleza están inversamente relacionados, y ello aunque en la población en su conjunto no estén relacionados. En una situación más realista, en la que el éxito es una combinación compleja de belleza y talento, el efecto de justificación sigue existiendo. Hay que reconocer que es un ejemplo algo apócrifo, porque es difícil medir objetivamente la belleza y el talento; sin embargo, el sesgo de colisión es muy real, y en este libro veremos una multitud de ejemplos.

Estas tres confluencias —cadenas, bifurcaciones y colisionadores— son como los ojos de las cerraduras de la puerta que separa el primer y el segundo peldaño de la Escalera de la Causalidad. Si echamos un vistazo a través, podemos ver los secretos del proceso causal que ha generado los datos que observamos; cada uno representa un patrón distinto del flujo causal y deja su marca en la forma de independencias y dependencias condicionales en los datos. En mis conferencias públicas las llamo a menudo «dones de los dioses» porque nos permiten poner a prueba un modelo causal, descubrir nuevos modelos, evaluar efectos de intervenciones y mucho más. Sin embargo, cuando están aisladas, tan solo podemos echar un vistazo al otro lado. Necesitamos una llave que abra la puerta por completo y nos permita acceder al segundo peldaño. Esta llave —que veremos en el capítulo 7— se llama D-separación. Este concepto nos dice, para cualquier patrón de caminos dado en el modelo, qué patrones de dependencias podemos esperar en los datos. Es una conexión fundamental entre las causas y las probabilidades, que constituye la aportación principal de las redes bayesianas a la ciencia de la inferencia causal.

¿DÓNDE ESTÁ MI EQUIPAJE?
DE AQUISGRÁN A ZANZÍBAR

Hasta aquí tan solo he hecho hincapié en un aspecto de las redes bayesianas: el diagrama y sus flechas, que preferiblemente apuntan de una causa a un efecto. El diagrama es de hecho como el motor de la red bayesiana. Pero como cualquier motor, una red bayesiana necesita combustible. Se conoce a este combustible como «tabla de probabilidad condicional».

Otra forma de explicarlo es que el diagrama describe la relación de las variables de una forma cualitativa, pero si se quieren respuestas cuantitativas, se necesitarán también entradas cuantitativas. En una red bayesiana hay que especificar la probabilidad condicional de cada nodo dados los «padres» (recordemos que los padres de un nodo son todos los nodos que lo alimentan). Se trata de las probabilidades directas, $P\,(evidencia \mid hipótesis)$.

En el caso en que A sea un nodo raíz, sin flechas que lleguen a él, basta con especificar la probabilidad *a priori* de cada estado de A. En nuestra segunda red, Enfermedad $\rightarrow$ Prueba, la enfermedad es un nodo raíz. Por eso especificamos la probabilidad *a priori* de que una persona tenga la enfermedad (en nuestro ejemplo, $1/700$) y de que no la tenga ($699/700$, en nuestro ejemplo).

Tratar A como un nodo raíz no equivale a afirmar que A no tenga causas previas. A casi ninguna variable se le puede aplicar legítimamente esta condición. Lo que realmente queremos decir es que cualquier causa previa de A se puede resumir adecuadamente en la probabilidad *a priori* $P\,(A)$ de que A sea verdad. Así, en el ejemplo de Enfermedad $\rightarrow$ Prueba, la historia familiar puede ser una causa de Enfermedad. Pero mientras estemos seguros de que esta historia familiar no afectará a la variable Prueba (una vez que conocemos el estado de Enfermedad), no es necesario que la representemos como un nodo del grafo. En cambio, si existe una causa de Enfermedad que también afecta directamente a Prueba, entonces tal causa debe representarse explícitamente en el diagrama.

En el caso en que el nodo A tenga un padre, A tendrá que «escuchar» al padre antes de decidir sobre su propia condición. En el ejemplo de la mamografía, el padre de la prueba M era Enfermedad (E). Podemos mostrar el proceso de «escucha» con una tabla de 2 × 2 (véase la Tabla 3.2). Por ejemplo, si la prueba M «oye» que $E = 0$, entonces el 88 % de las veces adoptará el valor $M = 0$, y el 12 %, $M = 1$. Fijémonos en que la segunda columna de esta tabla contiene la misma información que conocíamos por el Consorcio de Vigilancia del Cáncer de Mama: el índice de falsos positivos (extremo superior derecho) es el 12 %, y la sensibilidad (extremo inferior derecho) es del 73 %. Las otras dos entradas se completan de forma que el total de cada fila sume un 100 %.

Tabla 3.2. Una tabla de probabilidad condicional simple.

Probabilidad de →, dado ↓	$M = 0$	$M = 1$
$E = 0$	88	12
$E = 1$	27	73

Cuando pasamos a redes más complicadas, la probabilidad condicional también se complica más. Por ejemplo, si tenemos un nodo con dos padres, la tabla de probabilidad condicional deberá tomar en consideración los cuatro estados posibles de los dos padres. Veamos un ejemplo concreto, sugerido por Stefan Conrady y Lionel Jouffe de BayesiaLab, Inc. Es un escenario que conocen todos los viajeros y podemos llamar: «¿Dónde está mi equipaje?».

Imaginemos que acaba de aterrizar en Zanzíbar después de un apresurado transbordo en Aquisgrán, y está esperando a que su equipaje aparezca en la cinta. Otros pasajeros han empezado a recoger las maletas, pero de momento usted espera... espera... espera. ¿Qué probabilidad hay de que el equipaje no haya enlazado con éxito los dos aviones, en la conexión de Aquisgrán con Zanzíbar? La respuesta dependerá, por descontado, de cuánto rato lleve esperando. Si las maletas acaban de empezar a aparecer en la cinta, quizá hay que ser paciente y aguardar un poco más. En cambio si hace mucho rato que espera, la cosa adquiere mal color. Podemos cuantificar la angustia trazando un diagrama causal (Figura 3.5).

Este diagrama refleja la idea intuitiva de que hay dos causas para la

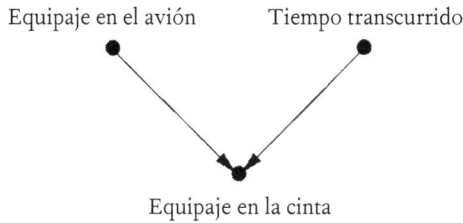

Equipaje en el avión   Tiempo transcurrido

Equipaje en la cinta

FIGURA 3.5. Diagrama causal para el ejemplo del aeropuerto y el equipaje.

aparición de una maleta en la cinta de equipajes. Primero, tiene que haber subido al avión; de otro modo es obvio que no llegará a la cinta. Segundo, la probabilidad de que la maleta aparezca en la cinta se incrementa con el paso del tiempo... a condición de que estuviera en el avión.

Para convertir el diagrama causal en una red bayesiana, debemos especificar las tablas de probabilidad condicional. Supongamos que todas las maletas del aeropuerto de Zanzíbar se descargan en un plazo máximo de diez minutos. ¡En Zanzíbar son muy eficientes! Supongamos que la probabilidad de que el equipaje haya enlazado bien en la escala de Aquisgrán, *P (maleta en el avión* = verdad), es del 50 %. Mis disculpas si ofendo a alguien que trabaje en el aeropuerto de Aquisgrán. Tan solo sigo el ejemplo de Conrady y Jouffe. En lo personal, preferiría imaginar que la probabilidad *a priori* era más elevada, como del 95 %.

El auténtico motor de esta red bayesiana es la tabla de probabilidad condicional del «Equipaje en la cinta» (véase la Tabla 3.3).

Se trata de una tabla extensa, pero que debería entenderse con facilidad. Las primeras once filas indican que si la maleta no ha completado la escala y no está en el avión (*equipaje en el avión* = 0), entonces no importa cuánto tiempo haya pasado: no aparecerá en la cinta (*cinta* = falso). Es decir, *P (cinta* = falso | *equipaje en el avión* = falso) es 100 %. Eso significan los 100 de las primeras once filas.

Las once filas siguientes dicen que el equipaje se descarga del avión a un ritmo constante. Si su maleta está en efecto en el avión, hay un 10 % de probabilidades de que se descargue en el primer minuto, un 10 % de que ocurra en el segundo minuto, etc. Así, transcurridos cinco minutos, la probabilidad de que se haya descargado es del 50 %, lo que se indica con un 50 para *P (cinta* = verdad, *equipaje en el avión* = verdad, *tiempo* = 5). Pasados diez minutos, se han descargado todas las maletas, con lo que P (*cinta* = verdad | *equipaje en el avión* = verdad, *tiempo* = 10) es 100 %. Por eso vemos un 100 en la última casilla de la tabla.

TABLA 3.3. Una tabla de probabilidad condicional más complicada.

Probabilidad de →, dado ↓		*cinta* = falso	*cinta* = verdad
equipaje en el avión	*tiempo transcurrido*		
Falso	0	100	0
Falso	1	100	0
Falso	2	100	0
Falso	3	100	0
Falso	4	100	0
Falso	5	100	0
Falso	6	100	0
Falso	7	100	0
Falso	8	100	0
Falso	9	100	0
Falso	10	100	0
Verdad	0	100	0
Verdad	1	90	10
Verdad	2	80	20
Verdad	3	70	30
Verdad	4	60	40
Verdad	5	50	50
Verdad	6	40	60
Verdad	7	30	70
Verdad	8	20	80
Verdad	9	10	90
Verdad	10	0	100

Lo más interesante que cabe hacer con esta red bayesiana, como con la mayoría de las redes bayesianas, es resolver el problema de la probabilidad inversa: si han pasado x minutos y aún no he recuperado mi maleta, ¿cuál es la probabilidad de que estuviera en el avión? El teorema de Bayes automatiza el cálculo y revela un patrón interesante.

Pasado un minuto, sigue habiendo un 47 % de probabilidades de que el equipaje estuviera en el avión (recordemos aquí que primero suponíamos que la probabilidad era de un 50 %). Después de cinco minutos, la probabilidad ha caído hasta el 33 %; y cuando han transcurrido diez minutos, se reduce a cero, como es lógico. La Figura 3.6 muestra un gráfico de la probabilidad a lo largo del tiempo, que tal vez podríamos titular: «Curva de la pérdida de esperanza». Para mí, lo más reseñable del gráfico es que dibuje *una curva*. Creo que la expectativa mayoritaria habría sido una recta. De hecho nos envía un mensaje más bien optimista: ¡No pierdan la esperanza demasiado pronto! Según esta curva, durante la primera mitad del tiempo asignado solo hay que perder un tercio de la esperanza.

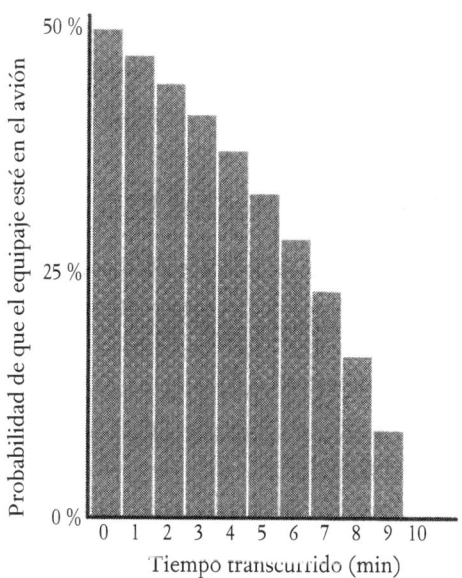

FIGURA 3.6. La probabilidad de ver la maleta en la cinta se reduce primero despacio, luego con más rapidez. (*Fuente*: Gráfico de Maayan Harel, datos de Stefan Conrady y Lionel Jouffe.)

Aparte de la enseñanza vital, aquí podemos aprender que no es algo que queramos calcular a mano. Incluso con esta red diminuta, de tan solo tres nodos, había 2 × 11 = 22 estados padre, cada uno de los cuales contribuía a la probabilidad de un estado niño. Para un ordenador, en cambio, se trata de cómputos elementales... hasta cierto punto. Porque si no están organizados de una manera elemental, la simple cantidad de cálculos puede abrumar incluso al más rápido de los superordenadores. Si un nodo tiene diez padres, y cada padre, dos estados, la tabla de probabilidad condicional tendrá más de mil filas. Y si cada uno de los padres posee diez estados, ¡la tabla tendrá 10.000 millones de filas! Por ello, habitualmente uno tiene que filtrar las conexiones de la red, para que solo queden las más importantes y la red sea «escasa». En el desarrollo de las redes bayesianas se produjo un avance técnico cuando se hallaron maneras de potenciar la escasez en la estructura de red, para lograr que los tiempos de computación fueran razonables.

LAS REDES BAYESIANAS EN EL MUNDO REAL

En nuestros días, las redes bayesianas son una tecnología madura, hasta el punto de que varias compañías ofrecen ya software comercial para estas redes. Las redes bayesianas también están integradas en muchos aparatos «inteligentes». Para dar una idea de cómo se utilizan en las aplicaciones del mundo real, volvamos al sofware Bonaparte, de emparejamiento de ADN, con el que empezamos este capítulo.

El Instituto Forense Neerlandés utiliza Bonaparte cada día, en su mayoría para casos de personas desaparecidas, investigaciones criminales y temas de inmigración (los solicitantes de asilo tienen que demostrar que cuentan con un mínimo de quince familiares en los Países Bajos). Sin embargo, el fruto más espectacular de la red bayesiana se percibe después de un desastre colosal, como el accidente del vuelo 17 de Malaysia Airlines.

La comparación de ADN del accidente con ADN de una base de datos central solo podía servir para identificar, a lo sumo, a unas pocas víctimas. La siguiente mejor opción pasaba por pedir a los familiares muestras de ADN para buscar coincidencias parciales con el ADN de las víctimas. Los métodos convencionales (no bayesianos) pueden hacerlo, y han contribuido decisivamente a resolver varios casos no urgentes en los Países Bajos, Estados Unidos y otros lugares. Por ejemplo, una fórmula simple conocida como «índice de paternidad» o «índice de hermandad» puede calcular la probabilidad de que el ADN no identificado proceda del padre o el hermano de la persona cuyo ADN se ha sometido a prueba.

Sin embargo estos índices cuentan con la limitación inherente de servir solo para una relación específica y solo para un parentesco muy próximo. Detrás de Bonaparte, en cambio, está la voluntad de utilizar información de ADN de parientes más alejados, o bien de una multiplicidad. Bonaparte lo hace convirtiendo la genealogía de la familia (véase la Figura 3.7) en una red bayesiana.

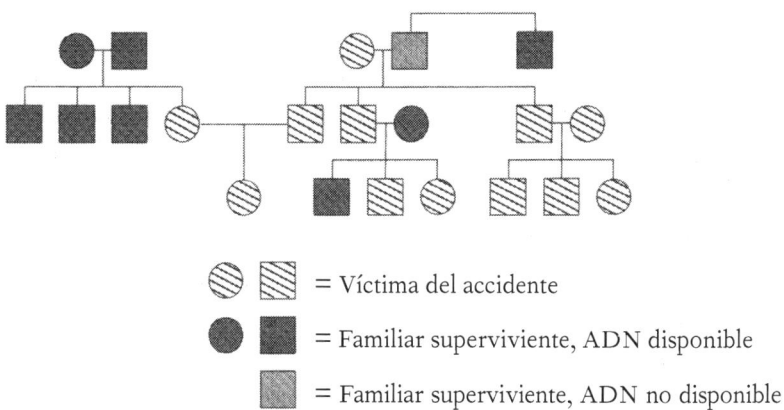

⊘ ▨ = Víctima del accidente

● ■ = Familiar superviviente, ADN disponible

▨ = Familiar superviviente, ADN no disponible

FIGURA 3.7. Genealogía real de una familia con múltiples víctimas en el derribo del avión de Malaysia Airlines. (*Fuente*: Datos proporcionados por Willem Burgers.)

En la Figura 3.8 vemos que Bonaparte convierte una pieza pequeña de una genealogía en una red bayesiana (causal). El problema central es que el genotipo de una persona, detectado en un test de ADN, contiene una aportación tanto del padre como de la madre, pero no podemos decir qué parte es cada una. Así pues, la red bayesiana tiene que tratar estas dos aportaciones (los «alelos») como variables ocultas, no mensurables. Parte de la labor de Bonaparte es inferir la probabilidad de la causa (el gen de los ojos azules de la víctima procedía de su padre) a partir de la evidencia (por ejemplo, tiene un gen de ojos azules y uno de ojos negros; los primos por la parte del padre tienen los ojos azules, pero los de la parte de la madre tienen ojos negros). Es un problema de probabilidad inversa, y para esto se inventó el teorema de Bayes.

Una vez que se ha montado la red bayesiana, el paso final es entrar el ADN de la víctima y calcular la probabilidad de que encaje en una casilla específica de la genealogía. Se computa por medio de la propagación de creencias, con el teorema de Bayes. La red empieza

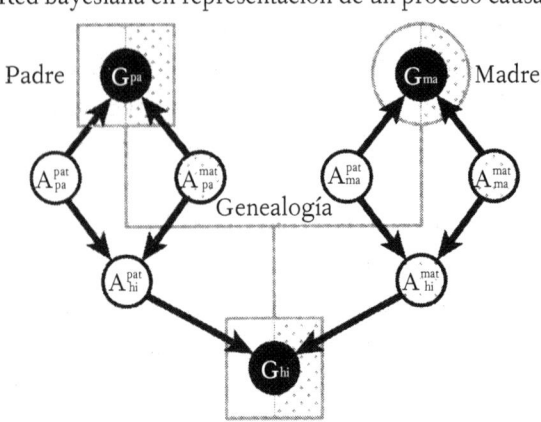

Red bayesiana en representación de un proceso causal

Nodos de red:

G — Genotipo (observado en la prueba de ADN)

A^{pat} — Alelo paterno (no observable)

A^{mat} — Alelo materno (no observable)

FIGURA 3.8. De las pruebas de ADN a las redes bayesianas. En la red bayesiana, los nodos sin sombrear representan alelos, y los sombreados, genotipos. Solo se puede disponer de datos en los nodos sombreados porque los genotipos no pueden indicar qué alelo procedía del padre y cuál de la madre. La red bayesiana posibilita hacer inferencias sobre los nodos no observados y también nos permite estimar la probabilidad de que una muestra de ADN dado proceda del hijo. (*Fuente*: Infografía de Maayan Harel.)

con un grado de creencia particular en cada afirmación posible sobre los nodos de la red, como podría ser «el alelo paternal de esta persona, para el color de ojos, es azul». A medida que se van entrando nuevas evidencias en la red —en cualquier lugar de la red— los grados de creencia en cada uno de los nodos, tanto por arriba como por debajo, cambiarán en cascada. Así pues, por ejemplo, una vez que averiguamos que una muestra dada es una coincidencia probable para una persona de la genealogía, podemos propagar la información por la red, arriba y abajo. De este modo, Bonaparte no aprende tan solo a partir del ADN de los parientes vivos, sino también de las identificaciones que ya ha realizado.

Este ejemplo es una ilustración vívida de varias ventajas de las redes bayesianas. Una vez que se ha montado la red, no es necesario que el investigador intervenga para decirle cómo evaluar un dato nuevo. La actualización puede hacerse con gran rapidez (las redes bayesianas son especialmente buenas para la programación en un ordenador distribuido). La red es integradora, en el sentido de que reacciona como un todo a cualquier información nueva. Por eso incluso el ADN de una tía o un primo segundo puede ayudar a identificar a la víctima. Las redes bayesianas se parecen mucho a un tejido orgánico vivo, lo cual no es accidental, sino que era precisamente la imagen que yo tenía en mente mientras batallaba para lograr que funcionaran. Quería que las redes bayesianas funcionaran como las neuronas de un cerebro humano: tocas una neurona y toda la red responde propagando la información a cualquier otra neurona del sistema.

La transparencia de las redes bayesianas las distingue de la mayoría de los demás modelos de aprendizaje de las máquinas, que tienden a generar «cajas negras» inescrutables. En una red bayesiana puedes seguir todos los pasos y entender cómo y por qué cada prueba o evidencia nueva ha modificado las creencias de la red.

Por muy elegante que sea Bonaparte, vale la pena llamar la atención sobre un rasgo que (todavía) no incorpora: la intuición humana. Cuando ha terminado el análisis, proporciona a los expertos del IFN una razón de verosimilitud para cada muestra de ADN, con una relación de probabilidad para cada una. En este punto, los investigadores tienen la libertad de combinar las pruebas del ADN con otros materiales físicos recobrados del lugar del accidente, así como con su intuición, para llegar a la determinación final. Por el momento, ninguna identificación es el producto exclusivo de la acción de un ordenador. Un objetivo de la inferencia causal es crear una interfaz humano-máquina más asequible, que pueda permitir que la intuición de los investigadores se sume al baile de propagación de las creencias.

Este ejemplo de la identificación de ADN con Bonaparte tan solo rasca la superficie de las aplicaciones de las redes bayesianas en la genómica. Sin embargo, quisiera pasar a una segunda aplicación que es omnipresente en la sociedad actual. De hecho es muy probable que lleve ahora mismo, en su bolsillo, una red bayesiana. Me refiero al teléfono móvil. Todos utilizan algoritmos de corrección de errores basados en la propagación de creencias.

Por empezar desde el principio, cuando hablamos por un teléfono este convierte nuestra voz melodiosa en una secuencia de unos y ceros (los «bits») y los transmite por medio de una señal de radio. Por desgracia, ninguna señal de radio se recibe con una fidelidad perfecta. Mientras la señal emprende el camino hacia la torre de comunicaciones y luego hacia el teléfono de nuestra amistad, algunos bits al azar pasarán de cero a uno y viceversa.

Para corregir estos errores podemos añadir información redundante. Un plan ultrasencillo de corrección de errores consiste en repetir tres veces cada bit de información: codificar un uno como «111» y un cero como «000». Las cadenas válidas «111» y «000» se llaman «palabras codificadas» (*codewords*). Si el receptor oye una cadena inválida, como pudiera ser «101», buscará la palabra codificada válida que más probablemente la explica. Como es más probable que el error sea un cero, antes que dos unos, el decodificador interpretará el mensaje como «111» y llegará por lo tanto a la conclusión de que el bit de información era un uno.

Por desgracia, estamos ante un código muy ineficiente, que triplica la extensión de todos nuestros mensajes. Sin embargo, los ingenieros de comunicaciones llevan setenta años esforzándose en encontrar códigos de corrección cada vez mejores.

El problema de decodificar es idéntico a los otros problemas de probabilidad inversa que hemos visto, porque una vez más queremos inferir la probabilidad de una hipótesis (el mensaje enviado era «¡Hola, mundo!») a partir de las pruebas (la recepción de «Hxla, muzdo»). La situación parece idónea para aplicar la propagación de creencias.

En 1993, un ingeniero de France Telecom llamado Claude Berrou asombró al mundo de la codificación con un código de corrección de errores que alcanzaba un rendimiento casi óptimo. En otras palabras, la cantidad de información redundante que se requería era muy próxima al mínimo teórico. Su idea, denominada «turbo código», se ilustra especialmente bien si se representa con una red bayesiana.

La Figura 3.9(a) muestra cómo funciona un código tradicional. Los bits de información que uno dice por teléfono se muestran en la primera fila. Se codifican, mediante el código que uno quiera —llamémosle código *A*—, en palabras codificadas (segunda fila) que se reciben con algunos errores (tercera fila). Este diagrama es una red bayesiana y podemos utilizar la propagación de creencias para inferir, de los bits recibidos, cuáles eran los bits de información. Ahora bien, esto no mejoraría en nada el código *A*.

La idea brillante de Berrou consistió en codificar cada mensaje dos veces: una de forma directa y otra después de cifrar el mensaje. Esto resulta en la creación de dos palabras codificadas separadas y la recepción de dos mensajes con ruido (Figura 3.9(b)). No existe ninguna fórmula conocida para decodificar directamente esta clase de mensaje dual. Pero Berrou demostró empíricamente que, si las fórmulas de propagación de creencias se aplican repetidamente sobre redes bayesianas, suceden dos cosas increíbles. La mayor parte del tiempo (y con

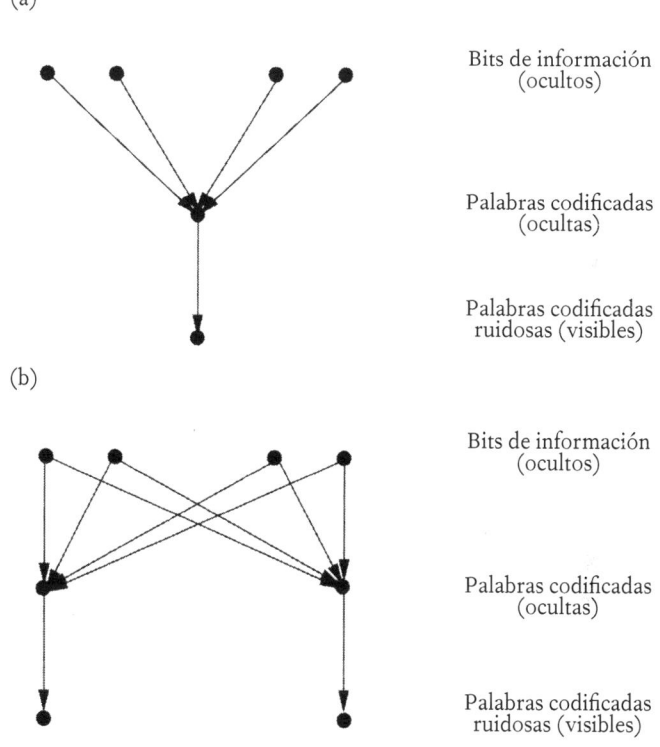

(a)

Bits de información
(ocultos)

Palabras codificadas
(ocultas)

Palabras codificadas
ruidosas (visibles)

(b)

Bits de información
(ocultos)

Palabras codificadas
(ocultas)

Palabras codificadas
ruidosas (visibles)

FIGURA 3.9. (a) Representación en red bayesiana de un proceso de codificación ordinario. Los bits de información se transforman en palabras codificadas; estas se transmiten y reciben en el destino con ruido (errores). (b) Representación de un turbo código con red bayesiana. Los bits de información se cifran y codifican dos veces. La decodificación avanza por propagación de creencias en esta red. Cada procesador del fondo utiliza información del otro procesador para mejorar la conjetura de la palabra codificada oculta, en un proceso iterativo.

esto quiero decir algo como el 99,999 % del tiempo) se reciben los bits de información correctos. No solo eso, se pueden usar palabras codificadas mucho más cortas. Por simplificar: dos copias del código *A* son mucho mejores que una.

Esta historia condensada es correcta, salvo en un punto: ¡Berrou no sabía que estaba trabajando con redes bayesianas! Simplemente había descubierto por sí mismo el algoritmo de la propagación de creencias. Solo cinco años más tarde, David MacKay, de Cambridge, cayó en la cuenta de que era el mismo algoritmo del que había disfrutado a finales de la década de 1980 mientras jugaba con las redes bayesianas. Esto situó el algoritmo de Berrou en un contexto teórico familiar y permitió que los teóricos de la información profundizaran en la comprensión de su comportamiento.

De hecho, otro ingeniero —Robert Gallager, del Instituto de Tecnología de Massachusetts— ya había descubierto un código que usaba la propagación de creencias (aunque no con este nombre) allá por 1960, tantos años atrás que MacKay ha descrito este código como «casi clarividente». En todo caso, se adelantó demasiado a su tiempo. Gallager necesitaba miles de procesadores en un chip, que intercambiaran mensajes unos con otros sobre su grado de creencia en que un bit de información particular era un uno o un cero. En 1960 esto resultaba imposible y el código cayó virtualmente en el olvido hasta que MacKay lo redescubrió en 1998. Hoy se encuentra en cualquier teléfono móvil.

Se mida como se mida, los turbo códigos han experimentado un éxito abrumador. Antes de la turbo revolución, los móviles 2G usaban la «decodificación blanda» (es decir, probabilidades), pero no la propagación de creencias. Los móviles 3G usaban los turbo códigos de Berrou, y los 4G, los códigos de Gallager, similares a los turbo. Desde el punto de vista del consumidor, esto comporta que el móvil usa menos energía y la batería dura más tiempo, porque codificar y decodificar son los procesos que más energía requieren al teléfono. Por otro lado, unos códigos mejores también suponen que no hay que estar tan cerca de una torre para obtener una transmisión de gran calidad. En otras palabras: las redes bayesianas han permitido a los fabricantes de teléfonos cumplir su promesa de ofrecer «más barras (de cobertura) en más sitios».

DE LAS REDES BAYESIANAS
A LOS DIAGRAMAS CAUSALES

Después de un capítulo entero dedicado a las redes bayesianas, quizá el lector se pregunte cómo se relacionan con el resto de este libro y, en particular, con los diagramas causales que vimos en el capítulo 1. Para empezar, los he analizado con especial detalle porque fueron mi vía de acceso personal a la causalidad. Pero lo que es más importante desde una perspectiva tanto práctica como teórica es que las redes bayesianas poseen la clave que permite a los diagramas causales comunicarse con los datos. Todas las propiedades probabilísticas de las redes bayesianas (incluidas las confluencias que hemos visto antes en este mismo capítulo) y los algoritmos de propagación de creencias que se desarrollaron para ellas conservan la validez en los diagramas causales. De hecho, son indispensables para comprender la inferencia causal.

Las diferencias fundamentales entre las redes bayesianas y los diagramas causales radican en cómo se construyen y en qué usos se les da a cada uno. Una red bayesiana no es, literalmente, nada más que una representación compacta de una tabla de probabilidades colosal. Las flechas tan solo significan que las probabilidades de los nodos hijo se relacionan con los valores de los nodos padre por medio de una fórmula determinada (las tablas de probabilidad condicional) y que esta relación es suficiente. Es decir: conocer los antecesores directos del hijo no cambiará la fórmula. Del mismo modo, la ausencia de flecha entre dos nodos significa que son independientes, una vez conocemos los valores de sus padres. Hemos visto una versión simple de esta información hace poco, cuando hablábamos del efecto de ocultación en las cadenas y conexiones. En una cadena $A \rightarrow B \rightarrow C$, la ausencia de flecha entre A y C significa que A y C son independientes toda vez que sabemos los valores de sus padres. Como A carece de padres, y el único padre de C es B, se sigue que A y C son independientes cuando sabemos el valor de B, lo que coincide con lo que hemos dicho antes.

Ahora bien, si el mismo diagrama se hubiera construido como un diagrama causal, entonces cambian tanto el pensamiento que define la construcción como la interpretación del diagrama final. En la fase de construcción necesitamos examinar cada variable —digamos C— y preguntarnos a qué otras variables «atiende» antes de elegir su valor. La estructura de cadena $A \rightarrow B \rightarrow C$ significa que B solo escucha a A,

C solo atiende a *B*, y *A* no escucha a nadie (es decir, está determinada por fuerzas externas que no forman parte de nuestro modelo).

Esta metáfora de la atención encapsula todo el conocimiento que transmite una red causal; el resto se puede derivar, a veces, potenciando los datos. Nótese que, si invertimos el orden de las flechas en la cadena, lo cual nos daría $A \leftarrow B \leftarrow C$, la lectura causal de la estructura cambiará radicalmente, pero las condiciones de independencia seguirán siendo las mismas. La flecha ausente entre *A* y *C* seguirá significando que *A* y *C* son independientes una vez que conocemos el valor de *B*, como en la cadena original. Esto comporta dos implicaciones de enorme importancia. En primer lugar, nos dice que los principios causales no se pueden inventar a capricho; están sometidos al escrutinio de los datos y se pueden falsar. Por ejemplo, si los datos observados no muestran que *A* y *C* son independientes, condicionados a *B*, entonces podemos concluir con tranquilidad que este modelo de cadena es incompatible con los datos y se tiene que descartar (o reparar). En segundo lugar, las propiedades gráficas del diagrama dictaminan qué modelos causales se pueden distinguir a través de los datos y cuáles seguirán siendo siempre indistinguibles, por numerosos que sean los datos. Por ejemplo, los simples datos no bastarán para distinguir la bifurcación $A \leftarrow B \rightarrow C$ de la cadena $A \rightarrow B \rightarrow C$ porque los dos diagramas implican las mismas condiciones de independencia.

Otra forma conveniente de pensar sobre el modelo causal es en términos de experimentos científicos. Se puede concebir cada flecha como una aseveración sobre el resultado de un experimento hipotético. Una flecha de *A* a *C* significa que si pudiéramos «menear» solo *A*, entonces esperaríamos ver un cambio en la probabilidad de *C*. La ausencia de flecha entre *A* y *C* significa que en el mismo experimento no veríamos ningún cambio en *C*, toda vez que mantuviéramos constantes los padres de *C* (en nuestro ejemplo anterior: *B*). Fijémonos en que la expresión probabilística «una vez conocemos el valor de *B*» ha dejado paso a una expresión causal, «toda vez que mantuviéramos *B* constante», lo cual implica que, materialmente, estamos impidiendo que *B* varíe e inhabilitando la flecha de *A* a *B*.

El pensamiento causal que define la construcción de la red causal tendrá reflejo, por descontado, en la clase de cuestiones que una red puede responder. Mientras que una red bayesiana solo puede decirnos la probabilidad de un acontecimiento suponiendo que observemos otro (información del primer peldaño), los diagramas causales pueden responder preguntas interventoras y contrafactuales. Por ejemplo, la bifurcación causal $A \leftarrow B \rightarrow C$ nos dice, sin incertidumbre, que menear A no tendrá ningún efecto en C, por intenso que sea el meneo. Por otro lado, una red bayesiana no está equipada para manejar un «meneo», o para percibir la diferencia entre ver y hacer, o de hecho para distinguir una bifurcación de una cadena. En otras palabras, tanto una cadena como una bifurcación predecirían que los cambios observados en A están asociados con cambios en C, sin hacer ninguna predicción sobre el efecto de «menear» A.

Ahora llegamos al segundo impacto —quizá el más importante— de las redes bayesianas en la inferencia causal. Las relaciones que se descubrieron entre la estructura gráfica del diagrama y los datos que representa nos permiten emular el meneo sin hacerlo materialmente. Específicamente, aplicar una secuencia inteligente de operaciones condicionadoras nos permite predecir el efecto de acciones o intervenciones sin realizar el experimento de hecho. Para demostrarlo, pensemos de nuevo en la bifurcación causal $A \leftarrow B \rightarrow C$, en la que proclamamos que la correlación entre A y C era espuria. Lo podemos verificar con un experimento en el que meneamos A sin hallar correlación entre A y C. Pero hay soluciones mejores. Podemos pedirle al diagrama que emule el experimento y nos diga si alguna operación condicionadora puede reproducir la correlación que imperaría en el experimento. La respuesta sería afirmativa: «La correlación entre A y C que se mediría después de condicionar a B sería igual a la correlación vista en el experimento». Es una correlación que se puede estimar a partir de los datos y, en nuestro caso, sería cero, lo que confirmaría plenamente la intuición de que menear A no tendría efecto sobre C.

No habríamos llegado a adquirir esta capacidad de emular intervenciones mediante observaciones inteligentes si entre 1980 y 1988 no se hubieran desvelado las propiedades estadísticas de las redes bayesianas. Ahora podemos decir qué conjunto de variables debemos medir para predecir los efectos de intervenciones a partir de estudios observacionales. También podemos responder a preguntas de «¿Por qué?». Por ejemplo, alguien podría preguntar por qué menear A hace que C varíe. ¿Es de verdad el efecto directo de A o es el efecto de una variable mediadora B? Si las dos cosas son ciertas, ¿podemos evaluar qué parte del efecto está mediada por B?

Para responder a tales preguntas sobre mediación debemos imaginar dos intervenciones simultáneas: menear A y mantener B constante (para que se distinga de condicionar a *B*). Si podemos realizar la intervención materialmente obtendremos la respuesta. Pero si estamos a merced de estudios observacionales, tenemos que emular las dos acciones con un conjunto bien pensado de observaciones. De nuevo, la estructura gráfica del diagrama nos dirá si esto es posible.

Todas estas capacidades todavía eran futuras en 1988, cuando empecé a pensar en cómo casar la causalidad y los diagramas. Solo sabía que las redes bayesianas, según se las concebía entonces, no podían contestar las preguntas que estaba planteando. Darse cuenta de que, partiendo solo de los datos, ni siquiera puedes diferenciar $A \leftarrow B \rightarrow C$ de $A \rightarrow B \rightarrow C$ supuso una frustración dolorosa.

Sé que en este punto estarán impacientes por saber cómo los diagramas causales nos permiten hacer cálculos como los que acabo de describir. Y llegaremos ahí: en los capítulos 7 al 9. Pero aún no estamos listos, porque en cuanto empezamos a hablar de estudios observacionales frente a los experimentales, salimos de las aguas relativamente amistosas de la comunidad de la IA y entramos en las aguas mucho más tormentosas de la estadística, agitadas por su infeliz divorcio de la causalidad. Visto en retrospectiva, batallar porque se aceptaran las redes bayesianas en la IA fue un picnic —más aún: ¡un crucero de lujo!— en comparación con la batalla que tuve que sostener por los diagramas causales. De hecho la batalla aún no ha terminado, pues perviven algunos islotes de resistencia.

Para navegar por estas aguas nuevas tendremos que entender de qué manera los estadísticos ortodoxos han aprendido a abordar la causalidad y cuáles son los límites de esos métodos. Las preguntas que hemos formulado arriba, sobre el efecto de las intervenciones, incluidos los efectos directos y los indirectos, no forman parte de la corriente central de la estadística, ante todo porque los padres fundadores de la disciplina la purgaron del lenguaje de la causa y el efecto. Aun así los estadísticos consideran permisible hablar de causa y efecto en una situación: un ensayo controlado aleatorio (RCT, en sus siglas inglesas) en el que un tratamiento *A* se asigna aleatoriamente a algunos individuos, y a otros no, y luego se comparan los cambios observados en *B*. Aquí, tanto la estadística ortodoxa como la inferencia causal están de acuerdo en el significado de la frase «*A* causa *B*».

Antes de centrarnos en la nueva ciencia de la causa y el efecto —iluminada por modelos causales— deberíamos intentar entender primero los puntos fuertes y los límites de la vieja ciencia, ciega a los modelos: por qué se necesita la aleatoriedad para concluir que *A* causa *B* y cuál es la naturaleza de la amenaza (denominada «factor de confusión») que se pretende desarmar con los RCT. El siguiente capítulo encara estos temas. A juzgar por mi experiencia, ni la mayoría de los estadísticos ni de los modernos analistas de datos se sienten cómodos con ninguna de estas cuestiones, porque no las pueden expresar por medio de un lenguaje datocéntrico. De hecho, ¡a menudo no están de acuerdo en qué debemos entender por confusión!

Después de examinar estas cuestiones a la luz de los diagramas causales, podremos situar en su contexto idóneo los ensayos controlados aleatorios. Los podremos ver o bien como un caso especial de nuestro motor de inferencia, o bien podremos ver la inferencia causal como una vasta extensión de los RCT. Los dos puntos de vista están bien. Las personas acostumbradas a considerar los RCT como árbitros de la causalidad quizá se sentirán más cómodas con el segundo.

Intervención
(dieta vegetariana)

Control
(dieta del rey)

La narración bíblica de Daniel, que se cita a menudo como el primer experimento controlado. Daniel (¿el tercero por la izquierda?) se dio cuenta de que para comparar adecuadamente dos dietas era imprescindible dárselas a dos grupos de individuos similares, elegidos de antemano. El rey Nabucodonosor (detrás) quedó impresionado por los resultados. (*Fuente*: Ilustración de Dakota Harr.)

4

CONFUSIÓN Y DESCONFUSIÓN, O CÓMO ELIMINAR LA VARIABLE AGAZAPADA

> Si nuestra concepción de los efectos causales tuviera algo que ver con experimentos aleatorios, estos se habrían inventado cinco siglos antes de Fisher.
>
> EL AUTOR (2016)

Aspenaz, jefe de los oficiales de la corte del rey Nabucodonosor, se enfrentaba a un grave problema. En 597 a. C., el rey de Babilonia había saqueado el reino de Judea y regresado con miles de cautivos, muchos de ellos, nobles de Jerusalén. Como era habitual en el reino, Nabucodonosor quería que algunos prestaran servicio en su corte, por lo que ordenó a Aspenaz que buscara «jóvenes sin defectos, bien favorecidos, con el talento aguzado para el saber, el conocimiento y la ciencia». Estos chicos afortunados se formarían en la lengua y la cultura babilónicas, para poder servir en la administración de un imperio que se extendía desde el golfo Pérsico hasta el mar Mediterráneo. Se les asignaron raciones de la carne y el vino de la propia mesa real.

Y aquí surgió el problema. Uno de los favoritos, un joven llamado Daniel, se negó a tocar la comida. Por razones religiosas, no podía alimentarse de carne si no se preparaba según la ley judía, por lo que pidió que tanto a él como a sus amigos les dieran de comer solo verduras. Aspenaz habría accedido a los deseos del chico, pero temía que el rey se diera cuenta: «Si el rey ve vuestros rostros más demacrados que los de los otros jóvenes de vuestra edad, me cortará la cabeza».

Daniel intentó tranquilizar a Aspenaz: la dieta vegetariana no perjudicaría en nada el servicio al rey. Como corresponde a una persona con el talento aguzado para «entender todas las letras y ciencia», propuso un experimento. Ponnos a prueba durante diez días, le dijo. A mí y a otros tres, dadnos de comer solo verduras; a otro grupo dadles de la carne y el vino del rey. Pasados los diez días, comparemos los dos grupos y luego —le dijo Daniel a Aspenaz— «procede con tus servidores de acuerdo con lo que veas».

Los lectores que no conozcan o recuerden la historia, probablemente, podrán adivinar qué sucedió a continuación. A Daniel y sus tres compañeros, la dieta vegetariana les sentó de maravilla. El rey quedó tan impresionado con su sabiduría y su conocimiento —por no hablar de su sana apariencia— que les confió un lugar de preferencia en la corte, por cuanto le parecieron «diez veces mejores que todos los magos y astrólogos que en su reino había». Más adelante Daniel actuó como intérprete de los sueños del rey y sobrevivió a un encuentro memorable en el foso de los leones.

Créanlo o no, pero la narración bíblica de Daniel resume de forma profunda cómo se orienta hoy la ciencia experimental. Aspenaz empieza formulando una pregunta sobre causalidad: ¿Una dieta vegetariana empeorará la salud de mis servidores? Daniel propone una metodología válida para lidiar con cualquier interrogante del estilo: hagamos dos grupos de personas, idénticos a todos los efectos relevantes. Démosle a un grupo el nuevo tratamiento (una dieta, un medicamento, etc.) y el otro grupo (que denominamos hoy «grupo de control») que reciba el tratamiento anterior o ninguno específico. Si, transcurrido un tiempo adecuado, se constatan diferencias mensurables entre los dos grupos de personas (que se aspira a que sean idénticos), entonces la causa de la diferencia tiene que ser el nuevo tratamiento.

Es lo que en nuestros días se conoce como «experimento controlado». El principio es simple. Para entender el efecto causal de la dieta, nos gustaría comparar qué le sucede a Daniel si se alimenta de un modo nuevo, con lo que le habría sucedido si se hubiera atenido al modo anterior. Pero no podemos volver atrás en el tiempo y reescribir la historia, así que optaremos por la mejor alternativa posible: compararemos a un grupo de personas que reciba el tratamiento con un grupo similar que no lo recibirá. Es evidente —pero no por ello menos crucial— que los grupos deben ser comparables y representativos de una población. Si se cumplen estas condiciones, entonces los resultados se pueden transferir al conjunto de esa población. Daniel merece un crédito especial porque parece estar al corriente de este punto. En efecto, no pide las verduras para sí mismo: si con la prueba se manifiesta que la dieta vegetariana es mejor, esta es la que deberá darse en el futuro a todos los servidores israelitas. Así, al menos, es como interpreto yo la frase: «procede con tus servidores de acuerdo con lo que veas».

Daniel también entendió que era importante comparar los grupos. A este respecto, su postura era ya más sofisticada que la de muchas personas que (por ejemplo) hoy eligen una dieta de moda por el solo hecho de que un amigo la ha seguido y ha perdido peso. Cuando se elige una dieta a partir de la sola experiencia de un amigo, se está afirmando, en lo esencial, que uno cree ser similar a esa persona en todos los detalles relevantes: edad, herencia, medio familiar, alimentación anterior, etc. Esto es mucho suponer.

Otro punto clave del experimento de Daniel es que era prospectivo: los grupos se elegían de antemano. Supongamos por el contrario que vemos un anuncio televisivo en el que veinte personas afirman que han perdido peso gracias a una dieta. Veinte personas se nos pueden antojar quizá como una muestra significativa, tal vez incluso convincente, para algunos espectadores. Pero esto equivaldría a basar la decisión en la experiencia de personas que ya han mostrado una respuesta positiva. La información que se nos da no excluye que, por cada persona que ha perdido peso, otras diez hayan recurrido sin éxito a esa misma dieta. Una gran cantidad de personas que, por descontado, no tienen voz en el anuncio.

El experimento de Daniel resulta asombrosamente moderno en todos estos puntos. Las pruebas controladas prospectivas siguen siendo un sello característico de la ciencia sensata. Aun así, a Daniel le pasó por alto un sesgo: el del factor de confusión. Supongamos que, de entrada, el grupo de Daniel y sus amigos goza de mejor salud que el del grupo de control. En tal caso, la apariencia robusta que exhiben a los diez días quizá no tenga nada que ver con la alimentación, sino que sea reflejo de su estado de salud en general. ¡Quizá habrían tenido un aspecto aún mejor de haberse alimentado con la carne del rey!

El sesgo de confusión se produce cuando una variable influye tanto en las personas seleccionadas para un tratamiento como en el resultado del experimento. En ocasiones, los factores de confusión son conocidos; otras veces tan solo se sospecha de su existencia y actúan como una «tercera variable agazapada». En un diagrama causal, resulta extremadamente fácil reconocer los factores de confusión: en la Figura 4.1, la variable *Z*, en el centro de la bifurcación, es un factor de confusión de *X* e *Y*. (Más adelante veremos una definición más universal, pero este triángulo es la situación más reconocible y habitual.)

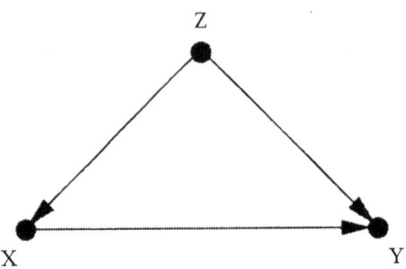

FIGURA 4.1. La forma más básica de la confusión: *Z* es un factor de confusión de la relación causal propuesta entre *X* e *Y*.

Cuando se empezó a hablar en inglés de este *confounding*, más que de una «confusión» estricta, se hacía referencia a una «mezcla» (*mixing*), y el diagrama nos permite entender por qué se eligió esta palabra. El efecto causal genuino de $X \rightarrow Y$ se «mezcla» con la correlación espuria de *X* e *Y*, inducida por la bifurcación $X \leftarrow Z \rightarrow Y$. Por ejemplo, si estamos probando un medicamento y se lo damos a pacientes que de media son más jóvenes que las personas del grupo de control, la edad se introduce como tercera variable agazapada y genera confusión. Si no disponemos de datos sobre las edades, no lograremos esclarecer cuál es el efecto genuino y cuál, el espurio.

Ahora bien, lo contrario también es cierto. Si disponemos de mediciones de la tercera variable, entonces resulta muy fácil deshacer la confusión (*deconfound*, «des-confundir») entre los efectos verdaderos y espurios. Por ejemplo, si la variable confundidora *Z* es la edad, compararemos por separado, en cada grupo de edad, los grupos de tratamiento y de control. Luego podemos hacer el promedio de los efectos, ponderando cada grupo de edad según sea su porcentaje en la población objetivo. Es un método de compensación que está generalizado en la estadística con los nombres de «ajuste» y «control» de *Z*.

Por conocido que sea el procedimiento, los estadísticos suelen dar una importancia ora insuficiente, ora excesiva, a los posibles factores de confusión. Los sobrevaloran cuando a menudo introducen controles para muchas más variables de las necesarias y, a menudo, para variables que no deberían controlar. Hace poco encontré una cita de un bloguero político, Ezra Klein, que expresa con claridad este fenómeno del «exceso de control»: «Es algo que se ve sin parar en cualquier estudio: "Hemos ajustado" o "Hemos controlado...", y aquí empieza una lista. Cuanto más larga, mejor. Ingresos. Edades. Razas. Religiones. La altura. El color del pelo. Las preferencias sexuales. La asistencia a gimnasios. El amor a los padres. Pepsi o Coca-Cola. Cuantos más temas se "controlen", más riguroso resulta el estudio... o, por lo menos, más riguroso parece. Estos controles dan apariencia de especificidad, de precisión... Pero a veces se controla en exceso. A veces se acaba controlando lo que se estaba intentando medir». Klein plantea una preocupación legítima. A los estadísticos se les ha generado tal desconcierto con respecto a qué ajustes deben introducir, que la práctica estándar ha acabado siendo controlar todo lo que se puede medir. La inmensa mayoría de estudios que se realizan en nuestros días suscriben esta práctica. Es un procedimiento simple y conveniente, pero que supone perder mucho tiempo y multiplica los errores. Un logro clave de la Revolución Causal ha sido poner fin a este desconcierto.

Al mismo tiempo, los estadísticos subestiman mucho los controles en el sentido de que son sumamente reacios a hablar siquiera de causalidad, incluso cuando se han introducido los ajustes correctos. Pero esto también va en contra del mensaje de este capítulo: cuando uno ha identificado un conjunto suficiente de factores de desconfusión en el diagrama, ha reunido datos al respecto y ha introducido los ajustes necesarios, entonces tiene todo el derecho a afirmar que ha computado el efecto causal $X \rightarrow Y$ (a condición, claro está, de que el diagrama causal se pueda defender con razones científicas).

El enfoque de la confusión, en los manuales de estadística, es muy distinto, y se basa en una idea cuyo gran paladín fue R. A. Fisher: los ensayos controlados aleatorios (RCT). Fisher tenía toda la razón, pero no por las razones precisas. El ensayo controlado aleatorio es en efecto una invención admirable; pero hasta hace poco, las generaciones de estadísticos que han seguido a Fisher no habían podido demostrar que lo que el RCT les proporcionaba era de hecho lo que estaban buscando: el efecto causal de X sobre Y. Uno de mis objetivos en el presente capítulo es explicar, desde el punto de vista de los diagramas causales, precisamente por qué los RCT nos permiten calcular el efecto causal $X \rightarrow Y$ sin sucumbir al sesgo de la confusión. Cuando hayamos comprendido por qué funcionan los RCT no habrá necesidad de encumbrarlos en un pedestal y tratarlos como un estándar de referencia del análisis causal, al que cualquier otro método debería emular. Antes al contrario: veremos que este «método de referencia» (o *gold standard*, como a veces se lo denomina, con una imagen tomada del «patrón oro») deriva su legitimidad de otros principios más básicos.

Este capítulo también mostrará que los diagramas causales posibilitan dejar de hacer tanto hincapié en los factores de confusión y prestar en cambio más atención a los factores que la deshacen. Los primeros causan el problema; los segundos, lo resuelven. Los dos conjuntos quizá se solapen, pero no necesariamente lo hacen. Si contamos con datos sobre un conjunto suficiente de factores de desconfusión, no importará que hagamos caso omiso de algunos, o incluso todos, los factores de confusión.

Este desplazamiento del énfasis es una de las maneras principales en las que la Revolución Causal nos permite ir más allá de los experimentos fisherianos para inferir efectos causales a partir de estudios no experimentales. Nos permite determinar qué variables se deben controlar para deshacer la confusión. Es una cuestión que ha llevado por el camino de la amargura a los estadísticos tanto prácticos como teóricos; durante varias décadas ha sido un talón de Aquiles de la disciplina. Ha ocurrido así porque la confusión no tiene nada que ver con los datos o la estadística; se trata de un concepto causal, que se encuentra en el segundo peldaño de la Escalera de la Causalidad.

Desde la década de 1990, los métodos gráficos han solventado por completo el problema de los factores de confusión. En particular, pronto veremos un método —el que se conoce como «criterio de la puerta trasera»— que identifica sin ambigüedad qué variables de un diagrama causal son factores que deshacen la confusión. Si la investigación puede reunir datos sobre esas variables, puede crear los ajustes necesarios y por lo tanto hacer predicciones sobre el resultado de una intervención sin haber llegado a intervenir.

De hecho, la Revolución Causal ha ido incluso más allá. En algunos casos podemos crear controles para los factores de confusión hasta cuando no tenemos datos sobre un conjunto suficiente de factores de desconfusión. En estos casos podemos recurrir a diversas fórmulas de ajuste —no la convencional, que solo es apropiada con el criterio de la puerta trasera— que seguirían sirviendo para erradicar toda confusión. Son novedades emocionantes que reservamos para el capítulo 7.

Aunque la confusión tiene una historia prolongada en todas las ramas de la ciencia, solo en fecha reciente se ha reconocido que el problema necesita soluciones causales, no estadísticas. Incluso en 2001, en nuestro siglo actual, se reseñó negativamente un artículo en el que yo afirmaba que «no nos confundamos: la confusión tiene fundamentos sólidos en la estadística estándar». Por fortuna, el número de reseñas de este estilo se ha reducido radicalmente en la última década. Ahora impera un consenso casi universal —al menos entre epidemiólogos, filósofos y científicos sociales— de que (1) los factores de confusión necesitan una solución causal, que existe; y (2) los diagramas causales ofrecen una manera completa y sistemática de hallar esa solución. ¡Se han acabado las confusiones sobre el tema de la confusión!

PAVOR A LA CONFUSIÓN

En 1998, un estudio del *New England Journal of Medicine* puso de manifiesto una asociación entre los paseos regulares y la reducción en la tasa de mortalidad entre los hombres jubilados. Los investigadores utilizaron datos del Programa Cardiológico de Honolulu, que ha examinado cómo evolucionaba la salud de 8.000 hombres de origen japonés desde 1965.

Los estudiosos, encabezados por Robert Abbott, un bioestadístico de la Universidad de Virginia, querían saber si los hombres que hacían ejercicio vivían más tiempo. Eligieron una muestra de 707 hombres, entre el grupo general de 8.000, todos ellos con un estado de salud que les permitía salir a caminar. El equipo de Abbott descubrió que, en un período de doce años, la tasa de mortalidad de los hombres que andaban menos de un kilómetro y medio al día (los llamaré «paseantes ocasionales») duplicaba la de los hombres que caminaban más de tres kilómetros diarios («paseantes intensos»). Para ser más precisos: entre los paseantes ocasionales había fallecido el 43 %, y entre los intensos, solo el 21,5 %.

Ahora bien, como los experimentadores no habían prescrito quiénes serían paseantes intensos y quiénes ocasionales, debemos tomar en cuenta la posibilidad de un sesgo de confusión. Un factor de confusión obvio podría ser la edad: los hombres más jóvenes pueden sentir más ganas de hacer un ejercicio vigoroso y además tendrían menos probabilidad de morir. En consecuencia, nos encontraríamos con un diagrama causal como el de la Figura 4.2.

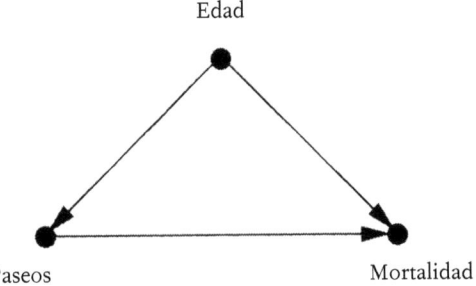

FIGURA 4.2. Diagrama causal para el ejemplo de los paseos.

La estructura de bifurcación clásica en el nodo «Edad» nos indica que la edad es un factor de confusión de los paseos y la mortalidad. Estoy seguro de que se le ocurrirán otros posibles factores de confusión. Quizá los caminantes ocasionales paseaban a un ritmo menor por alguna razón; quizá de entrada no podían caminar tanto. La condición física tal vez sea un elemento de confusión, y la lista podría irse aumentando. ¿Y si los paseantes ocasionales eran aficionados al alcohol? ¿Y si comían más que los otros?

La buena noticia es que los investigadores habían tomado en cuenta todos estos elementos. El estudio analizaba y creaba los ajustes necesarios para todos los factores razonables: edad, condición física, consumo de alcohol, alimentación y varios otros. Por ejemplo, es cierto que los que paseaban con intensidad solían ser algo más jóvenes. Así pues, los investigadores ajustaron la tasa de mortalidad según la edad y hallaron que la diferencia entre los paseantes ocasionales y los intensos seguía siendo muy elevada. (Con el ajuste de edad, la tasa de mortalidad entre los que andaban poco era del 41 %, comparada con el 24 % de los que caminaban mucho.)

Aun así, los estudiosos se mostraron muy circunspectos en sus conclusiones. En el cierre del artículo escribieron: «Por descontado, nuestro estudio no puede abordar los efectos que tendrían sobre la longevidad los intentos deliberados de incrementar la distancia diaria que recorren los hombres mayores sin impedimento para andar». Por utilizar el lenguaje del capítulo 1, se niegan a afirmar nada sobre la probabilidad de sobrevivir doce años dado que uno haga ejercicio, dicho con nuestras fórmulas: *do* (ejercicio).

Para ser justos con Abbott y el resto del equipo, quizá su cautela obedecía a buenas razones. Era un estudio inicial y la muestra era rela-

tivamente reducida y homogénea. Sin embargo, su prudencia refleja
una actitud más general, que va más allá de las cuestiones de homoge-
neidad y magnitud de la muestra. A los investigadores se les ha enseñado a creer que un estudio observacional (en el que los sujetos eligen
su propio tratamiento) nunca puede arrojar luz sobre una aseveración
causal. Pues bien, yo afirmo que esta prudencia es excesiva. ¿Para qué
nos molestamos en introducir ajustes para todos esos factores de confusión, si no es para librarnos del componente espurio de la asociación
y disponer de una vista clara del componente causal?

En vez del citado «Por descontado, nuestro estudio no puede...»,
deberíamos proclamar que naturalmente que *sí* podemos hacer afirmaciones sobre una intervención causal. Si creemos que el equipo de Abbott identificó todos los factores de confusión importantes, también
debemos creer que ponerse a caminar intencionadamente tiende a pro-
longar la vida (al menos entre los varones japoneses).

Esta conclusión provisional, predicada con el supuesto de que
otros factores de confusión no desempeñarían ningún papel destacado
en las relaciones estudiadas, es una información extraordinariamente
valiosa. Al posible paseante le comunica con precisión qué clase de incertidumbre debe atribuir a la frase, como moderación de su significado literal. Le está diciendo, más en concreto, que la incertidumbre que
pueda quedar no es superior a la posibilidad de que existan otros factores de confusión que no se han tomado en cuenta. También adquiere
valor como guía de estudios futuros, que deberían centrarse en esos
otros factores (suponiendo que existan), no en los ya neutralizados en
la presente investigación. En suma: conocer el conjunto de premisas
que subyacen a una conclusión dada no es menos valioso que intentar
esquivar esas premisas de partida con un RCT. Como veremos, los
ensayos controlados aleatorios tienen sus propias complicaciones.

El hábil interrogatorio a la naturaleza: por qué funcionan los RCT

Como ya he mencionado, la única circunstancia en la que los científicos abandonan al menos en parte la reticencia a hablar de causalidad es
cuando han realizado un ensayo controlado aleatorio (RCT). Según se
afirma en Wikipedia y un millar de lugares distintos: «A menudo se ha

considerado que el RCT es el «método de referencia» de los ensayos clínicos». Puesto que debemos darle las gracias de que así sea a un teórico en concreto, R. A. Fisher, reviste especial interés leer qué escribió al respecto una persona muy próxima a él. El pasaje es extenso pero vale la pena citarlo completo:

> Todo el arte y la práctica de la experimentación científica se condensa en el hábil interrogatorio a la naturaleza. La observación ha proporcionado al científico una imagen de la naturaleza en un aspecto, que posee todas las imperfecciones de una afirmación voluntaria. Para poner a prueba la forma en que está interpretando esa afirmación, el científico plantea cuestiones concretas que aspiran a establecer relaciones causales. Sus preguntas, en forma de operaciones experimentales, son por necesidad particulares y debe confiar en la consistencia de la naturaleza cuando hace deducciones generales a partir de la respuesta que aquella da en un caso en particular, o cuando predice el resultado previsible de operaciones similares en otras ocasiones. El científico aspira a extraer conclusiones válidas, de una generalidad y precisión determinada, a partir de las pruebas que realiza.
>
> Lejos de comportarse con consistencia, no obstante, la naturaleza se muestra vacilante, tímida y ambigua en sus respuestas. Responde a la forma de la pregunta según se le formula en el campo, y no necesariamente al interrogante que había en la mente del experimentador; la naturaleza no interpreta por este; no proporciona información gratuita; además es una obsesa de la exactitud. En consecuencia, el experimentador que quiere comparar dos tratamientos fertilizantes perderá el tiempo si divide la parcela en dos partes iguales, cubre cada mitad con cada uno de los fertilizantes, obtiene las cosechas y compara el rendimiento de las dos mitades. La forma de la pregunta era: ¿cuál es la diferencia entre la producción de la parcela *A* con el primer fertilizante y la de la parcela *B* con el segundo? No ha preguntado si la parcela *A* produciría la misma cosecha que la *B* de haber recibido un trato uniforme, y no puede distinguir los efectos de la parcela de los del fertilizante porque la naturaleza ha constatado, como se le pedía, no tan solo la aportación de las diferencias de los fertilizantes a la producción de las parcelas, sino también la aportación de las diferencias existentes en la productividad, la textura y el drenaje del terreno, la orientación, la microflora y un sinnúmero de otras variables.

El pasaje se debe a Joan Fisher Box, hija de Ronald Aylmer Fisher, y se toma de la biografía que Joan redactó sobre su ilustre padre. Aunque ella no era estadística de profesión, sin duda absorbió con plenitud el gran desafío al que la estadística se enfrenta. Afirma, sin ninguna ambigüedad, que se plantean cuestiones «que aspiran a establecer relaciones causales», pero cuyas respuestas tan solo nos ofrecen confusión (aunque la autora no utiliza esta palabra). El investigador quiere conocer el efecto de un fertilizante, averiguar cómo afectará a la cosecha el uso de uno o el de otro alternativo. La naturaleza, sin embargo, solo le desvelará el efecto del fertilizante *mezclado* (recordemos que este era el sentido original del concepto de «confusión») con toda una diversidad de causas adicionales.

Me gusta la imagen que Fisher Box proporcionaba en el pasaje citado: la naturaleza es como un genio que responde exactamente a la pregunta que formulamos, no necesariamente a la que pretendíamos formular. Pero tenemos que creer —como sin duda cree la propia Fisher Box— que en la naturaleza existe en efecto la contestación al interrogante que deseamos plantear. Nuestros experimentos son un medio resbaladizo para descubrir la respuesta, pero no la definen, de ninguna manera. Si nos atenemos exactamente a la analogía, entonces $do\,(X = x)$ tiene que llegar en primer lugar, porque es una propiedad de la naturaleza que representa la respuesta que buscamos: ¿Cuál es el efecto de utilizar el primer fertilizante en todo el campo? La aleatorización llegará en segundo lugar, pues tan solo es un medio humano de obtener la respuesta al interrogante. Podríamos compararlo con el indicador de un termómetro, que es un medio para conocer la temperatura, pero no es la temperatura en sí.

En sus primeros años en la Base Experimental de Rothamsted, Fisher desarrolló procedimientos muy elaborados y sistemáticos para desentrañar los efectos del fertilizante de los de otras variables. Por ejemplo, creaba una retícula de subparcelas y planeaba con cuidado que cada fertilizante se pusiera a prueba con cada tipo de terreno y cada planta (véase la Figura 4.3). Lo hacía para asegurarse de que todas las muestras fueran comparables; en realidad nunca habría podido prever todos los factores de confusión que podrían llegar a determinar la fertilidad de una parcela dada. Un genio lo suficientemente astuto siempre podría refutar cualquier distribución estructurada del terreno.

Hacia 1923 o 1924, Fisher empezó a comprender que el único diseño experimental que un genio no lograría refutar sería uno aleatorio. Imaginemos que realizamos el mismo experimento cien veces en un campo cuya distribución de fertilidad desconocemos. Cada vez los fertilizantes se asignan por azar a las subparcelas. En ocasiones tendremos la mala suerte de utilizar el Fertilizante 1 en todas las subparcelas menos fértiles. Otras veces quizá sonría la suerte y lo apliquemos a las subparcelas más fecundas. Sea como fuere, al generar una nueva asignación aleatoria cada vez que realizamos el experimento, se garantiza que en la mayoría de ocasiones no tendremos ni buena ni mala suerte. En estos casos el Fertilizante 1 se aplicará a una selección de subparcelas representativa del campo en su conjunto. Esto es exactamente lo que nos interesa en un ensayo controlado. Como la distribución de la fertilidad en el campo es fija en toda la serie de experimentos —el genio carece de poder para cambiarla—, el truco habrá funcionado y (la mayoría de veces) el genio responderá a la pregunta causal que deseábamos plantear.

Desde nuestra perspectiva, en una época en la que los ensayos aleatorios son el estándar universal, todo esto quizá parezca obvio. Pero en aquel momento, la idea de diseñar el experimento aleatoriamente aterraba a los colegas de Fisher. Que Fisher recurriera literalmente a un mazo de cartas para asignar subparcelas a cada fertilizante quizá contribuyera a la desazón de aquellos estadísticos. ¿Estaba sometiendo la ciencia a los caprichos del azar?

FIGURA 4.3. R. A. Fisher con una de sus numerosas innovaciones: un diseño experimental de cuadrado latino, concebido para asegurarse de que en cada hilera (tipo de fertilizante) y en cada columna (tipo de suelo) aparece una parcela de cada planta. Son diseños que, en la práctica, todavía se utilizan; pero más adelante Fisher defendió convincentemente que un diseño aleatorio es todavía más eficaz. (*Fuente*: Ilustración de Dakota Harr.)

Pero Fisher se dio cuenta de que una respuesta con incertidumbre a la pregunta correcta es muy preferible a una contestación sin apenas incertidumbre... pero al interrogante erróneo. Si al genio de la naturaleza le planteamos la pregunta equivocada nunca averiguaremos lo que deseamos saber. En cambio si formulamos la pregunta acertada, que de vez en cuando obtengamos una respuesta incorrecta es un problema mucho menos grave. A fin de cuentas podemos calcular la cantidad de incertidumbre de nuestra respuesta, porque la incertidumbre deriva del procedimiento de aleatorización (que es conocido) y no de las características del terreno (que se desconocen).

Así pues, introducir el carácter aleatorio aporta dos beneficios. En primer lugar elimina el sesgo de confusión (porque le plantea a la naturaleza la pregunta adecuada). En segundo lugar permite que el investigador cuantifique su incertidumbre. Según el historiador Stephen Stigler, sin embargo, lo que realmente llevó a Fisher a abogar por la aleatorización fue la segunda ventaja. Era el mejor, en todo el mundo, a la hora de cuantificar la incertidumbre, porque había desarrollado muchos procedimientos matemáticos nuevos a tal fin. En comparación, su comprensión de los factores que anulaban la confusión era tan solo intuitiva, porque carecía de una notación matemática que le permitiera expresar lo que buscaba.

En nuestros días, noventa años después, podemos usar el operador *do* para completar lo que Fisher quería preguntar pero no podía. Veamos pues, desde un punto de vista causal, cómo la aleatorización nos permite plantearle al genio la pregunta adecuada.

Empecemos, como de costumbre, dibujando un diagrama causal. El Modelo 1, mostrado en la Figura 4.4, describe cómo se determina el rendimiento de cada parcela en condiciones normales, cuando el agricultor decide (por su capricho o sus sesgos) cuál es el mejor fertilizante para cada sembrado. El interrogante que el granjero quiere plantearle al genio de la naturaleza es: «¿Cuál es la producción con una aplicación uniforme del Fertilizante 1 (frente al Fertilizante 2) en todo el campo?». O bien, si lo redactamos con la notación del operador *do*: ¿a cuánto asciende $P(producción \mid do(fertilizante = 1))$?

Si el agricultor realiza el experimento con ingenuidad —por ejemplo, aplica el Fertilizante 1 al extremo superior de la parcela, y el Fertilizante 2, al inferior—, es probable que introduzca el Drenaje como factor de confusión. Si usa el Fertilizante 1 el primer año, y el Fertilizante 2 el siguiente, probablemente introduzca el Tiempo

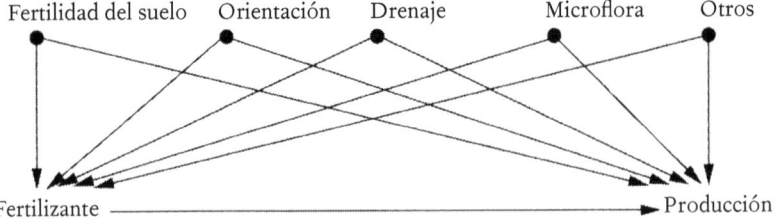

FIGURA 4.4. Modelo 1: un experimento sometido a un control incorrecto.

como factor de confusión. En ambos casos, obtendrá una comparación sesgada.

El mundo que al agricultor le interesa conocer se describe en el Modelo 2, en el que todas las parcelas reciben el mismo Fertilizante (véase la Figura 4.5). Como se explicaba en el capítulo 1, el efecto del operador *do* es borrar todas las flechas que apuntan al Fertilizante e imponer un valor particular a esta variable; por ejemplo, Fertilizante = 1.

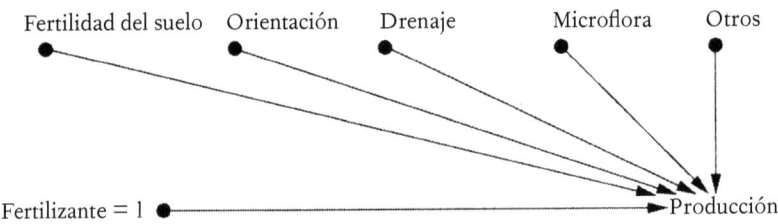

FIGURA 4.5. Modelo 2: el mundo que nos interesa conocer.

Por último, veamos qué aspecto adquiere el mundo cuando introducimos el carácter aleatorio. Ahora algunas parcelas quedarán sometidas a *do(fertilizante = 1)* y otras en cambio a *do(fertilizante = 2)*, pero la decisión de qué tratamiento se usa en cada parcela es aleatoria. El mundo creado por tal clase de modelo se describe en el Modelo 3, (Figura 4.6), que muestra cómo la variable Fertilizante se adscribe por medio de un mecanismo azaroso (como podría ser el mazo de cartas de Fisher).

Obsérvese que todas las flechas que apuntan a Fertilizante se han borrado, como reflejo de la premisa de que el agricultor solo atiende a las cartas cuando decide qué fertilizante empleará. También es importante fijarse en que no hay flecha de Carta a Producción, porque las plantas no pueden leer las cartas (es una premisa bastante evidente en el caso de las plantas, pero cuando tenemos sujetos humanos en un ensayo aleatorio, el tema puede resultar serio). En consecuencia, el Modelo 3 describe un mundo en el que la relación entre el Fertilizante y la Producción carece de factores de confusión (es decir, no hay causa común del Fertilizante y la Producción). Esto significa que en el mundo descrito por la Figura 4.6 no hay diferencias entre ver Fertilizante = 1 y hacer que Fertilizante = 1.

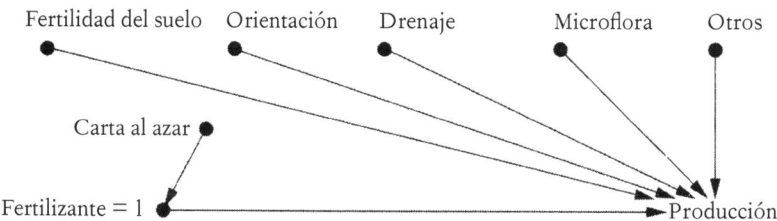

FIGURA 4.6. Modelo 3: el mundo simulado por un ensayo controlado aleatorio.

Y aquí viene la gracia: la aleatorización es una forma de simular el Modelo 2. Anula todos los factores de confusión conocidos sin introducir otros. Esta es la fuente de su poder; no hay en ella nada misterioso o místico. Es ni más ni menos que, en palabras de Joan Fisher Box, «el hábil interrogatorio a la naturaleza».

El experimento, no obstante, fracasaría en el objetivo de simular el Modelo 2 si o bien se permitía que el experimentador utilizara su propio criterio para elegir un fertilizante o bien los sujetos de la prueba (en este caso, las plantas) «supieran» qué carta había salido. Por eso los ensayos clínicos con personas hacen todo lo posible para ocultar esta información tanto a los pacientes como a los investigadores (un procedimiento conocido como «doble ciego»).

A esto añadiré una segunda gracia: hay otras formas de simular el Modelo 2. Una de ellas, si se sabe cuáles son todos los posibles factores de confusión, es medirlos y crear los ajustes necesarios. Sin embargo, la aleatorización tiene una gran ventaja, desde luego: corta cualquier conexión entrante con la variable aleatoria, incluidas las que no conocemos o no podemos medir (por ejemplo, los factores «Otros» de las Figuras 4.4 a 4.6).

Por el contrario, en un estudio no aleatorio, el experimentador deberá basarse en su conocimiento del tema de trabajo. Si tiene la confianza de que su modelo causal incluye un número suficiente de factores de desconfusión y ha reunido datos sobre ellos, entonces puede calcular sin sesgos el efecto de Fertilizante sobre Producción. Pero existe el peligro de que se le haya pasado por alto un factor de confusión y, en consecuencia, su cálculo esté sesgado.

En igualdad de condiciones, los ensayos controlados aleatorios se siguen prefiriendo a los estudios observacionales por la misma razón por la que a los funámbulos se les recomienda el uso de redes. Pero no necesariamente todas las circunstancias son iguales. En algunos casos la intervención puede resultar materialmente imposible (por ejemplo, en un estudio del efecto de la obesidad sobre las enfermedades coronarias no podemos asignar a los pacientes, de forma aleatoria, la condición de obesidad). O la intervención puede resultar contraria a la ética (en un estudio sobre los efectos del tabaco, no podemos pedir a una selección aleatoria de personas que fumen durante diez años). O podemos encontrar dificultades a la hora de reclutar a sujetos para procedimientos experimentales poco convenientes, de modo que terminemos trabajando con voluntarios que no representan a la población deseada.

Por suerte, el operador *do* nos proporciona formas científicamente razonables de determinar los efectos causales a partir de estudios no experimentales, lo que desafía la supremacía tradicional de los RCT. Como se ha visto en el ejemplo de los paseos, los cálculos causales derivados de estudios observacionales se pueden calificar como de «causalidad provisional»: una causalidad contingente al conjunto de premisas que nuestro diagrama causal anuncia. Es importante que no tratemos estos estudios como a ciudadanos de segunda clase: tienen la ventaja de realizarse en el hábitat natural de la población objetivo, no en el emplazamiento artificial de un laboratorio; y pueden ser «puros» en el sentido de no estar contaminados por temas de ética o viabilidad.

Una vez entendido que el objetivo principal de un RCT es eliminar los factores de confusión, examinemos los otros métodos que la Revolución Causal nos ha dado. El relato empieza con un artículo de 1986 (escrito por quienes han sido colegas míos durante mucho tiempo), que puso en marcha una nueva evaluación de lo que la confusión supone.

El nuevo paradigma de la confusión

«Aunque en general se conviene en que la confusión es uno de los problemas centrales de la investigación epidemiológica, sin embargo la revisión de la bibliografía arrojará una escasa coherencia entre las distintas definiciones de lo que es un "factor de confusión"». Con esta única frase, Sander Greenland (de la Universidad de California en Los Ángeles) y Jamie Robins (de la Universidad de Harvard) ponen el dedo sobre la gran razón por la que el control de la confusión no ha avanzado ni un ápice desde Fisher. Al carecer de una comprensión fundamentada de la confusión, los científicos no podían decir nada significativo en los estudios observacionales en los que no es viable el control físico de los tratamientos.

¿Cómo se definía entonces la confusión?, y ¿cómo deberíamos definirla? Pertrechados con lo que ahora sabemos sobre la lógica de la causalidad, lo más sencillo es responder a la segunda pregunta. La cantidad que observamos es la probabilidad condicional del resultado dado el tratamiento: $P(Y \mid X)$. La pregunta que queremos plantearle a la naturaleza tiene que ver con la relación causal entre X e Y, captada por la probabilidad interventora $P(Y \mid do(X))$. La confusión, en consecuencia, debería definirse sencillamente como cualquier cosa que conduzca a una discrepancia entre las dos: $P(Y \mid X) \neq P(Y \mid do(X))$. ¿A qué obedecen, pues, tantas polémicas?

Por desgracia, antes de la década de 1990 las cosas no eran tan fáciles porque aún no se había formalizado el operador *do*. Incluso en nuestros días, si uno para a un estadístico por la calle y le pregunta: «¿Qué significa la confusión para usted?», probablemente obtendrá una de las respuestas más alambicadas y confusas que haya oído nunca de boca de un científico. Un libro reciente, escrito a cuatro manos por dos figuras de la estadística, dedica literalmente dos páginas a intentar explicar el concepto; y por mi parte aún no he encontrado a ningún lector que comprendiera la explicación.

La razón por la que resulta tan difícil es que el factor de confusión no es un concepto estadístico. Se refiere a la discrepancia entre lo que pretendemos evaluar (el efecto causal) y lo que verdaderamente calculamos mediante los métodos estadísticos. Si no se puede expresar matemáticamente lo que se quiere evaluar, no cabe contar con definir qué constituye una discrepancia.

Históricamente el concepto del «factor de confusión» ha evolucionado en torno de dos nociones relacionadas: la «incomparabilidad» y la «tercera variable agazapada». Ambas nociones se han resistido a la formalización. Cuando hablábamos de la comparabilidad, en el contexto del experimento de Daniel, dijimos que los grupos de control y tratamiento debían ser idénticos en todos los aspectos relevantes. Pero esto requiere distinguir entre los atributos relevantes y los irrelevantes. ¿Cómo podemos saber si la edad es relevante en el estudio de los paseantes de Honolulu? ¿Cómo saber que el orden alfabético de los nombres de los participantes carece de relevancia? Cabría responder que es algo obvio, una cuestión de sentido común, pero diversas generaciones han lidiado por expresar formalmente ese sentido común y un robot, cuando le pedimos que actúe adecuadamente, no puede basarse en nuestro sentido común.

La definición de la tercera variable está aquejada de la misma ambigüedad. ¿Un factor de confusión debería ser una causa común de X e Y o basta con que esté correlacionada con las dos? Hoy podemos responder a tal clase de preguntas refiriéndonos al diagrama causal y comprobando qué variables generan una discrepancia entre $P(X \mid Y)$ y $P(X \mid do(Y))$. En ausencia de un diagrama o un operador *do*, cinco generaciones de estadísticos y científicos de la salud han tenido que batallar con sustitutos, ninguno de los cuales era satisfactorio. Y si tenemos en cuenta que los medicamentos del botiquín de casa se han desarrollado sobre la base de una dudosa definición de los «factores de confusión»..., quizá deberíamos preocuparnos por la cuestión.

Examinemos algunos de los sucedáneos de definición de los factores de confusión. Se distribuyen en dos grandes categorías de definiciones: declarativas y procedimentales. Entre las declarativas, una típica (y errónea) sería: «Un factor de confusión es toda variable correlacionada tanto con X como con Y». Por otro lado, una definición procedimental intentaría caracterizar el factor de confusión a partir de un test estadístico. La idea resulta muy atractiva para los estadísticos, que adoran las pruebas que se pueden aplicar directamente a los datos sin recurrir a ningún modelo.

He aquí una definición procedimental, presentada con el temible nombre de «no colapsabilidad». La tomo de un artículo de 1996, del epidemiólogo noruego Sven Hernberg: «Formalmente se puede comparar el riesgo relativo bruto y el riesgo relativo posterior a los ajustes del posible factor de confusión. Una diferencia indica que hay confusión y, en tal caso, uno debería usar el cálculo de riesgo ajustado. Si no hay diferencia, o es nimia, el factor de confusión no entra en juego y debe preferirse el cálculo bruto». En otras palabras, si uno sospecha que pueda existir un factor de confusión, debe probar introduciendo ajustes y sin introducirlos. En caso de que se produzca una diferencia, hay un factor de confusión y uno debe confiar en el valor ajustado; si no hay diferencias, no hay problema. Hernberg no fue ni mucho menos el primero en abogar por tal clase de enfoque, que lleva un siglo desorientando a epidemiólogos, economistas y científicos sociales y aún sigue reinando en ciertos dominios de la estadística aplicada. He elegido la referencia a Hernberg por una parte porque el autor se mostró inusualmente explícito al respecto, por otra porque son palabras de 1996, cuando ya hacía tiempo que la Revolución Causal estaba en marcha.

Entre las definiciones declarativas, la más popular se fue elaborando durante cierto tiempo. Alfredo Morabia, autor de *A History of Epidemiologic Methods and Concepts*, la ha calificado como «la definición clásica del factor de confusión en la epidemiología», y consta de tres partes. Un factor de confusión de X (el tratamiento) e Y (el resultado) es una variable Z que está asociada (1) con X en la población en su conjunto y (2) con Y entre personas que no se han expuesto al tratamiento X. En años recientes se ha añadido una tercera condición: (3) Z no debería hallarse en el camino causal que une X e Y.

Obsérvese que en la versión «clásica», los dos términos (1 y 2) son estadísticos. En particular, con respecto a Z se presume tan solo que está asociado con X e Y; pero no es una causa de ellos. En 1951, Edward Simpson propuso una condición bastante enrevesada: «Y está asociado con Z entre los no expuestos». Desde un punto de vista causal, parece ser que la idea de Simpson era descontar la parte de la correlación de Z con Y que se debe al efecto causal de X sobre Y; en otras palabras, quería decir que Z tiene un efecto sobre Y con independencia de su efecto sobre X. Para expresar tal descuento, solo pudo pensar en condicionar a X centrándose en el grupo de control ($X = 0$). El vocabulario estadístico, al carecer de la palabra «efecto», no le ofrecía ninguna otra formulación posible.

¿Resulta confuso? ¡En efecto lo es! Habría resultado mucho más fácil si simplemente hubiera podido escribir un diagrama causal, como el de la Figura 4.1, y decir: «Y está asociado con Z por caminos que no pasan por X». Pero no contaba con esta herramienta y no podía hablar de «caminos», un concepto prohibido.

La «definición clásica del factor de confusión en la epidemiología» tiene otras deficiencias, como ponen de relieve los dos ejemplos siguientes:

$$(i)\ X \to Z \to Y$$

y

$$(ii)\ X \to M \to Y$$
$$\downarrow$$
$$Z$$

En el ejemplo (i), Z satisface las condiciones (1) y (2), pero no es un factor de confusión. Es lo que se conoce como «mediador»: la variable que explica el efecto causal de X sobre Y. Si uno pretende averiguar el efecto causal de X sobre Y, sería desastroso introducir un control para Z. Si solo nos fijamos en los individuos de los grupos de control y tratamiento en los que $Z = 0$, habremos bloqueado por entero el efecto de X, porque actúa por la vía de cambiar Z. Es decir, llegaríamos a la conclusión de que X no tiene efecto sobre Y. Esto es exactamente lo que Ezra Klein quería decir cuando escribió: «A veces se acaba controlando lo que se estaba intentando medir».

En el ejemplo (ii), Z es un supletorio (*proxy*) del mediador M. Es muy frecuente que los estadísticos introduzcan controles para los supletorios cuando la variable causal real no se puede medir; por ejemplo, la afiliación a un partido político podría utilizarse como supletorio de las creencias políticas. Como Z no es una medida perfecta de M, parte de la influencia de X sobre Y podría «filtrarse» si se introduce un control para Z. Sin embargo, controlar Z sigue siendo un error. El sesgo podría ser inferior al propio de controlar M, pero sigue estando ahí.

Por esta razón, estadísticos posteriores —en especial David Cox, en su manual *The Design of Experiments* (1958)— advertía que solo debería controlarse Z si existía una «razón previa poderosa» para creer que X no le afecta. Esta «razón previa poderosa» es simple y llanamente una premisa causal. El autor añade: «Tal clase de hipótesis pueden resultar perfectamente válidas, pero todo científico debería tener siempre claro cuándo las está invocando». Recordemos que estamos en 1958, en mitad de la Ley Seca de la causalidad. Cox nos dice que adelante, que cuando queramos ajustar por los factores de confusión echemos un trago de la botella prohibida del licor causal... pero sin advertir al cura. ¡No es poco atrevimiento! Por mi parte siempre elogiaré a Cox por su valentía.

Hacia 1980, las condiciones de Simpson y Cox se habían combinado para formar la prueba ternaria del factor de confusión que he mencionado más arriba. ¿Qué puedo decir? Es tan fiable como una canoa que solo tenga tres vías de agua. Aunque en la parte (3) apela a regañadientes a la causalidad, de las dos primeras partes se puede demostrar que son tan innecesarias como insuficientes.

Greenland y Robins llegaron a esta conclusión en su artículo de referencia, de 1986. Adoptaron una perspectiva completamente nueva sobre la confusión, que denominaron «intercambiabilidad». Volvieron a la idea original según la cual el grupo de control ($X = 0$) debía ser comparable al grupo de tratamiento ($X = 1$). Pero añadieron un giro contrafactual (recordemos que, como se vio en el capítulo 1, los contrafactuales se encuentra en el tercer peldaño de la Escalera de la Causalidad y, por lo tanto, tienen poder suficiente para detectar la confusión). La intercambiabilidad requiere que el investigador tome en consideración el grupo de tratamiento, imagine qué les habría pasado a sus integrantes de no haber recibido el tratamiento, y luego evalúe si el resultado habría sido el mismo que el de quienes (de hecho) no recibieron tratamiento. Solo entonces podremos afirmar que en el estudio no hay factores de confusión.

En 1986 todavía hacía falta cierta valentía para hablar de contrafactuales ante un público de epidemiólogos, porque estos seguían en gran medida bajo la influencia de la estadística clásica, que sostiene que todas las respuestas están en los datos; no en lo que podría haber sucedido y que nunca se llegará a observar. No obstante, la comunidad estadística ya estaba un poco preparada para atender a tal herejía, gracias al trabajo pionero de otro estadístico de Harvard, Donald Rubin. En el marco de los «resultados potenciales», que Rubin había propuesto en 1974, variables contrafactuales como «Presión sanguínea de la Persona X si hubiera recibido el Medicamento M» y«Presión sanguínea de la Persona X si no hubiera recibido el Medicamento M» son tan legítimos como la variable tradicional de la «Presión sanguínea»; ello a pesar del hecho de que una de las dos variables no se podrá llegar a observar nunca.

Robins y Greenland se dispusieron a expresar su concepto de la confusión a partir de los resultados potenciales. Dividieron la población en cuatro tipos de individuos: condenados, causativos, preventivos e inmunes. Como usaron un lenguaje sugerente, pensemos en el tratamiento X como una vacuna de la gripe y el resultado Y como enfermar de gripe. Las personas «condenadas» son las que contraerán la gripe independientemente de si reciben la vacuna o no; la vacuna no les funciona. El grupo «causativo» (que no necesariamente tiene que existir) incluye a los que contraen la enfermedad a causa de la vacuna. El grupo «preventivo» está formado por las personas en las que la vacuna impide la enfermedad: contraerán la gripe si no se las vacuna, pero no enfermarán si se las vacuna. Por último, el grupo «inmune» consta de quienes no contraerán la gripe en ninguno de los dos casos. La Tabla 4.1 resume estas consideraciones.

Tabla 4.1. Clasificación de los individuos según el tipo de respuesta.

Grupo	Porcentaje en el grupo	Resultado si se les vacuna	Resultado si no se les vacuna
Condenados	d	gripe	gripe
Causativos	c	gripe	sin gripe
Preventivos	p	sin gripe	gripe
Inmunes	i	sin gripe	sin gripe

Idealmente, cada persona tendría un adhesivo en la frente, que identificaría a qué grupo pertenece. La intercambiabilidad significa, sencillamente, que el porcentaje de personas con cada clase de adhesivo (los porcentajes d [por el inglés *doomed*], c, p e i, respectivamente) deberían ser iguales tanto en el grupo de control como en el de tratamiento. La igualdad entre estas proporciones asegura que el resultado sea exactamente igual si intercambiáramos control y tratamiento. En caso contrario, si los grupos de tratamiento y control no son iguales, nuestro cálculo del efecto de la vacuna contendrá confusión. Nótese que los dos grupos pueden ser distintos en una diversidad de aspectos: pueden diferir en la edad, el sexo, el estado de salud y toda una variedad de características. Solo la igualdad entre d, c, p e i determina si son intercambiables o no. Así pues la intercambiabilidad equivale a la igualdad entre dos conjuntos de cuatro proporciones, lo que supone reducir enormemente la complejidad, frente a la alternativa de evaluar los incontables factores en los que ambos grupos podrían diferir.

A partir de esta definición de la confusión, que es de sentido común, Greenland y Robins mostraron que las definiciones «estadísticas», tanto la declarativa como la procedimental, dan respuestas incorrectas. Una variable puede satisfacer la prueba ternaria de los epidemiólogos, y no obstante incrementar el sesgo si se crean ajustes para ella.

La definición de Greenland y Robins fue todo un hallazgo porque les permitió dar ejemplos explícitos sobre la falta de adecuación de las definiciones anteriores de los factores de confusión. Sin embargo, la definición no se pudo trasladar a la práctica. Por simplificar: no existen tales adhesivos para la frente. Ni siquiera conocemos el valor de las proporciones d, c, p e i. De hecho, esta es precisamente la clase de información que el genio de la naturaleza custodia en su lámpara mágica sin enseñársela a nadie. Y si carecemos de esta información, el investigador no tiene más remedio que recurrir a la intuición para decidir si los grupos de control y tratamiento son intercambiables o no.

Bien, confío en que la curiosidad habrá empezado a picarles. Los diagramas causales ¿cómo pueden transformar este inmenso dolor de cabeza de la confusión en un juego divertido? El truco está en una prueba operativa de la confusión, denominada «criterio de la puerta trasera». Este criterio convierte el problema de definir la confusión, identificar los factores de confusión y crear los ajustes necesarios en un acertijo rutinario cuya dificultad no va más allá de la de resolver un laberinto. El problema espinoso, con siglos de existencia, ha acabado así con un final feliz.

EL OPERADOR «DO» Y EL CRITERIO DE LA PUERTA TRASERA

Para comprender el criterio de la puerta trasera, será útil empezar con una idea intuitiva de cómo fluye la información en un diagrama causal. Me gusta pensar en los enlaces como una cañería que transporta información desde una salida X hasta un punto de llegada Y. No olvidemos que, como vimos en el capítulo 3, la transmisión de la información se produce en la dos direcciones, causal y no causal.

De hecho, los caminos no causales son precisamente la fuente de la confusión. Recuérdese que defino la confusión como cualquier cosa que haga que $P(Y \mid do(X))$ se diferencie de $P(Y \mid X)$. El operador *do* borra todas las flechas que llegan a X y, de esta forma, impide que ninguna información relativa a X fluya en la dirección no causal. La aleatorización suerte el mismo efecto. También los ajustes estadísticos, si elegimos las variables adecuadas.

En el capítulo anterior examinamos las tres reglas que nos dicen cómo detener el flujo de información a través de cualquier confluencia individual. Las repetiré por mor del énfasis:

(a) En una confluencia de cadena, $A \rightarrow B \rightarrow C$, controlar B impide que la información sobre A llegue a C, y viceversa.

(b) Igualmente, en una confluencia de bifurcación o confusión, $A \leftarrow B \rightarrow C$, controlar B impide que la información sobre A llegue a C, y viceversa.

(c) Por último, en una confluencia con un colisionador $A \rightarrow B \leftarrow C$ imperan las reglas estrictamente opuestas. Las variables A y C empiezan con independencia mutua, de forma que la información sobre A no revela nada sobre C. Pero si se controla B, entonces empieza a fluir información por la «cañería», debido al efecto de justificación.

También tenemos que tener en cuenta otra norma fundamental:

(d) Controlar descendientes (o supletorios) de una variable es como controlar «en parte» la propia variable. Controlar un descendiente de un mediador cierra en parte la cañería; controlar un descendiente de un colisionador abre en parte la cañería.

Llegados a este punto, ¿qué sucede si tenemos cañerías más largas con más confluencias, como la siguiente:

$$A \leftarrow B \leftarrow C \rightarrow D \leftarrow E \rightarrow F \rightarrow G \leftarrow H \rightarrow I \rightarrow J?$$

La respuesta es muy simple: si se bloquea una sola confluencia, entonces J no podrá «averiguar» nada sobre A por este camino. Hay muchas opciones de bloqueo de la comunicación entre A y J: controlar B, controlar C, no controlar D (porque es un colisionador), controlar E, etc. Con cualquiera de ellas, sería suficiente. Esto explica por qué el procedimiento estadístico tan habitual de controlar todo lo que se pueda medir es un gran error. De hecho, ¡este camino en particular está bloqueado, si no controlamos nada! Las colisiones de D y G bloquean el camino sin ninguna ayuda externa. Controlar D y G abriría el camino y permitiría que J escuchara a A.

Por último, para deshacer la confusión entre dos variables X e Y, basta con que bloqueemos todos los caminos no causales entre ellas, sin bloquear ni perturbar ningún camino causal. Dicho con más precisión: un *camino de puerta trasera* es cualquier camino de X a Y que empiece con una flecha que señala hacia X. No habrá confusión entre X e Y si bloqueamos todos los caminos de puerta trasera (porque esta clase de caminos permiten correlaciones espurias entre X e Y). Si lo hacemos controlando algún grupo de variables Z, también tendremos que asegurarnos de que ningún integrante de Z sea descendiente de X en un camino causal; de lo contraría podríamos cerrar ese camino, en todo o en parte.

¡Esto es todo! Con estas reglas, la desconfusión es tan sencilla y divertida que bien la podemos tratar como un juego. Animo al lector a probar con unos pocos ejemplos, para irle cogiendo el tranquillo y ver cuán fácil resulta. Si aun así le resulta difícil, no se inquiete: hay algoritmos capaces de resolver todos los problemas de esta clase en cuestión de nanosegundos. En todos los casos, el objetivo del juego es especificar un conjunto de variables que deshagan la confusión entre X e Y. En otras palabras: no deberían descender de X y deberían bloquear todos los caminos de puerta trasera.

JUEGO I.

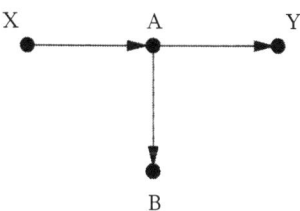

¡Este es fácil! Ninguna flecha conduce hasta X, con lo cual no existen caminos de puerta trasera. No es necesario introducir ningún control.

Sin embargo, algunos investigadores considerarían que B es un factor de confusión. Está asociado con X por la cadena $X \rightarrow A \rightarrow B$. Está asociado con Y entre los individuos con $X = 0$ porque hay un camino abierto $B \leftarrow A \rightarrow Y$ que no atraviesa X. Como B no está en el camino causal $X \rightarrow A \rightarrow Y$, cumple los tres pasos de la «definición epidemiológica clásica» de un factor de confusión, pero no pasa el criterio de la puerta trasera y, si se controla, generará un desastre.

JUEGO 2.

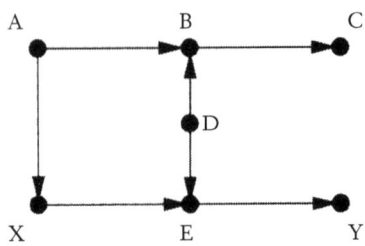

En este ejemplo debemos pensar en *A*, *B*, *C* y *D* como variables «pretratamiento» (el tratamiento, como de costumbre, se designa con la *X*). Ahora tenemos un camino de puerta trasera, $X \leftarrow A \rightarrow B \leftarrow D \rightarrow E \rightarrow Y$. Es un camino ya bloqueado por la colisión en *B*, por lo cual no es necesario introducir ningún control. Muchos estadísticos controlarían *B* o *C*, con la idea de que no hay perjuicio en hacerlo así mientras se haga antes del tratamiento. Un destacado estadístico ha escrito —¡en fechas recientes!— que «evitar el condicionar a algunas covariables observadas . . . es un ad-hoc-ismo acientífico». Pero se equivoca; condicionar a *A* o *B* es una mala idea porque abriría el camino no causal y por lo tanto introduciría confusión entre *X* e *Y*. Nótese que en este caso volveríamos a cerrar el camino si controlásemos *A* o *D*. Este ejemplo muestra que, para deshacer la confusión, se pueden aplicar estrategias distintas. Un investigador quizá opte por el camino más fácil, no controlar nada; un investigador más tradicional quizá controle *C* y *D*. Los dos acertarían y los dos obtendrían el mismo resultado (suponiendo que el modelo sea correcto y que dispongamos de una muestra lo bastante extensa).

JUEGO 3.

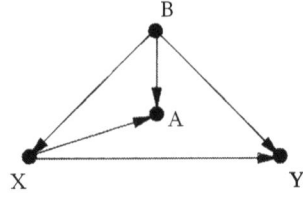

En los Juegos 1 y 2 no hemos tenido que hacer nada; pero en esta ocasión, sí toca. Hay un camino de puerta trasera de X a Y, $X \leftarrow B \rightarrow Y$, que solo se puede bloquear si se controla B. Si B no es observable, entonces no hay forma de calcular el efecto de X sobre Y sin realizar un experimento controlado aleatorio. En esta situación, algunos estadísticos (mejor dicho: la mayoría) controlarían A, como supletorio de la variable no observable B; pero esto solo elimina en parte el sesgo de confusión e introduce un nuevo sesgo de colisión.

JUEGO 4.

Este introduce un nuevo tipo de sesgo, denominado «sesgo M» (en alusión a la forma del grafo). Una vez más solo hay un camino de puerta trasera, ya bloqueado por el colisionador en B. Por lo tanto no necesitamos controles de nada. No obstante, todos los estadísticos, antes de 1986 —y muchos, en nuestros días— entenderían que B es un factor de confusión. Está asociado con X (por la vía de $X \leftarrow A \rightarrow B$) y asociado con Y por un camino que no pasa por X ($B \leftarrow C \rightarrow Y$). No se halla en un camino causal y no es descendiente de nada que esté en un camino causal, porque no hay camino causal de X a Y. Por lo tanto B pasa la prueba ternaria tradicional de los factores de confusión.

El sesgo M permite ver cuál es el problema del enfoque tradicional. Es incorrecto decir que una variable como B es un factor de confusión solo porque está asociada tanto con X como con Y. Reiterémoslo una vez más: X e Y se desconfunden si no controlamos B. ¡B solo es un factor de confusión cuando lo controlamos!

Cuando empecé a enseñar este diagrama a estadísticos, en la década de 1990, algunos lo descartaron entre risas, afirmando que era sumamente improbable hallar un diagrama de esta clase en la práctica. ¡No estoy de acuerdo! Por ejemplo, el uso del cinturón de seguridad (B) carece de efecto causal sobre el fumar (X) o las enfermedades pulmonares (Y); es tan solo un indicador de la actitud de una persona hacia las normas sociales (*A*) así como hacia las medidas relativas a la salud (*C*). Algunas de estas actitudes pueden afectar a la vulnerabilidad a las enfermedades pulmonares (*Y*). En la práctica se constató que el uso del cinturón de seguridad estaba correlacionado tanto con *X* como con *Y*; de hecho, en un estudio realizado en 2006, como parte de unos pleitos relacionados con el tabaco, se mencionó el uso del cinturón de seguridad como una de las primeras variables que había que controlar. Si se acepta el modelo de arriba, entonces controlar solo *B* sería un error.

Nótese que no hay problema en controlar *B* si también se controla *A* o *C*. Controlar la colisión *B* abre la «cañería», pero controlar *A* o *C* la vuelve a cerrar. Por desgracia, en el ejemplo del uso del cinturón de seguridad, *A* y *C* son variables referidas a la actitud personal que no es probable que se puedan observar. No se pueden introducir ajustes para lo que no se puede observar.

JUEGO 5.

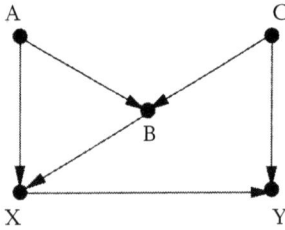

El Juego 5 es como el 4, pero con una arruguita más. Ahora es necesario cerrar un segundo camino de puerta trasera $X \leftarrow B \leftarrow C \rightarrow Y$. Si cerramos el camino controlando *B*, entonces abrimos el camino en forma de M, $X \leftarrow A \rightarrow B \leftarrow C \rightarrow Y$. Para cerrar este camino debemos introducir también un control para *A* o *C*. Téngase en cuenta, no obstante, que podría bastar con controlar tan solo *C*; eso cerraría el camino $X \leftarrow B \leftarrow C \rightarrow Y$ sin afectar al otro camino.

Los Juegos 1 a 3 proceden de un artículo de Clarice Weinberg, subdirectora de los Institutos Nacionales de Salud de Estados Unidos. Este texto de 1993 aspiraba a introducir claridad en la definición de los factores de confusión, como su título indica («Toward a Clearer Definition of Confounding»). Se publicó en el período de transición que transcurrió entre 1986 y 1995, cuando Greenland y Robins habían dado a la imprenta su artículo pero los diagramas causales aún no se habían difundido mucho. Weinberg, por lo tanto, hizo el considerable ejercicio aritmético de verificar la intercambiabilidad en cada uno de los casos mostrados. Aunque utilizó representaciones gráficas para comunicar los escenarios implicados, no usó la lógica de los diagramas para ayudar a distinguir los factores de confusión de sus contrarios. Es la única persona, que yo sepa, que ha podido llevar a término esa hazaña. Más adelante, en 2012, colaboró en una versión actualizada que analiza los mismos ejemplos con diagramas causales y verifica que todas las conclusiones de 1993 eran correctas.

En los dos artículos de Weinberg, la utilidad médica era calcular el efecto de fumar (X) sobre los «abortos espontáneos» (Y). En el Juego 1, A representa una anormalidad subyacente inducida por el tabaco; no es una variable observable porque no sabemos cuál es la anormalidad. B representa una historia de abortos naturales previos. A un epidemiólogo le resulta muy, pero que muy tentador tomar en consideración los abortos previos e introducir un ajuste de ellos cuando se calcula la probabilidad de abortos futuros. ¡Pero eso, aquí, es la solución errónea! Si lo hacemos, estamos desactivando parcialmente el mecanismo de actuación del tabaco y, por lo tanto, subestimaremos el verdadero efecto de fumar.

El Juego 2 es una versión más complicada, en la que hay dos variables diferentes para el tabaco: X representa que la madre fuma en este momento (al comenzar el segundo embarazo), mientras que A representa si fumó durante el primer embarazo. B y E son anormalidades subyacentes provocadas por el tabaco, que no se pueden observar, y D representa otras causas fisiológicas de esas anormalidades. Nótese que este diagrama permite el hecho de que la madre pueda haber cambiado de conducta fumadora entre los embarazos, a diferencia de las otras causas fisiológicas, que no cambiarán. De nuevo, muchos epidemiólogos introducirán ajustes para los abortos naturales previos (C), pero es una mala idea, salvo que también ajustemos la conducta fumadora del primer embarazo (A).

Los Juegos 4 y 5 se toman de un artículo publicado en 2014 por Andrew Forbes, de la Universidad de Monash (Australia), y Elizabeth Williamson, que ahora trabaja en la Escuela de Higiene y Medicina Tropical, de Londres. Les interesa el efecto del tabaco sobre el asma en los adultos. En el Juego 4, X representa la conducta fumadora de una persona, e Y, si la persona tiene asma como adulto. B es el asma en la infancia, un colisionador, porque le afectan tanto A, el consumo de tabaco de los padres, como C, una predisposición subyacente (y no observable) al asma. En el Juego 5, las variables tienen el mismo significado, pero los autores añadieron dos flechas para aumentar el realismo (con el Juego 4 tan solo se pretendía introducir el grafo en M).

De hecho, el modelo al completo, en el artículo de Forbes y Williamson, tiene algunas variables más y se asemeja al diagrama de la Figura 4.7. Obsérvese que el Juego 5 está incluido en este modelo, en tanto que las variables *A*, *B*, *C*, *X* e *Y* mantienen exactamente las mismas relaciones. Así pues, podemos transferir las conclusiones y por tanto determinar que es necesario controlar *A* y *B*, o bien *C*; pero *C* es una variable inobservable y en consecuencia controlarla es imposible. Además tenemos otras cuatro nuevas variables confundidoras: *D* = asma parental, *E* = bronquitis crónica, *F* = sexo y *G* = condición socioeconómica. El lector quizá disfrute averiguando que debemos controlar *E*, *F* y *G*, pero que no es necesario hacer lo mismo con *D*. Por lo tanto, para deshacer la confusión el conjunto de variables suficiente sería *A*, *B*, *E*, *F* y *G*.

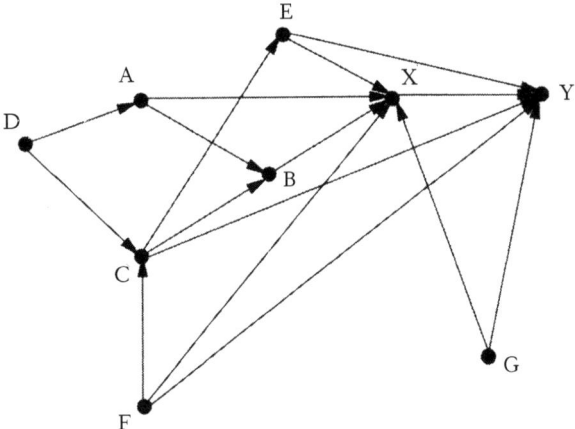

FIGURA 4.7. Modelo del consumo de tabaco (*X*) y el asma (*Y*), por Andrew Forbes y Elizabeth Williamson

A la postre, Forbes y Williamson hallaron que fumar tiene una asociación reducida (y desde el punto de vista estadístico, insignificante) con el asma adulto, en los datos brutos; y que después de introducir ajustes para los factores de confusión, la asociación se torna todavía menos significativa. Que el resultado sea nulo no obsta para reconocer que el artículo es un modelo de «hábil interrogatorio a la naturaleza».

Un comentario final sobre estos «juegos»: cuando uno empieza a identificar variables como el consumo de tabaco, los abortos, etc., obviamente no estamos ante un juego, en el sentido intrascendente de la palabra, sino ante asuntos de gravedad. Me refiero a ellos como juegos por el placer de resolverlos con celeridad y sentido, similar al placer que un niño siente al descubrir que puede resolver rompecabezas que anteriormente le habían dejado perplejo.

En una carrera científica, pocos momentos pueden ser tan satisfactorios como abordar un problema que ha desconcertado y ofuscado a generaciones de predecesores, y reducirlo a un juego sencillo o un algoritmo. Creo que haber solucionado por entero el problema de la confusión es uno de los principales hitos de la Revolución Causal, porque ha puesto fin a una era de desconcierto que en el pasado, probablemente, ha desembocado en muchas decisiones erróneas. Ha sido una revolución tranquila, que se ha librado ante todo en los laboratorios de investigación y los congresos científicos. Sin embargo, con estas nuevas ideas y herramientas, la comunidad científica está ahora en condiciones de enfrentarse a problemas más difíciles, tanto teóricos como prácticos, como se irá viendo en los capítulos siguientes.

Abe y Yak (a la izquierda y a la derecha, respectivamente) tomaron posiciones opuestas sobre los peligros de fumar cigarrillos. Como era típico en aquella época, los dos fumaban (Abe, en pipa). El debate sobre el cáncer y el tabaco adquirió un tono inusualmente personal para muchos de los científicos que participaron en él. (*Fuente*: Ilustración de Dakota Harr.)

5

UN DEBATE LLENO DE HUMO:
DESPEJAR EL PANORAMA

> Y al final los marineros se dijeron unos a otros:
> «Vamos a echar suertes, para saber quién tiene la
> culpa de esta desgracia».

JONÁS 1:7

A caballo de las décadas de 1950 y 1960, los estadísticos y médicos se enfrentaron por una de las preguntas médicas más exigentes del siglo XX: ¿Fumar causa cáncer de pulmón? Ahora que han pasado más de cincuenta años desde entonces, damos la respuesta por sentada. Pero en aquel momento, la cuestión no estaba nada clara. Había división entre los científicos, incluso entre las familias.

Jacob Yerushalmy pertenecía a uno de estos casos de familias divididas. Yerushalmy (1904-1973), bioestadístico de la Universidad de California en Berkeley, fue uno de los últimos bastiones que defendió el tabaco desde el mundo académico. «Se opuso a la idea de que los cigarrillos causaban cáncer hasta el día de su muerte», escribió su sobrino David Lilienfeld, muchos años después. En cambio el padre de Lilienfeld, Abe Lilienfeld, epidemiólogo de la Universidad Johns Hopkins, fue uno de los defensores más férreos de la teoría de que fumar sí causaba cáncer. El joven Lilienfeld recordaba cómo el tío Yak (hipocorístico de Jacob) y su padre se sentaban a charlar y debatir sobre los efectos del tabaco, siempre envueltos en una «nube de humo de los cigarrillos de Yak y la pipa de Abe» (véase el frontispicio del capítulo).

¡Ojalá Abe y Yak hubieran podido invocar la Revolución Causal para despejar el panorama! Como se verá en este capítulo, uno de los principales argumentos científicos contra la hipótesis de que fumar

causaba cáncer era la posible existencia de factores no medidos que cau-
saran tanto el ansia de nicotina como el cáncer de pulmón. Acabamos
de examinar estos patrones de confusión y concluir que los diagramas
causales de hoy han eliminado la amenaza de la confusión. Pero las conversaciones de Abe y Yak se producían en los años cincuenta y sesenta del siglo pasado, dos décadas antes de Sander Greenland y Jamie
Robins, tres décadas antes de que nadie tuviera noticia del operador *do*.
Es interesante examinar, por lo tanto, cómo los científicos de aquel momento lidiaron con la cuestión y acabaron demostrando que el argumento de la confusión es todo humo y espejos.

Sin duda, muchas de las conversaciones ahumadas de Abe y Yak
no se centraban en el tabaco ni en el cáncer, sino en la inocua expresión
«causa». No era la primera ocasión en la que los médicos abordaban
cuestiones causales desconcertantes: entre los grandes hitos de la historia de la medicina, algunos ya se habían ocupado de identificar agentes causativos. Mediado el siglo XVIII, James Lind había descubierto
que los cítricos podían prevenir el escorbuto; mediado el XIX, John
Snow había comprendido que las aguas contaminadas con materias fe-
cales causaban cólera (estudios posteriores identificaron agentes causativos más específicos para los dos casos: en el escorbuto, la deficiencia de vitamina C; en el cólera, el bacilo del cólera). Fueron trabajos
detectivescos brillantes, que tenían en común una relación afortunada,
individualizada, entre causa y efecto. El bacilo del cólera es la única causa del cólera; hoy diríamos que resulta tanto *necesario* como *suficiente*.
Quien no quede expuesto al bacilo, no contraerá la enfermedad. Paralelamente, para que haya escorbuto es necesario que haya una deficiencia
de vitamina C; también es suficiente, si se le da tiempo bastante.

El debate sobre el cáncer y el tabaco puso a prueba este concepto
monolítico de la causalidad. Mucha gente fumaba toda la vida sin contraer cáncer de pulmón. A la inversa, algunas personas enfermaban de
ese cáncer sin haber encendido nunca ni un solo cigarrillo. Algunas
personas lo contraían por una predisposición hereditaria, otras por exposición a carcinógenos, otras por la suma de estas dos razones.

Por descontado, los estadísticos ya conocían una forma excelente de
establecer la causalidad en un sentido más general: el ensayo controlado
aleatorio (RCT). Pero esta clase de estudio no resultaba factible ni ético,
en el caso del tabaco. ¿Cómo hacer que una serie de personas elegidas al
azar se pasen varias décadas fumando —posiblemente, arruinándose la
salud— solo para comprobar si al cabo de treinta años habían contraído

cáncer de pulmón? Es imposible imaginar que, fuera de Corea del Norte, nadie vaya a presentarse «voluntario» para tal clase de estudio.

Sin un ensayo controlado aleatorio, no hubo manera de persuadir a escépticos como Yerushalmy y R. A. Fisher, convencidos de que la asociación observada entre el tabaco y el cáncer de pulmón era espuria. Para ellos, aquella observación debía atribuirse a algún tercer factor agazapado. Por ejemplo, quizá un gen del tabaco causaba que la gente ansiara fumar y, al mismo tiempo, aumentaba la probabilidad de que esas personas desarrollaran cáncer de pulmón (quizá por otras decisiones del estilo de vida). Sobre los factores de confusión que propusieron cabría decir, en el mejor de los casos, que eran poco plausibles. Sin embargo, era el contingente antitabaco el que tenía la responsabilidad de demostrar que no había factor de confusión; y aportar pruebas de que algo no existe —tanto Fisher como Yerushalmy lo sabían bien— es casi imposible.

La ruptura final de las tablas forjó un relato que versa al mismo tiempo sobre un gran triunfo y sobre una oportunidad perdida. Fue un triunfo para la salud pública porque los epidemiólogos, al final, acertaron en la conclusión. El «cirujano general» (ministro de Sanidad del gobierno federal de Estados Unidos) declaró sin ambigüedades, en un informe de 1964: «Fumar cigarrillos tiene (en los hombres) una relación causal con el cáncer de pulmón».[1] Fue una declaración tan explícita que anuló para siempre el argumento de que «no estaba demostrado» que fumar causara cáncer. El índice de tabaquismo de Estados Unidos, entre los hombres, empezó a descender al año siguiente, y hoy es de menos de la mitad de lo que era en 1964. Sin lugar a dudas, se han salvado millones de vidas y prolongado otras muchas.

Ahora bien, fue un triunfo incompleto. El tiempo que se tardó en llegar a esta conclusión —aproximadamente, de 1950 a 1964— podría haber sido más breve si los científicos hubieran podido apelar a una teoría de la causalidad más fundamentada, y lo que es más relevante: los científicos de la década de 1960 tampoco llegaron a armar esta clase de teoría. Para justificar la afirmación de que fumar causaba cáncer, el comité del cirujano general se basó en una serie informal de criterios: los «criterios de Hill», así llamados por un estadístico de la Universidad de Londres, Austin Bradford Hill. Cada uno de estos criterios tiene excepciones demostrables pero de forma colectiva alcanzan un importante valor de sentido común, incluso de sabiduría. En comparación con el mundo excesivamente metodológico de Fisher, los criterios de Hill nos llevan al reino opuesto: a un mundo libre de metodología, en el que la causalidad se decide sobre la base de patrones cualitativos de tendencias estadísticas. La Revolución Causal erige un puente entre estos dos extremos y potencia nuestro sentido intuitivo de la causalidad con el rigor de las matemáticas. Pero esta tarea quedaría reservada a la siguiente generación.

TABACO: UNA EPIDEMIA CREADA

En 1902, los cigarrillos tan solo representaban el 2 % del mercado del tabaco de Estados Unidos; el símbolo más omnipresente del consumo de tabaco no eran los ceniceros, sino las escupideras. Pero dos fuerzas poderosas se unieron para transformar los hábitos de los estadounidenses: la automatización y la publicidad. Los cigarrillos hechos por máquinas eran una competencia que arrasó con los cigarros torcidos a mano o con las pipas, tanto por coste como por disponibilidad. Por su parte, la industria del tabaco inventó y perfeccionó muchos trucos de la industria de la publicidad (véase la Figura 5.1). Quienes veían la televisión norteamericana en los años sesenta sin duda recordarán las musiquillas pegadizas del «You get a lot to like in a Marlboro» o el «You've come a long way, baby».

En 1952, la cuota de mercado de los cigarrillos se había disparado, pasando del 2 % al 81 %, y el propio mercado del tabaco había experimentado un crecimiento muy elevado. Este viraje radical en los hábitos de un país tuvo ramificaciones inesperadas en la salud pública. En los primeros años del siglo XX se empezó a sospechar que fumar no era sano, en la medida en que «irritaba» la garganta y causaba tos. Hacia mediados de siglo, las pruebas empezaban a parecer mucho más sombrías. Antes de los cigarrillos, el cáncer de pulmón era tan raro que un médico quizá encontraba solo uno en toda una vida de práctica. Pero entre 1900 y 1950 aquella enfermedad antaño rara cuadruplicó la frecuencia y en 1960 había pasado a ser la forma de cáncer más habitual entre los varones. Tal cambio extremo en la incidencia de una enfermedad letal bien merecía una explicación.

Cuando lo miramos desde el presente, es fácil dirigir hacia el tabaco el dedo de la culpa. Si trazamos un gráfico con los índices de cáncer de pulmón y consumo de tabaco (véase la Figura 5.2), es imposible pasar por alto la conexión. Pero los datos de las series temporales son

FIGURA 5.1. Se crearon anuncios muy manipuladores para tranquilizar a la opinión pública y asegurar que los cigarrillos no perjudicaban la salud. Como ejemplo, este de 1948 publicado en el *Journal of the American Medical Association*. (*Fuente*: Colección «Stanford Research into the Impact of Tobacco Advertising»).

una prueba poco convincente de la causalidad. Entre 1900 y 1950 habían cambiado otras muchas cosas: la pavimentación de las carreteras, la inhalación del humo de la gasolina con plomo, la contaminación del aire en general. Como dijo el epidemiólogo británico Richard Doll en 1991: «Los coches a motor... eran un nuevo factor y, si en aquel momento hubiera tenido que apostar, habría puesto el dinero en los tubos de escape o quizá en el asfaltado de las carreteras».

La función de la ciencia es dejar de lado las suposiciones y atender a los hechos. En 1948, Doll y Austin Bradford Hill formaron un equipo con la voluntad de investigar las causas de la epidemia de cáncer. Hill había sido el jefe estadístico de un ensayo controlado aleatorio de enorme éxito, publicado algo antes aquel mismo año, que había de-

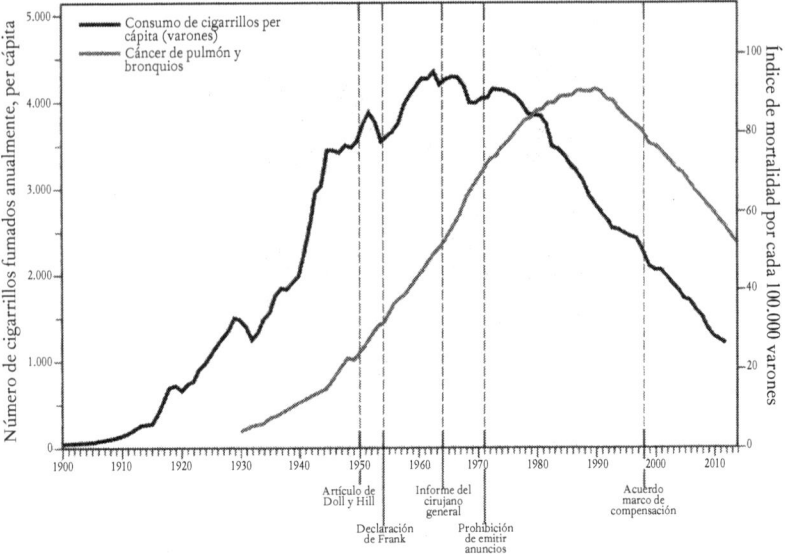

FIGURA 5.2. Un gráfico del consumo de cigarrillos per cápita (línea negra) y del índice de muertes por cáncer de pulmón entre los hombres (línea gris) en Estados Unidos muestra un parecido asombroso: la curva del cáncer es casi una réplica de la de los fumadores, con una demora de unos treinta años. Sin embargo, es circunstancial, no una prueba de causalidad. Se apuntan algunas fechas claves, como la publicación del artículo de Richard Doll y Austin Bradford Hill, en 1950, el primero en alertar a muchos profesionales de la medicina de la asociación entre el tabaco y el cáncer de pulmón. (*Fuente*: Gráfico de Maayan Harel, con datos de la Sociedad Americana contra el Cáncer, Centros de Control de la Enfermedad y la Oficina del Cirujano General.)

mostrado que la estreptomicina —uno de los primeros antibióticos— era efectiva contra la tuberculosis. El estudio, un hito en la historia médica, no solo presentó los «medicamentos maravillosos» ante la sociedad médica, sino que también consolidó la reputación de los RCT, que no tardaron en convertirse en el procedimiento estándar de la investigación clínica en materia de epidemiología.

Por supuesto, Hill sabía que en este caso el RCT era imposible, pero tenía claras las ventajas de comparar un grupo de tratamiento con un grupo de control. Así pues propuso comparar a los pacientes ya diagnosticados de cáncer con un grupo de control de voluntarios sanos. Se entrevistó a los miembros de cada grupo al respecto de sus conductas pasadas e historias médicas. Para evitar sesgos, los entrevistadores no sabían quién padecía cáncer y quién era del grupo de control.

Los resultados del estudio causaron conmoción: de los 649 pacientes de cáncer entrevistados, todos, salvo dos, habían sido fumadores. Era una improbabilidad estadística tan extrema que Doll y Hill no pudieron resistirse a calcular exactamente las probabilidades en contra: 1,5 millones a 1. Por otro lado, los pacientes de cáncer de pulmón habían fumado más, de media, que los controles, pero (más adelante, R. A. Fisher hizo hincapié en esta inconsistencia) un porcentaje menor declaraba inhalar el humo.

El tipo de estudio que Doll y Hill dirigieron se denomina hoy «estudio de casos y controles» porque compara los «casos» (personas con una enfermedad) con los individuos de control. Se trata de una mejora clara con respecto a los datos de series temporales porque los investigadores pueden controlar factores de confusión como la edad, el sexo o la exposición a los contaminantes ambientales. No obstante, el estudio de casos y controles (o también, «de caso-control») tiene asimismo algunos inconvenientes obvios. Para empezar es retrospectivo: estudiamos a personas que sabemos que tienen cáncer y, para descubrir por qué, dirigimos la mirada al pasado. La lógica de la probabilidad también es retrospectiva. Los datos nos indican la probabilidad de que un paciente de cáncer sea fumador, no la probabilidad de que un fumador contraiga cáncer. Y esto último es lo que verdaderamente interesa saber a una persona que duda si debería fumar o no.

Además los estudios de casos y controles admiten varias posibles fuentes de sesgo. Entre ellas, el «sesgo de la memoria». Aunque Doll y Hill se aseguraron de que los entrevistadores no estuvieran al corriente de los diagnósticos, en cambio estaba claro que los pacientes sabían si tenían cáncer o no; y esto podía haber afectado a sus recuerdos. Otro problema es el «sesgo de selección». Los pacientes de cáncer hospitalizados no eran en ningún caso una muestra representativa de la población, ni siquiera de la población fumadora.

En suma: los resultados de Doll y Hill eran sumamente sugerentes, pero no se podían tomar como una demostración de que fumar causara cáncer. Al principio, los dos investigadores tuvieron la cautela de calificar de «asociación» la correlación. Después de descartar varios confundidores, se aventuraron a emitir una afirmación más contundente: «fumar es un factor, y un factor de importancia, en la producción del carcinoma de pulmón».

Durante los años inmediatamente siguientes se realizaron diecinueve estudios de casos y controles, en distintos países, que llegaron básicamente a la misma conclusión. Pero como R. A. Fisher se complacía en señalar, repetir un estudio sesgado diecinueve veces no demuestra nada: el sesgo permanece. En 1957 Fisher escribió que tales estudios «eran la simple repetición de una evidencia de la misma clase y es necesario intentar examinar si esa clase es suficiente para alcanzar alguna conclusión científica».

Doll y Hill se dieron cuenta de que, si había sesgos ocultos en los estudios de casos y controles, la simple replicación no los corregiría. Así pues, en 1951 iniciaron un estudio prospectivo, para lo cual enviaron a 60.000 médicos británicos cuestionarios sobre sus hábitos de tabaquismo y fueron siguiéndoles la pista durante los años siguientes (la Sociedad Americana contra el Cáncer inició un estudio similar, de mayores dimensiones, hacia la misma época). En tan solo cinco años se constataron algunas diferencias radicales. Los fumadores empedernidos tenían una tasa de mortalidad, por cáncer de pulmón, veinticuatro veces superior a los no fumadores. En el estudio de la Sociedad Americana contra el Cáncer, los resultados eran aún menos esperanzadores para los primeros: los fumadores morían de cáncer de pulmón con una frecuencia que multiplicaba por veintinueve la de los no fumadores; en el caso de los grandes fumadores, era noventa veces. Por otro lado, las personas que habían fumado y luego dejado de fumar reducían el riesgo por un factor de dos. La consistencia de todos estos resultados —fumar más incrementa más el riesgo de contraer cáncer, dejar de fumar lo reduce— era otra evidencia clara de causalidad. Los médicos lo denominan «efecto de dosis-respuesta»: si una sustancia A causa un efecto biológico B, por lo general (aunque no siempre) una dosis mayor de A refuerza la respuesta B.

Sin embargo, esto tampoco convenció a escépticos como Fisher y Yerushalmy. Los estudios prospectivos aún no acertaban a comparar los fumadores con no fumadores que fueran idénticos en lo demás. De hecho, no está claro que tal comparación se pueda llegar a realizar. Fumar es fruto de la propia selección. Los fumadores podrían ser genéticamente o «constitutivamente» distintos de los no fumadores en toda una serie de facetas: más dados a correr riesgos o a beber más, por ejemplo. Algunas de estas conductas podrían causar efectos adversos para la salud que quizá se estén atribuyendo al tabaco. El argumento resulta especialmente adecuado para un escéptico, porque la hipótesis de la constitución personal es casi imposible de verificar. Solo después de que, en 2000, se hubiera secuenciado el genoma humano, resultó posible buscar genes relacionados con el cáncer de pulmón (irónicamente, se demostró que Fisher tenía razón, aunque de una forma muy limitada: esa clase de genes existen de hecho). Sin embargo, en 1959 Jerome Cornfield, en un trabajo conjunto con Abe Lilienfeld, publicó una refutación punto por punto de los argumentos de Fisher que, desde la perspectiva de muchos médicos, zanjó la cuestión. Cornfield, que trabajaba en el Instituto Nacional de Salud, tuvo una participación singular en el debate del cáncer y el tabaco. Por formación no era ni estadístico ni biólogo, sino que se había licenciado en historia; la estadística la aprendió en el Departamento de Agricultura de Estados Unidos. Pese al carácter en parte autodidacta, se le acabó consultando muy a menudo y llegó a presidir la Asociación Estadística Estadounidense. También había sido fumador de dos paquetes y medio al día, aunque dejó el hábito cuando empezó a ver los datos del cáncer de pulmón (resulta interesante observar que el debate del tabaco fue muy personal para muchos de los científicos implicados. Fisher nunca renunció a la pipa, ni Yerushalmy a sus cigarrillos).

Cornfield apuntó directamente contra la hipótesis constitutiva de Fisher, y lo hizo jugando en el campo del propio Fisher: la matemática. Supongamos —adujo— que existe un factor de confusión, como un gen del consumo de tabaco, que explique por sí solo el riesgo de los fumadores de contraer cáncer. Si los fumadores poseen un riesgo nueve veces superior de contraer cáncer, el factor de confusión tendrá que ser por lo menos nueve veces más habitual entre los fumadores, para explicar la diferencia en el riesgo. Pero pensemos qué significa esto. Si el 11 % de los no fumadores tuvieran el «gen del consumo de tabaco», entonces se colige que lo tienen también el 99 % de los fumadores. Y tan solo con que resulte que el 12 % de los no fumadores poseen ese gen del cáncer, entonces resulta matemáticamente imposible que el gen del cáncer explique por sí solo la asociación entre el tabaco y el cáncer. Para los biólogos, este argumento —conocido como la «desigualdad de Cornfield»— redujo a ruinas humeantes la hipótesis constitutiva de Fisher. Resulta inconcebible que una variación genética pudiera estar tan estrechamente relacionada con algo tan complejo e impredecible como la decisión personal de fumar.

La desigualdad de Cornfield, de hecho, era un argumento causal en forma embrionaria: nos proporciona un criterio para arbitrar entre el Diagrama 5.1 (en el que la hipótesis constitutiva no basta para explicar del todo la asociación entre el tabaco y el cáncer de pulmón) y el Diagrama 5.2 (en el que el gen del consumo de tabaco explicaría del todo la asociación observada).

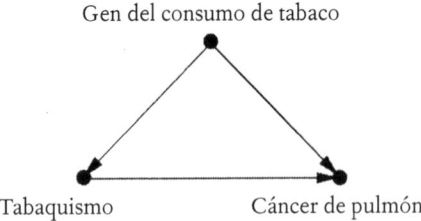

DIAGRAMA 5.1.

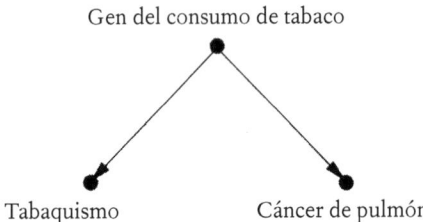

DIAGRAMA 5.2.

Como se ha explicado antes, la asociación entre el consumo de tabaco y el cáncer de pulmón era tan sólida que la hipótesis constitutiva no podía explicarla.

El método de Cornfield, de hecho, plantó la semilla de una técnica muy poderosa, conocida como «análisis de sensibilidad», que hoy complementa las conclusiones a las que llega el motor de inferencia descrito en la introducción. En vez de inferir dando por sentada la ausencia de determinadas relaciones causales en el modelo, el analista pone en cuestión esas premisas y evalúa cuán fuertes tienen que ser las relaciones alternativas para explicar los datos observados. El resultado cuantitativo se somete entonces a un juicio de plausibilidad, que no se diferencia en mucho de las crudas valoraciones que supone postular la ausencia de tales relaciones causales. No hará falta decir que, si queremos extender el enfoque de Cornfield a un modelo con más de tres o cuatro variables, se necesitarán algoritmos y técnicas de estimación impensables sin la aparición de las herramientas gráficas.

En la década de 1950, los epidemiólogos se enfrentaban a la crítica de que sus pruebas eran «tan solo estadísticas» y faltaba —se decía— una «prueba de laboratorio». Pero una simple ojeada a la historia nos indica que esta era un argumento capcioso. Si se hubiera aplicado al escorbuto la exigencia de una «prueba de laboratorio» estándar, entonces los marineros habrían seguido muriendo hasta la década de 1930, cuando se descubrió la vitamina C; hasta entonces era imposible demostrar en un laboratorio que los cítricos prevenían el escorbuto. Además, en los años cincuenta ya empezaron a aparecer en revistas médicas algunas formas de pruebas de laboratorio sobre los efectos de fumar. Las ratas pintadas con alquitrán de tabaco desarrollaban cáncer. Se había demostrado que el humo de los cigarrillos contenía benzopirenos, un carcinógeno ya conocido. Estos experimentos aumentaron la plausibilidad biológica de la hipótesis de que fumar podía causar cáncer.

A finales de la década, la acumulación de tantas clases de evidencia distintas había convencido a casi todos los expertos de este campo de que fumar, efectivamente, causaba cáncer. Hasta los propios investigadores de las compañías tabaqueras lo veían claro, un hecho quizá sorprendente y que se mantuvo estrictamente silenciado hasta la década de 1990, cuando los pleitos y los denunciantes obligaron a las tabaqueras a publicar muchos miles de documentos secretos hasta entonces. En 1953, por ejemplo, Claude Teague, químico de la empresa R. J. Reynolds, había comunicado por escrito a la dirección que el tabaco era «un factor etiológico de importancia en la inducción del cáncer de pulmón primario», en lo que suponía repetir, casi palabra por palabra, la conclusión de Hill y Doll.

En público, las tabaqueras entonaban otra canción. En enero de 1954, las principales compañías del sector (incluida Reynolds) publicaron un anuncio en toda la prensa de Estados Unidos, titulado: «Una declaración sincera para los fumadores de cigarrillos». Se afirmaba: «Estamos convencidos de que nuestros productos no son perjudiciales para la salud. Siempre hemos cooperado y cooperaremos estrechamente con aquellos cuya tarea es salvaguardar la salud pública». En un discurso pronunciado en marzo de 1954, George Weissman, vicepresidente de la Philip Morris and Company, dijo: «Si tuviéramos la más mínima impresión o constancia de estar vendiendo un producto que, de un modo u otro, resulta perjudicial para los consumidores, cerraríamos la empresa mañana mismo». Han pasado sesenta años y aún esperamos a que Philip Morris cumpla la promesa.

Esto nos lleva al episodio más lamentable de toda la controversia del cáncer y el tabaco: los esfuerzos deliberados de las tabaqueras por engañar a la opinión pública sobre los riesgos para la salud. Si la naturaleza es como un genio que responde a una pregunta con la verdad, pero solo exactamente a lo que se le pregunta, imaginemos ahora cuánto más difícil es para los científicos enfrentarse a un adversario que tiene la voluntad de engañarnos. Las guerras de los cigarrillos fueron la primera contienda de la ciencia contra el negacionismo organizado y nadie estaba preparado para esa labor. Las tabaqueras magnificaron hasta la más mínima controversia científica. Constituyeron su propio Comité de Investigación de la Industria del Tabaco, una fachada que financiaba estudios científicos sobre cuestiones relacionadas con el cáncer, o con el tabaco, pero que nunca abordaban la cuestión central. Y cuando encontraban a voces escépticas con la relación del cáncer y el tabaco —como R. A. Fisher y Jacob Yerushalmy— las tabaqueras les pagaban honorarios de consultoría.

El caso de Fisher resulta particularmente triste. Por descontado, el escepticismo tiene su razón de ser. A los estadísticos —la conciencia de la ciencia— se les paga para que sean escépticos. Pero no es lo mismo el escepticismo razonable que el irracional. Fisher atravesó esa barrera, y varias veces. Como nunca fue capaz de admitir sus propios errores —y sin duda le influía el hecho de haber fumado en pipa toda la vida—, no supo reconocer que la marea de las pruebas se le había vuelto en contra. Sus argumentos adquirieron un carácter desesperado. Se aferró como a un clavo ardiendo a un resultado antiintuitivo del primer artículo de Doll y Hill: el hallazgo (que apenas superaba el nivel de la significación estadística) de que los pacientes con cáncer de pulmón se describían como inhaladores de humo con menos frecuencia que los individuos de control. Ningún estudio posterior constató tal efecto. Aunque Fisher era consciente, como el que más, que no siempre se consigue replicar los resultados «estadísticamente significativos», recurrió a las mofas. Alegó que el estudio de Doll y Hill había indicado que inhalar el humo de los cigarrillos podía resultar beneficioso para la salud e insistió que había que seguir investigando esta «cuestión de suma importancia». Lo único positivo que podemos afirmar sobre el papel de Fisher en este debate, quizá, es que es muy improbable que el dinero de las tabaqueras lo hubiera corrompido en lo más mínimo. Con su propia terquedad bastaba.

Por todas estas razones, la conexión entre fumar y el cáncer siguió siendo objeto de controversias en la opinión pública mucho después de que hubiera dejado de serlo entre los epidemiólogos. Tampoco los médicos, aunque deberían haber estado más en sintonía con la ciencia, estaban muy convencidos: según una encuesta de la Sociedad Americana contra el Cáncer, de 1960, solo un tercio de los médicos estadounidenses estaban de acuerdo con la afirmación de que fumar era «una causa principal del cáncer de pulmón»; por otro lado, el 43 % de los médicos eran fumadores.

Aunque sería justo reprochar a Fisher su obstinación y a las tabaqueras sus engaños deliberados, también debemos reconocer que la comunidad científica trabajaba con una camisa de fuerza ideológica. Fisher dio en el clavo al ensalzar los ensayos controlados aleatorios como una forma muy eficaz de evaluar un efecto causal. Ahora bien, ni él ni sus seguidores acertaron a darse cuenta de que los estudios observacionales nos permiten aprender mucho más. Esta es la ventaja de un modelo causal: potencia el conocimiento científico del experimentador. Los métodos de Fisher dan por sentado que el experimentador se tiene que poner en marcha sin un conocimiento previo, ni opiniones, sobre las hipótesis que se ponen a prueba. Imponen al científico la ignorancia, y los negacionistas supieron sacar mucho partido de la situación.

Como los científicos no tenían una definición directa de la palabra «causa» ni, salvo con un ensayo controlado aleatorio, contaban con una forma de determinar un efecto causal, estaban mal preparados para el debate de si fumar causaba cáncer. Se vieron obligados a avanzar a tientas hacia una definición, en un proceso largo, que se extendió durante toda la década de 1950 y llegó a una conclusión brusca en 1964.

LA COMISIÓN DEL CIRUJANO GENERAL Y LOS CRITERIOS DE HILL

El documento de Cornfield y Lilienfeld había preparado el terreno para que las autoridades sanitarias hicieran una declaración definitiva sobre los efectos del tabaco. El Real Colegio de Médicos de Reino Unido tomó la iniciativa y, en 1962, dio a conocer un informe que concluía que fumar cigarrillos era un agente causativo en el cáncer de pulmón. Poco después, el cirujano general de Estados Unidos (es muy posible que a instancias del presidente John F. Kennedy) anunció su intención de nombrar un comité asesor especial, para dictaminar sobre la materia (véase la Figura 5.3).

El comité se caracterizaba por un equilibrio cuidadoso. Incluía a cinco fumadores y cinco no fumadores; dos nombres sugeridos por la industria del tabaco, y ninguna persona que se hubiera pronunciado en público a favor o en contra de fumar. Por esta última razón no se pudo elegir a candidatos como Lilienfeld y Cornfield. Los miembros del comité eran expertos distinguidos en los campos de la medicina, la química o la biología. Uno de ellos, William Cochran, de la Universidad de Harvard, era estadístico (con unas credenciales, de hecho, inmejorables: había sido alumno de un alumno de Karl Pearson).

El comité estuvo elaborando el informe durante más de un año. Una de las polémicas centrales fue el uso de la palabra «causa». Los integrantes tuvieron que dejar de lado las concepciones decimonónicas de la causalidad, de tipo determinista, así como la estadística. Según se asevera en el informe (probablemente con palabras de Cochran): «Los métodos estadísticos no pueden demostrar que haya una relación causal en una asociación. El carácter causal de una asociación es una cuestión de juicio, que va más allá de toda afirmación de probabilidad estadística. Para evaluar o juzgar la importancia causal de la asociación entre el atri-

FIGURA 5.3. En 1963, un comité asesor del cirujano general lidió con el problema de cómo evaluar los efectos causales del tabaco. Se retrata aquí a William Cochran (el estadístico del comité), el cirujano general Luther Ferry y el químico Louis Fieser. (*Fuente*: Ilustración de Dakota Harr.)

buto o agente y la enfermedad, o el efecto en la salud, deben utilizarse una serie de criterios ninguno de los cuales resulta, por sí mismo, suficiente para tal juicio». El comité enumeró cinco de estos criterios: *consistencia* (cuando muchos estudios, de poblaciones distintas, muestras resultados similares); *fortaleza de la asociación* (incluido el efecto de dosis-respuesta: que fumar más esté asociado con un mayor riesgo); *especificidad de la asociación* (un agente en particular debe tener un efecto en particular, no una larga letanía de efectos); *relación temporal* (el efecto debe ser posterior a la causa); y *coherencia* (plausibilidad biológica y consistencia con otros tipos de evidencias, tales como experimentos de laboratorio y series temporales).

En 1965, Austin Bradford Hill, que no estaba en el comité, intentó compendiar los argumentos de forma que se pudieran aplicar a otros problemas de salud pública, y añadió otros cuatro criterios; la lista completa, con sus nueve criterios, se conoce hoy con el nombre de «criterios de Hill». De hecho Hill no los consideró requisitos imprescindibles, sino que los denominó «puntos de vista» e hizo hincapié en que, en un caso dado, cualquiera de ellos podría faltar. «Ninguno de mis nueve puntos de vista puede aportar pruebas irrefutables a favor o en contra de la hipótesis de causa y efecto, ni se puede exigir como un *sine qua non*», escribió.

No en vano, es bastante sencillo encontrar argumentos contra todos los criterios ya sea de la lista de Hill o la enumeración más breve del comité asesor. La consistencia por sí sola no demuestra nada; si treinta estudios coinciden en ignorar el mismo factor de confusión, probablemente todos estarán sesgados. La fortaleza de la asociación es vulnerable por la misma razón: como apuntábamos en otro capítulo, la talla de los zapatos de un niño está poderosamente asociada con su capacidad lectora, pero no hay relación causal. La especificidad siempre ha sido un criterio especialmente controvertido. Tiene sentido en el contexto de una enfermedad infecciosa, en la que un agente, típicamente, produce una enfermedad; pero no tanto en el contexto de la exposición ambiental. Fumar incrementa el riesgo de una serie de dolencias, no solo del cáncer, sino también del enfisema y las enfermedades cardiovasculares. ¿Esto debilita de verdad la prueba de que causa cáncer? La relación temporal posee algunas excepciones, como también hemos apuntado; por ejemplo, el canto del gallo no causa el amanecer, aunque siempre preceda a la salida del sol. Por último, la coherencia con hechos o teorías establecidos es sin duda deseable, pero la historia de la ciencia está repleta de teorías derrocadas y hallazgos de laboratorio erróneos.

Los «puntos de vista» de Hill siguen siendo útiles en tanto que descripción de cómo una disciplina acaba por aceptar una hipótesis causal a partir de una diversidad de pruebas; pero no se acompañaban de una metodología de uso. Por ejemplo, la plausibilidad biológica y la consistencia con experimentos, se supone, son características positivas. Pero ¿de qué modo exacto hay que calibrar estos tipos de pruebas? ¿Cómo introducimos en el conjunto el conocimiento preexistente? Al parecer cada científica o científico debe decidir por sí mismo. Pero las decisiones intuitivas pueden resultar equivocadas, en especial si existen presiones políticas, o consideraciones económicas, o si el científico es adicto a la sustancia que se está estudiando.

Con todos estos comentarios no pretendo denigrar los trabajos del comité. Sus integrantes hicieron cuanto estuvo en su mano en un entorno que no les proporcionaba ningún medio para abordar la causalidad. El hecho de que reconocieran que había que emplear mecanismos no estadísticos fue un gran paso adelante. Y las decisiones personales difíciles que los fumadores del comité tomaron dan testimonio asimismo de la seriedad de sus conclusiones. Luther Terry, que fumaba cigarrillos, pasó a la pipa. Leonard Schuman anunció que lo dejaba. William Cochran admitió que si dejaba el hábito reduciría el riesgo de contraer cáncer, pero que este riesgo se compensaba por el hecho de que «los cigarrillos me hacen sentir cómodo». El caso de Louis Fieser fue más doloroso. Fumaba cuatro paquetes al día y, cuando no había transcurrido ni un año desde que el comité dio a conocer su informe, le diagnosticaron cáncer de pulmón. Escribió a sus compañeros: «Recordarán que, aunque las pruebas me habían parecido del todo convincentes, seguí fumando mucho durante todas las deliberaciones de nuestro comité y me amparé en las excusas habituales... Mi caso me parece más convincente que ninguna estadística». Con un pulmón menos, al final dejó de fumar.

Desde la perspectiva de la salud pública, el informe del comité asesor representó un hito. Antes de dos años, el Congreso estadounidense había exigido a las tabaqueras que incluyeran advertencias sanitarias en todos los paquetes de cigarrillos. En 1971 se prohibió anunciar cigarrillos en las radios y televisiones del país. El porcentaje de adultos fumadores descendió de su máximo histórico (el 45 % de los estadounidenses, en 1965) a un 19,3 %, en 2010. La campaña antitabaco fue una de las intervenciones de salud pública más magnas y exitosas de la historia, aunque también fue incompleta y de una lentitud penosa. El trabajo del comité también proporcionó un marco valioso para lograr consensos científicos y sirvió de modelo a otros muchos futuros informes del cirujano general, no solo sobre el tabaco (pero también sobre el tabaco; en la década de 1980, por ejemplo, adquirió mucha relevancia el tema de los fumadores pasivos).

Desde la perspectiva de la causalidad, en cambio, el informe fue un éxito modesto (en el mejor de los casos). Sin duda contribuyó a destacar la importancia de las preguntas causales y estableció que no se podían responder apelando tan solo a los datos. Pero en tanto que orientación para futuros descubrimientos, fue pobre y endeble. El valor principal de los criterios de Hill radica en su papel de documento histórico, que compendia las clases de evidencias que emergieron en la década de 1950 y acabaron por convencer a la comunidad médica. Pero en tanto que guía para investigaciones futuras, son criterios inadecuados. Para prácticamente todos los grandes interrogantes causales necesitamos un instrumento más preciso. Visto desde el presente, en cambio, la desigualdad de Cornfield, que plantó las semillas del análisis de sensibilidad, sí fue un paso en esa dirección.

TABACO PARA BEBÉS

Incluso después de que amainaran las polémicas sobre el tabaco y el cáncer, pervivió una gran paradoja. Mediada la década de 1960, Jacob Yerushalmy señaló que el hecho de que una madre fumara durante el embarazo parecía beneficiar la salud del recién nacido si coincidía que este pesaba menos de lo debido. Este enigma, conocido como «paradoja del peso al nacer», chocaba con el consenso médico emergente sobre el tabaco, y no recibió una explicación satisfactoria hasta 2006, más de cuarenta años después de que Yerushalmy diera a imprenta su artículo. Tengo la plena seguridad de que se tardó tanto tiempo porque entre 1960 y 1990 no se pudo disponer del lenguaje de la causalidad.

En 1959 Yerushalmy había puesto en marcha un estudio de salud pública a largo plazo, que recogió los datos prenatales y posnatales de más de 15.000 niños de la región de la bahía de San Francisco. Estos datos incluían información sobre los hábitos de consumo de tabaco de

las madres, así como el peso al nacer y la tasa de mortalidad de los bebés en el primer mes de vida.

Varios estudios ya habían puesto de manifiesto que los bebés de las
madres fumadoras pesaban menos al nacer, en promedio, que los hijos
de las no fumadoras; y era natural suponer que esto se traduciría en un
menor índice de supervivencia. De hecho, un estudio de ámbito estadounidense sobre los niños nacidos con un peso bajo (definido como un
peso inferior a los 2.500 gramos) había mostrado que la tasa de mortalidad era más de veinte veces superior a la de los bebés que nacían con un
peso normal. Así pues, los epidemiólogos postularon una cadena de causas y efectos: Fumar → Peso bajo al nacer → Mortalidad.

Lo que Yerushalmy encontró en los datos resultó inesperado hasta
para él mismo. Era cierto que los bebés de madres fumadoras pesaban de
media menos (200 gramos menos) que los de hijos de no fumadoras. No
obstante, los bebés de bajo peso de madres fumadoras tenían un índice de
supervivencia superior a los de las no fumadoras. Parecía, por lo tanto, que
el tabaquismo de la madre tenía un efecto protector.

Si Fisher hubiera descubierto algo así, probablemente habría procla-
mado que era uno de los beneficios del tabaco. En honor de Yerushalmy
hay que decir que él no hizo tal cosa, sino que escribió, con mucha más
prudencia: «Estos hallazgos paradójicos plantean dudas y hablan en
contra de la afirmación de que fumar cigarrillos actúa como un factor
exógeno que interfiere en el desarrollo intrauterino del feto». En pocas
palabras: no existe un camino causal de Fumar a Mortalidad.

Los epidemiólogos modernos creen que, en este punto, Yerushalmy se equivocaba. En su mayoría creen que fumar sí incrementa la
mortalidad neonatal: por ejemplo, porque interfiere con la transferencia de oxígeno a través de la placenta. Pero ¿cómo podemos conciliar
esta hipótesis con los datos?

Los estadísticos y epidemiólogos insistieron en analizar la paradoja en términos probabilísticos, y la consideraron como una anomalía
peculiar del peso al nacer. A la postre ha resultado que tiene poco que
ver con el peso de los neonatos y todo con los colisionadores. Cuando
se contempla bajo esta luz ya no resulta paradójico, sino instructivo.

En realidad, los datos de Yerushalmy eran perfectamente consistentes con el modelo Fumar → Peso bajo al nacer → Mortalidad, si
añadimos algunos detalles. Fumar puede ser perjudicial, por cuanto
contribuye a reducir el peso de los bebés; pero algunas otras causas del
peso bajo al nacer —como anormalidades genéticas graves y poten-

cialmente letales— son mucho más perjudiciales. El bajo peso de un bebé en concreto se puede explicar de dos maneras: quizá tenga una madre fumadora, quizá esté afectado por alguna de esas otras causas. Si descubrimos que la madre es fumadora, esto explica la reducción de peso y, por lo tanto, reduce la posibilidad de que existan anomalías congénitas graves. Pero si la madre no fuma, se refuerza la evidencia de que el peso bajo responde a una anomalía congénita y, en conse-cuencia, el pronóstico del bebé se ensombrece.

Como en casos anteriores, un diagrama causal aclara el panorama. Cuando añadimos las nuevas premisas, el diagrama causal se parece al de la Figura 5.4. Podemos ver que la paradoja del peso bajo es un ejemplo perfecto de sesgo de colisionador (el peso al nacer). Si examinamos tan solo a los bebés que han nacido con poco peso, estamos condicionando a ese colisionador. Esto abre un camino de puerta trasera entre Fumar y Mortalidad que pasa por Fumar → Peso al nacer ← Anomalía congénita → Mortalidad. Es un camino no causal porque una de las flechas se mue-ve en el sentido equivocado. No obstante, induce a una correlación espu-ria entre Fumar y Mortalidad y sesga la estimación del efecto causal real (directo), Fumar → Mortalidad. De hecho, sesga el cálculo hasta el pun-to de que fumar acaba pareciendo beneficioso.

La belleza de los diagramas causales radica en que evidencian la fuente del sesgo. En ausencia de tales diagramas, los epidemiólogos pa-saron cuarenta años discutiendo sobre la paradoja. De hecho la polémica no se ha extinguido: el número de octubre de 2014 del *International Jour-nal of Epidemiology* incluye varios artículos sobre la cuestión. Uno de ellos, de Tyler VanderWeele (de Harvard), explica el problema a la per-fección, con ayuda de un diagrama como el que acabamos de ver.

Este diagrama en concreto, es obvio, probablemente resulte dema-siado simple para expresar toda la historia que une el tabaco, el peso al

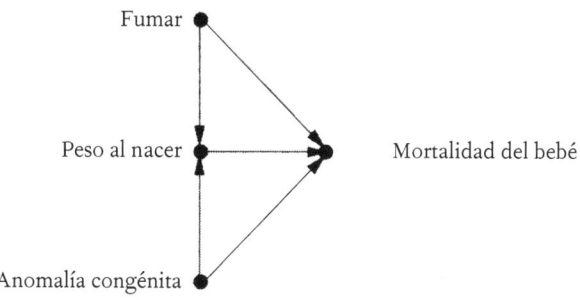

FIGURA 5.4. Diagrama causal para la paradoja del peso al nacer.

nacer y la mortalidad de los neonatos. Sin embargo, el principio del sesgo del colisionador es robusto. En este caso el sesgo se detectó porque el fenómeno aparente era demasiado poco plausible; pero podemos imaginar cuántos casos de sesgos de colisionadores no se llegan a detectar porque no entran en conflicto con la teoría.

DEBATES ENCENDIDOS: LA CIENCIA CONTRA LA CULTURA

Cuando ya había empezado a trabajar en este capítulo tuve ocasión de contactar con Allen Wilcox, el epidemiólogo más identificado, probablemente, con esta paradoja. Y Wilcox planteó una pregunta muy incómoda sobre el diagrama de la Figura 5.4: ¿Cómo sabemos que el bajo peso al nacer es en efecto una causa directa de mortalidad? Él cree más bien, de hecho, que los médicos han interpretado mal de entrada el peso bajo. Como está muy asociado con la mortalidad infantil, los médicos lo han interpretado como una causa. Ahora bien, la asociación podría deberse por entero a factores de confusión (representados en la Figura 5.4 por la Anomalía congénita, aunque Wilcox no fue tan específico).

Vale la pena comentar dos cosas con respecto al argumento de Wilcox. Por un lado, incluso si borramos la flecha de Peso al Nacer → Mortalidad, sigue habiendo un colisionador. Así pues, el diagrama sigue explicando bien la paradoja del peso bajo. En segundo lugar, la variable causal que Wilcox ha estudiado con más dedicación es la raza. Y en nuestra sociedad, la raza sigue incitando debates muy encendidos.

De hecho, en los hijos de madres negras se observa la misma paradoja del peso al nacer que en los hijos de fumadoras. Es más habitual que las mujeres negras den a luz bebés de peso bajo, en comparación con las mujeres blancas; y sus bebés tienen una tasa de mortalidad mayor. Sin embargo sus bebés de peso bajo tienen un índice de supervivencia más elevado que los bebés de bajo peso de las mujeres blancas. Así las cosas, ¿a qué conclusión debemos llegar? A una fumadora embarazada podemos recomendarle que deje de fumar, porque esto ayudará a su bebé; pero a una embarazada negra no le podemos decir que deje de ser negra.

Lo que deberíamos abordar, en cambio, son las cuestiones sociales que causan que los bebés de raza negra tengan una tasa de mortalidad superior. Creo que no se trata de ninguna afirmación controvertida. Ahora bien, ¿qué causas debemos abordar?, y ¿cómo podríamos medir los avances? Para bien o para mal, muchos defensores de la justicia racial entienden que el peso al nacer es un eslabón intermedio de la cadena Raza → Peso al nacer → Mortalidad. No solo eso, han tomado el peso al nacer como un supletorio de la mortalidad infantil, presuponiendo que las mejoras de una llevarán automáticamente a mejoras en la otra. Es fácil entender por qué lo hicieron: es más fácil disponer de promedios del peso al nacer que de medidas de la mortalidad infantil.

Ahora imaginemos qué sucede cuando se presenta alguien como Wilcox y afirma que un peso bajo al nacer, por sí mismo, no es una afección médica y carece de relación causal con la mortalidad infantil. ¡Pone todo el montaje patas arriba! La primera vez que Wilcox sugirió la idea, en la década de 1970, lo acusaron de racismo, así que no se atrevió a darla a la imprenta hasta 2001. Aun así, el artículo se acompañó de dos comentarios, uno de los cuales ponía sobre la mesa la cuestión racial: «En el contexto de una sociedad cuyos elementos dominantes justifican sus posiciones alegando una inferioridad genética de aquellos a los que dominan, resulta difícil ser neutral», escribió Richard David, del Hospital del Condado de Cook, en Chicago. «Cuando se busca la "ciencia pura", un investigador bienintencionado puede dar la impresión de estar —y podría estar de hecho— sirviendo de apoyo y ayuda a un orden social que aborrece».

Es una acusación muy dura, surgida del más noble de los motivos; pero ciertamente no es el primer caso en el que se ha criticado a un científico por dilucidar verdades que podrían acarrear consecuencias sociales adversas. Sin lugar a dudas, cuando el Vaticano objetó ante las ideas de Galileo lo hizo sinceramente preocupado por el orden social del momento. Lo mismo cabe afirmar sobre la evolución y Charles Darwin, sobre la eugenesia y Francis Galton. Sin embargo, los choques culturales que emanan de los nuevos descubrimientos científicos se acaban calmando por medio de reajustes culturales que encuentran un lugar para esos hallazgos; no en cambio por la ocultación. Para que tal reajuste se produzca, un requisito previo es separar la ciencia de la cultura antes de que las opiniones se inflamen. Por fortuna, ahora el lenguaje de los diagramas causales nos proporciona una forma de abordar las causas y los efectos sin pasión, no solo cuando resulta fácil, sino también cuando es duro.

La «paradoja de Monty Hall» —un enigma duradero y para muchas personas exasperante— pone de relieve cómo recurrir al razonamiento probabilístico en lugar de al causal puede engañar a nuestro cerebro. (*Fuente*: Ilustración de Maayan Harel.)

6

¡PARADOJAS A MOGOLLÓN!

> Quien se enfrenta a lo paradójico, se expone a la
> realidad.
>
> FRIEDRICH DÜRRENMATT (1962)

La paradoja del peso al nacer, con la que cerrábamos el capítulo 5, es
representativa de una clase asombrosamente numerosa de paradojas
que reflejan las tensiones existentes entre causalidad y asociación. La
tensión surge, para empezar, porque una y otra se encuentran en dos
peldaños distintos de la Escalera de la Causalidad, y se ve agravada por
el hecho de que la intuición humana actúa bajo la lógica causal, mientras que los datos se ajustan a la lógica de las probabilidades y las proporciones. Las paradojas surgen cuando aplicamos en un ámbito las
reglas que hemos aprendido en el otro.

Dedicaremos un capítulo a algunas de las paradojas más desconcertantes, y también mejor conocidas, de la probabilidad y la estadística. En
primer lugar, porque son divertidas. Si aún no ha tenido ocasión de ver
las paradojas de Monty Hall y de Simpson, le puedo prometer que serán
una buena sesión de ejercicio para su cerebro. Y si en cambio piensa que
ya lo sabe todo al respecto, confío en que disfrutará contemplándolas a
través de la lente de la causalidad, que siempre lo transforma todo.

Ahora bien, no vamos a estudiar las paradojas solo porque sean
lúdicas y divertidas. Al igual que las ilusiones ópticas, también revelan
cómo funciona el cerebro, qué atajos toma, dónde encuentra problemas. Las paradojas causales dirigen el foco sobre patrones de razonamiento causal intuitivo que chocan con la lógica de la probabilidad y la
estadística. A los estadísticos les han supuesto muchos problemas —y
como veremos, no se han equivocado poco—, lo que es una adverten-

cia de que algo falla cuando renunciamos a contemplar el mundo con la lente causal.

La paradoja de Monty Hall

A finales de la década de 1980, una periodista llamada Marilyn vos Savant empezó a publicar una columna regular en la revista *Parade*, suplemento dominical de muchas cabeceras de prensa de Estados Unidos. Su columna, «Ask Marilyn», se sigue publicando en nuestros días, e incluye las respuestas de la autora a diversos enigmas, rompecabezas y dudas científicas enviadas por los lectores. La revista la publicitaba como «la mujer más inteligente del mundo», lo que sin duda incitaba a los lectores a buscar preguntas que le provocaran un tropiezo.

Entre todas las preguntas que ha respondido hasta hoy, ninguna ha creado más furor que la siguiente, que apareció en una columna de septiembre de 1990: «Imagine que está en un concurso de televisión y se le da la posibilidad de elegir entre tres puertas. Detrás de una hay un coche, detrás de las otras, cabras. Elige una puerta (la primera, por ejemplo) y el presentador, que está al corriente de qué hay detrás de cada puerta, abre otra (la tercera, supongamos) y aparece una cabra. El presentador le ofrece cambiar de puerta y optar por la segunda. ¿Le conviene cambiar de decisión?».

Los lectores estadounidenses reconocieron al instante que la pregunta se basaba en un popular programa real, *Let's Make a Deal*,* cuyo presentador, Monty Hall, solía plantear a los concursantes precisamente esta clase de juego mental. En su respuesta, Vos Savant afirmaba que lo más conveniente era cambiar de puerta. Si no se modificaba la decisión inicial, solo se tenía un tercio de probabilidades de ganar el coche; en cambio si se cambiaba de puerta las probabilidades se duplicaban, llegando a los dos tercios.

Ni siquiera la mujer más inteligente del mundo podría haber predicho lo que sucedió a continuación. Durante varios meses estuvo recibiendo cartas de los lectores, más de 10.000 en total, en su mayoría en desacuerdo con su contestación; muchas eran de personas que afirmaban haberse doctorado en matemáticas o estadística. Bastará una pe-

---

* «¡Hagamos un trato!». (*N. del t.*)

queña muestra de los comentarios de estos representantes del mundo académico: «¡La has pifiado, pero pifiado de verdad!» (Scott Smith, doctor); «¿Me permite la sugerencia de que se compre y consulte un manual de probabilidades antes de volver a intentar responder una pregunta de este tipo?» (Charles Reid, doctor); «¡Qué metedura de pata!» (Robert Sachs, doctor); y «Está usted absolutamente equivocada» (Ray Bobo, doctor). En general, los críticos aseveraban que el hecho de cambiar de puerta carecía de cualquier importancia: solo quedan dos puertas por abrir, y la primera puerta se ha elegido totalmente al azar, con lo que la probabilidad de que el coche esté detrás de la puerta escogida será siempre del 50 %, cambiemos o no.

¿Quién acertaba? ¿Quién se equivocaba? Y ¿por qué el problema se trató con tanta visceralidad? Vale la pena considerar con atención las tres preguntas.

Primero examinemos qué hizo Vos Savant para resolver el enigma. Su solución es en verdad asombrosa, por su simplicidad, y más convincente que las que he podido leer en muchos manuales. Hizo una lista (Tabla 6.1) con las tres disposiciones posibles de puertas y cabras, junto con el resultado correspondiente a las dos estrategias posibles «cambiar de puerta» y «no cambiar». En los tres casos, suponemos que uno elige la Puerta 1. Dado que (inicialmente) las tres posibilidades incluidas son igual de probables, la probabilidad de ganar el coche si se cambia de puerta es de dos tercios, mientras que la probabilidad de ganar sin modificar la puerta es de tan solo un tercio. Fijémonos en que la tabla de Vos Savant no indica explícitamente qué puerta abría el presentador; es una información ya implícita en las columnas 4 y 5. Por ejemplo, en la segunda fila, hay que pensar que Monty Hall tenía que abrir la Puerta 3; cambiar de decisión nos lleva a la Puerta 2, el coche. En la primera fila, a su vez, el presentador podía abrir tanto la Puerta 2 como la 3, pero la columna 4 ya nos indica, acertadamente, que si cambiamos perderemos el coche.

TABLA 6.1. Las tres disposiciones posibles de las cabras y el coche en *Let's Make a Deal* muestran que cambiar de puerta es el doble de atractivo que no hacerlo.

Puerta 1	Puerta 2	Puerta 3	Resultado si se cambia de puerta	Resultado si no se cambia
Coche	Cabra	Cabra	Perdemos	Ganamos
Cabra	Coche	Cabra	Ganamos	Perdemos
Cabra	Cabra	Coche	Ganamos	Perdemos

Incluso hoy, muchas personas, cuando se les plantea el enigma por vez primera, no acaban de creerse el resultado. ¿Por qué? ¿Qué nervio intuitivo se nos está alterando aquí? Quizá haya 10.000 razones distintas, una para cada lector, pero la que a mí me resulta más convincente es esta: la solución de Vos Savant parece obligarnos a creer en la telepatía mental. Si me conviene cambiar de puerta, independientemente de cuál hubiera elegido al principio, ¿significa eso que los productores me pueden leer el pensamiento? De no ser así, ¿cómo consiguen situar el coche de forma que lo más probable es que esté en una puerta que yo no había escogido?

La clave para resolver esta paradoja es que debemos tomar en cuenta no solo los datos (es decir, que el presentador haya abierto una puerta en concreto) sino también el proceso que genera los datos o, en otras palabras: las reglas del juego. Nos pueden contar cosas sobre los datos que se podrían haber observado, pero no se han llegado a observar. No es de extrañar que el rompecabezas resultara especialmente esquivo a los estadísticos, que están acostumbrados a la «reducción de datos» (por recuperar las palabras de R. A. Fisher en 1922) y hacer caso omiso del proceso de generación.

Para los que se inician, probemos a cambiar un poco las reglas del juego, a ver cómo afecta eso a nuestra conclusión. Imaginemos que participamos en un concurso alternativo, un *Let's Fake a Deal* («¡Agüemos el trato!»). Aquí Monty Hall abre una de las dos puertas que no hemos elegido pero, en este caso, completamente al azar. Esto comporta en particular que podría abrir (y descartar con ello) la puerta que ocultaba el coche. ¡Mala suerte!

Como antes, supondremos que elegimos inicialmente la Puerta 1. El presentador, de nuevo, abre la Puerta 3, desvelando una cabra, y ofrece la opción de cambiar. ¿Deberíamos aceptar? Veremos que, con las reglas nuevas, aunque el escenario es idéntico, sin embargo ahora no ganamos nada al cambiar.

Para comprobarlo, creemos una tabla como la anterior. Ahora hay dos sucesos que son aleatorios e independientes: la situación del coche (tres posibilidades) y la puerta que Monty Hall decide abrir (dos posibilidades). Así pues, la tabla tendrá que incluir seis hileras, todas ellas igual de probables porque los sucesos son independientes.

Pues bien, ¿qué sucede si Monty Hall abre la Puerta 3 y sale una cabra? Según esta información, nos encontramos por fuerza en las hileras 2 o 4 de la tabla. Si nos centramos en ellas, veremos que la estrate-

TABLA 6.2. Posibilidades de *Let's Fake a Deal*.

Elección inicial	Puerta del coche	El presentador abre...	Resultado si se cambia	Resultado si no se cambia
1	1	2 (cabra)	Perdemos	Ganamos
1	1	3 (cabra)	Perdemos	Ganamos
1	2	2 (coche)	Perdemos	Perdemos
1	2	3 (cabra)	Ganamos	Perdemos
1	3	2 (cabra)	Ganamos	Perdemos
1	3	3 (coche)	Perdemos	Perdemos

gia de cambiar ya no representa ninguna ventaja; en cualquiera de los casos, la probabilidad de ganar es de uno entre dos. En *Let's Fake a Deal*, ¡los críticos de Marilyn vos Savant habrían acertado! En uno y otro concurso, los datos son los mismos. La conclusión es bastante simple: la forma en que obtenemos la información no es menos importante que la información en sí.

Recurramos a nuestro truco favorito y dibujemos un diagrama causal, que ilustrará de inmediato en qué difieren los dos juegos. El primero, la Figura 6.1, es un diagrama para el concurso real, *Let's Make a Deal*, en el que Monty Hall tiene que abrir una puerta que no contenga el coche. La ausencia de flecha entre Nuestra puerta y Puerta del coche significa que nuestra decisión como concursantes, de abrir una puerta u otra, y la decisión de los productores, de situar el coche aquí o allá, son independientes. Esto comporta que descartamos explícitamente la posibilidad de que los productores puedan leernos la mente (¡o nosotros la de ellos!). Aún más importantes son las dos flechas presentes en el diagrama. Esto indica que toda Puerta abierta se ve afectada por ambas decisiones, la propia y la de los productores. Es así

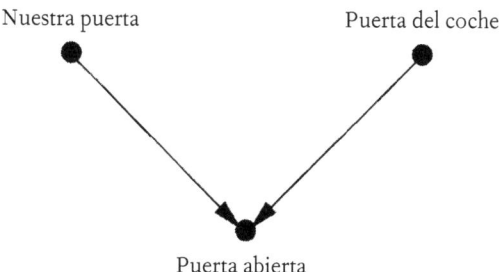

FIGURA 6.1. Diagrama causal para *Let's Make a Deal*.

porque Monty Hall tiene que decantarse por una puerta que sea distinta tanto de Nuestra puerta como de Puerta del coche; tiene que tomar en cuenta los dos factores.

Como se puede ver en la Figura 6.1, Puerta abierta es un colisionador. Una vez que obtenemos información sobre esta variable, todas las probabilidades quedan condicionadas a esta información. Pero si condicionamos a un colisionador, creamos una dependencia espuria entre los padres. Las probabilidades confirman la dependencia: si elegimos la Puerta 1, es el doble de probable que el coche esté detrás de la Puerta 2, en comparación con la 1; y si elegimos la Puerta 2, es el doble de probable que el coche esté detrás de la Puerta 1.

Es una dependencia extraña, desde luego, de una clase a la que la mayoría no estamos acostumbrados. Es una dependencia sin causa. No implica una comunicación material entre los productores y nosotros. No implica telepatía. Es el producto puro del condicionamiento bayesiano: una transferencia mágica de información, sin causalidad. El pensamiento se nos rebela frente a esta posibilidad porque, desde la más temprana infancia, hemos aprendido a asociar correlación y causalidad. Si por detrás de nosotros, un coche gira en la misma calle que nosotros, lo primero que pensamos es que nos está siguiendo (¡causalidad!). Lo segundo que pensamos es que vamos al mismo lugar (es decir, que hay una causa común al giro de los dos). Pero la correlación sin causa choca con nuestro sentido común. Así pues, la paradoja de Monty Hall es como una ilusión óptica o un truco de mago: usa nuestra propia maquinaria cognitiva para engañarnos.

¿Por qué digo que el hecho de que Monty Hall abra la Puerta 3 es una «transferencia de información»? A fin de cuentas, no incluía prueba alguna de si la elección inicial de la Puerta 1 era correcta. De entrada sabíamos que el presentador abriría una puerta con una cabra, y así ha sucedido. Nadie nos pide que modifiquemos nuestras creencias por el hecho de ver algo que era inevitable... Así pues, ¿cómo puede ser que la creencia en la Puerta 2 haya ascendido de 1/3 a 2/3?

La respuesta es que Monty no podía abrir la Puerta 1, después de que la eligiéramos; pero sí podía haber abierto la Puerta 2. El hecho de que no la abra convierte en más probable que abriera la Puerta 3 porque no le quedaba otro remedio; la evidencia de que el coche está detrás de la Puerta 2 es ahora mayor que antes. Este es un tema general del análisis bayesiano: cualquier hipótesis que haya sobrevivido a una prueba que amenaza su validez se vuelve más probable. Cuanto mayor sea la amenaza, más probable resulta después de sobrevivir. La Puerta 2 era vulnerable a una refutación (es decir, Monty la podía haber abierto), pero la Puerta 1, no. En consecuencia, la probabilidad de que el coche esté detrás de la Puerta 1 sigue siendo de uno entre tres.

Comparemos ahora la Figura 6.1 con la Figura 6.2, el diagrama causal de *Let's Fake a Deal*, el concurso imaginario en el que Monty Hall elige una puerta distinta de la que escoge el concursante, pero totalmente al azar. Este diagrama sigue incluyendo una flecha que va de Nuestra puerta a Puerta abierta, porque el presentador tiene que asegurarse de abrir una puerta distinta a la nuestra. Sin embargo, la flecha que iba de Puerta del coche a Puerta abierta deja de existir, porque ya no importa dónde está el codiciado premio. En este diagrama, condicionar a Puerta abierta carece por completo de efecto; Nuestra puerta y Puerta del coche eran de entrada independientes, y seguirán siendo independientes después de que veamos qué ocultaba la puerta de Monty. En *Let's Fake a Deal*, es igual de probable que el coche esté detrás de Nuestra puerta o detrás de cualquier otra, como se ha mostrado también en la Tabla 6.2.

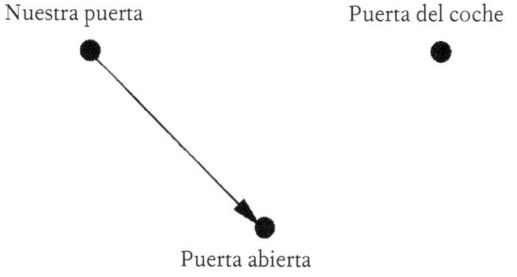

FIGURA 6.2. Diagrama causal para *Let's Fake a Deal*.

Desde el punto de vista bayesiano, la diferencia entre los dos concursos es que en *Let's Fake a Deal*, la Puerta 1 es vulnerable a la refutación. Monty Hall podría haber abierto la Puerta 3 y haber desvelado el coche, lo que habría demostrado que nuestra elección era equivocada. Como Nuestra puerta y la Puerta 2 son igual de vulnerables a la refutación, siguen teniendo las mismas probabilidades.

Aunque el análisis es puramente cualitativo, se puede hacer que sea cuantitativo por medio del teorema de Bayes o bien pensando en los diagramas como una simple red bayesiana. Al hacerlo así situamos este problema en el marco unificador que utilizamos para pensar en otros problemas. No hace falta que inventemos un método para resolver el enigma; el modelo de propagación de creencias que se describía en el capítulo 3 nos dará la respuesta correcta: $P\,(Puerta\ 2) = 2\,/\,3$ para *Let's Make a Deal*, y $P\,(Puerta\ 2) = 1\,/\,2$ para *Let's Fake a Deal*.

Fijémonos ahora en que, en realidad, he ofrecido dos explicaciones para la paradoja de Monty Hall. La primera utiliza el razonamiento causal para explicar por qué observamos una dependencia espuria entre Nuestra puerta y Puerta del coche; la segunda usa el razonamiento bayesiano para explicar por qué en *Let's Make a Deal* la probabilidad de la Puerta 2 aumenta. Cada explicación posee un valor propio. La bayesiana da cuenta del fenómeno, pero no de por qué nos resulta tan paradójico. A mi modo de ver, para resolver de verdad una paradoja hay que explicar en primer lugar por qué la vemos como tal paradoja. ¿Por qué los lectores de la columna de Vos Savant estaban tan convencidos de que la periodista se equivocaba? No fueron únicamente los sabelotodo. Paul Erdős, uno de los matemáticos más brillantes de los tiempos modernos, tampoco dio crédito a la solución hasta que una simulación informática le mostró que cambiar de puerta era en efecto beneficioso. ¿Qué deficiencia profunda en nuestra concepción intuitiva del mundo revela esto?

«Para empezar, la estructura del cerebro no es la más adecuada para los problemas de probabilidades, así que no me sorprende que hubiera errores», dijo en 1991 Persi Diaconis, un estadístico de la Universidad de Stanford, en una entrevista del *New York Times*. De acuerdo, pero esto no es todo. La estructura cerebral no es la más idónea para los problemas probabilísticos, pero sí para los problemas causales. Y estas conexiones causales producen errores sistemáticos —como ilusiones ópticas— en los cálculos de probabilidad. Como no existe una conexión causal entre Nuestra puerta y Puerta del coche, ni directamente ni por medio de una causa común, nos resulta del todo incomprensible que haya una asociación probabilística. Nuestro cerebro no está preparado para aceptar correlaciones sin causa y por lo tanto necesitamos un aprendizaje especial —mediante ejemplos como la paradoja de Monty Hall o los analizados en el capítulo 3— para identificar situaciones en las que aquellas puedan surgir. Hay que modificar esa «estructura del cerebro» para que reconozca los colisionadores, y a partir de entonces, la paradoja dejará de confundirnos.

MÁS SESGO DE COLISIÓN: LA PARADOJA DE BERKSON

En 1946, Joseph Berkson, bioestadístico de la Clínica Mayo, llamó la atención sobre una peculiaridad de los estudios observacionales realizados en entornos hospitalarios: aunque dos enfermedades carezcan de relación mutua en la población en general, sin embargo entre los pacientes de un hospital puede parecer que están asociadas.

Para entender este comentario de Berkson empecemos con un diagrama causal (Figura 6.3). También nos resultará útil imaginar una posibilidad muy extrema: ni la Enfermedad 1 ni la Enfermedad 2 suelen poseer una gravedad que requiera hospitalización, pero cuando se combinan, la situación sí es grave. En este caso, esperaríamos que entre la población hospitalizada la Enfermedad 1 estuviera muy correlacionada con la Enfermedad 2.

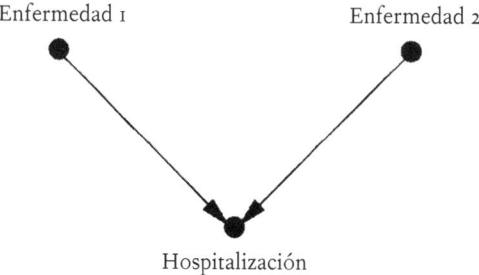

FIGURA 6.3. Diagrama causal para la paradoja de Berkson.

Cuando se realiza un estudio sobre pacientes hospitalizados, introducimos un control para Hospitalización. Como sabemos, condicionar a un colisionador crea una asociación espuria entre Enfermedad 1 y Enfermedad 2. En muchos ejemplos anteriores la asociación era negativa por el efecto de justificación, pero aquí es positiva porque para que se produzca una hospitalización tienen que estar presentes las dos dolencias (no solo una).

Sin embargo, durante mucho tiempo los epidemiólogos se negaron a creer en esta posibilidad. Aún no se la creían en 1979, cuando David Sackett, de la Universidad McMaster, un experto en toda clase de sesgos estadísticos, aportó pruebas claras de que la paradoja de Berkson es real. En un ejemplo (véase la Tabla 6.3) estudió dos grupos de enfermedades: respiratorias y óseas. Cerca del 7,5 % de la población general padece una enfermedad ósea, un porcentaje que es independiente del hecho de tener o no una enfermedad respiratoria. En cambio, entre la población hospitalizada con enfermedad respiratoria, la frecuencia de la enfermedad ósea se dispara hasta el ¡25 %! Sackett denominó el fenómeno «sesgo de la tasa de ingreso» o «sesgo de Berkson».

TABLA 6.3. Datos de Sackett para ilustrar la paradoja de Berkson.

	Población en general			Hospitalizados en los últimos seis meses		
¿Enfermedad respiratoria? ↓	*¿Enfermedad ósea?* ↓			*¿Enfermedad ósea?* ↓		
	Sí	No	% Sí	Sí	No	% Sí
Sí	17	207	7,6	5	15	25,0
No (control)	184	2.376	7,2	18	219	7,6

Sackett reconoce que el efecto no se puede atribuir totalmente al sesgo de Berkson porque podrían existir también factores de confusión. El debate, en cierta medida, sigue abierto. Sin embargo, a diferencia de lo que ocurría en 1946 o 1979, ahora los estudiosos de la epidemiología entienden los diagramas causales y los sesgos que entrañan. Ahora pues el debate se centra en cuestiones más precisas: hasta dónde puede llegar el sesgo, si es lo bastante grande para observarse en diagramas causales junto con otras variables. ¡Es un avance!

Las correlaciones inducidas por colisionadores no son nuevas. Se han encontrado en un estudio de hace más de un siglo, del economista inglés Arthur Cecil Pigou, que comparó en 1911 hijos de padres alcohólicos y no alcohólicos. También aparecen (aunque no por tal nombre) en obras de Barbara Burks (1926), Herbert Simon (1954) y por descontado Berkson. No son algo tan singular como mis ejemplos podrían sugerir. Pruebe este experimento: lance un centenar de veces dos monedas al aire, simultáneamente, y apunte el resultado solo cuando en al menos una de ellas salga cara. Cuando examine la tabla —que probablemente contendrá en torno a las setenta y cinco anotaciones— verá que los resultados de los dos lanzamientos simultáneos no son independientes. Cada vez que en la Moneda 1 ha salido cruz, en la Moneda 2 ha salido cara. ¿Cómo puede ser? ¿Las monedas se han comunicado entre sí, de alguna manera, a la velocidad de la luz? Obviamente, no. En realidad, hemos condicionado a un colisionador, al censurar todos los resultados cruz-cruz.

En *The Direction of Time*, una obra póstuma, publicada en 1956, el filósofo Hans Reichenbach planteó una conjetura atrevida: el «principio de la causa común». Impugnó el adagio según el cual la correlación no implica causación y postuló una idea mucho más poderosa: «No hay correlación sin causación». Con ello quería decir que una correlación entre dos variables X e Y no puede producirse por accidente. O bien una variable causa la otra o bien una tercera variable (llamémosla Z) las precede y causa a las dos.

Nuestro sencillo experimento del cara o cruz demuestra que la afirmación de Reichenbach era demasiado contundente, porque no acierta a explicar el proceso por el que se seleccionan las observaciones. No había causa común en el resultado de las dos monedas, y ninguna moneda comunicaba su resultado a la otra. Sin embargo, en nuestra lista se constata la correlación. El error de Reichenbach radica en no haber tomado en cuenta las estructuras de colisión: qué estructura hay por detrás de la selección de datos. Es un error especialmente esclarecedor porque señala cuál es la deficiencia exacta del modo en que nuestro cerebro se articula. Vivimos nuestras vidas como si el principio de la causa común fuera cierto. Cada vez que vemos un patrón, buscamos una explicación causal. De hecho, tenemos ansia de tales aclaraciones, como mecanismos estables que se encuentran fuera de los datos. La clase de explicación más satisfactoria es la causalidad directa: X causa Y. Cuando esto falla, por lo general nos satisface encontrar una causa común de X e Y. En comparación, las colisiones son demasiado etéreas para satisfacer nuestro apetito causal. Seguimos deseando conocer el mecanismo por el que las dos monedas coordinan su conducta. La respuesta es una sonora decepción: no se comunican en absoluto. La correlación que hemos observado es, en el sentido más puro y literal de la palabra, una ilusión. Es un engaño, o mejor dicho quizá un autoengaño: un engaño que nos imponemos a nosotros mismos al elegir qué sucesos incluiremos en nuestro conjunto de datos y cuáles descartaremos. Es importante darse cuenta de que no siempre somos conscientes de que hemos tomado una decisión así, y esta es una de las razones por las que quien no actúa con prudencia puede tropezar fácilmente con el sesgo de colisión. En el experimento de las dos monedas, la decisión era consciente: yo pedí que no se tomaran en cuenta las tiradas con dos cruces. Pero en una multitud de ocasiones no somos conscientes de haber tomado una decisión, o alguien decide por nosotros. En la paradoja de Monty Hall, el presentador abre una puerta por nosotros. En la paradoja de Berkson, un investigador incauto podría centrarse en los pacientes hospitalizados, por la mayor conveniencia, sin caer en la cuenta de que así estaría sesgando el estudio.

El prisma distorsionador de los colisionadores está igual de extendido en la vida diaria. Como se ha preguntado Jordan Ellenberg en *How Not to Be Wrong*, ¿se ha dado cuenta de que, entre las personas con las que sale, las más atractivas tienden a ser las más idiotas? En vez de intentar armar una complicada teoría psicosocial, sopesemos una explicación simple. Cuando nos planteamos salir con alguien, partimos de dos factores: el atractivo y la personalidad. Podemos probar suerte con una persona atractiva y mezquina o una persona agradable y fea, y por descontado lo intentaremos con una persona atractiva y agradable; pero a una persona mezquina y fea no le daremos la oportunidad. Ocurre lo mismo que con el ejemplo de las dos monedas, cuando descartábamos los resultados de doble cruz. Esto crea una correlación negativa espuria entre el atractivo y la personalidad. La triste verdad es que las personas feas son igual de mezquinas que las atractivas, pero no tendremos ocasión de comprobarlo porque nunca quedaremos con alguien que nos disguste por su físico y por su personalidad.

La paradoja de Simpson

Ahora que ya sabemos que los productores de televisión no tienen capacidades telepáticas y que las monedas no se comunican entre sí, ¿qué otro mito podríamos reventar? Propongo que empecemos por el mito del fármaco malo/malo/bueno (MMB).

Imaginemos un médico —al que llamaremos doctor Simpson— que está leyendo en su despacho un artículo sobre un fármaco novedoso y prometedor (el Fármaco *F*) que parece reducir el riesgo de sufrir ataques al corazón. Emocionado, busca los datos del estudio, que están disponibles en línea. Le cae encima un primer jarro de agua fría cuando se fija en los datos de los pacientes varones y observa que, de hecho, el riesgo de sufrir un infarto es mayor si toman el Fármaco *F*. «¡Vaya! —dice el doctor Simpson—. Entonces es que resultará sumamente efectivo para las mujeres».

No obstante, cuando pasa a la segunda tabla la decepción se transforma en desconcierto. «Pero ¿esto qué es? Aquí dice que a las mujeres que tomaron el Fármaco F también les aumentaba el riesgo de sufrir un infarto. ¿Estoy perdiendo la cabeza? Este medicamento parece ser malo para las mujeres, malo para los hombres... pero bueno para la gente».

¿Usted también ha quedado perplejo? Sepa que no está solo, ni mucho menos. Esta paradoja, descubierta por un Simpson real —el estadístico Edward Simpson— en 1951, lleva más de sesenta años desconcertando a los expertos de este campo; y aún no les ha quedado clara. Incluso en 2016, mientras yo escribía estas páginas, vieron la luz cuatro nuevos textos (uno de ellos, toda una disertación doctoral) que intentaban explicar la paradoja de Simpson desde cuatro puntos de vista diferentes.

En 1983 Melvin Novick escribió: «La respuesta parecería ser que, cuando sabemos a qué género pertenece el paciente, si es un varón o una mujer, no usaremos el tratamiento; pero si desconocemos el género, entonces deberíamos usarlo. Es una conclusión a todas luces ridícula». No puedo estar más de acuerdo. Resulta ridículo que un medicamento sea malo para los hombres y malo para las mujeres pero bueno para la gente. Así pues, una de las tres afirmaciones tiene que ser un error. ¿Cuál? ¿Y por qué? ¿Y cómo se ha podido generar toda esta confusión?

Para responder a estas preguntas, claro está, tendremos que examinar los datos (ficticios) que tanto desconcertaron al bueno del doctor Simpson. Era un estudio observacional, no aleatorizado, con sesenta hombres y sesenta mujeres. Esto significa que los propios pacientes decidían si tomarían o no el medicamento. La tabla 6.4 muestra, para cada género, cuántos recibieron el Fármaco F y a cuántos se les diagnosticó más adelante un ataque al corazón.

TABLA 6.4. Datos ficticios para ilustrar la paradoja de Simpson.

	Grupo de control (no toma el fármaco)		Grupo de tratamiento (toma el fármaco)	
	Infarto	Sin infarto	Infarto	Sin infarto
Mujer	1	19	3	37
Varón	12	28	8	12
Total	13	47	11	49

Déjenme hacer hincapié en dónde se encuentra la paradoja. Como podemos ver, en el grupo de control, un 5 % de las mujeres (una de cada veinte) sufrió luego un infarto, frente al 7,5 % de las pacientes que tomaron el medicamento. Así pues, el fármaco aumenta el riesgo de que las mujeres sufran un ataque al corazón. Entre los hombres, el 30 % del grupo de control padeció un infarto, frente al 40 % del grupo de tratamiento. El fármaco está asociado con un incremento en el riesgo coronario. El doctor Simpson estaba en lo cierto.

Pero ahora examinemos la última fila de la tabla. Entre el grupo de control, un 22 % sufrió un ataque al corazón, pero en el grupo de tratamiento fue solo un 18 %. Así que a juzgar por esta última hilera, el Fármaco F parece reducir el riesgo coronario en la población en su conjunto. ¡Bienvenidos al asombroso mundo de la paradoja de Simpson!

Durante casi veinte años he estado intentando convencer a la comunidad científica de que el desconcierto provocado por la paradoja de Simpson resulta de aplicar indebidamente los principios causales a las proporciones estadísticas. Si usamos la notación y los diagramas causales, podremos decidir de forma clara e inequívoca si el Fármaco F previene o bien causa ataques al corazón. En lo esencial, la paradoja de Simpson es un rompecabezas sobre los factores de confusión, que por lo tanto se puede resolver con los mismos métodos que usé para resolver este misterio. Curiosamente, de los cuatro artículos de 2016 que mencioné, tres continuaban resistiéndose a esta solución.

Todo intento de resolver una paradoja (más aún si hace décadas que se debate al respecto) debería cumplir algunos criterios básicos. En primer lugar, como decía ya en referencia a la paradoja de Monty Hall, habría que explicar por qué resulta sorprendente o increíble. En segundo lugar habría que identificar la clase de escenarios en los que la paradoja se puede producir. En tercer lugar debería informarnos sobre aquellos escenarios (si existen) en los que la paradoja no se podría dar. Y por último, cuando la paradoja se produce de hecho y nos toca decidir entre dos afirmaciones plausibles, pero contradictorias, debería indicarnos cuál es la aseveración correcta.

Comencemos por la pregunta de por qué la paradoja de Simpson es sorprendente. Para explicarlo deberíamos diferenciar entre dos cosas: la reversión de Simpson y la paradoja de Simpson.

La reversión de Simpson es un hecho puramente numérico: como se ha visto en la Tabla 6.4, es una reversión en frecuencia relativa de un suceso particular en dos o más muestras distintas al combinar las muestras. En nuestro ejemplo hemos visto que $3/40 > 1/20$ (las frecuencias de ataque al corazón en las mujeres que tomaban y no tomaban el Fármaco F) y que $8/20 > 12/40$ (las frecuencias, en los hombres). Pero cuando combinábamos hombres y mujeres, la desigualdad cambiaba de dirección: $(3 + 8)/(40 + 20) < (1 + 12)/(20 + 40)$. Si le parece que esta reversión es matemáticamente imposible, es probable que su reacción se base en aplicar o recordar mal determinadas propiedades de las fracciones. Al parecer muchas personas creen que si $A/B > a/b$ y $C/D > c/d$, entonces se sigue que $(A+C)/(B+D) > (a+c)/(b+d)$. Es sabiduría popular..., pero errónea. Como refutación basta el ejemplo con el que estamos trabajando.

La reversión de Simpson se puede encontrar también en conjuntos de datos del mundo real. Para los aficionados al béisbol, he aquí un ejemplo precioso, referido a dos estrellas de este deporte: David Justice y Derek Jeter. En 1995, Justice tuvo un porcentaje de bateo superior: 0,253, frente al 0,250 de Jeter. En 1996, Justice superó otra vez a Setter: 0,321 frente a 0,314. Y en 1997, el porcentaje de bateo de Justice volvió a ser mejor que el de Jeter, por tercera temporada consecutiva: 0,329 contra 0,291. Pero si se combinan las tres temporadas, ¡Jeter tiene un promedio mejor! La Tabla 6.5 muestra los cálculos, para los lectores que lo quieran verificar.

TABLA 6.5. Datos (no ficticios) para ilustrar la reversión de Simpson.

	Cantidad de hits/Tiempo al bate			
	1995	1996	1997	1995-1997
David Justice	104/411 = 0,253	45/140 = 0,321	163/495 = 0,329	312/1.046 = 0,298
Derek Jeter	12/48 = 0,250	183/582 = 0,314	190/654 = 0,291	385/1.284 = 0,300

¿Cómo puede ser que un jugador golpee peor que otro en 1995, 1996 y 1997, pero lo haya hecho mejor en el conjunto de las tres temporadas? Esta reversión parece calcada al problema del fármaco MMB. De hecho no es posible; el problema es que hemos usado una palabra excesivamente simple («mejor») para describir un proceso complejo de cálculo de promedios a lo largo de temporadas desiguales. Hay que fijarse en que el tiempo que el jugador ha pasado al bate en cada temporada (los denominadores de las fracciones) no se distribuye igualitariamente a lo largo de los años. Jeter tuvo muy pocos turnos al bate en 1995, por lo que el hecho de que su promedio de bateo de aquel año fuera relativamente bajo apenas tuvo efecto en el promedio conjunto. En cambio Justice pasó mucho tiempo al bate en su año menos productivo, 1995, y esto hizo que su promedio global menguara. En el momento en que uno se da cuenta que la categoría de «mejor bateador» no se define en una competición cara a cara, sino con una media ponderada que toma en consideración cuánto tiempo pasa cada jugador al bate, creo que la sorpresa empieza a desaparecer.

Sin duda, la reversión de Simpson resulta sorprendente para bastantes personas, también entre los aficionados al béisbol. Cada año tengo a algunos estudiantes que no se lo creen; solamente lo asimilan cuando vuelven a casa y trabajan con ejemplos como los dos que he mencionado aquí. Entonces pasa a integrarse en una comprensión nueva, algo más profunda, de cómo funcionan los números (en particular los agregados de población). Para mí la reversión de Simpson no es una paradoja porque requiere, a lo sumo, corregir una creencia errónea sobre el comportamiento de los promedios. Una paradoja es más que eso: debería implicar un conflicto entre dos convicciones firmes.

Para los profesionales de la estadística, que trabajan con números cada día de sus vidas, hay menos razones aún para considerar la reversión de Simpson como una paradoja. Una simple desigualdad aritmética nunca podría desconcertarlos y fascinarlos hasta el punto de seguir dedicándole artículos sesenta años más tarde.

Ahora volvamos a nuestro ejemplo principal, la paradoja del fármaco MMB. Ya he explicado por qué las tres afirmaciones «malo para los hombres», «malo para las mujeres» y «bueno para la gente», cuando se interpretan como un aumento o un decremento de las proporciones, no son matemáticamente contradictorias. Ahora bien, es posible que le siga pareciendo materialmente imposible. Un medicamento no puede hacer que suframos un ataque al corazón y al mismo tiempo impedir que lo padezcamos. Es una intuición universal que ya hemos desarrollado a los dos años, mucho antes de empezar a manejarnos con números y fracciones. Creo entonces que se aliviará al saber que no tiene que renunciar a esa intuición. El fármaco MMB no existe ni se podrá inventar nunca, y lo podemos demostrar matemáticamente.

La primera persona en llamar la atención sobre este principio intuitivamente obvio fue el estadístico Leonard Savage, que en 1954 se refirió a él como el «principio de lo seguro». Escribió:

> Un hombre de negocios sopesa comprar una determinada propiedad. Entiende que el resultado de las próximas elecciones a la presidencia será relevante. Así pues, para aclararse las ideas, se pregunta si compraría en el caso de saber que el candidato demócrata iba a imponerse, y se responde que sí. Considera igualmente si compraría de saber que iba a ganar el candidato republicano, y de nuevo constata que sí. Al ver que en cualquiera de los dos casos se decantaría por comprar, decide que debe adquirir la propiedad, aunque no sepa qué va a suceder en las elecciones. Puede resultar muy extraño basar una decisión en tal principio, pero... no se me ocurre ningún otro principio extralógico que rija las decisiones y goce de una aceptación tan inmediata.

La última afirmación de Savage es especialmente perspicaz, al caer el autor en la cuenta de que el «principio de lo seguro» es extralógico. De hecho, cuando se lo interpreta bien, no se basa en la lógica clásica, sino en la causal. También afirma que «no se [l]e ocurre ningún otro principio extralógico que... goce de una aceptación tan inmediata». Es evidente que ha hablado de todo ello con muchas personas que siempre consideraban que el razonamiento era del todo convincente.

Para conectar con nuestra conversación anterior este principio de lo seguro de Savage, imaginemos que en realidad hay que elegir entre dos propiedades, *A* y *B*. Si ganan los demócratas, el empresario tiene un 5 % de probabilidades de ganar 1 $ con la Propiedad *A* y un 8 % de ganar 1 $ con la Propiedad *B*. Así pues, *B* es preferible. Si ganan los republicanos tiene un 30 % de probabilidades de ganar 1 $ con la Propiedad *A* y un 40 % de ganar 1 $ con la Propiedad *B*. De nuevo, *B* es preferible a *A*. Pero el lector atento habrá percibido quizá que estas cantidades numéricas son las mismas del cuento del doctor Simpson, y por lo tanto esto podría indicar que decantarse por la Propiedad *B* tal vez resulte apresurado.

De hecho, este argumento tiene un defecto manifiesto. Si la adquisición de nuestro hombre de negocios pudiera afectar al resultado de las elecciones (por ejemplo, porque los medios de comunicación dieran cobertura a sus acciones), entonces le compensaría comprar la Propiedad *A*. El perjuicio de elegir al presidente equivocado puede tener más peso que el beneficio financiero que pudiera obtener de la transacción una vez elegido un presidente.

Para que el principio de lo seguro sea válido, debemos insistir en que la decisión del empresario no afectará al resultado de las urnas. Mientras esté seguro de que su adquisición no afectará a la probabilidad de una victoria demócrata o republicana, entonces puede seguir adelante y comprar la Propiedad *B*. En otro caso, es impredecible.

Fijémonos en que el ingrediente ausente (que Savage no tuvo el acierto de expresar explícitamente) es una premisa causal. Una versión corregida de su principio afirmaría: una acción que aumenta la probabilidad de determinado resultado, presuponiendo que el Hecho *C* ocurrirá o el Hecho *D* no ocurrirá, también incrementará su probabilidad si desconocemos si *C* ha ocurrido... con la condición de que la acción no modifique la probabilidad de *C*. En particular, no existe nada parecido a un fármaco MMB. Esta versión corregida del principio savagiano de lo seguro no se ajusta a la lógica clásica: para demostrarla, hace falta un cálculo causal que implica al operador *do*. La poderosa creencia intuitiva de que un fármaco MMB es imposible sugiere que a veces las personas (y también las máquinas programadas para emular el pensamiento humano) utilizamos algo parecido al operador *do* para guiar nuestra intuición.

Según la versión corregida del principio de lo seguro, una de las tres afirmaciones siguientes tiene que ser falsa: el Fármaco *F* aumenta la probabilidad de sufrir un ataque al corazón en hombres y mujeres; el Fármaco *F* reduce la probabilidad de padecer un infarto en la población en su conjunto; el fármaco no modifica la cantidad de hombres y mujeres. Como es muy poco plausible que un medicamento vaya a cambiar el sexo de un paciente, una de las dos primeras aseveraciones tiene que ser falsa.

¿Cuál es errónea? En la Tabla 6.4 buscaremos la respuesta en vano. Para conocer la contestación tenemos que ir más allá de los datos y fijarnos en el proceso de generación de esos datos. Como siempre, resulta prácticamente imposible analizar ese proceso sin un diagrama causal.

El diagrama de la Figura 6.4 codifica la información crucial de que el género no se ve afectado por el medicamento, así como la información de que el género afecta el riesgo de padecer un ataque al corazón (este riesgo es superior entre los hombres) y la de si el paciente elige tomar el Fármaco *F*. En el estudio las mujeres mostraron una tendencia clara a tomar el Fármaco *F* y los hombres, en cambio, una preferencia por no tomarlo. Así pues, el Género actúa como factor de confusión del Fármaco y el Ataque al corazón. Para calcular sin sesgos el efecto del

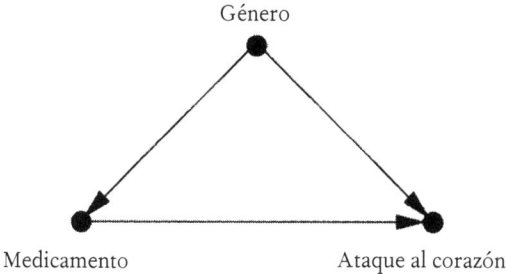

FIGURA 6.4. Diagrama causal para el ejemplo de la paradoja de Simpson.

Fármaco sobre el Ataque al corazón hay que introducir un ajuste para el factor de confusión. Podemos hacerlo examinando por separado los datos de hombres y de mujeres y luego calculando el promedio:

- Para las mujeres, la tasa de ataques al corazón era del 5 % sin el Fármaco F y el 7,5 % con el Fármaco F.
- Para los hombres, la tasa de ataques al corazón era del 30 % sin el Fármaco F y el 40 % al tomarlo.
- Si sacamos el promedio (porque en la población en general, hombres y mujeres son igual de frecuentes), la tasa de ataques al corazón sin el Fármaco F es del 17,5 % (media de 5 y 30) y si se toma el Fármaco F asciende al 23,75 % (media de 7,5 y 40).

Esta la respuesta que buscamos, clara y sin ambigüedad. El Fármaco F no es MMB, sino MMM: malo para las mujeres, malo para los hombres, malo para la gente.

No quisiera que la lectora o el lector se llevaran la impresión de que agregar datos es siempre un error o que separarlos es siempre un acierto. Depende del proceso que haya generado esos datos. En la paradoja de Monty Hall hemos visto que cambiar las reglas del juego también cambiaba la conclusión. Aquí interviene el mismo principio. Recurriré a otra historia para mostrar cuándo sería más adecuado agregar los datos. Aunque los datos serán exactamente los mismos, el papel de la «tercera variable agazapada» será distinto, y también lo será la conclusión.

Empecemos suponiendo que sabemos que la presión sanguínea es una posible causa de ataques al corazón, y que se cree que el Fármaco P reduce la presión sanguínea. Como es natural, los investigadores que desarrollan este medicamento querían ver si también reduciría el riesgo de ataques al corazón, por lo que midieron la presión sanguínea de los pacientes después de recibir el tratamiento y anotaron si sufrieron algún infarto.

La Tabla 6.6 recoge los datos del estudio del Fármaco *P*. Si le suenan de algo, son exactamente las mismas cifras que en la Tabla 6.4. ¡Pero la conclusión es exactamente la contraria! Como se puede observar, tomar el Fármaco *P* ha servido para bajar la presión: entre quienes lo tomaron, los que luego tenían la presión baja eran el doble que antes (eran cuarenta del total de sesenta, frente a los veinte de sesenta del grupo de control). En otras palabras, nuestro medicamento hizo ni más ni menos lo que se espera que haga esta clase de medicamentos de prevención coronaria: hizo que una parte de las personas que estaban en situación de mayor riesgo pasaran a la categoría de menor riesgo. Este factor tiene más peso que ningún otro y está justificado concluir que la parte agregada de la Tabla 6.6 nos indica el resultado correcto.

Tabla 6.6. Datos ficticios para el ejemplo de la presión sanguínea.

	Grupo de control (no toma el fármaco)		Grupo de tratamiento (toma el fármaco)	
	Infarto	Sin infarto	Infarto	Sin infarto
Presión sanguínea baja	1	19	3	37
Presión sanguínea alta	12	28	8	12
Total	13	47	11	49

Como de costumbre, un diagrama causal lo aclarará todo y nos permitirá derivar el resultado mecánicamente, sin tener que pensar en los datos o en si el medicamento reduce o eleva la presión. En este caso la «tercera variable agazapada» es la presión sanguínea, y el diagrama se parece a la Figura 6.5. Aquí la Presión, más que un factor de confusión, es un mediador. Un vistazo al diagrama revela de entrada que no hay factor de confusión para la relación Fármaco → Ataque al corazón (es decir, no hay camino de puerta trasera), con lo que no resulta necesario estratificar los datos. De hecho, condicionar a la Presión sanguínea anularía uno de los caminos causales (quizá el central) de acción del medicamento. Por estas dos razones, la conclusión es exactamente la contraria que en el Fármaco *F*: el Fármaco *P* funciona, y los datos agregados lo ponen de manifiesto.

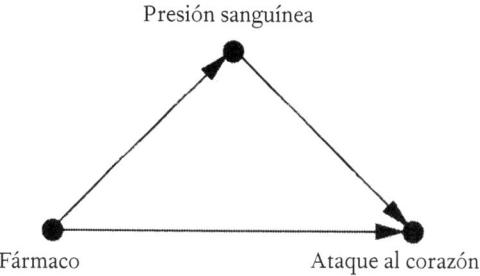

FIGURA 6.5. Diagrama causal para el ejemplo de la paradoja de Simpson (segunda versión).

Desde un punto de vista histórico, vale la pena observar que Simpson, en el artículo de 1951 que inició todo el jaleo, hizo exactamente lo mismo que yo acabo de hacer: presentó dos historias con datos idénticos. En un ejemplo estaba intuitivamente claro que agregar los datos era, por decirlo con sus propias palabras, «la interpretación razonable»; en el otro ejemplo lo razonable era separar los datos. Así pues, Simpson entendió que había una paradoja, no solo una reversión. Sin embargo, no sugirió resolver la paradoja más que con el sentido común. Lo que es más importante aún: no sugirió que, si una historia contiene una información adicional que supone la diferencia entre lo «razonable» y lo «no razonable», tal vez los estadísticos deberían incluir esa información adicional en su análisis.

Dennis Lindley y Melvin Novick tomaron en cuenta esta sugerencia en 1981, pero no lograron reconciliarse con la idea de que la decisión correcta no depende de los datos, sino de un relato causal. Confesaron: «Una posibilidad sería usar el lenguaje de la causalidad... Hemos elegido no hacerlo, no analizar la causalidad porque el concepto, aunque se utiliza mucho, no parece estar bien definido». Estas palabras compendian la frustración de cinco generaciones de estadísticos: admitir que la información causal es muy necesaria, y constatar que se carece de un lenguaje que la pueda expresar. En 2009, cuatro años antes de morir a la edad de noventa, Lindley me confió que, de haber dispuesto de mi libro *Causality* en 1981, no habría escrito tales palabras.

Algunos lectores de mis libros y artículos han sugerido que la regla que gobierna la separación o agregación de datos se basa sencillamente en la precedencia temporal del tratamiento y la «tercera variable agazapada». Aducen que en el caso de la presión sanguínea debemos agregar los datos porque la medición de la presión es posterior a la ingesta del medicamento; pero que en el caso del género hay que estratificar los datos porque este se determina antes de que el paciente se tome el fármaco. Aunque esta regla funciona en una gran cantidad de casos, no es infalible. Un caso simple es el del sesgo M (Juego 4 del capítulo 4). Aquí B puede preceder a X; aun así, no por ello debemos condicionar a B, porque esto violaría el criterio de la puerta trasera. En suma: hay que consultar la información causal de la narración, no la información temporal.

Por último, quizá se esté preguntando si la paradoja de Simpson se produce en el mundo real. La respuesta es: sí. Desde luego no es tan común como para que los estadísticos se la encuentren día sí, día también; pero tampoco es completamente desconocida y es probable que ocurra más a menudo de lo que se recoge en los artículos de revistas. He aquí dos casos documentados:

- En un estudio observacional publicado en 1996, la cirugía abierta para eliminar cálculos en el riñón tenía una tasa de éxito superior a la de la cirugía endoscópica, para los cálculos pequeños. Para los cálculos grandes, la tasa de éxito también era superior. Pero en el conjunto, la tasa de éxito de la cirugía abierta era inferior. Igual que en nuestro primer ejemplo, en este caso la elección del tratamiento estaba relacionada con la gravedad de los pacientes: era más probable que los cálculos renales mayores se solucionaran con cirugía abierta, y su pronóstico también era peor.

- En un estudio sobre enfermedades tiroideas, publicado en 1995, los fumadores tenían un índice de supervivencia superior (76 %), para un período de veinte años, que los no fumadores (69 %). Sin embargo, los no fumadores tenían un índice de supervivencia más alto en seis de los siete grupos de edad, y en el séptimo, la diferencia era mínima. Resultaba obvio que la edad estaba actuando como factor de confusión de Fumar y Supervivencia, ya que los fumadores, en promedio, eran más jóvenes que los no fumadores (quizá porque los fumadores más viejos ya habían muerto). Al estratificar los datos por edades se concluye que fumar tiene un impacto negativo en la supervivencia.

Como la paradoja de Simpson se ha entendido tan mal, algunos estadísticos toman precauciones para evitarla. Demasiado a menudo, estos métodos evitan el síntoma —la reversión de Simpson— sin actuar sobre la enfermedad: el factor de confusión. Pero no se trata de ocultar los síntomas, sino de prestarles atención. La paradoja de Simpson nos alerta de aquellos casos en los que al menos una de las tendencias estadísticas (ya sea en los datos agregados, los separados o ambos) no puede representar los efectos causales. Hay, por descontado, otros signos de aviso al respecto de la confusión. La estimación agregada del efecto causal, por ejemplo, podría ser mayor que cada una de las estimaciones de cada uno de los estratos; esto, a su vez, no debería ocurrir si introducimos los controles adecuados para los factores de confusión. En comparación con tales signos, no obstante, es más difícil ignorar la reversión de Simpson precisamente porque es una reversión: un cambio cualitativo en el signo del efecto. La idea de un fármaco MMB despertaría las reticencias incluso de un niño de tres años... y con razón.

La paradoja de Simpson, en imágenes

Hasta aquí, nuestros ejemplos de la reversión y la paradoja de Simpson han implicado variables binarias: un paciente tomaba el Fármaco F o no lo tomaba, sufría un ataque al corazón o no lo sufría. Sin embargo, la reversión también puede producirse con variables continuas y, en ese caso, quizá resulta más fácil entenderla porque podemos trazar un dibujo.

Imaginemos un estudio que mide el ejercicio semanal y los niveles de colesterol en varios grupos de edad. Cuando situamos las horas de ejercicio en el eje x y el colesterol en el eje y, como en la Figura 6.6(a), vemos una tendencia descendente en cada grupo de edad, lo que quizá es indicio de que el ejercicio reduce el colesterol. Por otro lado, si usamos el mismo diagrama de dispersión pero no segregamos los datos por edad, como en la Figura 6.6(b), lo que veremos será una tendencia en ascenso pronunciado, indicio de que, cuanto más ejercicio se hace, más sube el nivel de colesterol. Una vez más parecemos estar ante una situación a lo fármaco MMB, en la que Ejercicio sería el medicamento: parece tener un efecto beneficioso sobre cada grupo de edad, pero un efecto pernicioso en la población en su conjunto.

Para decidir si Ejercicio es beneficioso o perjudicial, como siempre, es necesario consultar qué historia hay detrás de los datos. Los datos indican que las personas mayores de nuestra población hacen más ejercicio. Como lo más probable es que Edad cause Ejercicio, y no a la inversa, y como Edad puede tener un efecto causal sobre Colesterol, llegamos a la conclusión de que Edad podría ser un factor de confusión de Ejercicio y Colesterol. Así pues hay que controlar Edad. En otras palabras: hay que examinar los datos segregados, y entonces veremos que el ejercicio es beneficioso independientemente de la edad.

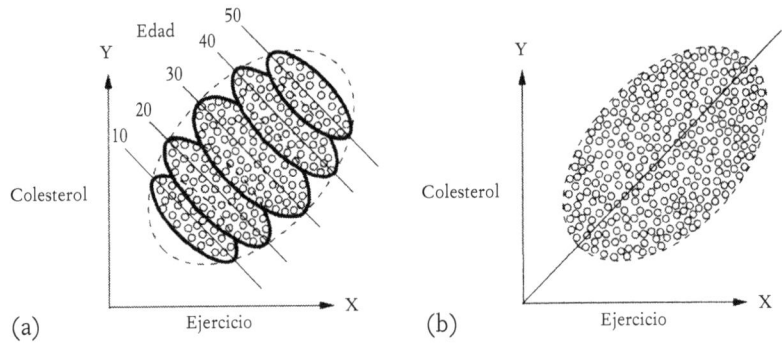

FIGURA 6.6. La paradoja de Simpson: el ejercicio parece ser beneficioso (inclinación descendente) en cada grupo de edad, pero pernicioso (inclinación ascendente) en la población en su conjunto.

En la bibliografía estadística también ha estado agazapada, durante varias décadas, una prima hermana de la paradoja de Simpson que se presta a una bonita interpretación visual. Frederic Lord expuso esta paradoja en 1967. Es ficticia, de nuevo; pero los ejemplos ficticios (como los «experimentos mentales» de Einstein) siempre son una buena manera de poner a prueba los límites de nuestra comprensión.

Lord nos plantea un centro universitario que quiere estudiar los efectos de la alimentación que está sirviendo en sus comedores y, en particular, quiere saber si esta surte efectos distintos sobre los chicos y sobre las chicas. A tal fin, se pesa a los estudiantes al empezar y terminar el curso, en septiembre y en junio. La Figura 6.7 muestra un gráfico de los resultados (donde las elipses, una vez más, representan un diagrama de dispersión de los datos). La universidad contrata a dos estadísticos que examinan los datos... y llegan a dos conclusiones opuestas.

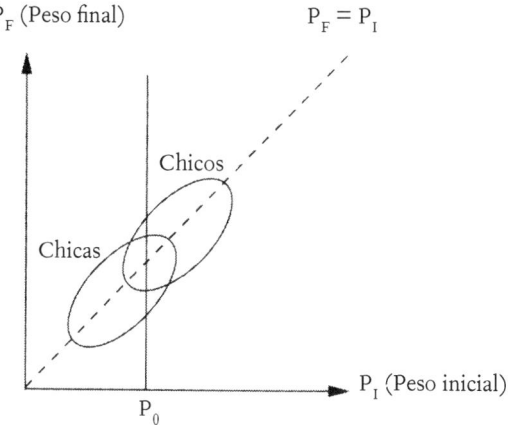

FIGURA 6.7. La paradoja de Lord (las elipses representan diagramas de dispersión de los datos). En su conjunto ni los chicos ni las chicas engordan durante el año, pero en cada estrato del peso inicial los chicos tienden a ganar más peso que las chicas.

El primer estadístico se fija en la distribución del peso de las chicas como conjunto y observa que su peso medio es el mismo en junio que en septiembre (se puede ver por la simetría del diagrama de dispersión en torno de la línea $P_F = P_I$, es decir, peso final = peso inicial). Una chica en concreto puede engordar o adelgazar, claro está; pero en promedio el resultado es cero. Lo mismo cabe afirmar en el caso de los chicos. Por lo tanto el estadístico llega a la conclusión de que la alimentación ofrecida por la universidad no tiene ningún efecto diferenciado entre los sexos.

El segundo estadístico, por su parte, alega que como el peso final de un estudiante está poderosamente influido por su peso inicial, deberíamos estratificar a los estudiantes según el peso inicial. Si se traza una línea vertical que atraviese las dos elipses, correspondiente al estudio de todos los chicos y las chicas con un peso inicial dado (en nuestra Figura 6.7, P_0), veremos que la línea vertical interseca la elipse de los chicos más arriba que la de las chicas, aunque hay cierto solapamiento. Esto significa que los chicos con un peso P_0 de media acaban pesando (P_F) más que las chicas que empezaron con el mismo P_0. Dice Lord: «el segundo estadístico concluye, como es habitual en tales casos, que los chicos mostraron una ganancia de peso significativamente mayor que las chicas, cuando se toman en consideración las diferencias en el peso inicial entre los sexos».

¿Qué debe hacer el dietista de la universidad? Lord considera que «las conclusiones de uno y otro estadístico son visiblemente correctas». Es decir, no hay que ponerse a hacer cuentas para ver que dos argumentos sólidos conducen a dos conclusiones distintas. Basta con mirar la figura. En la Figura 6.7 podemos ver que los chicos engordan más que las chicas en todos los estratos (cada corte vertical). Pero no es menos obvio que en su conjunto ni los chicos ni las chicas han ganado peso. ¿Cómo puede ser? ¿Acaso la ganancia de peso general no es el promedio de las ganancias de cada estrato específico?

Ahora que somos profesionales expertos en los matices de la paradoja de Simpson y el principio de lo seguro, sabemos también qué falla en ese argumento. El principio de lo seguro solo funciona en aquellos casos en los que la proporción relativa de cada subpoblación (cada clase de peso) no cambia de un grupo a otro. Sin embargo, en el caso de Lord, el «tratamiento» (género) afecta en gran medida al porcentaje de estudiantes que hallamos en cada clase de peso.

Así pues, no podemos confiar en el principio de lo seguro, y esto nos devuelve a la casilla de salida. ¿Quién tiene razón? ¿Existe o no existe una diferencia en la ganancia de peso media, entre chicos y chicas, cuando se toman en consideración las diferencias en el peso inicial entre los sexos? La conclusión es muy pesimista: «El estudio de investigación habitual de este tipo está intentando responder una pregunta que sencillamente no se puede contestar con ningún rigor sobre la base de los datos disponibles». El pesimismo de Lord se ha difundido más allá de la estadística y hoy disponemos de una abundante y no poco pesimista bibliografía, en epidemiología y bioestadística, sobre cómo comparar los grupos que difieren en los datos estadísticos «de base».

Es un pesimismo injustificado, como procederé a mostrar. La pregunta del dietista se puede responder con todo rigor y, como de costumbre, el punto de partida será dibujar un diagrama causal, como el de la Figura 6.8. En este diagrama vemos que el Sexo (S) es una causa del peso inicial (P_I) y el peso final (P_F). Además P_I afecta a P_F independientemente del género, porque los estudiantes de uno y otro sexo que pesan más al comenzar el curso tienden a pesar más al acabar las clases, como nos muestran los diagramas de dispersión de la Figura 6.7. Son premisas causales de puro sentido común; entiendo que Lord estaría de acuerdo con todo.

La variable de interés, para Lord, es la ganancia de peso, mostrada

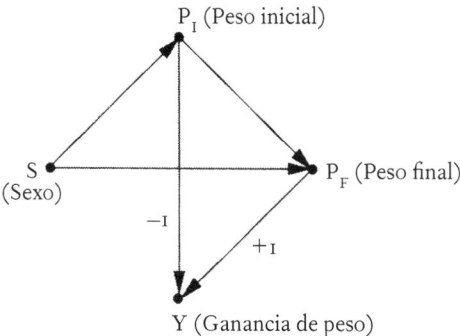

FIGURA 6.8. Diagrama causal para la paradoja de Lord.

como Y en este diagrama. Obsérvese que Y está relacionada con P_I y P_F de un modo puramente determinista y matemático: $Y = P_F - P_I$. Esto significa que las correlaciones entre Y y P_I (o entre Y y P_F) son iguales a -1 (o 1), información que he recogido en el diagrama con los coeficientes -1 y +1.

El primer estadístico se ha limitado a comparar la diferencia en lo que engordan chicos y chicas. No hace falta bloquear ninguna puerta trasera entre S y Y, con lo que los datos agregados observados nos proporcionan la respuesta: no hay efecto, según concluyó el primer estadístico.

Por el contrario, resulta difícil formular siquiera la pregunta que el segundo estadístico pretende responder (como decíamos en la introducción: el interrogante que debe estar correctamente formulado). Quiere asegurarse de que «se toman en consideración las diferencias en el peso inicial entre los sexos», el lenguaje que suele utilizarse cuando se quiere controlar un factor de confusión. Pero P_I no es un factor de confusión de S e Y. De hecho es una variable mediadora, si entendemos que Sexo es el tratamiento. Por lo tanto la pregunta que se responde al controlar P_I no posee la interpretación de efecto causal habitual. Este control, en el mejor de los casos, nos dará una estimación del «efecto directo» del género sobre el peso, que analizaremos en el capítulo 9. Pero parece improbable que el segundo estadístico tuviera esto en mente; lo más probable es que hubiera introducido un ajuste, llevado por la costumbre. Pero es fácil caer en la trampa que su argumento supone: «¿Acaso la ganancia de peso general no es el promedio de las ganancias de cada estrato específico?». ¡No, no lo es, si los estratos varían según el tratamiento! Recordemos que aquí el tratamiento es Sexo, no Dieta; y ciertamente el Sexo modifica la proporción de estudiantes en cada estrato de P_I.

Este último comentario desvela otra cuestión curiosa sobre la paradoja de Lord, según se formuló originalmente. Aunque la intención declarada del dietista de la universidad es «determinar los efectos de la alimentación», Lord no menciona, en ningún punto del artículo original, que hubiera también una dieta de control. Por lo tanto en realidad no podemos decir nada sobre los efectos de la alimentación. Un artículo de 2006, de Howard Wainer y Lisa Brown, intenta remediar este defecto. Modifican la narración para que la cantidad que interesa sea el efecto de la dieta (no el género) sobre el incremento de peso, sin tomar en cuenta las diferencias de género. En esta versión, los estudiantes comen en uno de dos comedores posibles, con dos dietas distintas. Las dos elipses de la Figura 6.7 pasan pues a representar dos comedores que sirven una alimentación diferente, como podemos ver en la Figura 6.9(a). Nótese que los estudiantes que pesaban más al principio tienden a comer en el Comedor B, a diferencia de los que pesaban menos, que tienden a ir al Comedor A.

Ahora se percibe con más claridad la paradoja de Lord, porque el interrogante está bien definido: es el efecto de la alimentación sobre la ganancia de peso. El primer estadístico afirma, a tenor de la simetría, que pasar de la Dieta A a la Dieta B no tendría efectos en el peso (la diferencia $P_F - P_I$ tiene la misma distribución en las dos elipses). El segundo estadístico compara los pesos finales de la Dieta A con los de la Dieta B para un grupo de estudiantes que parte de un peso inicial P_0 y llega a la conclusión de que los de la Dieta B engordan más.

Como antes, los datos (Figura 6.9(a)) no bastan para decirnos a quién debemos creer; y esta es, de hecho, la conclusión de Wainer y Brown. No obstante, un diagrama causal (Figura 6.9(b)) puede zanjar la cuestión. Hay dos cambios de importancia entre la Figura 6.8 y la Figura 6.9(b). En primer lugar, la variable causal pasa a ser D (Dieta) en vez de S (Sexo). En segundo lugar, la flecha que apuntaba originalmente de S a P_I invierte ahora la dirección: ahora el peso inicial afecta la alimentación elegida, con lo que la flecha apunta de P_I a D.

En este diagrama, P_I es un factor de confusión de D y P_F, no un mediador. Por lo tanto el segundo estadístico tendría aquí toda la razón, sin ambigüedad. Controlar el peso inicial resulta esencial para deshacer la confusión entre D y P_F (así como entre D e Y). El primer

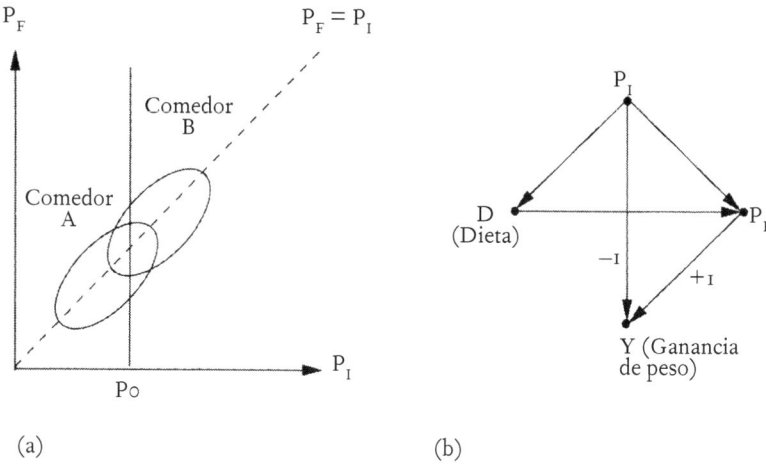

(a)   (b)

FIGURA 6.9. Versión revisada de la paradoja de Lord, por Wainer y Brown, y el diagrama causal correspondiente.

estadístico se equivocaría porque solo estaría midiendo asociaciones estadísticas, no efectos causales.

Por resumir: para el que esto escribe, la lección principal de la paradoja de Lord es... que no es más paradójica que la de Simpson. En una paradoja, la asociación experimenta una reversión; en la otra, desaparece. En uno y otro caso, el diagrama causal nos dirá qué procedimiento debemos utilizar. Sin embargo, para los estadísticos que se han formado en la metodología «convencional» (que no atiende a modelos) y evitan utilizar la lente causal, resulta sumamente paradójico que la conclusión correcta en un caso sea incorrecta en otro, cuando los datos tienen exactamente la misma apariencia.

Bien, ahora que nos hemos versado a fondo en los colisionadores, los factores de confusión y los peligros que ambos representan, estamos preparados por fin para cosechar los frutos de nuestro trabajo. En el capítulo siguiente empezaremos a subir por la Escalera de la Causalidad, comenzando por el segundo peldaño: la intervención.

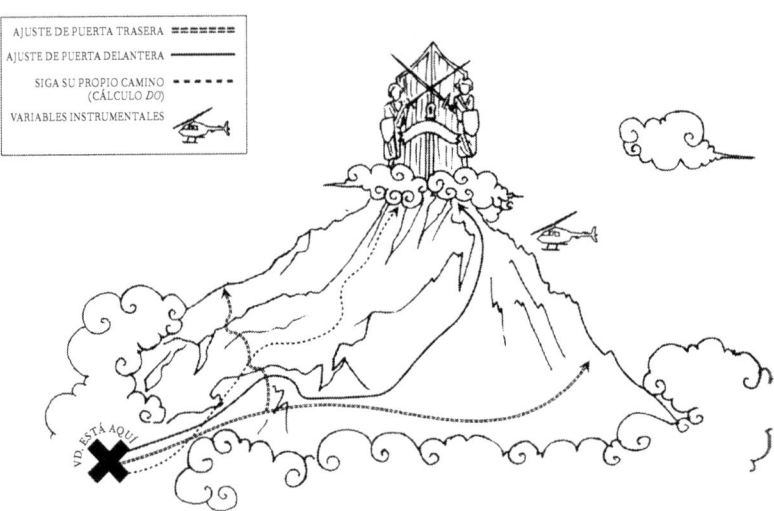

AJUSTE DE PUERTA TRASERA

AJUSTE DE PUERTA DELANTERA

SIGA SU PROPIO CAMINO
(CÁLCULO *DO*)

VARIABLES INSTRUMENTALES

VD. ESTÁ AQUÍ

Escalar el «monte Intervención». Los métodos más habituales para calcular el efecto de una intervención, en presencia de factores de confusión, son el ajuste de puerta trasera y las variables instrumentales. El método del ajuste de puerta delantera no se conocía antes de la introducción de los diagramas causales. El cálculo *do*, que mis estudiantes han automatizado por completo, posibilita adaptar el método de ajuste a cualquier diagrama causal dado. (*Fuente*: Ilustración de Dakota Harr.)

7

MÁS ALLÁ DEL AJUSTE: LA CONQUISTA DEL MONTE INTERVENCIÓN

> Perdurará la teoría de aquel que en sus actos deje atrás su teoría.
>
> Rabino Hanina ben Dosa (siglo i d. C.)

En este capítulo nos atreveremos por fin a subir al segundo peldaño de la Escalera de la Causalidad: el santo grial del pensamiento causal desde la Antigüedad a nuestros días. Este nivel tiene que ver con la lucha por predecir los efectos de las acciones y medidas que aún no se han puesto a prueba, desde las políticas económicas hasta las decisiones personales. El principal obstáculo que nos hacía confundir *ver* con *hacer* eran los factores de confusión. Al eliminar este obstáculo con las herramientas del «bloqueo de caminos» y el criterio de la puerta trasera, podemos trazar un mapa de precisión sistemática con las rutas de ascenso al monte Intervención. Para el escalador novato, las rutas de ascenso más seguras son el ajuste de puerta trasera y sus diversos primos hermanos, algunos agrupados bajo la rúbrica de «ajuste de puerta delantera», otros bajo la de «variables instrumentales».

Pero no todas las rutas están siempre disponibles en todos los casos, así que, para el escalador experto, este capítulo describe una «herramienta de mapeo universal» —el «cálculo *do*» (*do-calculus*)— que permite que el investigador explore y trace todas las posibles rutas de ascenso al monte Intervención, por sinuosas que puedan resultar. Una vez que contamos con el mapa detallado, y que las cuerdas, los mosquetones y las clavijas están en su lugar, ¡no cabe duda de que el asalto a la montaña será una empresa exitosa!

LA VÍA MÁS SIMPLE: LA FÓRMULA DE AJUSTE
DE PUERTA TRASERA

Para muchos investigadores, el método más conocido (y quizá el único) de predecir el efecto de una intervención es «controlar» los factores de confusión usando la fórmula del ajuste. Es el método que usaremos cuando tenemos la certeza de poseer datos sobre un conjunto suficiente de variables (apodadas «desconfundidoras») para bloquear todos los caminos de puerta trasera que existen entre la intervención y el resultado. Para tal fin medimos el efecto causal medio de una intervención calculando primero su efecto en cada «nivel» (estrato) del factor de desconfusión. Entonces computamos una media ponderada de esos estratos, en la que cada estrato se pondera según sea su prevalencia en la población. Si por ejemplo el factor de desconfusión es el género, primero estimamos el efecto causal para varones y mujeres. Luego sacamos el promedio de los dos, si la población (como acostumbra) está formada a partes iguales por mujeres y hombres. Si la proporción fuera distinta (dos tercios de varones, un tercio de mujeres) entonces para estimar el efecto causal medio haríamos la media ponderada correspondiente.

En este procedimiento, el papel del criterio de la puerta trasera es garantizar que el efecto causal de cada estrato del factor de desconfusión es la tendencia observada en este estrato (y no otra). Así se puede calcular el efecto causal estrato por estrato a partir de los datos. En ausencia del criterio de la puerta trasera, los investigadores no tienen la seguridad de que los ajustes sean legítimos.

El ejemplo ficticio del fármaco, en el capítulo 6, era la situación más simple posible: una variable de tratamiento (el Fármaco F), un resultado (Ataque al corazón), un factor de confusión (Género) y el hecho de que las tres variables eran binarias. El ejemplo nos muestra cómo hacemos una media ponderada de las probabilidades condicionales P (*ataque al corazón* | *medicamento*) en cada estrato de género. Pero el procedimiento descrito arriba se puede adaptar fácilmente para resolver situaciones más complicadas, incluyendo múltiples factores de desconfusión y estratos múltiples.

Sin embargo en muchos casos las variables X, Y o Z adoptan valores numéricos, como por ejemplo los ingresos, la estatura o el peso al nacer. Lo hemos constatado en nuestro ejemplo visual de la paradoja de Simpson. Como la variable podría adoptar (al menos, para todos los fines prácticos) una infinidad de valores posibles, no podemos hacer una tabla que enumere todas las posibilidades, como hicimos en el capítulo 6.

Un remedio evidente es separar los valores numéricos en una cantidad de categorías finita y manejable. En principio la opción no tiene nada de malo, aunque la elección de las categorías es un tanto arbitraria. Peor aún: si las variables ajustadas van más allá de un simple puñado, la cantidad de categorías se multiplica exponencialmente. Esto acarrea que el procedimiento sea prohibitivo desde el punto de vista computacional; lo que es más grave: muchos estratos acabarán por no tener muestras y por lo tanto serán incapaces de proporcionarnos ni la más mínima estimación de probabilidades.

Los estadísticos han diseñado métodos ingeniosos para gestionar este problema de la «maldición de la dimensionalidad». Suele implicar alguna clase de extrapolación: se añade a los datos una función reguladora que se usa para rellenar los huecos creados por los estratos vacíos.

La función reguladora más utilizada, por supuesto, es la aproximación lineal, que ha servido como motor de la mayoría de los trabajos cuantitativos, en materia de ciencias sociales y de la conducta, en el siglo XX. Hemos visto ya que Sewall Wright incrustaba sus diagramas de caminos en el contexto de ecuaciones lineales, y hemos podido constatar una ventaja computacional de esta integración: todos los efectos causales se pueden representar con un único número (el coeficiente del camino). Otra ventaja, no menos importante, de las aproximaciones lineales es que calcular la fórmula de ajuste posee una simplicidad asombrosa.

Anteriormente hemos visto que Francis Galton inventó una línea de regresión, que toma una nube de puntos de datos e interpola a través de la nube la línea mejor adaptada. En el caso de una variable de tratamiento (X) y una variable de resultado (Y), la ecuación de la línea de regresión tendrá este aspecto: $Y = aX + b$. El parámetro a (denotado a menudo por r_{YX}, el coeficiente de regresión de Y sobre X) nos indica la tendencia observada media: un incremento de una unidad de X, en promedio, producirá un incremento de una unidad a en Y. Si no hay factores de confusión de Y y X, entonces podemos usar esto como estimación de una intervención que incremente X en una unidad.

Pero ¿qué ocurre si hay un factor de confusión, Z? En este caso, el coeficiente de correlación r_{YX} no nos indicará el efecto causal medio; solo nos ofrece la tendencia observada media. Así sucedía en el problema de Wright con el peso al nacer de los conejillos de Indias, que vimos en el capítulo 2, donde el beneficio aparente de un día más de gestación (5,66 g) estaba sesgado por la confusión con el efecto de una camada menor. Pero sigue habiendo una salida: trazar un gráfico de las tres variables juntas en el que cada valor de (X, Y, Z) describa un punto en el espacio. En este caso, los datos formarán una nube de puntos en el espacio XYZ. El análogo de una línea de regresión es un plano de regresión, cuya ecuación tiene este aspecto: $Y = aX + bZ + c$. A partir de los datos es fácil computar a, b, c. Aquí ocurre algo maravilloso que Galton pasó por alto, pero no así, desde luego, Karl Pearson y George Udny Yule: el coeficiente a nos da el coeficiente de regresión de Y sobre X ya ajustado para Z (se lo conoce como coeficiente de regresión parcial y se escribe $r_{YX.Z}$.)

Así podemos saltarnos el penoso procedimiento de hacer la regresión de Y sobre X para cada nivel de Z y computar la media ponderada de los coeficientes de regresión. ¡La naturaleza nos calculará sola todos los promedios! Solo es necesario computar qué plano se adapta mejor a los datos; un paquete estadístico lo hará con suma celeridad. El coeficiente a en la ecuación de ese plano, $Y = aX + bZ + c$, ajustará automáticamente la tendencia observada de Y sobre X para dar cuenta del factor de confusión Z. Si Z es el único factor de confusión, entonces a es el efecto causal medio de X sobre Y. ¡Una simplificación verdaderamente milagrosa!

Es fácil extender el procedimiento para lidiar también con múltiples variables. Si coincide que el conjunto de variables Z satisface la condición de la puerta trasera, entonces el coeficiente de X en la ecuación de regresión, a, no será otro que el efecto causal medio de X sobre Y.

Por esta razón generaciones de investigadores han acabado por creer que los coeficientes de regresión ajustados (o parciales) adquieren de alguna forma una información causal de la que carecen los coeficientes de regresión no ajustados. Nada más lejos de la verdad. Los coeficientes de regresión, ajustados o no, son tan solo tendencias estadísticas que no cargan por sí mismas con ninguna información causal. $r_{YX.Z}$ representa el efecto causal de X sobre Y, mientras que r_{YX} no, exclusivamente porque contamos con un diagrama que muestra Z como factor de confusión de X e Y.

En suma: algunas veces un coeficiente de regresión representa un efecto causal, y otras veces, no; y para percibir la diferencia no nos podemos basar en los datos. Para dotar a $r_{YX.Z}$ de legitimidad causal se requieren otros dos ingredientes más. En primer lugar, el diagrama causal debería representar una imagen plausible de la realidad; y en segundo lugar, la variable ajustada Z (o el conjunto de ellas) debería satisfacer el criterio de la puerta trasera.

Por eso fue tan crucial que Sewall Wright distinguiera los coeficientes del camino (que representan efectos causales) de los coeficientes de regresión (que representan tendencias de los puntos de datos). Los coeficientes del camino son esencialmente diferentes de los coeficientes de regresión, aunque a menudo aquellos se puedan computar a partir de estos. Wright no acertó a darse cuenta, no obstante —ni todos los económetras y analistas del camino que le siguieron— de que sus cálculos eran innecesariamente complicados. Podría haber obtenido los coeficientes del camino a partir de coeficientes de correlación parciales, si hubiera sabido que el conjunto idóneo de variables de ajuste se puede identificar, mediante una inspección, a partir del propio diagrama de caminos.

Recordemos asimismo que el ajuste basado en la regresión solo funciona para los modelos lineales, que implican un supuesto de modelado importante. Con los modelos lineales perdemos la capacidad de modelar interacciones no lineales, como cuando el efecto de X sobre Y depende del nivel de Z. El ajuste de puerta trasera, por otro lado, sigue funcionando bien incluso cuando no tenemos ni idea de qué funciones están detrás de las flechas, en los diagramas. Pero en este caso (que se denomina «no paramétrico») es necesario emplear otros métodos de extrapolación para lidiar con la maldición de la dimensionalidad.

Por resumir: la fórmula de ajuste de puerta trasera y el criterio de la puerta trasera son como la cara y la cruz de una moneda. El criterio de la puerta trasera nos indica qué conjunto de variables podemos utilizar para deshacer la confusión en nuestros datos. La fórmula de ajuste ejecuta de hecho la desconfusión. En el caso más simple de regresión lineal, los coeficientes de regresión parcial realizan implícitamente el ajuste de puerta trasera. En el caso no paramétrico, tenemos que hacer el ajuste explícitamente, ya sea utilizando la fórmula de ajuste de puerta trasera directamente sobre los datos o bien sobre alguna versión extrapolada a partir de ellos.

Después de todo esto, quizá parezca que nuestro asalto al monte Intervención se saldará con un éxito rotundo. Por desgracia, sin embargo, el ajuste no funciona en absoluto si hay un camino de puerta trasera que no podemos bloquear porque no contamos con los datos requeridos. Aun así, incluso en esta situación, todavía podemos recurrir a algunos trucos. Ahora le contaré uno de mis métodos favoritos, el que se conoce como «ajuste de puerta delantera». Aunque hace más de veinte años que se publicó, solo un puñado de investigadores ha aprovechado este atajo de ascenso al monte Intervención, y tengo la certeza de que aún no se ha comprendido a fondo todo su potencial.

EL CRITERIO DE PUERTA DELANTERA

El debate sobre el efecto causal de fumar tuvo lugar dos generaciones antes de que los diagramas causales pudieran hacer contribución alguna. Ya hemos visto que la desigualdad de Cornfield ayudó a convencer a los investigadores de que el gen del consumo de tabaco (la «hipótesis constitutiva») era sumamente poco plausible. Pero un enfoque más radical, que utilizara los diagramas causales, habría podido arrojar más luz sobre el gen hipotético y posiblemente lo habría eliminado de las consideraciones.

Supongamos que los investigadores hubieran logrado medir la cantidad de alquitrán depositada en los pulmones de los fumadores. Incluso en la década de 1950 ya se sospechaba que la formación de depósitos de alquitrán era uno de los posibles estadios intermedios en el desarrollo del cáncer de pulmón. Supongamos también que, al igual que el comité del cirujano general, queremos descartar la hipótesis de R. A. Fisher según la cual el gen del consumo de tabaco actúa como factor de confusión entre la conducta y el cáncer de pulmón. En tal caso podríamos llegar al diagrama causal de la Figura 7.1.

La Figura 7.1 incorpora dos premisas muy importantes, que supondremos que son válidas para los fines del ejemplo. La primera premisa es que el gen del consumo de tabaco no tiene efecto sobre la formación de depósitos de alquitrán, que se deben exclusivamente a la acción material del humo de los cigarrillos (este supuesto nos lo indica el hecho de que no haya una flecha entre Gen del consumo de tabaco y Alquitrán; pero esto no descarta, sin embargo, factores aleatorios no relacionados con el Gen). La segunda premisa es que el Consumo de tabaco lleva al cáncer solo a través de la acumulación de depósitos de alquitrán. Por eso no hay flecha directa entre Consumo de tabaco y Cáncer, ni hay otros caminos indirectos.

Supongamos asimismo que estamos realizando un estudio observacional y hemos reunido datos sobre Consumo de tabaco, Alquitrán y

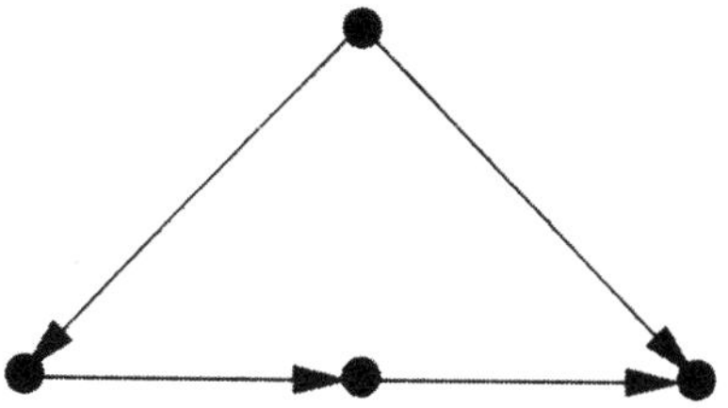

FIGURA 7.1. Diagrama causal hipotético para el consumo de tabaco y el cáncer, adecuado para el ajuste de puerta delantera.

Cáncer para cada uno de los participantes. Por desgracia no podemos recopilar datos sobre el gen del consumo de tabaco porque no sabemos si existe. Al carecer de datos sobre la variable confundidora, no podemos bloquear el camino de puerta trasera Consumo de tabaco ← Gen del consumo de tabaco → Cáncer. Por lo tanto no podemos usar el ajuste de puerta trasera para controlar el efecto del factor de confusión.

Tendremos que buscar otra manera. En vez de entrar por la puerta trasera, ¡podemos entrar por la delantera! En este caso, la puerta delantera es el camino causal directo Consumo de tabaco → Alquitrán → Cáncer, tres variables de las que tenemos datos. El razonamiento es, intuitivamente, como sigue. En primer lugar podemos estimar el efecto causal medio de Consumo de tabaco sobre Alquitrán, porque no hay camino de puerta trasera desbloqueado de Consumo de tabaco a Alquitrán (porque el camino Consumo de tabaco ← Gen del consumo de tabaco → Cáncer ← Alquitrán ya está bloqueado por el colisionador Cáncer). Como ya está bloqueado, ni siquiera necesitamos un ajuste de puerta trasera. Simplemente podemos observar P (*alquitrán | consumo de tabaco*) y P (*alquitrán | sin consumo de tabaco*), y la diferencia entre las dos será el efecto causal medio de Consumo de tabaco sobre Alquitrán.

De forma similar, el diagrama nos permite estimar el efecto causal medio de Alquitrán sobre Cáncer. Para tal fin podemos bloquear el camino de puerta trasera de Alquitrán a Cáncer (Alquitrán ← Consumo de tabaco ← Gen del consumo de tabaco → Cáncer) creando un ajuste para Consumo de tabaco. Aprovechemos aquí lo que aprendimos en el capítulo 4: solo necesitamos datos sobre un conjunto suficiente de factores de desconfusión (es decir, Consumo de tabaco). Luego la fórmula de ajuste de puerta trasera nos dará P (*cáncer |*

do(alquitrán)) y *P* (*cáncer* | *do(sin alquitrán)*). La diferencia entre las dos es el efecto causal medio de Alquitrán sobre Cáncer.

Ahora conocemos el incremento medio en la probabilidad de los depósitos de alquitrán generados por el consumo de tabaco y el incremento medio del cáncer debido a los depósitos de alquitrán. ¿Podemos combinarlos de alguna manera para obtener el incremento medio del cáncer debido al tabaco? ¡Sí! El razonamiento es como sigue. El cáncer se puede generar de dos maneras: en presencia de Alquitrán o en ausencia de Alquitrán. Si obligamos a una persona a fumar, entonces las probabilidades de estas dos condiciones son *P* (*alquitrán* | *do(consumo de tabaco)*) y *P* (*sin alquitrán* | *do(sin consumo de tabaco)*), respectivamente. Si se desarrolla un estado de Alquitrán, la probabilidad de causar Cáncer es *P* (*cáncer* | *do(alquitrán)*). Si por el contrario se desarrolla un estado Sin Alquitrán, esto resultaría en una probabilidad de Cáncer de *P* (*cáncer* | *do(sin alquitrán)*). Podemos ponderar los dos escenarios por sus probabilidades respectivas bajo *do(consumo de tabaco)* y de esta forma computar la probabilidad total de cáncer debido al consumo de tabaco. El mismo argumento nos sirve si impedimos que una persona fume, *do(sin consumo de tabaco)*. La diferencia entre los dos escenarios nos indicará el efecto causal medio sobre el cáncer de fumadores de tabaco frente a no fumadores.

Como acabo de explicar, a partir de los datos podemos estimar cada una de las probabilidades *do*. Es decir, las podemos escribir matemáticamente en un lenguaje de probabilidades que no implica al operador *do*. De esta forma, las matemáticas hacen por nosotros lo que diez años de debates y declaraciones en el Congreso no pudieron hacer: cuantificar el efecto causal de fumar sobre el cáncer (siempre suponiendo que nuestras premisas se sostengan, por descontado).

El proceso que acabo de describir —expresar *P* (*cáncer* | *do* (*consumo de tabaco*)) en términos de probabilidades *do*— se denomina ajuste de puerta delantera. Difiere del ajuste de puerta trasera en que introducimos un ajuste para dos variables (Consumo de tabaco y Alquitrán), y no solo una; y que estas variables se encuentran en el camino de puerta delantera de Consumo de tabaco a Cáncer, no en el de puerta trasera. Para aquellos lectores que «hablen matemáticas», no me resistiré a mostrar la fórmula (Ecuación 7.1), que no se puede encontrar en los manuales de estadística al uso. Aquí *X* representa Consumo de tabaco, *Y* Cáncer, *Z* Alquitrán y *U* (llamativamente ausente de la fórmula) representaría la variable no observable: el Gen del consumo de tabaco.

$$P(Y \mid do(X)) = \Sigma_{\check{z}} P(Z = \check{z} \mid X) \Sigma_x P(Y \mid X = x, Z = \check{z}) P(X = x)$$
$$(7.1)$$

A los lectores con apetito matemático quizá les resulte interesante comparar la anterior ecuación con la fórmula del ajuste de puerta trasera, que sería como la Ecuación 7.2:

$$P(Y \mid do(X)) = \Sigma_{\check{z}} P(Y \mid X, Z = \check{z}) P(Z = \check{z})$$
$$(7.2)$$

Incluso para los lectores que no hablen matemáticas, se pueden señalar varias cuestiones interesantes sobre la Ecuación 7.1. La primera y más importante: no se ve U (el Gen del consumo de tabaco) por ninguna parte. De esto se trataba, precisamente. Hemos podido deshacer el factor de confusión de U aun a pesar de no contar con datos al respecto. Cualquier estadístico de la generación de Fisher lo habría considerado un auténtico milagro. En segundo lugar, en la introducción a este libro describí un estimando como receta para computar la cantidad de interés en un interrogante. Las Ecuaciones 7.1 y 7.2 son los estimandos más complicados e interesantes que mostraré en este libro. En el lado izquierdo se representa la pregunta: «¿Cuál es el efecto de X sobre Y?». A la derecha tenemos el estimando: la receta para responder al interrogante. Notemos que el estimando no contiene ningún operador *do*, solo la función de *ver*, representada por las barras verticales; y esto quiere decir que lo podemos calcular a partir de los datos.

Llegados a este punto, sin duda habrá quien se esté preguntando cuánto se acerca a la realidad este escenario ficticio. ¿Se podría haber resuelto la controversia del tabaco y el cáncer por medio de un estudio observacional y un diagrama causal? Si suponemos que la Figura 7.1 refleja adecuadamente el mecanismo causal del cáncer, la respuesta es: indudablemente, sí. Pero ahora es necesario analizar si nuestras premisas son válidas en el mundo real.

David Freedman, estadístico de Berkeley con el que tengo amistad desde hace años, me llamó a capítulo por esta cuestión. Aducía que el modelo de la Figura 7.1 es poco realista en tres sentidos. En primer lugar, si existe un gen del consumo de tabaco, también podría afectar al modo en que el cuerpo se libra de la materia extraña que pueda haber en los pulmones; luego las personas con este gen son más vulnerables a la formación de depósitos de alquitrán, y las que carecen del gen, en cambio, son más resistentes. Por lo tanto él trazaría una flecha entre

Gen del consumo de tabaco y Alquitrán, y en tal caso la fórmula de la puerta delantera no sería válida.

A Freedman también le parecía improbable que Consumo de tabaco afecte a Cáncer solo por medio de Alquitrán. Ciertamente cabe imaginar otros mecanismos; quizá fumar produce una inflamación crónica que deriva en el cáncer. Por último —decía Freedman—, es imposible medir con suficiente precisión los depósitos de alquitrán en los pulmones de una persona viva; por lo tanto en el mundo real no se puede hacer un estudio observacional como el que he propuesto.

No tengo nada que discutir a las críticas de Freedman, en este ejemplo en particular. No soy especialista en oncología y, a la hora de valorar si tal diagrama representa con precisión los procesos del mundo real, siempre tendré que acudir a la opinión de los expertos. De hecho, una de las grandes ventajas de los diagramas causales es que los supuestos de partida se vuelven transparentes para que los expertos y los gestores puedan debatir al respecto.

Ahora bien, el objetivo de mi ejemplo no era proponer un nuevo mecanismo para los efectos del tabaquismo, sino demostrar cómo las matemáticas, dada la situación correcta, pueden eliminar el efecto de los factores de confusión aun careciendo de datos sobre ellos. Y la situación se puede reconocer con claridad. Cada vez que el efecto causal de X sobre Y resulta confundido por un conjunto de variables (C) y mediado por otro (M) (véase la Figura 7.2), y, además, las variables mediadoras están protegidas de los efectos de C, entonces se puede estimar el efecto de X a partir de los datos observacionales. Una vez que los científicos toman conciencia de este hecho, deben buscar mediadores protegidos cada vez que se encuentren factores de confusión incurables. Como dijo Louis Pasteur: «La fortuna favorece a las mentes preparadas».

Por fortuna, las virtudes del ajuste de puerta delantera no han pasado del todo inadvertidas. En 2014, Adam Glynn y Konstantin Kashin, del departamento de Ciencias Políticas de Harvard (con posterioridad, Glynn ha pasado a la Universidad Emory) redactaron un artículo que ha sido premiado y debería ser de lectura obligatoria para todos los que trabajan en ciencias sociales cuantitativas. Aplicaron el nuevo método al Estudio de la JTPA, un conjunto de datos que los científicos sociales han sometido a un escrutinio detallado. Este estudio, realizado de 1987 a 1989, se refiere a los efectos de una ley federal de fomento de la formación laboral, la Job Training Partnership Act, aprobada en 1982, por la cual el Departamento de Trabajo de Estados

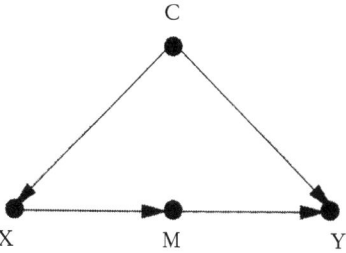

FIGURA 7.2. Disposición básica del criterio de puerta delantera.

Unidos creó un programa formativo que, entre otros servicios, proporcionaba a los participantes competencias profesionales, técnicas de búsqueda de empleo y experiencia laboral. Se reunieron datos sobre las personas que solicitaban formar parte del programa, las personas que lo utilizaron de hecho, y también los ingresos que obtuvieron durante los dieciocho meses siguientes. Vale la pena destacar que el estudio incluía tanto un ensayo controlado aleatorio (RCT), en el que la asignación de personas y posibles servicios se realizaba al azar, como un estudio observacional, en el que la gente elegía por sí misma.

Glynn y Kashin no dibujaron un diagrama causal pero, por su descripción del estudio, yo lo dibujaría según se muestra en la Figura 7.3. La variable Solicitud indica si una persona pidió participar en el programa o no; la variable Participación, si el inscrito utilizó de hecho o no los servicios. Obviamente el programa solo puede afectar los ingresos si el usuario utiliza de hecho los servicios, por lo que la ausencia de una flecha directa entre Solicitud e Ingresos no requerirá de mayor justificación.

Los autores se abstuvieron de especificar la naturaleza de los factores de confusión, que yo he resumido como Motivación. No cabe duda de que una persona muy motivada por el deseo de aumentar sus ingresos es más probable que solicite participar en el programa. A su vez, es más probable que esta persona haya incrementado sus ingresos al cabo de dieciocho meses, tanto si ha llegado a participar como si no. El objetivo del estudio, por descontado, es desentrañar el efecto de este factor de confusión y averiguar qué aportan por sí mismos todos los servicios ofrecidos.

Si se compara la Figura 7.2 con la Figura 7.3, podemos ver que el criterio de puerta delantera se aplicaría si no hubiera flecha entre Motivación y Participación, la «protección» de la que hablaba antes. En muchos casos podemos justificar la ausencia de esa flecha. Por ejemplo, si los servicios solo se ofrecían con cita previa y los usuarios solo

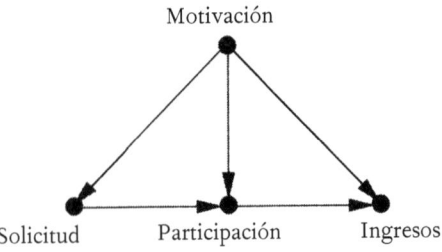

FIGURA 7.3. Diagrama causal para el Estudio de la JTPA.

dejaban de acudir por acontecimientos azarosos no relacionados con la Motivación (una huelga de autobús, una torcedura de tobillo, etc.), entonces podríamos borrar la flecha y usar el criterio de puerta delantera.

En las circunstancias reales del estudio los servicios estaban disponibles en todo momento y, por lo tanto, es difícil alegar algo parecido. Pero Glynn y Kashin —y aquí la cosa empieza a ponerse interesante de verdad— probaron igualmente el criterio de puerta delantera. Podríamos entenderlo como una especie de prueba de sensibilidad. Si sospechamos que la flecha central es débil, entonces el sesgo que se introduciría al tratarla como ausente debería ser muy reducido. En la práctica, a juzgar por los resultados, así fue.

Al partir de ciertos supuestos razonables, Glynn y Kashin derivaron desigualdades afirmando si era probable que el ajuste fuera demasiado alto o demasiado bajo, y por cuánto. Por último compararon las predicciones de puerta delantera y de puerta trasera con los resultados del experimento controlado aleatorio que se estaba realizando al mismo tiempo. Los resultados fueron impresionantes. Las estimaciones del criterio de la puerta trasera (que introducía controles para factores de confusión conocidos, como Edad, Etnia o Ubicación) eran tremendamente incorrectos: diferían de las referencias experimentales por cientos o miles de dólares. Es exactamente lo que uno esperaría ver si existe un factor de confusión no observado, como la Motivación. El criterio de la puerta trasera no puede crear un ajuste para este factor.

Por otro lado, las estimaciones de puerta delantera han acertado a eliminar casi todo el efecto de la Motivación. Para los varones, las estimaciones de puerta delantera se encontraban dentro de los márgenes de error experimental del ensayo controlado aleatorio, incluso con el pequeño sesgo positivo predicho por Glynn y Kashin. Para las mujeres, los resultados eran aún mejores: encajaban con las referencias experimentales casi a la perfección, sin ningún sesgo aparente. El trabajo de Glynn y Kashin ofrece la prueba tanto empírica como metodológica de que mientras el efecto de *C* sobre *M* sea débil (en la Figura 7.2), el ajuste de puerta delantera puede darnos una estimación razonablemente buena del efecto de *X* sobre *Y*. Es mucho mejor que no controlar *C*.

Los resultados de Glynn y Kashin muestran por qué el ajuste de puerta delantera es un instrumento tan poderoso: nos permite controlar factores de confusión que no podemos observar (como la Motivación), incluidos los que ni siquiera podemos nombrar. Los RCT se consideran el «método de referencia» de la estimación del efecto causal por exactamente esta razón. Como las estimaciones de puerta delantera hacen lo mismo —con la virtud adicional de observar la conducta de las personas en su propio hábitat natural, no en condiciones de laboratorio—, no me sorprendería si este método acaba por convertirse en una alternativa útil a los ensayos controlados aleatorios.

El cálculo «do», o la victoria de la mente sobre la materia

En las dos fórmulas de ajuste de puerta delantera y trasera, el objetivo último es calcular el efecto de una intervención, $P(Y \mid do(X))$, en relación con datos como $P(Y \mid X, A, B, Z...)$ que no implican un operador *do*. Si a la hora de eliminar los *do* conseguimos un éxito completo, podremos utilizar datos observacionales para estimar el efecto causal, lo que nos permitirá saltar del primer peldaño de la Escalera de la Causalidad al segundo.

Que hayamos tenido éxito en estos dos casos (puerta delantera y puerta trasera) plantea de inmediato la cuestión de si hay otras puertas por las que pudiéramos eliminar todos los *do*. Pensando más en general, podemos preguntar si hay alguna manera de decidir por adelantado si un modelo causal se presta a tal procedimiento de eliminación. De ser así, podemos aplicar el procedimiento y hallarnos en posesión del efecto causal sin haber tenido que mover un dedo para intervenir. En caso contrario al menos sabríamos que las premisas incrustadas en el modelo no son suficientes para descubrir el efecto causal a partir de datos observacionales y, por muy inteligentes que seamos, no quedará más remedio que realizar alguna clase de experimento de intervención.

La perspectiva de lograr estas determinaciones por medios puramente matemáticos debería deslumbrar a cualquiera que entienda el coste y la dificultad de realizar ensayos controlados aleatorios, incluso cuando son materialmente factibles y legalmente permisibles. La idea también me deslumbró en los primeros años de la década de 1990, en mi caso no como experimentador, sino como científico computacional y filósofo a tiempo parcial. Sin duda una de las experiencias más emocionantes que uno puede vivir como científico es estar sentado ante el escritorio y darte cuenta de que por fin puedes averiguar qué resulta posible o imposible en el mundo real; en especial si el problema es importante para la sociedad y ha desconcertado a aquellos que han intentado resolverlo antes que tú. Imagino que así es como debió de sentirse Hiparco de Nicea cuando descubrió que podía calcular la altura de una pirámide a partir de la sombra que arroja en el suelo, sin necesidad de ascender de hecho a la estructura. Fue una clara victoria de la mente sobre la materia.

De hecho, el enfoque que yo adopté se inspiraba mucho en los antiguos griegos (Hiparco incluido) y su invención de un sistema lógico formal para la geometría. En el centro de la lógica de los griegos hallamos un conjunto de axiomas, o verdades manifiestas, como: «Entre dos puntos dados se puede trazar una línea recta y solo una». Con la ayuda de tales axiomas los griegos pudieron construir afirmaciones complejas, los «teoremas», cuya verdad dista de ser manifiesta. Pensemos por ejemplo en la afirmación de que la suma de los ángulos de un triángulo es de 180 grados (o dos ángulos rectos) independientemente de cuál sea su forma o dimensión. La verdad de tal aseveración no es en ningún caso patente; pero los filósofos pitagóricos del siglo V a. C. fueron capaces de demostrar su verdad universal usando tan solo, como componentes, esos axiomas manifiestos.

Si recuerda la geometría que se enseñaba en el instituto, aunque sea tan solo en lo esencial, tendrá presente que las pruebas de los teoremas se componen, invariablemente, de construcciones auxiliares: por ejemplo, trazar una línea paralela al lado de un triángulo, igualar determinados ángulos, dibujar un círculo con un segmento dado como radio, etc. Estas construcciones auxiliares se pueden concebir como frases matemáticas temporales que realizan afirmaciones sobre propiedades de la figura dibujada. Cada nueva construcción parte con la licencia de las anteriores, así como de los axiomas geométricos y quizá de algunos teoremas derivados. Así, cuando dibujamos una línea paralela a un costado de un triángulo contamos con la licencia del quinto axioma de Euclides: por un punto exterior a una recta cabe trazar una paralela a esa recta, y solo una. El acto de dibujar cualquiera de estas construcciones auxiliares es tan solo una operación de «manipulación de símbolos», de carácter mecánico: toma la frase escrita anteriormente (o el dibujo trazado antes) y la reescribe en un nuevo formato, siempre que los axiomas autoricen la reescritura. La grandeza de Euclides reside en haber identificado una lista breve, de cinco axiomas elementales, de la que cabe derivar todas las demás afirmaciones geométricas verdaderas.

Ahora volvamos a nuestra pregunta central, sobre cuándo un modelo puede ocupar el lugar de un experimento, o cuándo una cantidad propia del *hacer* (*do*) se puede reducir a una cantidad propia del *ver*. Buscando inspiración en los antiguos geómetras griegos, queremos reducir el problema a una manipulación de símbolos y de esta forma, luchar por hacernos con la causalidad custodiada en el monte Olimpo y ponerla a disposición de todos los investigadores.

Primero reformulemos la tarea de encontrar el efecto de X sobre Y, utilizando para ello el lenguaje de pruebas, axiomas y construcciones auxiliares, en suma: el lenguaje de Euclides y Pitágoras. Empezaremos con nuestra frase objetivo, $P(Y \mid do(X))$. Nuestra tarea se habrá completado si logramos eliminar el operador *do* y dejar tan solo expresiones de probabilidad clásicas como $P(Y \mid X)$ o $P(Y \mid X, Z, W)$. Por supuesto, no podemos manipular nuestra frase objetivo a voluntad: las operaciones tendrán que someterse a lo que $do(X)$ significa en tanto que intervención material. Así pues, la frase tendrá que experimentar una secuencia de manipulaciones legítimas, siempre autorizadas por los axiomas y las premisas de nuestro modelo. La manipulación deberá preservar el significado de la expresión manipulada y modificar solo el formato en que se expresa. Un ejemplo de transformación con «preservación del significado» es la transformación algebraica que convierte $y = ax + b$ en $ax = y - b$. La relación entre x e y se mantiene intacta; lo único que cambia es el formato.

Ya hemos podido ver algunas transformaciones «legítimas» de expresiones *do*. Por ejemplo la Regla 1 afirma que cuando observamos una variable W que es irrelevante para Y (posiblemente condicional a otras variables Z), entonces la distribución de probabilidades de Y no cambiará. En el capítulo 3, por ejemplo, vimos que la variable Fuego es irrelevante para Alarma una vez que conocemos el estado del mediador (Humo). Esta aseveración de irrelevancia se traduce en una manipulación simbólica:

$$P(Y \mid do(X), Z, W) = P(Y \mid do(X), Z)$$

La ecuación mencionada se sostiene a condición de que el conjunto de variables Z bloquee todos los caminos de W a Y después de haber borrado todas las flechas que llevan a X. En el ejemplo de Fuego $\rightarrow$ Humo $\rightarrow$ Alarma, tenemos W = Fuego, Z = Humo, Y = Alarma, y Z bloquea todos los caminos de W a Y (en este caso no tenemos una variable X).

Conocemos también otra transformación legítima, por nuestro análisis de la puerta trasera. Sabemos que si un conjunto de variables Z bloquea todos los caminos de puerta trasera de X a Y, entonces, condicional a Z, hacer X ($do(X)$) es equivalente a ver X. Por lo tanto podemos escribir:

$$P(Y \mid do(X), Z) = P(Y \mid X, Z)$$

si Z satisface el criterio de la puerta trasera. Adoptamos esto como Regla 2 de nuestro sistema axiomático. Aunque quizá su verdad es menos patente que en la Regla 1, en sus casos más simples es el principio de la causa común, de Hans Reichenbach, revisado para no errar y tomar un colisionador por un factor de confusión. En otras palabras, estamos diciendo que después de haber introducido controles para un conjunto suficiente de factores de desconfusión, cualquier correlación restante es un efecto causal genuino.

La Regla 3 es muy simple: en lo esencial, afirma que podemos eliminar $do(X)$ de $P(Y \mid do(X))$ en todo caso en el que no haya caminos causales de X a Y. Es decir,

$$P(Y \mid do(X)) = P(Y)$$

si no hay un camino de X a Y en el que todas las flechas vayan hacia delante. Podemos parafrasear la regla como sigue: si hacemos algo (do) que no afecte a Y, entonces la distribución de probabilidades de Y no cambiará. Además de ser tan patentes como los axiomas de Euclides, las Reglas 1 a 3 también se pueden demostrar matemáticamente, si usamos nuestra definición del operador do con el borrado de flechas y las leyes básicas de la probabilidad.

Nótese que las Reglas 1 y 2 incluyen probabilidades condicionales que implican variables auxiliares Z, distintas de X e Y. Se puede pensar en estas variables como un contexto en el que se computa la probabilidad. En ocasiones la presencia de este contexto en sí autoriza la transformación. La Regla 3 también puede tener variables auxiliares, pero las he omitido por mor de la simplicidad.

Fijémonos también en que cada regla tiene una interpretación sintáctica simple. La Regla 1 permite añadir o borrar observaciones. La Regla 2 permite cambiar una intervención por una observación, o viceversa. La Regla 3 permite borrar o añadir intervenciones. Todos estos permisos se conceden bajo las condiciones apropiadas, que se tendrán que verificar en cada caso en concreto a partir del diagrama causal.

Ahora estamos preparados para demostrar cómo las Reglas 1 a 3 nos permiten transformar una fórmula en otra hasta que, si somos inteligentes, obtenemos una expresión que nos guste. Aunque es un poco elaborada, creo que nada puede sustituir la demostración real de cómo se deriva la fórmula de la puerta delantera por medio de una aplicación sucesiva de las reglas del cálculo *do* (Figura 7.4). No es necesario seguir todos los pasos, pero quiero mostrar la derivación para presentar al menos una muestra del cálculo *do*. Empezamos el viaje con una expresión de objetivo $P(Y \mid do(X))$. Introducimos variables auxiliares y transformamos la expresión objetivo en una expresión sin *do* que coin-

CÁLCULO *DO* EN FUNCIONAMIENTO

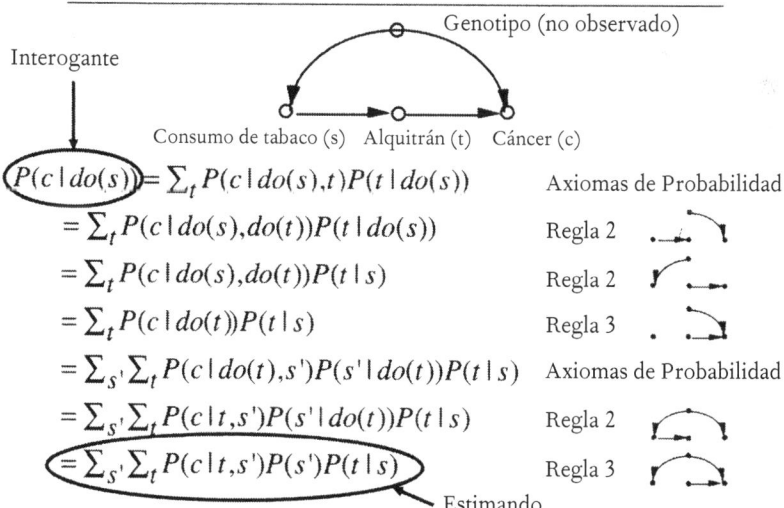

FIGURA 7.4. Derivación de la fórmula de ajuste de puerta delantera a partir de las reglas de cálculo *do*.

cide, claro está, con la fórmula de ajuste de puerta delantera. Cada paso del argumento deriva su licencia del diagrama causal que relaciona X, Y y las variables auxiliares o, en varios casos, de subdiagramas en los que se han borrado flechas para dar cuenta de intervenciones. La autorización se muestra en la columna derecha.

Siento un cariño especial por el cálculo *do*. Con estas tres humildes reglas conseguí derivar la fórmula de la puerta delantera. Este fue el primer efecto causal estimado por medios distintos al control de factores de confusión. Creía que nadie podría hacerlo sin el cálculo *do*, por lo que lo presenté como un desafío en un seminario de estadística, celebrado en Berkeley en 1993, y hasta ofrecí un premio de 100 dólares a quien lo resolviera. Paul Holland, que asistió al seminario, escribió que había asignado el problema como proyecto de clase y me enviaría la solución cuando estuviera madura (unos colegas me han contado que llegó a presentar una extensa solución en un congreso de 1995; quizá le deba los 100 dólares, pero por ahora no he podido ver la prueba). Los economistas James Heckman y Rodrigo Pinto fueron los siguientes en intentar demostrar la fórmula de puerta delantera «de cero», en 2015. Lo consiguieron, aunque a costa de ocho páginas de arduo trabajo.

En un restaurante, la tarde antes de la charla, le había escrito a David Freedman la demostración (muy similar a la de la Figura 7.4) en una servilleta. Luego me escribió para decirme que había perdido la servilleta y no podía reconstruir el argumento, y quería saber si tenía alguna copia. Al día siguiente Jamie Robins me escribió desde Harvard para decirme que le habían hablado de Freedman y el «problema de la servilleta», y acto seguido se ofreció a volar a California para verificar la prueba conmigo. Fue apasionante compartir con Robins los secretos del cálculo *do*, y creo que su viaje a Los Ángeles aquel año fue la clave del entusiasmo con que aceptó los diagramas causales. A través de su influencia y la de Sander Greenland, los diagramas se han convertido en un segundo lenguaje para los epidemiólogos. Esto explica también por qué siento especial cariño por el «problema de la servilleta».

La fórmula del ajuste de puerta delantera fue una sorpresa deliciosa y un indicio de que el cálculo *do* podía ofrecernos cosas importantes. Sin embargo en este punto yo todavía me preguntaba si las tres reglas del cálculo *do* eran suficientes. ¿Cabía la posibilidad de que nos hubiera pasado por alto una cuarta regla que pudiera ayudarnos a resolver los problemas que con tan solo tres son insolubles?

En 1994, cuando propuse por vez primera el cálculo *do*, seleccioné esas tres reglas porque eran suficientes para todos los casos que conocía. No sabía si, como el hilo de Ariadna, siempre nos llevarían al exterior del laberinto, o si algún día me encontraría con un laberinto de una complejidad tan endiablada que no podría escapar. Por supuesto confiaba en que saldría bien. Conjeturé que cada vez que un efecto causal se puede estimar a partir de los datos, una secuencia de pasos que recurra a las tres reglas eliminaría el operador *do*. Pero no lo podía probar.

Este tipo de problema tiene muchos precedentes en matemáticas y lógica. En lógica matemática esta propiedad se suele denominar «completitud»; un sistema de axiomas que está completo tiene la propiedad de que los axiomas bastan para derivar cualquier afirmación verdadera en ese lenguaje. Algunos sistemas de axiomas muy buenos son incompletos: por ejemplo, los axiomas con los que Philip Dawid describe la independencia condicional en teoría de la probabilidad.

En esta versión moderna de la leyenda del laberinto, dos grupos de investigadores interpretaron el papel de Ariadna para mi Teseo errante: Yiming Huang y Marco Valtorta, en la Universidad de Carolina del Sur, y uno de mis propios estudiantes, Ilya Shpitser, en la Universidad de California en Los Ángeles (UCLA). De forma independiente y simultánea, los dos grupos demostraron que las Reglas 1 a 3 bastan para salir de cualquier laberinto *do* que tenga salida. No estoy seguro si el mundo aguardaba con expectación su resultado sobre la completitud, porque para entonces la mayoría de investigadores estaban satisfechos con el simple uso de los criterios de puerta delantera y puerta trasera. Pese a todo los dos equipos fueron galardonados con premios a los mejores artículos de estudiantes en el congreso «Incertidumbre en Inteligencia Artificial», de 2006.

Confieso que yo sí aguardaba con expectación el resultado. Nos dice que si no podemos hallar una manera de estimar $P(Y \mid do(X))$ a partir de las Reglas 1 a 3, entonces no existe solución. En tal caso sabemos que no hay alternativa a realizar un ensayo controlado aleatorio. También nos dice qué experimentos o premisas adicionales podrían convertir el efecto causal en estimable.

Antes de declarar la victoria total, deberíamos debatir un problema del cálculo *do*. Como cualquier otro cálculo, permite construir una prueba, pero no nos ayuda a encontrarla. Es un excelente medio de verificar una solución, pero no tan bueno a la hora de buscarla. Si uno conoce la secuencia correcta de transformaciones, es fácil demostrarle a otros (que estén familiarizados con las Reglas 1 a 3) que se puede eliminar el operador *do*. En cambio, si se desconoce la secuencia correcta, no es fácil descubrirla, ni siquiera determinar si existe alguna. Si usamos la analogía con las demostraciones geométricas, es necesario decidir qué construcción auxiliar probamos a continuación. ¿Un círculo alrededor del punto A? ¿Una línea paralela a AB? El número de posibilidades es ilimitado y los axiomas en sí mismos no nos orientan sobre qué probar a continuación. Recuerdo que mi profesora de geometría del instituto solía decir que uno necesita «gafas matemáticas».

En lógica matemática esto se conoce como «problema de decisión». Muchos sistemas lógicos están aquejados por problemas de decisión intratables. Por ejemplo, dado un montón de fichas de dominó de varios tamaños, no tenemos forma tratable de decidir si los podemos disponer de forma que rellenen un cuadrado de una medida dada. En cambio una vez se ha propuesto una disposición, no se tarda nada en verificar si constituye o no una solución.

Por suerte (otra vez) para el cálculo *do*, aquí el problema de decisión resulta manejable. Ilya Shpitser, a partir de trabajos anteriores de otro de mis estudiantes, Jian Tian, encontró un algoritmo que en un «tiempo polinomial» decide si existe una solución. Es un término algo técnico, pero si seguimos con la analogía del laberinto, querría decir que contamos con una forma de salir del laberinto mucho más manejable que lanzarse al azar por todos los caminos posibles.

El algoritmo de Shpitser para encontrar todos y cada uno de los efectos causales no elimina la necesidad del cálculo *do*. De hecho lo necesitamos aún más, por varias razones independientes. En primer lugar se necesita para ir más allá de los estudios observacionales. Supongamos que se da el peor de los casos y que nuestro modelo causal no permite estimar el efecto causal $P(Y \mid do(X))$ a partir de la simple observación. Quizá tampoco podemos realizar un experimento aleatorizado con asignación de X al azar. Un investigador con recursos se preguntaría tal vez si podríamos estimar $P(Y \mid do(X))$ aleatorizando alguna otra variable (por ejemplo, Z) si resulta más accesible que controlar X. Pongamos que, si queremos evaluar el efecto de los niveles de colesterol (X) sobre una enfermedad coronaria (Y), pudiéramos manipular la alimentación de los sujetos (Z) en vez de ejercer el control directo sobre los niveles de colesterol en la sangre.

Entonces preguntamos si podemos encontrar una Z sustituta que nos permita dar respuesta a la pregunta causal. En el mundo del cálculo *do*, la pregunta es si podemos encontrar una *Z* tal que podamos transformar $P(Y \mid do(X))$ en una expresión en la que la variable *Z* (pero no *X*) esté sometida a un operador *do*. Se trata de un problema del todo distinto, que el algoritmo de Shpitser no cubre. Por fortuna también tiene una contestación completa, gracias a un nuevo algoritmo descubierto por Elias Bareinboim en mi laboratorio, en 2012. Aún surgen más problemas de esta clase cuando consideramos problemas de transportabilidad o de validez externa: valorar si un resultado experimental seguirá siendo válido cuando se lo transporte a un entorno distinto que puede diferir del estudiado en varios aspectos clave. Este conjunto de preguntas más ambiciosas toca con el núcleo mismo de la metodología científica, porque no hay ciencia sin generalización. Pero la cuestión de la generalización lleva al menos dos siglos pendiente, sin que se haya avanzado ni una pizca. Las herramientas necesarias para producir una solución, simplemente, no estaban disponibles. En 2015, Bareinboim y yo presentamos una ponencia en la Academia Nacional de Ciencias que solventaba el problema, a condición de que uno pueda expresar sus premisas sobre los dos entornos por medio de un diagrama causal. En este caso las reglas del cálculo *do* proporcionan un método sistemático de determinar si los efectos causales hallados en el entorno de estudio nos pueden ayudar a estimar los efectos en el entorno objetivo que se busca.

Pero aún hay otra razón por la que el cálculo *do* sigue siendo importante: la transparencia. Mientras yo escribía este capítulo, Bareinboim (que ahora es profesor en Purdue) me envió un nuevo rompecabezas: un diagrama con tan solo cuatro variables observadas, *X*, *Y*, *Z* y *W*, y dos variables no observables, U_1 y U_2 (véase la Figura 7.5). Me retó a averiguar si se podía estimar el efecto de *X* sobre *Y*. No había manera de bloquear los caminos de puerta trasera ni había condición de puerta delantera. Lo intenté con todos mis atajos predilectos, y con mis otros argumentos por lo demás intuitivos, tanto de pros como de contras; y no vi forma de hacerlo. No podía encontrar la salida del laberinto. Sin embargo en cuanto Bareinboim me susurró: «Prueba con el cálculo *do*», la respuesta apareció reluciente como la sonrisa de un bebé. Cada paso era claro y significativo. Este es ahora el modelo más simple que conocemos en el que el efecto causal se tiene que estimar por un método que vaya más allá de los ajustes de puerta trasera y delantera.

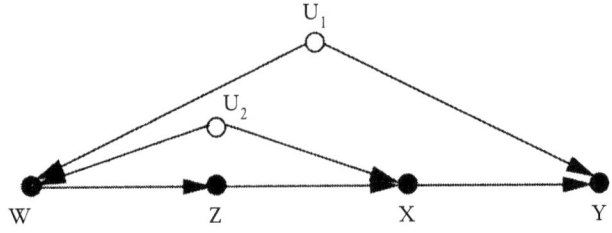

FIGURA 7.5. ¿Un nuevo problema de la servilleta?

Para no dejarle con la impresión de que el cálculo *do* solo conviene para la teoría o como rompecabezas recreativo, concluiré esta sección con un problema práctico que plantearon hace poco dos figuras destacadas de la estadística, Nanny Wermuth y David Cox. Demuestra cómo un susurro amigable —«Prueba con el cálculo *do*»—, puede ayudar a expertos de la estadística a solventar problemas prácticos difíciles.

Hacia 2005, Wermuth y Cox se interesaron por un problema conocido como «decisiones secuenciales» o «tratamientos con variación temporal», que son habituales, por ejemplo, en la atención al SIDA. Es típico administrar los tratamientos durante un período de tiempo, y en cada período los médicos varían la fuerza y dosificación de un tratamiento continuado según sea el estado del paciente. En el estado del paciente, por otro lado, influyen los tratamientos que ha recibido en el pasado. Así pues acabamos con un escenario como el ilustrado en la Figura 7.6, que muestra dos períodos temporales y dos tratamientos. El primer tratamiento es aleatorio (*X*), y el segundo (*Z*) se da en respuesta a una observación (*W*) que depende de *X*. Frente a los datos recogidos bajo tal régimen de tratamiento, la tarea de Cox y Wermuth era predecir el efecto de *X* sobre el resultado *Y*, suponiendo que se lograra mantener *Z* constante a través del tiempo, con independencia de la observación *W*.

Jamie Robins fue el primero que me llamó la atención sobre el problema de los tratamientos con variación temporal, en 1994. Con ayuda del cálculo *do* fuimos capaces de derivar una solución general que invocaba una versión secuencial de la fórmula de ajuste de puerta trasera. Wermuth y Cox, que no estaban al corriente de este método, denominaron su problema «confusión indirecta» y publicaron tres artículos sobre su análisis (2008, 2014 y 2015). Como no lo pudieron resolver en general, recurrieron a una aproximación lineal, pero incluso en el

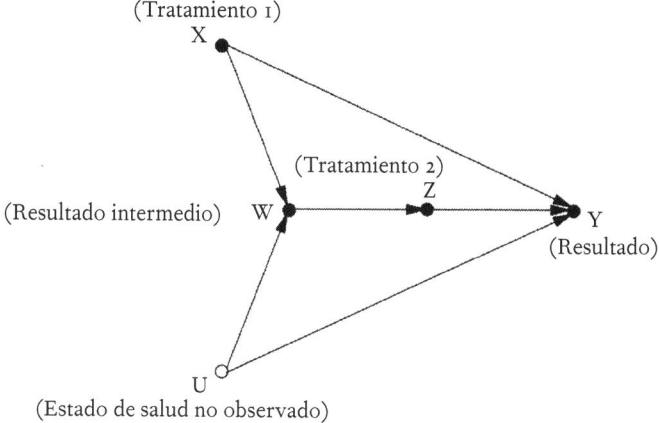

(Tratamiento 1)
X

(Tratamiento 2)
Z

(Resultado intermedio) W

Y
(Resultado)

U
(Estado de salud no observado)

FIGURA 7.6. Ejemplo de un tratamiento secuencial, por Wermuth y Cox.

caso lineal les resultó difícil manejar la situación porque no se puede resolver con los métodos de regresión estándar.

Afortunadamente cuando una musa me susurró al oído: «Prueba con el cálculo *do*», me di cuenta de que el problema de Wermuth y Cox se podía solventar con tres líneas de cálculo. La lógica es la siguiente. Nuestra cantidad objetivo es $P(Y \mid do(X), do(Z))$, mientras que los datos de los que podemos disponer se presentan con la forma $P(Y \mid do(X), Z, W)$ y $P(W \mid do(X))$. Reflejan el hecho de que, en el estudio del que tenemos datos, Z no se ha controlado externamente pero sigue a W por algún protocolo (no observado). Así pues, nos aguarda la tarea de transformar la expresión objetivo en otra expresión de modo que se reflejen las condiciones de estudio en las que el operador *do* se aplica solo a X, no a Z. Sucede que una sola aplicación de las tres reglas del cálculo *do* puede conseguir tal fin. La moraleja del cuento no es otra que el sincero aprecio por la capacidad de las matemáticas de resolver problemas difíciles que a veces entrañan consecuencias prácticas.

EL TAPIZ DE LA CIENCIA O LOS ACTORES OCULTOS EN LA ORQUESTA «DO»

Ya he mencionado la aportación de algunos de mis estudiantes al tejido del hermoso tapiz del cálculo *do*. Como cualquier tapiz, transmite una impresión de completitud que puede ocultar lo penosa que ha resultado la fabricación y la cantidad de manos que han colaborado en el proceso. En este caso fueron necesarios más de veinte años y las aportaciones de varios estudiantes y colegas.

El primero fue Thomas Verma, al que conocí cuando tenía dieciséis años. Su padre me lo trajo al despacho un día y me dijo, por resumirlo en pocas palabras: «Dale algo que hacer». Con todo su talento, no había modo de que los profesores de matemáticas de la secundaria pudieran captar su interés. Lo que acabó por conseguir fue en verdad asombroso. Verma acabó demostrando lo que se ha dado en llamar «propiedad de D-separación» (el hecho de que se pueden usar las reglas de bloqueo de caminos para determinar qué independencias deberían mantenerse en los datos). A veces compensa ser joven e ingenuo: según me contó, Verma demostró la propiedad de D-separación pensando que se trataba de unos deberes... ¡no de una conjetura no resuelta! El legado del joven aún se puede ver en la Regla 1 del cálculo *do* y en toda huella que el bloqueo de caminos deje en el primer peldaño de la Escalera de la Causalidad.

El poder de la demostración de Verma no se habría apreciado totalmente sin un resultado complementario que enseñara que no se puede mejorar; es decir, que un diagrama causal no implica otras independencias, salvo las reveladas por el bloqueo de caminos. Este paso lo completó otro estudiante, Dan Geiger. Había pasado a mi laboratorio de investigación desde otro grupo de la UCLA y yo le prometí darle un «doctorado instantáneo» si conseguía demostrar dos teoremas. ¡Cumplió! Y yo también. Ahora es decano de ciencia informática en la Universidad Technion de Israel, mi *alma mater*.

Pero Dan no fue el único estudiante que robé a otros departamentos. Cierto día de 1997, mientras me estaba cambiando en el vestuario de la piscina de la UCLA, entablé conversación con un joven chino. Estaba estudiando un doctorado de Física y, como yo solía hacer por entonces, intenté convencerle de que se pasara a la inteligencia artificial, que era donde verdaderamente había acción. No le acabé de convencer, pero justo al día siguiente recibí un correo de un amigo suyo, Jin Tian, que sí deseaba pasar de la física a las ciencias informáticas y quería saber si podía plantearle algún proyecto de verano que le resultara exigente. Dos días más tarde estaba trabajando en mi laboratorio.

Cuatro años después, en abril de 2001, asombró al mundo con un criterio gráfico simple que generaliza la puerta delantera, la puerta trasera y todas las puertas que en aquel momento éramos capaces de imaginar. Recuerdo haber presentado el criterio de Tian en un congreso, en Santa Fe. Uno tras otro, diversos capitostes de la comunidad investigadora se quedaron mirando mi exposición con desconfianza: les parecía imposible que un criterio tan simple funcionara para todos los diagramas.

Tian (que ahora es profesor en la Universidad Estatal de Iowa) llegó a nuestro laboratorio con un estilo de pensamiento que entonces, en la década de 1990, nos resultaba innovador. Nuestras conversaciones siempre estaban cargadas de metáforas arriesgadas y conjeturas a medio cocer. Pero Tian no pronunciaba una palabra que no fuera estrictamente rigurosa, demostrada y bien cocida en la base, el remate y el centro del pastel. La combinación de aquellos dos estilos dio buenos resultados. El método de Tian (denominado «descomposición *c*») permitió a Ilya Shpitser desarrollar su algoritmo completo para el cálculo *do*. Moraleja: ¡Nunca subestimes una conversación de vestuario!

Ilya Shpitser llegó cuando se culminaban diez años de batalla por comprender las intervenciones. Personalmente era un período muy difícil, en el que tuve que tomarme un tiempo de permiso para organizar una fundación en honor de nuestro hijo Daniel, víctima del terrorismo antioccidental. Siempre había pedido a mis estudiantes que fueran autosuficientes, pero en aquel momento la expectativa fue más bien una exigencia extrema. Respondieron con el mejor de los regalos imaginables: dieron los toques definitivos, cruciales, al tapiz del cálculo *do*. Yo no lo habría conseguido. De hecho intenté disuadir a Ilya de su afán por demostrar la completitud del cálculo *do*; las pruebas de completitud son especialmente difíciles y no las puedo recomendar a ningún estudiante que desee acabar el doctorado a tiempo. Ilya, por suerte, lo hizo a mis espaldas.

Los colegas también ejercen un efecto profundo en la propia forma de pensar, en momentos cruciales. Peter Spirtes, profesor de filosofía en Carnegie-Mellon, me precedió en abordar la causalidad por medio de las redes, y ejerció una influencia esencial. En una conferencia que pronunció en Uppsala, Suecia, tuve la primera noticia de que se podía pensar en las intervenciones como en un borrado de flechas de un diagrama causal. Hasta entonces me había lastrado la misma carga que tantas generaciones de estadísticos: intentaba concebir la causalidad como un solo diagrama en representación de una distribución de probabilidades estática.

La idea de borrar flechas tampoco era estrictamente original de

Spirtes. En 1960, dos economistas suecos, Robert Strotz y Herman Wold, propusieron esencialmente esta misma idea. En el mundo de la economía del momento nunca se usaban diagramas; en su lugar los economistas se basaban en modelos de ecuaciones estructurales, que son las ecuaciones de Sewall Wright sin los diagramas. Borrar flechas en un diagrama de caminos se corresponde con borrar una ecuación de un modelo de ecuaciones estructurales. Así pues, la primera idea se la debemos atribuir a Strotz y Wold, en un sentido lato; porque aún podríamos ir más atrás en la historia y recordar que les precedió el economista noruego Trygve Haavelmo (premiado con el Nobel), que en 1943 abogó por modificar ecuaciones para representar intervenciones.

En todo caso, cuando Spirtes introdujo el borrado de ecuaciones en el mundo de los diagramas causales desencadenó una avalancha de nuevas perspectivas y nuevos resultados. El criterio de la puerta trasera fue uno de los primeros beneficiarios de este traslado, y le siguió el cálculo *do*. La avalancha, no obstante, no ha concluido. Aún se producen adelantos en áreas tales como los contrafactuales, la generalizabilidad, la ausencia de datos y el aprendizaje de las máquinas.

Si yo fuera menos modesto cerraría esta sección con la famosa referencia de Isaac Newton al hecho de haberse «alzado a hombros de gigantes». Pero siendo quien soy prefiero citar de la Misná: *Harbe lamadeti mirabotai um'haverai yoter mehem, umitalmidai yoter mikulam*, es decir: «He aprendido mucho de mis maestros, y más aún de mis colegas, y sobre todo de mis estudiantes» (Taanit 7a). El operador *do* y el cálculo *do* no existirían en la forma actual sin las aportaciones de Verma, Geiger, Tian y Shpitser, entre otros.

EL EXTRAÑO CASO (DOBLE) DEL DOCTOR SNOW

En 1853 y 1854 Inglaterra estaba presa de una epidemia de cólera. En aquellos tiempos el cólera era tan aterrador como pueda serlo hoy el Ébola: una persona sana que beba agua contaminada por el cólera puede morir antes de veinticuatro horas. Hoy sabemos que el cólera lo causa una bacteria que ataca los intestinos. Se expande por la peculiar diarrea acuosa de sus víctimas (se la suele comparar con «agua de arroz»), que los enfermos excretan con profusión antes de morir.

Pero en 1853 los gérmenes patógenos aún no eran visibles bajo el microscopio, no ya en el caso del cólera, sino de ninguna enfermedad. La teoría imperante sostenía que el cólera se debía a un «miasma» de aire insano, y al parecer la respaldaba el hecho de que la epidemia azotara con mayor intensidad los barrios más pobres de Londres, donde el saneamiento era peor.

El doctor John Snow, un médico que llevaba más de veinte años atendiendo a víctimas del cólera, siempre había sido escéptico con la teoría de los miasmas. Aducía —razonablemente— que si los síntomas se manifestaban en el tracto intestinal, era aquí donde debía iniciarse el contacto del cuerpo con el patógeno. Pero como no podía ver al culpable, no había forma de demostrarlo. No, al menos, hasta la epidemia de 1854.

El cuento de John Snow consta de dos capítulos, uno mucho más famoso que el otro. En lo que podríamos denominar «versión de Hollywood», el meticuloso médico va pasando por las casas para apuntar dónde ha habido fallecimientos, y se fija en un grupo de varias docenas de víctimas que residían cerca de una bomba de agua de la calle Broad. Habla con los habitantes de la zona y constata que casi todas las víctimas habían extraído el agua de esa misma bomba. Tiene noticia incluso de un caso fatal ocurrido lejos de allí, en Hampstead, a una mujer que solía acudir a la calle Broad porque apreciaba el gusto de aquella agua en particular. Ella y una sobrina habían bebido de aquella bomba y habían muerto, mientras que los demás residentes de Hampstead ni siquiera habían enfermado. Ante aquellos datos, Snow pide a las autoridades locales que eliminen la palanca de accionamiento de la bomba, para anularla. El 8 de septiembre acceden y, en palabras del biógrafo de Snow, «se retiró la palanca y la mortandad cesó».

El cuento es tan maravilloso que, en nuestros días, una Sociedad de John Snow representa cada año la retirada de la famosa palanca. Pero la verdad es que anular aquella bomba apenas hizo mella en una epidemia urbana que acabó costando la vida a casi 3.000 personas.

En el capítulo no hollywoodiense volvemos a encontrar al doctor Snow por las calles de Londres, pero en esta ocasión su verdadero objetivo es averiguar de dónde sacan el agua los londinenses. En aquel momento había dos grandes compañías de suministro: la Compañía Southwark and Vauxhall y la Compañía Lambeth. La diferencia crucial entre las dos —como bien sabía Snow— era que la primera tomaba el agua de la zona del Puente de Londres, que estaba corriente abajo con respecto a las alcantarillas. La última en cambio había desplazado la toma de agua algunos años antes, a un emplazamiento situado corriente arriba. Así pues, los clientes de Southwark recibían agua contaminada por los excrementos de las víctimas del cólera, y los de Lambeth, en cambio, agua sin contaminar (todo esto es independiente del agua de la calle Broad, que procedía de un pozo).

Las estadísticas de los fallecimientos confirmaron la sombría hipótesis de Snow. Los barrios abastecidos por la Compañía Southwark and Vauxhall sufrían más casos de cólera y la tasa de mortalidad era ocho veces más alta. Aun así, las evidencias eran meramente circunstanciales. Un defensor de la teoría de los miasmas podía alegar que estos eran más potentes en esos barrios y ¿cómo demostrar lo contrario? Si pensamos en un diagrama causal, nos hallamos ante la situación dibujada en la Figura 7.7. No tenemos manera de observar el factor de confusión Miasmas (u otros factores de confusión, como Pobreza) y, por lo tanto, no podemos introducir un control por medio del ajuste de puerta trasera.

Aquí es donde Snow tuvo su idea más brillante. Se dio cuenta de que en los barrios abastecidos por las dos compañías, la tasa de mortalidad seguía siendo mucho más elevada en los hogares que recibían el agua de Southwark. Pero estas familias no mostraban especificidades atribuibles a miasmas o pobreza. «La heterogeneidad del abastecimiento es absoluta —escribió Snow—. Las cañerías de ambas compañías bajan por las mismas calles y entran en casi todos los patios y callejones... Las dos compañías abastecen a ricos y pobres, a grandes casas y hogares humildes; no hay diferencia ni en la condición ni en la ocupación de las personas que reciben el agua de las distintas compañías».

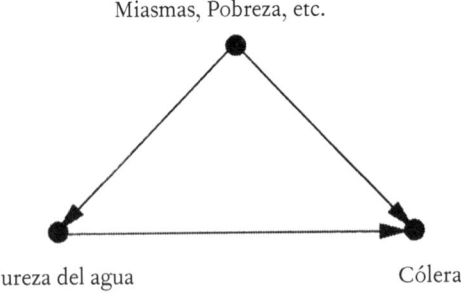

FIGURA 7.7. Diagrama causal para el cólera (antes de que se descubriera el bacilo del cólera).

Aunque el concepto de un ensayo controlado aleatorio aún debía esperar muchos años, en la práctica era como si las suministradoras hubieran realizado tal experimento aleatorio con los londinenses. Snow llega a escribir: «No se podría haber imaginado un estudio que examinara con mayor escrupulosidad el efecto del abastecimiento de agua sobre el avance del cólera que este, cuyas circunstancias aparecen ante el observador ya determinadas de entrada. El experimento, por otro lado, era de una escala excepcional. No menos de trescientas mil personas de ambos sexos, de toda edad y empleo, de todo rango y condición, desde los caballeros hasta los menesterosos, se dividieron en dos grupos sin haberles dado elección y, en la mayoría de los casos, incluso sin su conocimiento». Un grupo había recibido agua pura; el otro, contaminada con aguas residuales.

Las observaciones de Snow introdujeron una nueva variable en el diagrama causal, que ahora es como el de la Figura 7.8. La escrupulosidad de la tarea detectivesca de Snow había puesto de manifiesto dos cosas de importancia: (1) entre Miasmas y Compañía de aguas no hay flecha (las dos son independientes), y (2) hay una flecha entre Compañía de aguas y Pureza del agua. Snow no lo precisó, pero hallamos aún un tercer supuesto, no menos importante: (3) la ausencia de una flecha directa entre Compañía de aguas y Cólera, una cuestión que hoy nos resulta evidente, porque sabemos que las suministradoras no llevaban el cólera a los clientes por ninguna otra vía alternativa.

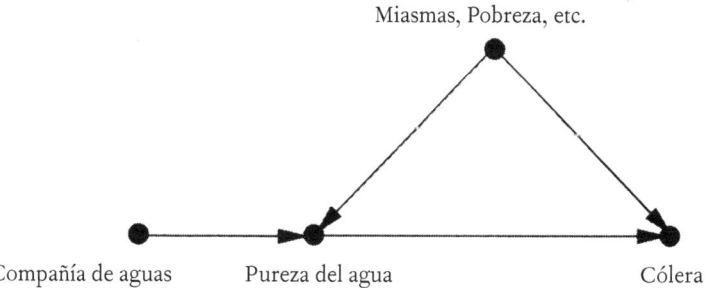

FIGURA 7.8. Diagrama para el cólera después de introducir una variable instrumental.

Una variable que satisface estas tres propiedades se conoce hoy con el nombre de «variable instrumental». Parece claro que Snow imaginó esta variable como algo parecido al lanzamiento de una moneda a cara o cruz, que simula una variable a la que no acceden flechas. Como no hay factores de confusión de la relación entre Compañía de aguas y Cólera, toda asociación observada tiene que ser causal. De la misma manera, como el efecto de Compañía de aguas sobre Cólera tiene que pasar por Pureza del agua, llegamos a la misma conclusión que Snow: la asociación observada entre Pureza del agua y Cólera también tiene que ser causal. Snow formuló su propia conclusión sin ninguna ambigüedad: si la Compañía Southwark and Vauxhall hubiera desplazado corriente arriba la toma de agua, se habrían salvado más de un millar de vidas.

En su momento, pocas personas tomaron nota de las conclusiones de Snow. Publicó los resultados a sus propias expensas, en un opúsculo que vendió la prodigiosa cifra de cincuenta y seis ejemplares. En nuestros días los epidemiólogos consideran el opúsculo de Snow como el documento que dio a luz su disciplina. Puso de manifiesto que «investigando a base de suela de zapato» (tomo prestada la imagen a David Freedman) y de razonamiento causal, se acaba por localizar al asesino.

Aunque la teoría de los miasmas ha quedado desacreditada, existían sin duda factores de confusión: la pobreza, también el lugar. Pero incluso sin medir tales factores (el trabajo detectivesco de Snow fue puerta a puerta, pero no llegó tan lejos) aún podemos utilizar variables instrumentales para determinar cuántas vidas se habrían salvado al purificar el abastecimiento de agua.

El truco funciona como sigue. Por mor de la simplicidad, recuperaremos los nombres Z, X, Y y U para nuestras variables y redibujaremos la Figura 7.8 según se puede observar en la Figura 7.9. He incluido coeficientes del camino (a, b, c, d) para representar la fuerza de los efectos causales. Esto comporta la premisa de que las variables son numéricas y que las funciones que las relacionan son lineales. Recordemos que un coeficiente del camino a significa que una intervención

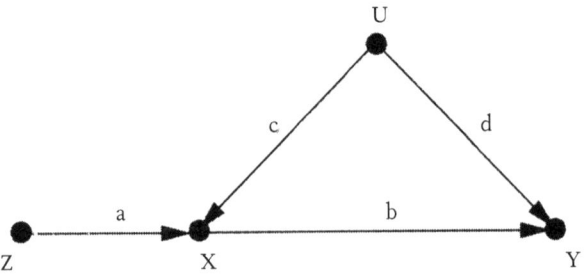

FIGURA 7.9. Disposición general de las variables instrumentales.

para aumentar Z en una unidad estándar hará que X aumente en a unidades estándar (aquí omitiré los detalles técnicos sobre las «unidades estándar»).

Como entre Z y X no hay factor de confusión, el efecto causal de Z sobre X (es decir, a) se puede estimar a partir de la pendiente r_{XZ} de la línea de regresión de X sobre Z. De un modo similar, no hay confusión entre las variables Z e Y porque el camino $Z \rightarrow X \leftarrow U \rightarrow Y$ está bloqueado por el colisionador X. Así pues, la inclinación de la línea de regresión de Z sobre Y (r_{ZY}) será igual al efecto causal sobre el camino directo $Z \rightarrow X \rightarrow Y$, que es el producto de los coeficientes del camino: ab. Por lo tanto tenemos dos ecuaciones: $ab = r_{ZY}$ y $a = r_{ZX}$. Si dividimos la primera ecuación entre la segunda obtendremos el efecto causal de X sobre Y: $b = r_{ZY}/r_{ZX}$.

De este modo, las variables instrumentales nos permiten realizar la misma clase de truco de magia que hicimos con el ajuste de puerta delantera: hemos hallado el efecto de X sobre Y sin haber podido siquiera introducir controles (o reunir datos) sobre el factor de confusión U. A los administradores del abastecimiento podemos presentarles un argumento fehaciente de que deberían trasladar la toma de agua, con independencia de que ellos quizá sigan creyendo en la teoría de los miasmas. Nótese también que hemos conseguido información del segundo peldaño de la Escalera de la Causalidad (b) a partir de información del primer peldaño (las correlaciones r_{ZY} y r_{ZX}). Podemos hacerlo porque las premisas que implica el diagrama de caminos son de naturaleza causal, en especial el supuesto clave de que no hay flecha entre U y Z. Si el diagrama causal fuera otro —por ejemplo, si Z fuera factor de confusión de X e Y— entonces la fórmula $b = r_{ZY}/r_{ZX}$ no estimaría correctamente el efecto causal de X sobre Y. De hecho estos dos modelos no los podría separar ningún método estadístico, por macro que llegaran a ser los datos.

Las variables instrumentales ya se conocían antes de la Revolución Causal, pero los diagramas causales han aportado nueva claridad a la forma en que funcionan. De hecho Snow estaba usando una variable instrumental, implícitamente, aunque no contara con una fórmula cuantitativa. Sin lugar a dudas Sewall Wright comprendió este uso de los diagramas de caminos: la fórmula $b = r_{ZY}/r_{ZX}$ se puede derivar directamente de su método de los coeficientes del camino. Y al parecer, la primera persona (aparte de Sewall Wright) que empleó las variables instrumentales de forma deliberada fue... ¡su propio padre, Philip Wright!

Recordemos que Philip Wright era un economista que trabajaba en lo que luego se convirtió en la Institución Brookings. Le interesaba predecir cómo cambiaría la producción de una mercancía si se aprobaba un arancel que elevara el precio y —en teoría— estimulara por lo tanto la producción. Dicho en el lenguaje de la economía: quería conocer la elasticidad de la oferta.

En 1928 Wright escribió una larga monografía dedicada a computar la elasticidad de la oferta en el ámbito del aceite de linaza. En un apéndice valioso analizó el problema por medio de un diagrama de caminos. Fue un acto valiente: recuérdese que, hasta entonces, ningún economista había visto ni tenido noticia de cosa similar (por si acaso cubrió todos los frentes y también verificó los cálculos recurriendo a métodos más tradicionales).

La Figura 7.10 muestra una versión algo simplificada del diagrama de Wright. A diferencia de la mayoría de diagramas de este libro, este diagrama cuenta con una flecha «de ida y vuelta». Le pediría a los lectores que no pierdan el sueño por ello. Con algunos trucos matemáticos podríamos sustituir la cadena Demanda → Precio → Oferta con una sola flecha Demanda → Oferta, y entonces el diagrama tendría el mismo aspecto que la Figura 7.9 (aunque a los economistas les resultaría menos aceptable). En lo que aquí conviene hacer hincapié es en que Philip Wright introdujo voluntariamente la variable Rendimiento por acre (de plantación de linaza) como un instrumento que afecta directamente la oferta pero carece de correlación con la demanda. Luego utilizó un análisis como el que acabo de plantear para deducir tanto el efecto de la oferta sobre el precio como el efecto del precio sobre la oferta.

Entre los historiadores no hay consenso al respecto de quién inventó las variables instrumentales, un método que adquirió una popularidad extrema en la econometría moderna. Desde mi punto de vista no cabe duda de que Philip Wright tomó prestada de su hijo la idea de

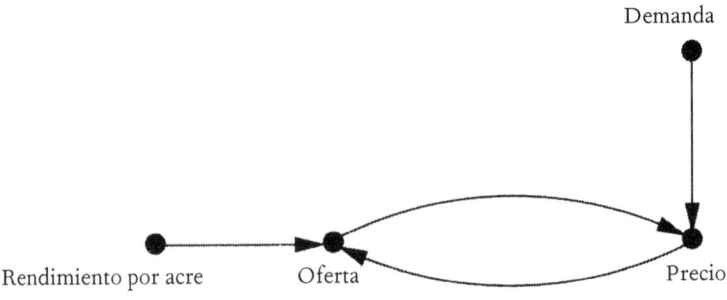

FIGURA 7.10. Versión simplificada del diagrama de precio-oferta de Wright.

los coeficientes del camino. Ningún economista había insistido hasta entonces en la distinción entre los coeficientes causales y los coeficientes de regresión; todos se hallaban en el bando de Karl Pearson y Henry Niles, que asevera que la causalidad es tan solo un caso restrictivo de correlación. Al mismo tiempo, antes de Sewall Wright nadie había proporcionado una receta para computar los coeficientes de regresión en términos de coeficientes del camino, para luego invertir el proceso y obtener los coeficientes causales a partir de la regresión. Era un invento exclusivamente atribuible a Sewall.

Como era de esperar, algunos historiadores de la economía sugirieron que fue Sewall quien compuso todo el apéndice matemático. Sin embargo se ha realizado un análisis de estilo que demuestra que el autor fue Philip. Por lo que a mí respecta, este trabajo detectivesco de historiador solo contribuye a aumentar más aún la belleza del momento. Pone de relieve que Philip se tomó la molestia de entender la teoría de su hijo y expresarla con su propio lenguaje.

Pero dejemos las décadas de 1850 y 1920 y volvamos al presente, para examinar un ejemplo de variables instrumentales en acción (tan solo uno entre las varias docenas, literalmente, que habría podido elegir).

COLESTEROL BUENO Y MALO

¿Recuerda cuando empezó su médico de cabecera a hablarle del colesterol «bueno» y «malo»? Probablemente fue en la década de 1990, cuando aparecieron en el mercado los primeros fármacos que rebajaban el nivel en sangre del colesterol «malo», las lipoproteínas de baja densidad (LBD). Estos medicamentos, las «estatinas», se han convertido en un filón para las compañías farmacéuticas, que ingresan con ellas muchos miles de millones de dólares.

Entre los primeros fármacos que modificaban el colesterol y se sometieron a un ensayo controlado aleatorio figuraba la colestiramina. El «Ensayo de Prevención Primaria Coronaria», iniciado en 1973 y concluido en 1984, mostró que, en los hombres que recibían colestiramina, el colesterol se reducía en un 12,6 % y el riesgo de sufrir un ataque al corazón, en un 19 %.

Como estamos hablando de un ensayo controlado aleatorio, quizá piense que aquí no necesitaremos ninguno de los métodos explicados en este capítulo, puesto que se han concebido específicamente para sustituir los RCT en situaciones en las que solo contamos con datos observacionales. Pero esto no es cierto. Este ensayo, como muchos otros RCT, se enfrentaba al problema del incumplimiento: cuando los sujetos asignados al azar para tomar el medicamento no se tomaban de hecho el fármaco. Esto reducirá la efectividad aparente del fármaco, así que quizá queramos ajustar los resultados para los incumplidores. Pero como de costumbre, aquí levantan de nuevo la cabeza los factores de confusión. Si los incumplidores se distinguen de los cumplidores por alguna cuestión relevante (¿y si quizá empiezan por estar más enfermos?), no podemos predecir cómo habrían respondido si se hubieran atenido a las instrucciones.

En esta situación tenemos un diagrama causal como el de la Figura 7.11. La variable Asignado (Z) adquiere el valor 1 si aleatoriamente se determina que el paciente recibe el fármaco, y 0, si se le entrega un placebo. La variable Tomado (X) será 1 si el paciente se toma de hecho el medicamento y 0 si no lo hace. Por conveniencia también adoptaremos una definición binaria de Colesterol, que nos dará el resultado 1 si los niveles de colesterol se reducen a partir de una cantidad fija dada.

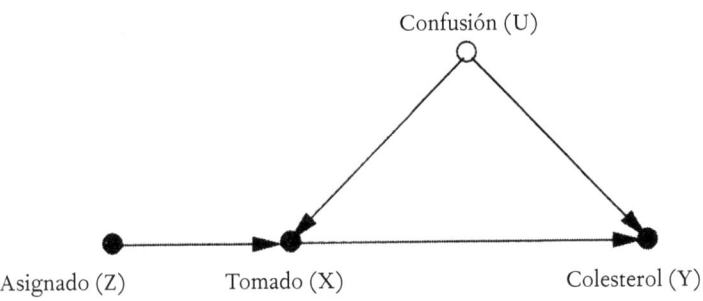

FIGURA 7.11. Diagrama causal para un RCT con incumplimiento.

Fijémonos en que, en este caso, nuestras variables son binarias, no numéricas. Esto comporta de entrada que no podemos usar un modelo lineal y, por lo tanto, tampoco podemos aplicar la fórmula de las variables instrumentales que hemos derivado antes. Sin embargo en tales casos a menudo es posible sustituir la premisa de linealidad con una condición más débil, la «monotonicidad», que explicaré más abajo.

Pero antes de entrar en ese tema, asegurémonos de que las otras premisas necesarias para las variables instrumentales son válidas. En primer lugar, ¿la variable instrumental Z es independiente del factor de confusión? La aleatorización de Z nos garantiza una respuesta positiva (como vimos en el capítulo 4, la distribución aleatoria es una forma excelente de asegurarse de que una variable no resulta afectada por ningún factor de confusión). ¿Existe algún camino directo de Z a Y? El sentido común nos dice que en ningún caso recibir un número en concreto al azar (Z) afectará al colesterol (Y), con lo cual la respuesta es: no. Y por último, ¿existe una asociación fuerte entre Z y X? En esta ocasión es preciso consultar los datos en sí, y aquí la respuesta vuelve a ser positiva. Antes de aplicar variables instrumentales siempre tenemos que plantear estas tres preguntas. En este caso las respuestas son obvias, pero no pasemos por alto el hecho de que para contestarlas estamos apelando a la intuición causal, una intuición que el diagrama capta, preserva y dilucida.

La Tabla 7.1 muestra las frecuencias observadas de los resultados X e Y. Por ejemplo, el 91,9 % de las personas a las que no se les asignó el fármaco tuvieron el resultado X = 0 (no tomaron el medicamento) e Y = 0 (su nivel de colesterol no se redujo). Esto tiene sentido. El 8,1 % restante tuvo el resultado X = 0 (no tomaron el medicamento) e Y = 1 (en su caso, el nivel de colesterol sí se redujo). Es obvio que el dato mejoró por otras razones, distintas a haber tomado el fármaco. Fijémonos asimismo en que hay dos ceros en la tabla: no hubo nadie a quien no se le asignara el medicamento (Z = 0) y sin embargo lo tomara (X = 1). En un estudio aleatorio bien organizado, en especial en el campo de la medicina, donde solo los responsables tienen acceso al fármaco experimental, esto será típicamente cierto. La premisa de que no hay personas para las que Z = 0 y X = 1 es la monotonicidad de la que hablábamos.

TABLA 7.1. Datos del ensayo de la colestiramina.

Resultado	No se asigna fármaco (Z = 0)	Se asigna fármaco (Z = 1)
X = 0, Y = 0	0,919	0,315
X = 1, Y = 0	0,000	0,139
X = 0, Y = 1	0,081	0,073
X = 1, Y = 1	0,000	0,473

Ahora veamos cómo podemos estimar el efecto del tratamiento. Primero consideremos el peor escenario posible, en el que ninguno de los incumplidores habría mejorado aun si hubiera cumplido con la ingesta acordada. En tal caso, las únicas personas que habrían tomado el fármaco y mejorado serían el 47,3 % que en efecto cumplió y mejoró. Pero esta estimación debe corregirse por el efecto placebo, que está en la tercera fila de la tabla. Entre las personas a las que se les asignó un placebo y lo tomaron, el 8,1 % mejoró. Así pues la mejora neta descontado el efecto placebo es del 47,3 % menos el 8,1 %, es decir, el 39,2 %.

¿Qué ocurriría en el mejor escenario posible, en el que todos los incumplidores habrían mejorado de haber cumplido con lo prescrito? En este caso añadimos al 31,5 % de los incumplidores más el 7,3 % a la referencia de 39,2 % que acabamos de computar, para un total de 78,0 %.

Así pues, incluso en el peor escenario, donde el factor de confusión actúa por completo en contra del medicamento, todavía podemos afirmar que el fármaco mejora el colesterol para el 39 % de la población. En el mejor escenario posible, donde la confusión redunda por entero en beneficio del fármaco, el 78 % de la población vería una mejora. Aunque los dos extremos están muy alejados entre sí, a consecuencia del elevado número de incumplidores, el investigador puede aseverar de forma categórica que el fármaco es efectivo para el fin que se le adscribe.

Esta estrategia de considerar el peor caso posible y luego el mejor posible nos dará, por lo general, un rango de valores. Obviamente sería estupendo contar con una estimación puntual, como hicimos en el caso lineal. Siempre hay formas de reducir el rango, si es necesario, y en algunos casos llegar incluso a las estimaciones puntuales. Por ejemplo, si tan solo nos interesa la subpoblación cumplidora (las personas que tomarán X si y solo si se les asigna), podremos derivar una estimación puntual conocida como Efecto Medio del Tratamiento Local (LATE, en sus siglas inglesas). En todo caso confío en que el ejemplo mostrará que no por salir del mundo de los modelos lineales tenemos las manos atadas.

Desde 1984 han seguido desarrollándose métodos de variables instrumentales, y una versión en particular ha adquirido una popularidad extraordinaria: la aleatorización mendeliana. Vemos un ejemplo. Aunque el efecto de las LBD (el colesterol «malo») ha quedado establecido, en el caso de las lipoproteínas de alta densidad (LAD, el colesterol «bueno») sigue existiendo mucha incertidumbre. Los primeros estudios observacionales, como el Estudio Cardíaco de Framingham, de finales de la década de 1970, sugirieron que las LAD tenían un efecto protector contra los ataques al corazón. Pero como las LAD elevadas suelen acompañarse de LBD bajas, ¿cómo podemos determinar qué lípido es el verdadero factor causal?

Para responder a esta pregunta supongamos que tenemos noticia de un gen que ha causado que las personas tengan niveles más altos de LAD, sin efecto sobre las LBD. Entonces podríamos trazar el diagrama causal de la Figura 7.12, donde he utilizado el Estilo de vida como posible factor de confusión. Recordemos que siempre resulta ventajoso, como en el ejemplo de Snow, usar una variable instrumental que esté aleatorizada. Si es aleatoria no hay flechas causales que apunten hacia ella. Por esta razón, un gen es perfecto como variable instrumental. Nuestros genes están aleatorizados en el momento de la concepción, por lo que es como si Gregor Mendel en persona hubiera descendido del cielo para asignar a unas personas un gen de alto riesgo y a otras, un gen de bajo riesgo. Por esto se le dio el nombre de «aleatorización mendeliana».

¿Podría haber una flecha que apuntara en la dirección opuesta, del Gen LAD al Estilo de vida? Aquí toca otra vez «gastar suela de zapato» y pensar causalmente. El gen LAD solo podría afectar al estilo de vida de una persona si esta es consciente de qué versión del gen tiene, la del LAD alto o el LAD bajo. Pero hasta 2008 estos genes no se conocían y ni siquiera hoy es nada habitual que la gente tenga acceso a esta información. Por lo tanto es muy improbable que tal flecha vaya a existir.

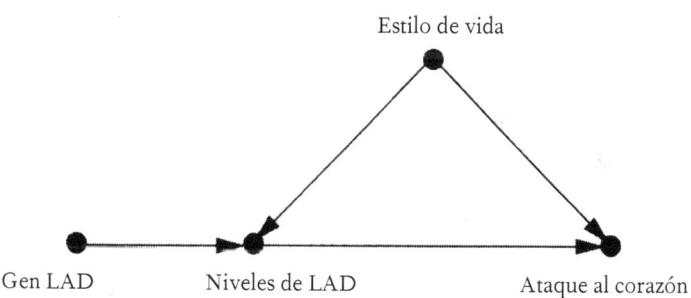

FIGURA 7.12. Diagrama causal para el ejemplo de la aleatorización mendeliana.

Al menos dos estudios han abordado la cuestión del colesterol con este enfoque de la aleatorización mendeliana. En 2012, un gigantesco estudio colaborativo, dirigido por Sekar Kathiresan del Hospital General de Massachusetts, mostró que no se observaban beneficios derivados de niveles altos de LAD. Por otro lado los investigadores hallaron que las LBD tienen un efecto muy considerable sobre el riesgo coronario. Según sus cifras, rebajar el recuento de LBD en 34 mg/dl reduciría cerca del 50 % las probabilidades de sufrir un ataque al corazón. Así pues, reducir los niveles de colesterol «malo», ya sea con la alimentación, con ejercicio o con estatinas, parece ser una idea inteligente. En cambio no parece probable que incrementar los niveles de colesterol «bueno» —por mucho que digan algunos vendedores de aceite de pescado— modifique en nada el riesgo coronario.

Como siempre, hay un *caveat*. El segundo estudio, publicado ese mismo año, señalaba que las personas con la variante del gen LBD que menor riesgo entraña poseen niveles más bajos de colesterol durante toda su vida. La aleatorización mendeliana revela que rebajar las propias LBD en 34 unidades durante toda la vida reducirá el riesgo de sufrir un ataque al corazón en un 50 %; pero las estatinas no pueden rebajar ese colesterol durante toda una vida, sino solo a partir del día en que empezamos a tomar el fármaco. Si uno ha cumplido los sesenta, sus arterias llevan todo ese tiempo sufriendo el daño que les correspondiera. Por lo tanto es muy probable que la aleatorización mendeliana sobrestime los verdaderos beneficios de las estatinas. Por otro lado si uno empieza a reducir el colesterol cuando es joven —ya sea, de nuevo, mediante la alimentación, el ejercicio o incluso las estatinas— más adelante esto surtirá un gran efecto.

Desde el punto de vista del análisis causal, podemos extraer una buena lección: en todo estudio sobre intervenciones, es necesario preguntar si la variable que estamos manipulando (niveles de LBD a lo largo de una vida) es la misma variable que creemos estar manipulando (nivel actual de LBD). Forma parte del «hábil interrogatorio a la naturaleza».

En resumen: las variables instrumentales son una herramienta importante en la medida en que nos ayudan a descubrir información causal que va más allá del cálculo *do*. Este último insiste en las estimaciones puntuales, antes que en las desigualdades, y no puede aportar nada en casos como la Figura 7.12, en los que solo podemos obtener desigualdades. Por otro lado también es importante darse cuenta de que el cálculo *do* es inmensamente más flexible que las variables instrumentales. En el cálculo *do* no hacemos ninguna clase de suposiciones previas sobre la naturaleza de las funciones del modelo causal. Pero si por razones científicas podemos justificar una de las premisas, como la monotonicidad o la linealidad, entonces vale la pena sopesar el recurso a las variables instrumentales, que son una herramienta más específica.

Los métodos de las variables instrumentales se pueden extender más allá de los simples modelos de cuatro variables, como la Figura 7.9 (o 7.11, 7.12), pero es imposible llegar muy lejos sin la guía de los diagramas causales. Por ejemplo en algunos casos un instrumento imperfecto (no es independiente del factor de confusión) se puede utilizar después de haber condicionado a un conjunto de variables escogido con inteligencia, que bloquee los caminos entre el instrumento y el factor de confusión. Carlos Brito, que ha sido estudiante mío y ahora es profesor en la Universidad de Ceará, en Brasil, ha desarrollado plenamente esta idea de convertir las variables no instrumentales en variables instrumentales.

Además, Brito ha estudiado muchos casos en los que un conjunto de variables se puede utilizar con éxito como instrumento. Aunque la identificación de los conjuntos instrumentales va más allá del cálculo *do*, aun así sigue empleando los diagramas causales. Para los investigadores que entiendan este lenguaje, los posibles diseños de la investigación son abundantes y variados; no tienen por qué sentirse constreñidos a utilizar solo el modelo de cuatro variables mostrado en las Figuras 7.9, 7.11 y 7.12. Las posibilidades solo están limitadas por nuestra imaginación.

"And sorry I could not travel both
And be one traveler, long I stood..."

En su famoso poema «La senda que no tomé», Robert Frost muestra una agu-
da comprensión de los contrafactuales: «Dos sendas divergían en un bosque
/ mas no podía recorrer las dos / y seguir siendo un solo viajero...». Es imposible adentrarse por los dos caminos, pero nuestro cerebro está pertrechado para evaluar qué habría sucedido de haber tomado la segunda senda. Con
esta idea en mente Frost concluye satisfecho con su decisión: «tomé la senda
menos transitada / y todo ha cambiado desde entonces». (*Fuente*: Ilustración
de Maayan Harel.)

8

CONTRAFACTUALES:
MINERÍA DE LOS MUNDOS
QUE PODRÍAN HABER SIDO

> Si la nariz de Cleopatra hubiera sido más corta, el
> rostro entero del mundo habría cambiado.
>
> Blaise Pascal (1669)

Mientras nos preparamos para ascender al peldaño superior de la Escalera de la Causalidad, recapitulemos qué hemos aprendido del segundo peldaño. Hemos visto varias maneras de determinar el efecto de una intervención en diversos escenarios y una diversidad de condiciones. En el capítulo 4 hemos hablado de los ensayos controlados aleatorios, que se consideran, como hemos recordado algunas veces, el «método de referencia» de los ensayos médicos. También hemos visto métodos adecuados para los estudios observacionales, en los que los grupos de tratamiento y control no se asignan al azar. Si podemos medir variables que bloqueen todos los caminos de puerta trasera, entonces podremos utilizar la fórmula de ajuste de puerta trasera para obtener el efecto que necesitamos. Y si podemos encontrar un ajuste de puerta delantera que esté «protegido» frente a los factores de confusión, podremos usar el ajuste de puerta delantera. Si estamos dispuestos a vivir con los supuestos de linealidad o monotonicidad, podremos usar las variables instrumentales (suponiendo que se pueda hallar una variable apropiada en el diagrama, o crearla en un experimento). Los investigadores más osados podrán trazar otras rutas de ascenso al monte Intervención por medio del cálculo *do* o su versión algorítmica.

En todos estos intentos hemos lidiado con efectos sobre una población o sobre un individuo tipo seleccionado entre la población de estudio (el efecto causal medio). Pero hasta aquí nos ha faltado la capacidad de hablar de la causalidad personalizada al nivel de los hechos o individuos particulares. No es lo mismo afirmar: «Fumar causa cáncer» que decir que mi tío Juan, que fumaba un paquete diario durante treinta años, aún viviría si no hubiera fumado. La diferencia es a la vez obvia y profunda: a ninguna de las personas que, como el tío Juan, fumaron durante treinta años y murieron se la puede observar en el mundo alternativo en el que pasaron treinta años sin fumar.

Responsabilidad y culpa, remordimientos y méritos: tales conceptos son moneda corriente de una mente causal. Para que tengan alguna clase de sentido tenemos que poder comparar lo que sucedió con lo que habría sucedido bajo alguna hipótesis alternativa. Como se aducía en el capítulo 1, nuestra capacidad de concebir mundos alternativos, no existentes, nos ha diferenciado de nuestros antecesores protohumanos y, de hecho, de cualquier otra criatura del planeta. Todas las demás criaturas pueden ver lo que existe. Nuestro don —que en ocasiones puede ser una maldición— es la capacidad de ver lo que podría haber existido.

Este capítulo muestra cómo usar los datos observacionales y experimentales para extraer información sobre escenarios contrafactuales. Explica cómo representar causas de ámbito individual en un diagrama causal, una tarea que requerirá que expliquemos algunos detalles técnicos de los diagramas causales, en los que aún no hemos entrado. También analizo un concepto muy relacionado, el de los «resultados potenciales», o modelo causal de Neyman-Rubin. Lo propuso en la década de 1920 Jerzy Neyman, un estadístico polaco que luego fue profesor en Berkeley; pero este enfoque del análisis causal solo floreció de verdad desde que Donald Rubin empezó a dedicar su atención a los resultados potenciales, mediada la década de 1970.

Mostraré cómo los contrafactuales surgen con naturalidad en el marco que se desarrolla en los últimos capítulos de este libro: los diagramas de caminos de Sewall Wright y su extensión a los modelos causales estructurales (MCE). Vimos una buena primera muestra en el capítulo 1, en el ejemplo del pelotón de fusilamiento, que mostraba cómo responder a interrogantes contrafactuales del tipo: «¿Seguiría con vida el prisionero si el tirador *A* no hubiera disparado?». Compararé cómo se definen los contrafactuales en el paradigma de Neyman-Rubin y en los MCE, donde se benefician de los diagramas causales. Rubin siempre ha sostenido que los diagramas carecen de toda utilidad.

Por mi parte examinaré cómo los estudiantes del modelo causal de Rubin tienen que navegar por los problemas causales a ciegas, porque no disponen de un medio con el que representar el conocimiento causal o derivar sus implicaciones verificables.

Por último nos fijaremos en dos aplicaciones en las que el razonamiento contrafactual resulta esencial. Durante décadas, e incluso siglos, los abogados han recurrido a una prueba relativamente directa para determinar la culpabilidad de un acusado: el «de no haber sido por»: el perjuicio no se habría producido *de no haber sido por* la acción del demandado; la acción es una *conditio sine qua non*. Veremos que el lenguaje de los contrafactuales puede captar esta noción esquiva y cómo estimar la probabilidad de que un acusado sea culpable.

Después analizaré la aplicación de los contrafactuales al cambio climático. Hasta hace poco, a los científicos del clima les ha resultado muy difícil y costoso responder a preguntas como: «¿El calentamiento global ha causado esta tormenta (o esta ola de calor, o esta sequía)?». La respuesta convencional ha sido que los hechos meteorológicos concretos no se pueden atribuir al cambio climático global. Pero esta respuesta parece demasiado esquiva y quizá esté contribuyendo a la indiferencia de la opinión pública respecto del cambio climático.

El análisis contrafactual permite a los expertos en clima hacer afirmaciones mucho más precisas y definidas que antes. Sin embargo exigirá ampliar un poco nuestro vocabulario cotidiano. Resultará útil distinguir entre tres clases distintas de causalidad: la causalidad *necesaria*, la causalidad *suficiente* y la causalidad *suficiente y necesaria* (la causalidad necesaria se corresponde con el *de no haber sido por...*). Con estas expresiones, un científico puede decir: «Hay un 90 % de probabilidades de que el cambio climático provocado por la acción humana sea una causa necesaria de esta ola de calor», o: «Hay un 80 % de probabilidades de que el cambio climático sea suficiente para producir una ola de calor así de intensa al menos una vez cada cincuenta años». La primera frase tiene que ver con la atribución: ¿qué ha sido responsable de este calor inusual? La segunda tiene que ver con la acción: más vale que nos preparamos para este calor, porque es probable que vuelva a ocurrir, más tarde o más temprano. Ambas son afirmaciones mucho más informativas que el mero encogerse de hombros y negarse a hablar de las causas de los acontecimientos meteorológicos individuales.

De Tucídides y Abraham a Hume y Lewis

Dado que el razonamiento contrafactual forma parte del aparato mental que nos hace humanos, no es de extrañar que podamos hallar afirmaciones contrafactuales tan lejos como queramos remontarnos en la historia humana. Por ejemplo, en la *Historia de la guerra del Peloponeso*, el antiguo historiador griego Tucídides —calificado a menudo de pionero en el enfoque «científico» de la historia— describe un tsunami ocurrido en 426 a. C.:

> Hacia esa misma época, en pleno dominio de los terremotos, la mar se retiró en Orobias de Eubea de lo que entonces era tierra firme y después, crecida en olas, irrumpió en una parte de la ciudad, sumergiendo unas zonas, retirándose en otras, con lo que hoy día es mar lo que antes era tierra. La marea mató a todos los que no pudieron subir corriendo a las alturas... En mi opinión la causa de semejantes hechos, donde el terremoto fue más fuerte, fue que debido a él se retiró el mar y luego dio lugar a la inundación, al echarse encima de nuevo bruscamente de repente; sin el terremoto, pues, no me parece posible que tal cosa hubiera sucedido.[*]

Es un pasaje ciertamente notable, si se tiene en cuenta en qué época se escribió. En primer lugar la precisión de las observaciones de Tucídides no desmerecería en un científico moderno; más aún cuando él trabajaba en una era sin satélites, ni cámaras de vídeo, ni emisoras de noticias de veinticuatro horas que transmiten imágenes del desastre a medida que se desarrolla. En segundo lugar, en aquella etapa de la historia humana lo habitual era atribuir los desastres naturales a la voluntad de los dioses. Ya fuera un predecesor como Homero o un contemporáneo como Herodoto sin duda habrían atribuido el acontecimiento a la cólera de Poseidón o alguna otra divinidad. Pero Tucídides propone un modelo causal sin ninguna clase de procesos sobrenaturales: el terremoto hace que el mar se retire e inunde la tierra. La última sentencia de la cita reviste especial interés porque expresa la noción de la causalidad necesaria: de no haber sido por el terremoto, el tsunami no habría tenido lugar. Esta valoración contrafactual transforma el terremoto de simple antecedente de la inundación a su causa real.

---

[*] Se cita, con ligeras variantes de puntuación, según Tucídides, *Historia de la guerra del Peloponeso*, edición de Luis M. María Aparicio, ed. Akal, 1989, pp. 245-246. *(N. del t.)*

Otro caso fascinante y revelador de razonamiento contrafactual lo hallamos en el libro bíblico del Génesis. Abraham está hablando con Dios sobre la intención de este de destruir las ciudades de Sodoma y Gomorra como castigo por su maldad.

> Y Abraham se acercó y dijo:
> —¿Destruirás de verdad a los justos con los culpables? Supongamos que hay cincuenta personas inocentes en la ciudad: ¿destruirás igualmente el lugar, sin perdonarlo por los cincuenta justos que contiene?...
> Y el Señor contestó:
> —Si encuentro a cincuenta inocentes en la ciudad de Sodoma, perdonaré por ellos todo el lugar.[1]

Pero la historia no concluye aquí. Abraham no está satisfecho y le pregunta al Señor qué pasará si hay solo cuarenta y cinco justos en la ciudad. ¿Y cuarenta? ¿O veinte? ¿Y si solo hay diez? Cada vez recibe una respuesta afirmativa, hasta que Dios le garantiza que perdonará a Sodoma a condición de que se encuentre en ella a diez inocentes.

¿Qué pretende conseguir Abraham con este regateo insistente? Sin duda no será que Dios no sepa contar. Y por supuesto Abraham sabe que Dios conoce cuántos inocentes viven en Sodoma. A fin de cuentas, Él es omnisciente.

Siendo Abraham obediente y devoto como era, es difícil creer que sus preguntas aspiraran a hacer que el Señor cambiara de opinión. Se trata más bien de ahondar en la propia comprensión. Abraham está razonando como haría un científico moderno, intentando comprender las leyes que gobiernan el castigo colectivo. ¿Qué grado de maldad es suficiente para dictaminar la destrucción? Para salvar una ciudad, ¿basta con treinta inocentes? ¿Y con veinte? Sin tal clase de información no podremos disponer de un modelo causal completo. Un científico moderno lo llamaría curva de dosis-respuesta o efecto umbral.

Mientras que Tucídides y Abraham pusieron a prueba los contrafactuales por medio de casos individuales, el filósofo griego Aristóteles examinó aspectos más genéricos de la causalidad. Con su estilo típicamente sistemático, Aristóteles compuso toda una taxonomía de la causalidad que incluía «causas materiales», «formales», «eficientes» y «finales». Por ejemplo la causa material de la forma de una estatua es el bronce con que se ha forjado, y las propiedades de este; no podríamos crear la misma estatua con plastilina. Sin embargo, Aristóteles no habla de la causación como contrafactual, así que su clasificación es ingeniosa pero carece de la claridad del relato de Tucídides sobre la causa del tsunami.

Para encontrar un filósofo que situara los contrafactuales en el centro de la causalidad, tenemos que avanzar hasta el escocés David Hume (contemporáneo, dicho sea de paso, de Thomas Bayes). Hume rechazó la clasificación propuesta por Aristóteles e hizo hincapié en la necesidad de contar con una definición única de *causa*. Pero la definición le parecía muy esquiva y, de hecho, dudaba entre dos definiciones distintas. Más adelante estas dieron lugar a dos ideologías incompatibles que, irónicamente, ¡podían citar las dos a Hume como fuente!

En su *Tratado de la naturaleza humana* (Figura 8.1), Hume niega que dos objetos dados tengan cualidades o «poderes» inherentes que los conviertan a uno en causa y otro en efecto. A su modo de ver la relación causa-efecto es por completo producto de nuestras propias memoria y experiencia. «Así pues recordamos haber visto esa especie de objeto que denominamos *llama* y haber sentido la especie de sensación que denominamos *calor* —escribe—. Recordamos asimismo su conjunción constante en todos los ejemplos pasados. Sin más ceremonia, denominamos *causa* a lo uno, y a lo otro, *efecto*, e inferimos la existencia de la primera a partir de lo segundo». Esta forma de entender la causalidad se conoce como definición «regularista».

¡Qué audacia en el pasaje, qué *chutzpah**! Hume elimina el segundo y tercer peldaño de la Escalera de la Causalidad y afirma que nos basta y sobra con el primero: la observación. Una vez que hemos observado llama y calor juntos en un número suficiente de ocasiones (con la precedencia temporal de la llama), acordamos decir que la llama es la causa del calor. Como la mayoría de los estadísticos del siglo XX, el Hume de 1739 parece satisfecho con la idea de considerar la causalidad como una mera especie de correlación.

Sin embargo Hume —y esto le honra— no quedó contento con la definición. Nueve años más tarde, en su *Investigación sobre el conocimiento humano*, escribió algo bastante distinto: «Podemos definir una causa como *un objeto seguido por otro, donde a todos los objetos similares al primero siguen objetos similares al segundo*. O, en otras palabras, don-

---

* «Osadía». *(N. del t.)*

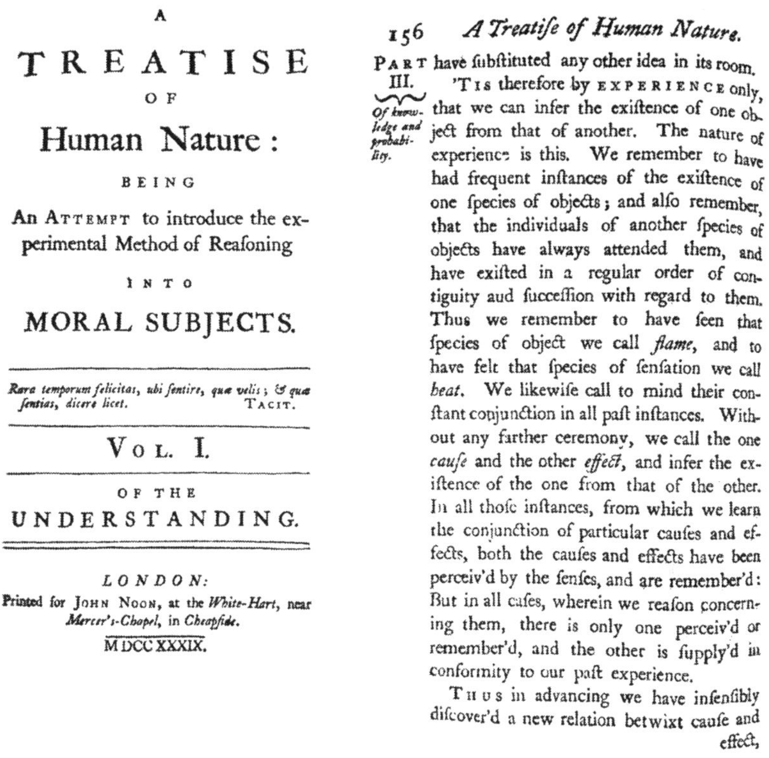

A

TREATISE

O F

Human Nature :

BEING

An ATTEMPT to introduce the experimental Method of Reasoning

INTO

MORAL SUBJECTS.

Rara temporum felicitas, ubi sentire, quæ velis; & quæ sentias, dicere licet. TACIT.

VOL. I.

OF THE

UNDERSTANDING.

LONDON:

Printed for JOHN NOON, at the *White-Hart*, near *Mercer's-Chapel*, in *Cheapside*.

M DCC XXXIX.

156 *A Treatise of Human Nature.*

PART have substituted any other idea in its room.
III. 'TIS therefore by EXPERIENCE only,
Of know- that we can infer the existence of one ob-
ledge and ject from that of another. The nature of
probabi-
lity. experience is this. We remember to have
had frequent instances of the existence of
one species of objects; and also remember,
that the individuals of another species of
objects have always attended them, and
have existed in a regular order of con-
tiguity and succession with regard to them.
Thus we remember to have seen that
species of object we call *flame*, and to
have felt that species of sensation we call
heat. We likewise call to mind their con-
stant conjunction in all past instances. Without any farther ceremony, we call the one
cause and the other *effect*, and infer the existence of the one from that of the other.
In all those instances, from which we learn
the conjunction of particular causes and effects, both the causes and effects have been
perceiv'd by the senses, and are remember'd:
But in all cases, wherein we reason concerning them, there is only one perceiv'd or
remember'd, and the other is supply'd in
conformity to our past experience.

THUS in advancing we have insensibly
discover'd a new relation betwixt cause and
effect,

FIGURA 8.1. La definición regularista de causa y efecto que Hume propuso en 1739.

de *de no haber existido el primer objeto, el segundo no habría llegado a existir*.* La primera frase, la versión en la que *A* se observa consistentemente junto con *B*, se limita a repetir la definición regularista. Pero en este momento, en 1748, parece albergar ciertas dudas e introduce algunas mejoras. Como buenos historiadores *whig*, no se nos escapa por qué. Según la primera definición, el canto del gallo causaría el amanecer. Para corregir esta dificultad añade una segunda definición de la que no había indicios en el libro anterior, una definición de tipo contrafactual: «de no haber existido el primer objeto, el segundo no habría llegado a existir».

Nótese que la segunda definición es exactamente la que Tucídides empleó en su reflexión sobre el maremoto de Orobias. La definición contrafactual también explica por qué no consideramos que el canto

* Cursivas en el original. *(N. del t.)*

del gallo pueda causar el amanecer. Sabemos que si el gallo enferma, o si por un capricho se niega a cantar, el sol saldrá igualmente.

Aunque por medio del inocente «o, en otras palabras» Hume intenta presentar las dos definiciones como una sola, la segunda versión es completamente distinta de la primera. Invoca expresamente un contrafactual y, por lo tanto, se encuentra ya en el tercer peldaño de la Escalera de la Causalidad. Mientras que las regularidades se pueden observar, los contrafactuales solo se pueden imaginar.

Vale la pena detenerse a pensar por un momento por qué Hume elige definir las causas en términos contrafactuales, y no al revés. Las definiciones aspiran a reducir un concepto más complicado a uno más simple. Hume intuye que sus lectores entenderán que el enunciado «de no haber existido el primer objeto, el segundo no habría llegado a existir» es menos ambiguo que «el primer objeto causó el segundo». Tenía toda la razón. La segunda afirmación invita a toda clase de estériles conjeturas metafísicas sobre qué cualidad o poder inherente al primer objeto hace surgir el segundo. El primer enunciado tan solo nos invita a realizar una prueba mental simple: imaginemos un mundo sin terremoto y preguntémonos si en tal caso habría habido tsunami. Hacemos evaluaciones de esta clase desde la infancia, y la especie humana en general las está haciendo al menos desde Tucídides (probablemente desde mucho antes).

Los filósofos, no obstante, hicieron caso omiso de la definición de Hume durante la mayor parte de los siglos XIX y XX. Las afirmaciones contrafactuales, los «habría», no satisfacen a los académicos por su aspecto blando e incierto. Los filósofos optaron en su lugar por rescatar la primera definición de Hume a través de la teoría de la causalidad probabilística, según vimos en el capítulo 1.

Un filósofo que desafió a las convenciones, David Lewis, abogó por abandonar del todo el relato regularista —en un libro de 1973, titulado precisamente *Counterfactuals*— e interpretar «*A* ha causado *B*» como un «*B* no habría sucedido de no haber sido por *A*». Lewis preguntaba: «¿Por qué no nos tomamos los contrafactuales en su sentido literal, como afirmaciones sobre alternativas posibles a la situación actual?».

Al igual que Hume, es evidente que Lewis quedó impresionado por el hecho de que los seres humanos hacemos juicios contrafactuales sin darle especial importancia, con rapidez, comodidad y consistencia. Podemos asignarles probabilidades y valores de veracidad con la misma confianza con que lo hacemos para las afirmaciones factuales. Desde su punto de vista lo hacemos imaginando «mundos posibles» en los que los enunciados contrafactuales son verdaderos.

Cuando decimos: «el dolor de cabeza de Juan habría desaparecido si se hubiera tomado una aspirina», estamos diciendo (según Lewis) que existen otros mundos posibles en los que Juan se tomó en efecto la aspirina y el dolor de cabeza le desapareció. Lewis aducía que evaluamos los contrafactuales comparando nuestro mundo, en el que Juan no se toma ninguna aspirina, con el mundo más similar en el que sí se la toma. Al no hallar dolor de cabeza en ese mundo, declaramos que el contrafactual es verdadero. La clave está en «el más similar». Pueden existir otros «mundos posibles» en los que el dolor de cabeza no se le pasó; un mundo, por decir algo, en el que después de tomarse la aspirina se golpeó la cabeza contra la puerta del aseo. Pero este otro mundo incluye una circunstancia adventicia, sobrevenida. Entre todos los mundos posibles en los que Juan se tomó la aspirina, el más similar al nuestro no sería aquel en el que se golpeó la cabeza, sino donde se le pasó el malestar.

Muchos de los críticos de Lewis han abundado en la extravagancia de suponer, literalmente, la existencia de muchos otros mundos posibles. «Al señor Lewis lo tildaron en cierta ocasión de "furibundo realista modal" por su idea de que todo mundo lógicamente posible en el que uno pueda pensar existe de verdad —afirmaba la necrológica del *New York Times*, en 2001—. Creía, por ejemplo, que había un mundo en el que los burros hablaban».

Pero creo que sus críticos (y quizá el propio Lewis) no cayeron en la cuenta del tema fundamental. No es necesario discutir sobre si tales mundos existen como entidades físicas o incluso metafísicas. Si aspiramos a explicar qué quiere decir la gente cuando afirma «*A* causa *B*», basta con postular que la gente es capaz de generar mundos alternativos en la mente, evaluando cuál es el mundo «más próximo» al nuestro y, lo que es más importante, hacerlo con coherencia para posibilitar un consenso. ¿Cómo podríamos comunicarnos al respecto de los contrafactuales si el mundo «más próximo» fuera para otra persona «el más distante»? En este sentido, cuando Lewis abogaba por tomarse los contrafactuales «en su sentido literal» no pedía metafísica, sino atender a la asombrosa uniformidad de la arquitectura de la mente humana.

Por mi autoridad como filósofo *whig* puedo explicar bastante bien esta consistencia: deriva del hecho de que experimentamos el mismo

mundo y compartimos el mismo modelo mental de su estructura causal. Ya hemos hablado de todo esto al principio, en el capítulo 1: nuestros modelos mentales compartidos nos unen y reúnen en comunidades. En consecuencia evaluamos la proximidad no según alguna
noción metafísica de la «semejanza» sino por la medida en que debemos desmontar y alterar nuestro modelo mental antes de satisfacer una
condición hipotética dada, que es contraria a los hechos (de hecho,
Juan no se había tomado ninguna aspirina).

En los modelos estructurales hacemos algo muy parecido, aunque
embelleciéndolo con más detalles matemáticos. Evaluamos expresiones como «si X hubiera sido x» de la misma manera en que manejába-
mos las intervenciones $do(X = x)$, mediante el borrado de flechas en
un diagrama causal o ecuaciones en un modelo estructural. Podemos
describirlo como introducir en un diagrama causal la alteración mínima necesaria para conseguir que X sea igual a x. A este respecto, los
contrafactuales estructurales son compatibles con la idea de Lewis del
mundo posible más similar.

Los modelos estructurales también resuelven un enigma sobre el
que Lewis no se pronunció: ¿Cómo representan las personas en su
mente los «mundos posibles» y computan cuál es el más próximo,
cuando el número de posibilidades excede con mucho la capacidad del
cerebro humano? Los especialistas en computación lo denominan «el
problema de la representación». Tenemos que poseer algún código extremadamente económico para manejar todos esos mundos. ¿Acaso
los modelos estructurales, en alguna forma, podrían ser el atajo que
usamos realmente? Me parece muy probable, por dos razones. En primer lugar los modelos causales estructurales son un atajo que funciona, y no tenemos a mano ningún competidor con esta milagrosa
propiedad. En segundo lugar se modelaron sobre las redes bayesianas,
que a su vez se modelaron sobre la transmisión de mensajes en el cerebro, según la describió David Rumelhart. No parece muy arriesgado
plantear que hace unos 40.000 años, los humanos empezaron a utilizar
para el razonamiento causal la maquinaria cerebral con la que ya pro-
cesaban el reconocimiento de patrones.

Los filósofos tienden a ceder a los psicólogos las afirmaciones sobre el modo en que la mente hace cosas, lo cual explica por qué las
preguntas referidas arriba no se abordaron hasta hace muy poco. Sin
embargo, los estudiosos de la inteligencia artificial (IA) no podían seguir esperando por más tiempo. Aspiraban a construir robots que se

pudieran comunicar con las personas sobre escenarios alternativos, méritos y culpas, responsabilidades y remordimientos. Todas estas son nociones contrafactuales que los investigadores de la IA tenían que mecanizar antes de empezar a contar con alguna posibilidad de lograr lo que llaman «IA fuerte»: una inteligencia similar a la humana.

Con esta motivación entré en el análisis contrafactual en 1994 (junto con mi estudiante Alex Balke). Como era de prever, la algoritmación de contrafactuales encontró más eco en la inteligencia artificial y la ciencia cognitiva que en la filosofía. Los filósofos tendían a considerar los modelos estructurales como una de las múltiples implantaciones posibles de la lógica de los mundos posibles de Lewis. Me atrevería a sugerir, por el contrario, que son mucho más que eso. Una lógica desprovista de representación es metafísica. Los diagramas causales, con sus reglas simples de seguir y borrar flechas, no pueden estar lejos de la manera en que nuestro cerebro representa los contrafactuales.

Esta afirmación tiene que permanecer sin demostración, por ahora; pero esta larga historia ha tenido como resultado que los contrafactuales han dejado de ser místicos. Ahora entendemos cómo las personas los manejan y estamos preparados para pertrechar a los robots con capacidades similares a las que nuestros antecesores adquirieron hace 40.000 años.

RESULTADOS POTENCIALES, ECUACIONES ESTRUCTURALES Y LA ALGORITMACIÓN DE CONTRAFACTUALES

Justo un año después de que el libro de Lewis viera la luz, y con independencia de este, Donald Rubin (Figura 8.2) comenzó a escribir una serie de ensayos que introducían los resultados potenciales como lenguaje en el que formular preguntas causales. Rubin, que por entonces trabajaba como estadístico en la organización benéfica Educational Testing Service, fue el primero en romper el silencio sobre la causalidad que había imperado en la estadística durante setenta y cinco años y su labor —a juicio de muchos científicos de la salud— bastó para legitimar el concepto de los contrafactuales. Es imposible exagerar la importancia de este cambio. Proporcionó a los investigadores un lenguaje flexible con el que expresar casi cualquier interrogante causal que

FIGURA 8.2. Donald Rubin (derecha) con el autor, en 2014. (*Fuente*: Foto cortesía de Grace Hyun Kim.)

desearan formular, tanto sobre la población en general como a nivel individual.

En el modelo causal de Rubin, un resultado potencial de una variable Y es simplemente «el valor que Y habría adoptado para el individuo u de haberse asignado a X el valor x». Son tantas palabras que a menudo conviene escribir la cantidad de un modo más compacto, como $Y_{X=x}(u)$. Con frecuencia todavía lo abreviamos más y decimos $Y_x(u)$ si el contexto ya define claramente qué variable adquiere el valor x.

Para apreciar la audacia de esta notación, hay que alejarse de los símbolos y pensar en las premisas que estos encarnan. Al escribir el símbolo Y_x, Rubin aseveraba que sin duda Y habría adquirido algún valor si X hubiera sido x, y esto posee tanta realidad objetiva como el valor que Y adoptó de hecho. Quien no «compre» el supuesto de partida (y estoy casi seguro de que Heisenberg no lo haría), no puede utilizar los resultados potenciales. Por otro lado fijémonos en que el resultado potencial, o contrafactual, se define a nivel individual, no de toda una población.

La primera vez que consta la aparición científica de un resultado potencial fue en la tesis de maestría de Jerzy Neyman, escrita en 1923. Neyman, un descendiente de la nobleza polaca, había crecido exiliado en Rusia y no puso el pie en su país de origen hasta 1921, cuando ya contaba veintisiete años. En Rusia había recibido una formación matemática excelente y habría querido continuar investigando en materia de matemáticas puras, pero le resultaba más fácil encontrar trabajo como estadístico. Su caso recuerda al de R. A. Fisher en Inglaterra, porque su primera investigación estadística la realizó en un instituto agrícola, desde un empleo muy inferior a sus capacidades. No era tan solo el único estadístico del instituto; en realidad era la única persona en todo el país que pensaba en la estadística como disciplina.

El contexto de la primera referencia de Neyman a los resultados potenciales fue un experimento agrícola cuya notación subíndice representa «el rendimiento potencial desconocido de la variedad enésima [de una semilla dada] en la parcela respectiva». La tesis no se divulgó y tampoco se tradujo al inglés hasta 1990. Sin embargo el propio Neyman no quedó en el anonimato. Se las organizó para pasar un año en el laboratorio estadístico de Karl Pearson en el University College de Londres, donde trabó amistad con Egon, el hijo de Karl. Ambos mantuvieron el contacto durante los siete años posteriores y la colaboración Neyman-Pearson generó grandes dividendos: su concepto del contraste de hipótesis estadísticas fue un hito que ha tenido que aprender todo estudiante de primero de Estadística.

En 1933 Karl Pearson se retiró y puso con ello fin a su largo liderazgo autocrático. El sucesor lógico era Egon, o lo habría sido, de no haberse topado la universidad con el singular problema de R. A. Fisher, que por entonces era el estadístico más famoso de Inglaterra. El centro tomó una solución única y desastrosa: repartir el trono de Pearson en una cátedra de estadística (para Egon Pearson) y una cátedra de eugenesia (para R. A. Fisher). Egon no perdió el tiempo y contrató a su amigo polaco. Neyman llegó en 1934 y casi acto seguido se enzarzó en una disputa con Fisher.

Fisher tenía ganas de pelea. Era consciente de que era la gran figura de la estadística, a nivel mundial, hasta el punto de que prácticamente había inventado una gran parte de la materia; pero tenía vetada la enseñanza en ese departamento. La tensión era extraordinaria. «La Sala Común se compartía con rigor —ha escrito Constance Reid en su biografía de Neyman—. El grupo de Pearson tomaba el té a las 4; a las 4.30, cuando ya no había peligro, entraba en tropel el grupo de Fisher».

En 1935 Neyman pronunció una conferencia en la Real Sociedad

Estadística, titulada «Problemas de estadística en la experimentación agrícola», en la que ponía en duda algunos métodos del mismísimo Fisher y, de paso, abordaba la idea de los resultados potenciales. Al acabar la charla, Fisher se puso en pie y dijo ante la sociedad que «había venido con la confianza de que el doctor Neyman dedicaría su ensayo a un tema que conociera bien».

«[Neyman había] afirmado que Fisher se equivocaba —escribió Oscar Kempthorne, años después del incidente—. Esto era una ofensa imperdonable: Fisher nunca se equivocaba y respondía a la simple sugerencia de que pudiera haberlo hecho como ante un asalto mortal. Quien no aceptara los escritos de Fisher como una Verdad revelada era en el mejor de los casos estúpido, en el peor, malvado». Neyman y Pearson pudieron comprobar la gravedad del enfado a los pocos días, una tarde en que acudieron al departamento y hallaron desperdigadas por el suelo las maquetas de madera con las que Neyman había ilustrado su conferencia. Concluyeron que el responsable de la destrucción solo podía haber sido Fisher.

Desde nuestro presente, el acceso de cólera de Fisher puede resultar cómico, pero en el momento su actitud tuvo consecuencias de calado. Por descontado era incapaz de tragarse el orgullo y utilizar la notación neymaniana de los resultados potenciales, pese a que esto le habría ayudado más tarde con los problemas de la mediación. La ausencia de un vocabulario de resultados potenciales le condujo (a él y muchos otros) a la «Falacia de la mediación», que abordaremos en el capítulo 9.

En este punto quizá el concepto de los contrafactuales aún le resulte un tanto místico; por lo tanto quisiera mostrarle cómo algunos seguidores de Rubin inferirían los resultados potenciales, y compararé este enfoque sin modelos con el enfoque del modelo causal estructural.

Supongamos que estamos examinando una empresa determinada para ver qué factor es más importante en la fijación del salario: la formación o los años de experiencia. Hemos reunido algunos datos sobre los salarios existentes en la empresa, que se reproducen en la Tabla 8.1. *EX* representa los años de experiencia, *ED* la educación recibida y *S*, el salario. Por mor de la simplicidad reducimos la formación a tres niveles posibles: 0 = secundaria, 1 = licenciatura universitaria, 2 = doctorado. Así pues $S_{ED=0}(u)$, o $S_0(u)$, representa el sueldo de un individuo u si u ha terminado la secundaria, pero no la universidad, mientras que $S_l(u)$ es el salario de u siendo u un licenciado. Una pregunta contrafactual típica podría ser: «¿Cuánto ganaría Alice si tuviera un título universitario?». En otras palabras, ¿cuánto es S_1(Alice)?

Un primer aspecto a tener en cuenta, al respecto de la Tabla 8.1, son los datos que faltan, indicados con signos de interrogación. Nunca podemos observar más de un resultado potencial en el mismo individuo. Es una afirmación obvia, pero no por ello menos importante. El estadístico Paul Holland lo calificó en cierta ocasión de «problema fundamental de la inferencia causal», y el nombre ha hecho fortuna. Si pudiéramos rellenar todos los interrogantes de la tabla, podríamos responder a todas nuestras preguntas causales.

Nunca me ha parecido, a diferencia de Holland, que los valores ausentes de la Tabla 8.1 sean un «problema fundamental», quizá porque solo en contadas ocasiones he abordado los problemas causales con tablas. Pero la clave es que contemplar la inferencia causal como un problema de datos ausentes puede despistar mucho, como pronto veremos. Observemos que, dejando a un lado los encabezamientos decorativos de las últimas tres columnas, en la Tabla 8.1 no se muestra la más mínima información causal sobre EX, ED y S; por ejemplo, si la formación recibida afecta al salario o a la inversa. Peor aún: no nos permite representar tal clase de información cuando disponemos de ella. En cambio para los estadísticos que conciben como «problema fundamental» la ausencia de datos, una tabla de este tipo parece presentar infinitas posibilidades. De hecho, si ahora miramos S_0, S_1 y S_2, disponemos de varias decenas de técnicas de interpolación para rellenar los huecos (o, en la jerga estadística, «imputar los datos ausentes») de alguna forma óptima.

TABLA 8.1. Datos ficticios para un ejemplo de resultados potenciales.

Empleado (u)	EX(u)	ED(u)	S_0(u)	S_1(u)	S_2(u)
Alice	6	0	81.000 $	?	?
Bert	9	1	?	92.500 $	?
Caroline	9	2	?	?	97.000 $
David	8	1	?	91.000 $	?
Ernest	12	1	?	100.000 $	?
Frances	13	0	97.000 $	?	?
etc.					

Una forma habitual de abordarlo es el emparejamiento (*matching*). Buscamos pares de individuos que sean parejos en todas las variables, excepto la que interesa, y entonces rellenamos los huecos igualándolos. El caso más evidente, en nuestro ejemplo, es el de Bert y Caroline, cuya experiencia es idéntica. Así pues supondremos que el sueldo de Bert, si tuviera un doctorado, sería igual al de Caroline (97.000 $), y a la inversa, el de Caroline, si solo se hubiera licenciado, sería como el de Bert (92500 $). Fijémonos en que el emparejamiento invoca la misma idea que el condicionamiento (o la estratificación): seleccionamos grupos que compartan una característica observada, los comparamos y usamos la comparación para inferir características que no parecen compartir.

Es difícil calcular de esta forma el salario de Alice, porque en los datos que he dado no hay una buena pareja. Sin embargo los estadísticos han desarrollado técnicas de notable sutileza para imputar datos ausentes a partir de emparejamientos aproximados; Rubin ha sido pionero en este enfoque. Por desgracia ni el más hábil emparejador del mundo puede convertir datos en resultados potenciales, ni siquiera aproximadamente. Más adelante mostraré que la respuesta correcta depende —con una dependencia crucial— de si la educación afecta a la experiencia o al revés; y en la tabla no se puede obtener esta información.

Un segundo método es la regresión lineal (que no se debe combinar con ecuaciones estructurales). En este caso fingimos que los datos proceden de una fuente aleatoria desconocida y usamos métodos estadísticos estándar para hallar la línea (aquí, el plano) que encaja mejor con los datos. El resultado de tal enfoque podría ser una ecuación del tipo siguiente:

$$S = 65.000 \, \$ + 2.500 \times EX + 5.000 \times ED \qquad (8.1)$$

La ecuación 8.1 nos dice que (de media) el sueldo base de un empleado con título de secundaria y sin experiencia es de 65.000 $. Por cada año de experiencia, el salario asciende en 2.500 $, y por cada incremento de formación (con un máximo de dos) el salario aumenta en 5.000 $. Así pues, un analista de regresiones afirmaría que la estimación del sueldo de Alice, si tuviera una licenciatura, sería de 65.000 $ + 2.500 $ × 6 + 5.000 $ × 1 = 85.000 $.

Estas técnicas de imputación son tan sencillas y habituales que explican por qué el concepto de Rubin de la inferencia causal como un problema de ausencia de datos ha adquirido tanta popularidad.[2] Por

desgracia, aunque estos métodos de interpolación pueden parecer ino-
cuos, están aquejados por una deficiencia fundamental. Parten de los
datos, no de un modelo. Los datos ausentes se rellenan todos con procedimientos estadísticos. Como hemos aprendido en la Escalera de la
Causalidad, son métodos fallidos de entrada; ningún método que se
base tan solo en los datos (primer peldaño) puede responder a interrogantes contrafactuales (tercer peldaño).

Antes de comparar estos métodos con el modelo causal estructural, examinemos intuitivamente qué problemas tiene la imputación sin
modelo. En particular explicaremos por qué Bert y Caroline, aunque
tengan exactamente la misma experiencia, quizá sean poco comparables en lo relativo a sus resultados potenciales. Más sorprendente aún,
veremos que la mejor pareja de Caroline en materia de Salario sería
alguien que no tenga la misma experiencia.

El primer punto clave es tener en cuenta que es probable que Experiencia dependa de Educación. A la postre, los empleados que tienen
un nivel formativo superior, como un doctorado, le han dedicado unos
cuatro años de su vida. Así pues, si Caroline solo tuviera un nivel 1 de
formación (como Bert) habría podido dedicar este tiempo adicional a
adquirir más experiencia, en comparación con la que posee actualmente. Esto le habría dado la misma formación que a Bert, pero una experiencia mayor. Por lo tanto podemos concluir que S_1 (Caroline) > S_1
(Bert), en contra de lo que prediciría un emparejamiento ingenuo. Así
pues, cuando tenemos una narración causal en la que Educación afecta
a Experiencia, es inevitable que «emparejar» sobre Experiencia cree un
falso emparejamiento sobre Salario potencial.

Irónicamente, la igualdad de Experiencia, que podía tomarse como
una invitación al emparejamiento, se ha convertido ahora en una sonora advertencia en contra. La Tabla 8.1, por descontado, seguirá guar-
dando silencio sobre tales peligros. Esta es la razón por la que no puedo compartir el entusiasmo de Holland al respecto de formular las
inferencias causales como un problema de ausencia de datos. Todo lo
contrario: trabajos recientes de Karthika Mohan, que había sido estudiante conmigo, ponen de relieve que solventar incluso los problemas
estándar de ausencia de datos requiere de un modelado causal.

Ahora veamos cómo trataría los mismos datos un modelo causal
estructural. Primero, antes incluso de examinar los datos, dibujemos un diagrama causal (Figura 8.3). El diagrama codifica la narración causal que hay detrás de los datos, según la cual Experiencia

atiende a Educación y Salario los escucha a los dos. De hecho, tan
solo con echar un vistazo al diagrama ya podemos decir algo muy
importante. Si el modelo fuera erróneo y *EX* fuera causa de *ED*, y
no al revés, entonces Experiencia sería un factor de confusión y emparejar empleados con una experiencia similar sería completamente
apropiado. Con *ED* como causa de *EX*, Experiencia es un mediador. Como sin duda se habrá visto ya, tomar un mediador por un
factor de confusión es uno de los errores más letales de la inferencia
causal y podría acarrear errores de bulto. Este invita a los ajustes;
aquel los prohíbe.

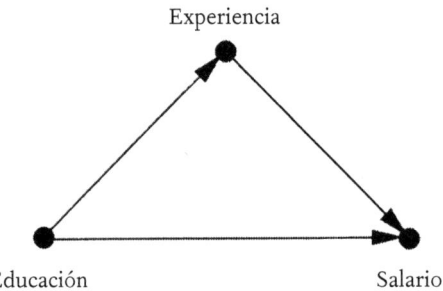

FIGURA 8.3. Diagrama causal para el efecto de la educación (*ED*) y la experiencia (*EX*) sobre el salario (*S*).

Hasta este punto, he empleado un vocabulario muy informal
—«escuchar», «atender a»— para expresar qué quiero decir con las
flechas en un diagrama causal. Pero ahora va siendo hora de dotar
de más enjundia matemática al concepto, y aquí es de hecho donde
los modelos causales estructurales difieren de las redes bayesianas
o los modelos de regresión. Cuando afirmo que Salario escucha a
Educación y Experiencia quiero decir que es una función matemática
de estas variables: $S = f_s (EX, ED)$. Pero hay que permitir variaciones individuales, por lo que ampliamos la función para que se lea
$S = f_s (EX, ED, U_S)$, donde U_S equivale a las «variables no observadas que afectan al salario». Sabemos que estas variables existen (por
ejemplo, que Alice es amiga del presidente de la compañía), pero son
tan diversas y numerosas que no las incorporamos explícitamente a
nuestro modelo.

Veamos ahora cómo se desarrollaría esto en nuestro ejemplo de la
educación, la experiencia y el sueldo, presuponiendo siempre funciones lineales. Podemos usar los mismos métodos estadísticos que antes

para buscar la ecuación lineal que encaje mejor. El resultado sería muy similar al de la Ecuación 8.1, con una pequeña diferencia:

$$S = 65.000 \ \$ + 2.500 \times EX + 5.000 \times ED + U_S \qquad (8.2)$$

Sin embargo, la semejanza formal entre las Ecuaciones 8.1 y 8.2 es profundamente engañosa; las interpretaciones difieren como la noche y el día. El hecho de que eligiéramos una regresión de S sobre ED y EX en la Ecuación 8.1 no implica en ningún caso que S escuche a ED y EX en el mundo real. Ha sido una elección exclusivamente nuestra, y en los datos no hay nada que nos impidiera una regresión de EX sobre ED y S, o en cualquier otro orden (recordemos que, como vimos en el capítulo 2, Galton descubrió que las regresiones son ciegas a las causas). Esta libertad la perdemos cuando proclamamos que una ecuación es «estructural». En otras palabras, el autor de la Ecuación 8.2 se tiene que comprometer a escribir ecuaciones que reflejen fielmente su creencia de qué escucha a qué en el mundo real. En nuestro caso está verdaderamente convencido de que S escucha a EX y ED. Más importante aún: que en el modelo no haya una ecuación $ED = f_{ED} (EX, S, U_{ED})$ significa que creemos que ED es ajena a los cambios en EX o S. Esta diferencia en el compromiso otorga a las ecuaciones estructurales la capacidad de apoyar los contrafactuales, un poder negado a las ecuaciones regresivas.[3]

De acuerdo con la Figura 8.3, también tenemos que disponer de una ecuación estructural para EX, pero ahora forzaremos el coeficiente de S para que sea cero, reflejo de la ausencia de flecha desde S a EX. Una vez hemos estimado los coeficientes a partir de los datos, la ecuación podría parecerse a la siguiente:

$$EX = 10 - 4 \times ED + U_{EX} \qquad (8.3)$$

Esta ecuación afirma que la experiencia media de personas sin títulos superiores es de diez años, y cada grado educativo superior (hasta un máximo de dos) reduce EX una media de cuatro años. De nuevo, veamos la diferencia clave entre las ecuaciones regresivas y estructurales: la variable S no entra en la Ecuación 8.3, aun a pesar del hecho de que es probable que S y EX estén estrechamente correlacionadas. Esto refleja que el analista cree que la experiencia EX adquirida por cualquier persona no se ve afectada en absoluto por su salario actual.

Ahora demostremos cómo derivar contrafactuales a partir de un modelo estructural. Para estimar el salario de Alice con una licenciatura, daremos tres pasos:

1. (Abducción) Usamos los datos sobre Alice y sobre los otros empleados para estimar los factores idiosincrásicos de Alice, U_S(Alice) y U_{EX}(Alice).
2. (Acción) Usamos el operador *do* para cambiar el modelo y que refleje la premisa contrafactual que planteamos, en este caso, que Alice tiene una licenciatura: ED(Alice) = 1.
3. (Predicción). Calculamos el nuevo sueldo de Alice usando el modelo modificado y la información actualizada sobre las variables exógenas U_S(Alice), U_{EX}(Alice) y ED(Alice). Este salario recalculado es igual a $S_{ED\,=\,1}$(Alice).

Para el Paso 1, los datos nos permiten observar que EX(Alice) = 6 y ED(Alice) = 0. Entramos estos valores en las Ecuaciones 8.2 y 8.3. Ahora las ecuaciones nos indican los factores idiosincrásicos de Alice: U_S(Alice) = 1.000 \$ y U_{EX}(Alice) = −4. Esto representa todo lo que Alice tiene de único, especial y maravilloso. Sea como fuere, añade 1.000 \$ a la predicción de su salario.

El Paso 2 nos pide que usemos el operador *do* para borrar las flechas que apuntan a la variable que se modifica con un valor contrafactual (Educación), y que fijemos la Educación de Alice a nivel universitario (Educación = 1). En este ejemplo el Paso 2 es trivial porque no hay flechas que apunten a Educación y por lo tanto no hay flechas que borrar. En modelos más complicados, en cambio, es preciso cumplir con el requisito de borrar las flechas porque esto afecta a la computación del Paso 3. Las variables que podrían haber afectado al resultado a través de la variable intervenida ya no podrán hacerlo.

Por último en el Paso 3 se trata de actualizar el modelo para que refleje la nueva información de que U_S = 1.000 \$, U_{EX} = −4 y ED = 1. Primero usaremos la Ecuación 8.3 para computar de nuevo cuál sería la Experiencia de Alice si se hubiera licenciado: $EX_{ED\,=\,1}$(Alice) = 10 − 4 − 4 = 2 años. Y entonces usamos la Ecuación 8.2 para computar de nuevo su Salario potencial:

$$S_{ED\,=\,1}(\text{Alice}) = 65.000 \ \$ + 2.500 \times 2 + 5.000 \times 1 + 1.000 = 76.000 \ \$.$$

Nuestro resultado, S_t(Alice) = 76.000 $ es una estimación válida del salario posible de Alice; es decir, que aquella y este coincidirán si los supuestos del modelo son válidos. Como este ejemplo entraña un modelo causal muy simple y funciones (lineales) muy simples, la diferencia entre este resultado y el del método de regresión a partir de los datos puede parecer poco relevante. Pero la diferencia menor en la superficie refleja la presencia de enormes diferencias de fondo. Todo resultado contrafactual (potencial) que obtengamos con el método estructural se seguirá lógicamente de las premisas propias del modelo, mientras que toda respuesta derivada con el método de los datos será tan caprichosa como las correlaciones espurias, al no tomar en consideración premisas de modelado importantes.

Este ejemplo nos ha obligado a adentrarnos en los detalles técnicos de los modelos causales, más de lo que lo habíamos hecho anteriormente. Déjenme ahora dar un paso atrás para celebrar y apreciar como merece el milagro que ha hecho nacer el ejemplo de Alice. Por medio de una combinación de datos y modelo hemos sido capaces de predecir la conducta de un individuo (Alice) en condiciones totalmente hipotéticas. Por descontado, nada es gratuito: los resultados son fuertes porque las premisas eran fuertes. Además de afirmar las relaciones causales existentes entre las variables observadas, también hemos supuesto que las relaciones funcionales eran lineales. Pero la linealidad importa menos, para nuestros fines, que saber de qué funciones específicas se trataba. Esto nos ha permitido computar las idiosincrasias de Alice a partir de las características que hemos observado en ella y actualizar el modelo según se requiere en el procedimiento de tres pasos.

A riesgo de aguar un poco la fiesta, quiero advertir que esta información funcional no siempre estará a nuestro alcance, en la práctica. En general hablamos de modelos «especificados por completo» si conocemos qué funciones hay detrás de las flechas, y en otro caso, de modelos «especificados en parte». Por ejemplo, al igual que en las redes bayesianas, quizá en el grafo solo conozcamos relaciones probabilísticas entre padres e hijos. Si el modelo está especificado en parte, quizá no podamos estimar con exactitud el salario de Alice; en su lugar tendremos que contentarnos con un intervalo de probabilidades, como en el enunciado: «Hay entre un 10 y un 20 % de probabilidades de que el salario de Alice sea de 76.000 $». Pero incluso esta clase de respuesta probabilística es suficientemente buena para muchas aplicaciones. Además, resulta en verdad llamativo cuánta información podemos extraer del diagrama causal aunque carezcamos de información sobre las funciones específicas que están detrás de las flechas o tengamos tan solo una información muy general, como la premisa de «monotonicidad» que vimos en el capítulo anterior.

Los Pasos 1 a 3 arriba indicados se pueden resumir en lo que denomino «primera ley de la inferencia causal»: $Y_x(u) = Y_{M_x}(u)$. Es la misma regla que utilizamos en el ejemplo del pelotón de fusilamiento, en el capítulo 1, salvo que las funciones son distintas. La primera ley afirma que el resultado potencial $Y_x(u)$ se puede imputar acudiendo al modelo M_x (en el que se borran las flechas que llevan a X) y computando el resultado $Y(u)$ ahí. Todas las cantidades estimables en el segundo y tercer peldaño de la Escalera de la Causalidad se siguen de aquí. En suma: la reducción de contrafactuales a un algoritmo nos permite conquistar tanto territorio del tercer peldaño como nos lo permitan las matemáticas. Todo ese territorio, pero nada más que ese.

LA VENTAJA DE VER LAS PROPIAS PREMISAS

El método de los MCE, cuya utilidad para computar contrafactuales acabo de mostrar, no es el mismo que usaría Rubin. Una de las grandes diferencias entre nosotros es el uso de diagramas causales. Permiten que los investigadores representen las premisas causales de una forma comprensible y traten luego todos los contrafactuales como propiedades derivadas de su modelo de mundo. El modelo causal de Rubin trata en cambio los contrafactuales como objetos matemáticos abstractos que están gestionados por una maquinaria algebraica pero no se derivan de un modelo.

Sin el recurso gráfico, normalmente se pide al usuario del modelo causal de Rubin que acepte tres premisas. La primera, el «supuesto de valor de tratamiento de una unidad estable» (SUTVA, en sus siglas inglesas), es razonablemente transparente. Sostiene que cada individuo («unidad», según el término preferido por quienes manejan modelos causales) tendrá el mismo efecto de tratamiento independientemente de qué tratamiento reciban los otros individuos («unidades»). En muchos casos, salvo epidemias y otras interacciones colectivas, esto tiene todo el sentido. Por ejemplo, presuponiendo que un dolor de cabeza no es contagioso, mi respuesta a la aspirina no dependerá de si Juan toma aspirina.

La segunda premisa del modelo de Rubin, que también es benigna, se conoce como «consistencia». Afirma que una persona que ha tomado aspirina y se ha recuperado también se recuperaría si recibiera una aspirina de diseño experimental. Este supuesto razonable, que en el marco de los MCE es un teorema, dice de hecho que el experimento está libre de efectos placebo y otras imperfecciones.

Pero la gran premisa que se exige invariablemente a quienes practican el resultado potencial es lo que se conoce como «ignorabilidad». Es un supuesto más técnico, pero el componente crucial de la transacción, porque en esencia es lo mismo que la condición de intercambiabilidad de Jamie Robins y Sander Greenland, que vimos en el capítulo 4. La ignorabilidad expresa este mismo requisito por medio de la variable de resultado potencial Y_x. Requiere que Y_x sea independiente del tratamiento recibido de hecho, es decir X, dados los valores de un determinado conjunto de variables de (des)confusión. Antes de explorar su interpretación, deberíamos reconocer que toda premisa expresada como independencia condicional hereda un extenso corpus de maquinaria matemática ya conocida, desarrollada por los estadísticos para las variables corrientes (no contrafactuales). Por ejemplo, los estadísticos acostumbran a usar reglas que deciden cuándo una independencia condicional se sigue de otra. Dice mucho a favor de Rubin que reconociera las ventajas de trasladar la noción causal de «ausencia de confusión» a la sintaxis de la teoría de la probabilidad, aunque fuera sobre variables contrafactuales. La premisa de la ignorabilidad convierte el modelo causal de Rubin en un modelo de verdad; la Tabla 8.1 en sí no es un modelo porque no incluye supuestos sobre el mundo.

Por desgracia, aún no he encontrado a nadie que pueda explicar qué significa la ignorabilidad en el lenguaje que hablan los que tienen que partir de este supuesto o valorar su plausibilidad en un problema dado. Yo lo voy a intentar. La asignación de pacientes ya sea al tratamiento o ya sea al control es ignorable si, dentro de cualquier estrato del factor de confusión Z, los pacientes que tendrían un resultado potencial, $Y_x = y$, es igual de probable que estén en el grupo de tratamiento o de control que los pacientes que tendrían un resultado potencial distinto, $Y_x = y'$. Esta definición es perfectamente legítima para alguien que posee una función de probabilidad sobre contrafactuales. Pero un biólogo o un economista, sin más guía que su conocimiento científico, ¿cómo se supone que va a evaluar si esto es cierto o no? Más en concreto, ¿cómo va a evaluar un científico si la ignorabilidad se sostiene en cualquiera de los ejemplos analizados en este libro?

Para comprender la dificultad, intentemos aplicar esta explicación a nuestro ejemplo. Para determinar si ED es ignorable (condicional a EX), se supone que debemos evaluar si es igual de probable que los empleados a los que correspondería un salario potencial, digamos $S_i = s$, tengan el mismo nivel de formación que los empleados con un salario potencial distinto, $S_i = s'$. ¿Le parece circular? ¡No puedo estar más de acuerdo! Queremos determinar el salario potencial de Alice y, antes de empezar —antes de tener la más mínima pista sobre la respuesta— se espera que conjeturemos sobre si el resultado es dependiente o independiente de ED en todos los estratos de EX. Cognitivamente, es una pesadilla.

Resulta que, en nuestro ejemplo, ED no es ignorable con respecto a S, condicional a EX, y por eso el enfoque del emparejamiento (igualar a Bert y Caroline) equivocaría la respuesta sobre sus salarios potenciales. De hecho las estimaciones deberían diferir por la cantidad S_i (Bert) – S_i (Caroline) = 9.500 \$ (debería poder colegirse de las cifras de la Tabla 8.1 y el procedimiento de tres pasos). Ahora mostraré que, con ayuda de un diagrama causal, un estudiante podría ver de inmediato que ED no es ignorable y, por lo tanto, ni siquiera intentaría el emparejamiento. En cambio en ausencia de diagrama, un estudiante tendría la tentación de suponer que la ignorabilidad se sostiene por defecto y caería en esta trampa. No se trata de una simple especulación. He tomado la idea de este ejemplo de un artículo de la *Harvard Law Review* cuya historia era esencialmente la de la Figura 8.3, y el autor recurría al emparejamiento.

¿Cómo podemos usar un diagrama causal para poner a prueba la ignorabilidad (condicional)? Para determinar si X es ignorable en relación con el resultado Y, condicional a un conjunto de variables de emparejamiento Z, tan solo necesitamos verificar si Z bloquea todos los caminos de puerta trasera entre X e Y y ningún integrante de Z es descendiente de X. ¡Así de sencillo! En nuestro ejemplo, la variable que se ha propuesto emparejar (Experiencia) bloquea todos los caminos de puerta trasera (porque no hay ninguno), pero no supera la prueba por ser descendiente de Educación. Por lo tanto ED no es ignorable y EX no se puede utilizar para el emparejamiento. No se requiere ninguna gimnasia mental compleja; basta con mirar el diagrama. A un investigador nunca se le pide que evalúe mentalmente cuán probable es un resultado potencial dado un tratamiento u otro.

Por desgracia, Rubin no cree que los diagramas causales «sean de ayuda para el trazado de las inferencias causales».[4] En consecuencia los investigadores que siguen su consejo quedan privados de esta prueba de la ignorabilidad y o bien tendrán que realizar un ejercicio mental formidable para convencerse de que el supuesto se sostiene, o bien aceptar sin más esta premisa como una «caja negra». De hecho, un destacado investigador en materia de resultados potenciales, Marshall Joffe, escribió en 2010 que por lo general el supuesto de ignorabilidad se adopta porque esto justifica el uso de los métodos estadísticos disponibles, no porque verdaderamente se crea en él.

Una noción estrechamente relacionada con la de transparencia es la de verificabilidad, que ha aparecido ya varias veces en este libro. En un modelo expresado como diagrama causal podremos poner a prueba fácilmente la compatibilidad con los datos, mientras que un modelo expresado en el lenguaje de los resultados potenciales carece de esta característica. La prueba funciona así: siempre que todos los caminos entre X e Y están bloqueados en el diagrama por un conjunto de nodos Z, entonces en los datos X e Y deberían ser independientes, condicional a Z. Es la propiedad de D-separación, mencionada en el capítulo 7, que nos permite rechazar un modelo siempre que en los datos no se pueda constatar la independencia. En cambio, si el mismo modelo se expresa en el lenguaje de los resultados potenciales (es decir, como una colección de enunciados de ignorabilidad), carecemos de la maquinaria matemática para revelar qué independencias entraña el modelo, con lo cual los investigadores no pueden someter el modelo a prueba. Resulta difícil comprender cómo los estudiosos de los resultados potenciales han podido vivir con esta deficiencia sin rebelarse. Como explicación solo se me ocurre que los han mantenido alejados de toda herramienta gráfica durante tanto tiempo, que se han olvidado de que los modelos causales se pueden (y deberían) verificar.

Ahora tengo que aplicarme a mí mismo estos mismos criterios de transparencia y contar algo más sobre las premisas incluidas en un modelo causal estructural.

¿Recuerda la historia de Abraham que referí antes? La primera respuesta de Abraham ante la noticia de la inminente destrucción de Sodoma fue buscar una relación de dosis-respuesta, o una función de respuesta, que relacionara la maldad de la ciudad con su castigo. Era un instinto científico razonable, aunque sospecho que pocos habríamos tenido la calma necesaria para actuar de esa manera.

La función de respuesta es el ingrediente clave que otorga a los modelos causales estructurales el poder de manejar los contrafactuales. Es algo implícito en el paradigma de resultados potenciales de Rubin, pero un punto principal de diferencia entre los MCE y las redes bayesianas, incluidas las redes bayesianas causales. En una red bayesiana probabilística, las flechas que llegan a Y significan que la probabilidad de Y está gobernada por las tablas de probabilidad condicional de Y, dadas observaciones de sus variables padre. Lo mismo cabe afirmar de las redes bayesianas causales, salvo que las tablas de probabilidad condicional especifican la probabilidad de Y dadas intervenciones sobre las variables padre. Ambos modelos especifican probabilidades de Y, no un valor específico de Y. En un modelo causal estructural, no hay tablas de probabilidad condicional. Las flechas significan sencillamente que Y es una función de sus padres, así como la variable exógena U_Y:

$$Y = f_Y(X, A, B, C, \dots, U_Y) \qquad (8.4)$$

Así pues, el instinto de Abraham era sensato. Para convertir una red bayesiana no causal en un modelo causal —o por decirlo con más precisión, hacer que pueda responder a interrogantes contrafactuales— necesitamos una relación de dosis-respuesta en cada nodo.

No es una conclusión a la que me haya resultado fácil llegar. Incluso antes de ahondar en los contrafactuales, pasé mucho tiempo intentando formular modelos causales por medio de tablas de probabilidad condicional. Me enfrenté entre otros obstáculos a los modelos cíclicos, que muestran una resistencia absoluta contra las formulaciones de probabilidad condicional.[5] Otro obstáculo fue dar con una notación que distinguiera las redes bayesianas probabilísticas de las causales. En 1991 caí de pronto en la cuenta de que todas las dificultades se desvanecerían si convertíamos Y en función de sus variables padre y dejábamos que el término U_Y manejara todas las incertidumbres relativas a Y. En aquel momento me pareció una herejía contra mis propias enseñanzas. Después de haber dedicado varios años a la causa de las probabilidades en la inteligencia artificial, ahora proponía dar un paso atrás y utilizar un modelo no probabilístico, casi determinista. Aún puedo recordar la incredulidad de quien era entonces mi estudiante, Danny

Geiger: «¿Ecuaciones deterministas? ¿Pero deterministas de verdad?».
Era como si Steve Jobs le hubiera pedido comprar un PC en vez de un
Mac. ¡Hablamos de 1990!

Superficialmente estas ecuaciones no tenían nada revolucionario.
Los economistas y sociólogos llevaban usando tales modelos desde las
décadas de 1950 y 1960, con el nombre de modelos de ecuaciones estructurales (SEM, por sus siglas inglesas). Pero tal nombre transmitía
polémica y confusión al respecto de la interpretación causal de las
ecuaciones. Con el paso de los años, los economistas perdieron de vista el hecho de que los pioneros de estos modelos —Trygve Haavelmo
en economía y Otis Dudley Duncan en sociología— aspiraban a representar con ellos relaciones causales. Empezaron a confundir las
ecuaciones estructurales con las líneas de regresión, lo que equivalía a
borrar la sustancia de la forma. Por ejemplo, en 1988, cuando David
Freedman planteó el reto de que algún investigador de los SEM expli-
cara cómo aplicaban intervenciones a un modelo de ecuaciones estructurales, nadie lo consiguió. Podían contarte cómo estimar los coeficientes a partir de los datos, pero no podían decirte por qué había que
molestarse en hacerlo. Si la interpretación de la función-respuesta
que presenté entre 1990 y 1994 aportó algo nuevo, fue sencillamente
restaurar y formalizar las intenciones originales de Haavelmo y Duncan, y poner de manifiesto ante sus discípulos la osadía de esas intenciones, si uno se las toma en serio.

Algunas de estas conclusiones resultarían asombrosas incluso a
criterio de los propios Haavelmo y Duncan. Tomemos por ejemplo la
idea de que, para todo modelo de ecuaciones estructurales, por simple
que sea, podemos computar todos los contrafactuales que uno puede
imaginar entre las variables del modelo. Nuestra capacidad de computar el salario potencial de Alice de haber tenido una licenciatura partía
de esta idea. Una idea que, incluso en nuestros días, muchos economistas todavían no han interiorizado.[6]

Otra diferencia importante entre los modelos de ecuaciones estructurales y los modelos causales estructurales, aparte de la palabra
intermedia, es que la relación de causas y efectos, en un MCE, no es
necesariamente lineal. Las técnicas que emergen del análisis con MCE
son válidas para funciones lineales y no lineales, variables discretas o
continuas.

Los modelos de ecuaciones estructurales lineales poseen muchas
ventajas y muchas desventajas. Desde el punto de vista de la meto-

dología, son seductoramente simples. Se pueden estimar a partir de datos observacionales mediante regresión lineal, y podemos elegir entre docenas de paquetes de programas estadísticos que lo harán por nosotros.

Por otro lado, los modelos lineales no pueden representar curvas dosis-respuesta que no sean líneas rectas. No pueden representar efectos umbral, como un fármaco que tiene efectos crecientes hasta determinada dosis y, a partir de aquí, deja de tener efecto. Tampoco pueden representar interacciones entre variables. Por ejemplo, un modelo lineal no puede describir una situación en la que una variable potencia o inhibe el efecto de otra variable (así, Educación podría reforzar el efecto de Experiencia al situar al individuo en un trabajo más acelerado, que suponga subidas de sueldo anuales mayores).

Aunque es inevitable debatir sobre qué premisas pueden ser las más idóneas, nuestro mensaje central es muy sencillo: ¡Disfruten! Con un modelo causal estructural plenamente especificado, que incluya un diagrama causal y todas las funciones que hay detrás, podremos responder cualquier interrogante contrafactual. Incluso con un MCE parcial, en el que algunas variables están ocultas o se desconocen las relaciones de dosis-respuesta, en muchos casos aún podremos dar contestación a la pregunta. Las dos secciones siguientes ofrecen algunos ejemplos.

LOS CONTRAFACTUALES Y EL DERECHO

En principio, debería ser fácil aplicar los contrafactuales en las salas de justicia. Digo «en principio» porque la profesión legal es muy conservadora y tarda mucho tiempo en aceptar los nuevos métodos matemáticos. Pero usar contrafactuales como modo de argumentación es algo muy antiguo y habitual, con los casos a los que hemos aludido antes de la *conditio sine qua non*, lo que en la jerga jurídica en inglés se conoce como *but-for causation* («de no haber sido por...», «sin..., no habría...»).

El Código Penal Modelo de Estados Unidos expresa la prueba del *but-for* como sigue: «Una conducta es la causa de un resultado cuando: (a) es un antecedente sin el cual el resultado en cuestión no se habría producido».[7] Si el demandado ha disparado un arma y la bala ha impactado en la víctima y la ha matado, abrir fuego es una causa necesaria de la muerte, porque de no haberse disparado, la víctima seguiría con vida. Una causa «de no haber sido por...» también puede ser indirecta. Si Juan bloquea la salida de incendios de un edificio con un mueble, y María fallece en un incendio al no ser capaz de acceder a la salida, entonces Juan es el responsable legal de la muerte, aunque no haya encendido el fuego.

¿Cómo podemos expresar estas causas necesarias en los términos de los resultados potenciales? Convengamos que el resultado Y es «Muerte de María» (con $Y = 0$ si María vive, e $Y = 1$ si muere) y el tratamiento X es «Juan bloquea la salida de incendios» (con $X = 0$ si no la bloquea, y $X = 1$ si lo hace), entonces se nos pide plantear la pregunta siguiente:

Dado que sabemos que la salida de incendios estaba bloqueada ($X = 1$) y María murió ($Y = 1$), ¿cuál es la probabilidad de que María siguiera con vida ($Y = 0$) si X hubiera sido 0?

Simbólicamente, la probabilidad que queremos evaluar es $P(Y_{x=0} = 0 \mid X = 1, Y = 1)$. Como es una formulación bastante farragosa, más adelante la abreviaré como PN, «probabilidad de la necesidad» (es decir, la probabilidad de que $X = 1$ sea causa necesaria o *conditio sine qua non* de $Y = 1$).

Fijémonos en que la probabilidad de la necesidad implica un contraste entre dos mundos diferentes: el mundo real, en el que $X = 1$ y el mundo contrafactual en el que $X = 0$ (expresado por el subíndice $_{X=0}$). De hecho, la retrospectiva (saber qué ha sucedido en el mundo real) es una distinción crucial entre los contrafactuales (tercer peldaño de la Escalera de la Causalidad) y las intervenciones (segundo peldaño). Sin retrospectiva no hay diferencia entre $P(Y_{x=0} = 0)$ y $P(Y = 0 \mid do(X = 0)$. Las dos expresan la probabilidad de que, en condiciones normales, María siga con vida si nos aseguramos de que la salida no está bloqueada; no mencionan el incendio, ni la muerte de María, ni la salida bloqueada. Pero la retrospectiva puede modificar nuestra estimación de las probabilidades. Supongamos que observamos que $X = 1$ e $Y = 1$ (retrospectiva). Entonces $P(Y_{x=0} = 0 \mid X = 1, Y = 1)$ no es lo mismo que $P(Y_{x=0} = 0 \mid X = 1)$. Saber que María ha muerto ($Y = 1$) nos da una información sobre las circunstancias de la que no dispondríamos por el mero hecho de saber que la puerta estaba bloqueada ($X = 1$). Para empezar es una prueba de la intensidad del incendio.

De hecho se puede demostrar que no hay forma de captar $P(Y_{x=0}$ $= 0 \mid X = 1, Y = 1)$ en una expresión *do*. Aunque puede parecer un poco arcano, ofrece la prueba matemática de que los contrafactuales (tercer peldaño) están por encima de las intervenciones (segundo peldaño) de la Escalera de la Causalidad.

En los últimos párrafos hemos introducido en la conversación, casi a escondidas, las probabilidades. Hace tiempo que los juristas han entendido que la certeza matemática es un nivel de exigencia excesivo para las pruebas. Para las causas penales de Estados Unidos, el Tribunal Supremo estableció en 1880 que la culpa se debía demostrar «con exclusión de toda duda razonable». No se dijo «sin lugar a dudas» o «sin la más mínima duda», sino que se habló de excluir «toda duda razonable». El Tribunal nunca ha dado una definición precisa de este sintagma, pero cabría pensar que existe un umbral de culpa, no sé si el 99 % o el 99,9 %, más allá del cual no resulta razonable dudar y a la sociedad le interesa encerrar al demandado. En los procesos civiles, a diferencia de los penales, el criterio es algo más claro. La ley exige a las pruebas una «preponderancia»: debe preponderar la idea de que el demandado ha causado el perjuicio, y parece razonable interpretar que esto se asocia con una probabilidad superior al 50 %.

Aunque por lo general la causalidad necesaria, basada en el *de no haber sido por...*, se acepta, sin embargo los juristas han reconocido que en algunos casos podría suponer un error en la aplicación de la justicia. Un ejemplo clásico es el del «piano que cae», un escenario en el que el demandado dispara contra la víctima y falla, y en el acto de huir, resulta que la víctima muere porque pasa por debajo de un piano que coincide que está cayendo. De no haber sido por el disparo que hizo salir corriendo a la víctima, esta no habría pasado por debajo del piano; según este tipo de causalidad, por lo tanto, el acusado es culpable de asesinato. Pero nuestra intuición nos dice más bien que al acusado se le puede imputar un intento de asesinato, pero no el homicidio en sí, porque de ninguna manera podía prever la caída del instrumento. En la jerga jurídica se diría que hay una «causa próxima» de la muerte y es el piano, no el disparo.

La doctrina de la causa próxima es mucho más oscura que la del *de no haber sido por...* El Código Penal Modelo afirma que el resultado no debería ser «demasiado remoto o accidental en su suceso de forma que guarde una [justa] relación con la responsabilidad del agente o la gravedad del delito». En la actualidad esto debe determinarlo la intuición del juez. Yo apuntaría que se trata de una forma de *causa suficiente*. La acción del acusado ¿ha sido suficiente para provocar, con la debida probabilidad, el suceso que de hecho ha causado la muerte?

Mientras que el significado de la causa próxima es muy vago, el de la causa suficiente, por el contrario, es muy preciso. Por medio de la notación contrafactual podemos definir que la probabilidad de la suficiencia, o *PS*, es $P(Y_{x=1} = 1 \mid X = 0, Y = 0)$. La fórmula nos pide imaginar una situación en la que $X = 0$ e $Y = 0$: el que manejaba el arma no disparó contra la víctima y la víctima no pasó por debajo del piano. Y entonces nos preguntamos cuán probable es que, en esa situación, disparar ($X = 1$) conllevara el resultado $Y = 1$ (correr bajo un piano). Esto requiere un juicio contrafactual, pero creo que la mayoría de nosotros estaríamos de acuerdo en que la probabilidad de tal resultado sería extremadamente baja. En este caso tanto la intuición como el Código Penal Modelo sugieren que si *PS* es demasiado baja, no debemos condenar al demandado por haber causado $Y = 1$.

Como la distinción entre las causas necesarias y las suficientes es sumamente importante, creo que será útil anclar estos dos conceptos en ejemplos simples. La causa suficiente es la más común de las dos, y ya hemos encontrado este concepto en el ejemplo del pelotón de fusilamiento, en el capítulo 1. Aquí, que el Soldado *A* o el Soldado *B* abrieran fuego es suficiente para causar la muerte del prisionero, y ninguno de los dos disparos es (en sí mismo) necesario. Así pues *PS* = 1 y *PN* = 0.

La situación se vuelve más interesante cuando entra la incertidumbre. Por ejemplo, si cada soldado tiene cierta probabilidad de desobedecer las órdenes o fallar el blanco. Así, si el Soldado *A* tiene una probabilidad p_A de fallar el blanco, entonces su *PS* sería $1 - p_A$, porque esta es su probabilidad de acertar el objetivo y causar la muerte. Su *PN*, en cambio, dependería de cuán probable sea que el Soldado *B* se abstenga de disparar o falle el blanco. Solo en tales circunstancias sería necesario que el Soldado *A* abriera fuego; es decir, solo entonces, de no haber disparado el Soldado *A*, el prisionero seguiría con vida.

Un ejemplo clásico que demuestra la causalidad necesaria cuenta la historia de un incendio que estalló después de que alguien prendiera una cerilla, y se plantea la pregunta: «¿Qué ha causado el fuego, encender la cerilla o la presencia de oxígeno en la habitación?». Fijémonos en que los dos factores son igualmente necesarios porque en ausencia de alguno de ellos, no habría habido incendio. Así pues, desde un punto de vista puramente lógico, los dos factores son responsables del incendio por igual. ¿Por qué, entonces, consideramos que la cerilla es una explicación del incendio más razonable que la presencia de oxígeno?

Para contestar, veamos estas dos frases:

1. La casa seguiría en pie de no haber encendido alguien la cerilla.
2. La casa seguiría en pie de no haber habido oxígeno en su interior.

Las dos frases son ciertas. Pero en su abrumadora mayoría, entiendo que los lectores apuntarían al primer escenario si se les pidiera explicar qué ha causado que la casa se haya incendiado: la cerilla o el oxígeno. Así pues, ¿qué explica la diferencia?

La respuesta, claramente, tiene que ver con la normalidad: que haya oxígeno en la casa es lo normal, pero el acto de encender la cerilla es distinto. La diferencia no se percibe en la lógica, pero sí en las dos medidas que hemos planteado antes: *PS* y *PN*.

Si tomamos en consideración que la probabilidad de encender una cerilla es muy inferior a la de que haya oxígeno, veremos que cuantitativamente, Cerilla tiene una *PN* y una *PS* altas, mientras que en Oxígeno la *PN* es alta, pero la *PS* es baja. ¿Esto explica que, intuitivamente, culpemos a la cerilla y no al oxígeno? Es muy posible, pero quizá sea solo una parte de la respuesta.

En 1982, los psicólogos Daniel Kahneman y Amos Tversky investigaron cómo la gente culpaba un *ojalá* con el fin de *deshacer* un resultado indeseado y hallaron en sus decisiones patrones consistentes. Uno fue que es más probable que imaginemos deshacer un suceso infrecuente que uno habitual. Por ejemplo, si anulamos una cita a la que no llegamos, es más probable que digamos «¡Ojalá el tren hubiera salido a su hora!» que no «¡Ojalá el tren hubiera salido temprano!». Otro patrón era la tendencia a culpar las propias acciones (por ejemplo, encender una cerilla) antes que los hechos que no están bajo el propio control. Nuestra capacidad de estimar la *PN* y la *PS* a partir de nuestro modelo de mundo apunta una forma sistemática de explicar estas consideraciones y, con el tiempo, de enseñar a robots a producir explicaciones significativas de acontecimientos peculiares.

Hemos visto que la *PN* expresa el fundamento que hay detrás del criterio del *de no haber sido por...*, habitual en el contexto legal. Pero

¿debería entrar también la *PS* en las consideraciones legales de casos penales y civiles? Entiendo que sí, porque prestar atención a la suficiencia significa atender a las consecuencias de los propios actos. La persona que encendió la cerilla tenía que haber previsto que en la casa habría oxígeno y, por lo general, no se espera de nadie que vacíe de oxígeno una casa antes de la ceremonia de encender un fósforo.

¿Qué peso, entonces, debería asignar la ley a los componentes «necesario» frente a «suficiente de la causalidad»? La Filosofía del Derecho no ha examinado la condición legal de esta cuestión, quizá porque las nociones de *PS* y *PN* no se habían formalizado con tanta precisión. No obstante, desde la perspectiva de la IA, sin duda la *PN* y la *PS* deben formar parte de la generación de explicaciones. Cuando se instruya a un robot para explicar por qué ha estallado un incendio, no tendrá más remedio que sopesar las dos. Centrarse en *PN* solo nos llevaría a una conclusión insostenible: que el incendio se explica igual de bien por la cerilla encendida que por la presencia de oxígeno. Un robot que plantee esta clase de explicaciones perderá en seguida la confianza de su propietario.

CAUSAS NECESARIAS, CAUSAS SUFICIENTES Y CAMBIO CLIMÁTICO

En agosto de 2003 la ola de calor más intensa en cinco siglos castigó Europa occidental, concentrando los efectos más graves en Francia. El gobierno francés culpó a la ola de calor de casi 15.000 muertes, muchas de las cuales se produjeron entre ancianos que vivían solos y sin aire acondicionado. ¿Fueron víctimas del calentamiento global, o de la mala suerte de vivir en el lugar equivocado en el momento equivocado?

Antes de 2003, los expertos en clima habían evitado las conjeturas sobre tales cuestiones. El saber convencional venía a decir: «Aunque esta es la clase de fenómeno que el calentamiento global podría hacer más frecuente, es imposible atribuir este acontecimiento en particular a las emisiones pasadas de gases de efecto invernadero».

Myles Allen, físico de la universidad de Oxford y autor de la cita anterior, sugirió un modo de hacerlo mejor: cuantificar el efecto del cambio climático con la medida que se conoce como «fracción de riesgo atribuible» (FRA). La FRA requiere que conozcamos dos números: p_o, la probabilidad de una ola de calor como la de 2003 antes del cambio climático (por ejemplo, antes de 1800), y p_i, esa misma probabilidad después del cambio climático. Así, si la probabilidad se duplica, podremos decir que la mitad del riesgo se debe al cambio climático; si se triplica, entonces son dos tercios del riesgo.

Como la FRA se define tan solo a partir de datos, no posee necesariamente significado causal alguno. Pero resulta que, con dos supuestos causales moderados, es idéntica a la probabilidad de la necesidad. En primer lugar tenemos que presuponer que no hay confusión entre el tratamiento (los gases de efecto invernadero) y el resultado (las olas de calor): no hay causa común de ambos. Esto es muy razonable porque hasta donde sabemos, la única causa del incremento en los gases somos nosotros. En segundo lugar tenemos que presuponer la monotonicidad. Hemos abordamos brevemente esta cuestión en el capítulo anterior. En este contexto significa que el tratamiento nunca tendrá un efecto opuesto al esperado, es decir: los gases de efecto invernadero nunca podrán protegernos de una ola de calor.

Si se mantienen los supuestos de ausencia de confusión y ausencia de protección, entonces la medida de la FRA, que pertenecía al primer peldaño, asciende al tercero, donde se convierte en la *PN*. Pero como Allen no estaba al corriente de la interpretación causal de la FRA —probablemente no es de uso común entre meteorólogos— esto le obligó a presentar los resultados con un lenguaje un tanto tortuoso.

Pero ¿qué datos podemos utilizar para estimar la FRA (o la *PN*)? Solo hemos observado una ola de calor como esta. No podemos hacer un experimento controlado, porque eso requeriría que pudiéramos controlar el nivel de dióxido de carbono como quien maneja un interruptor. Por suerte, los climatólogos cuentan con un arma secreta: pueden realizar un experimento *in silico*: una simulación por ordenador.

El citado Allen y Peter Stott, de la Met Office (el servicio meteorológico británico) aceptaron el desafío y en 2004 fueron los primeros científicos climáticos que se atrevieron a formular afirmaciones causales sobre un acontecimiento meteorológico concreto. Aunque... ¿fue de verdad eso lo que hicieron? ¿Usted qué cree? Esto es lo que escribieron: «Es muy probable que más de la mitad del riesgo de que Europa sufra anomalías en las temperaturas estivales por encima del umbral de 1,6° se deba a la influencia humana».

Aunque tengo que ensalzar a Allen y Stott por su valentía, es una pena que un hallazgo importante quedara enterrado en tal espesura de lenguaje impenetrable. Permítanme analizar el enunciado y luego intentar explicar por qué tuvieron que expresarse de una forma tan enrevesada. En primer lugar, su forma de definir el resultado fue «anomalías en las temperaturas estivales por encima del umbral de 1,6°». Eligieron este umbral porque la temperatura media en Europa aquel verano estuvo más de 1,6° por encima de lo normal, algo que no se había constatado nunca en toda la historia documentada. Con esta elección equilibraban dos objetivos en competencia: elegir un resultado lo suficientemente extremo para captar el efecto del calentamiento global, pero que no calcara los rasgos específicos del acontecimiento de 2003. Así, en vez de ajustarse a la temperatura media de Francia aquel mes de agosto, optaron por un criterio más general: la temperatura media en Europa durante todo el verano.

En segundo lugar, ¿qué debemos entender por «muy probable» y «la mitad del riesgo»? En términos matemáticos, Allen y Stott querían decir que había un 90 % de probabilidades de que la FRA superara el 50 %. Esto equivale a un 90 % de probabilidad de que veranos como el de 2003 sean el doble de probables con los niveles actuales de dióxido de carbono que con los niveles preindustriales. No habrá pasado por alto que estamos ante dos capas de probabilidad: ¡hablamos de las probabilidades de una probabilidad! No es de extrañar que la mente se desconcierte y los ojos bailen al leer este tipo de frases. El doble abracadabra se explica porque la ola de calor está sometida a dos tipos de incertidumbre. Hay incertidumbre por la cantidad de cambio climático a largo plazo; esta es la que se encarna en la primera cifra, el 90 %. E incluso si conocemos con exactitud la cantidad de cambio climático a largo plazo, hay incertidumbre sobre qué tiempo hará en cualquier año dado. Es la clase de variabilidad integrada en el 50 %, la fracción de riesgo atribuible.

Hay que admitir, en consecuencia, que Allen y Stott estaban intentando comunicar una idea compleja. No obstante, en su conclusión falta algo: la causalidad. Su enunciado ni siquiera lo apunta; a lo sumo nos da una pista, con esa referencia ambigua e inescrutable a «que... se deba a la influencia humana».

Ahora comparemos la frase inicial con una versión causal de la misma conclusión: «Es muy probable que las emisiones de CO_2 hayan sido una causa necesaria de la ola de calor de 2003». ¿Qué frase recordará mañana: la anterior o esta? ¿Cuál de las dos se la podría explicar a un vecino cualquiera?

Personalmente no soy experto en cambio climático, así que he tomado este ejemplo de uno de mis colaboradores, Alexis Hannart, del Instituto Franco-Argentino sobre Estudios de Clima y sus Impactos, con sede en Buenos Aires, un gran defensor del análisis causal en la ciencia climática. Hannart ha dibujado el grafo causal de la Figura 8.4. Como Gases de efecto invernadero es un nodo de máximo nivel en el modelo climático, sin flechas que se dirijan a él, plantea que no hay factor de confusión entre este y Respuesta del clima. Paralelamente certifica el supuesto de no protección: es decir, los gases no nos pueden proteger de la ola de calor.

Hannart va más lejos que Allen y Stott y utiliza nuestras fórmulas para computar la probabilidad de la suficiencia (PS) y de la necesidad (PN). En el caso de la ola de calor de 2003, concluye que la PS es sumamente baja, cercana a un 0,0072, lo que significa que no había manera de predecir que este acontecimiento en concreto ocurriría ese año en concreto. En cambio, la PN era de 0,9, acorde con los resultados de Allen y Stott. Es decir, es sumamente probable que, sin los gases de efecto invernadero, la ola de calor no se hubiera producido.

El valor aparentemente bajo de la PS se debe situar en un contexto mayor. No nos interesa saber tan solo cuál es la probabilidad de que se produzca una ola de calor este año; quisiéramos saber la probabilidad de que vuelva a suceder una ola tan grave a lo largo de un período de tiempo mayor, de, pongamos, diez o cincuenta años. A medida que la extensión temporal se amplía, la PN se reduce, porque podrían entrar en juego otros mecanismos de activación de una ola de calor. Por el contrario, en tal caso la PS aumenta porque lanzar los dados más veces incrementa la posibilidad de sacar un doble uno. Así, por ejemplo, Hannart calcula que existe un 80 % de probabilidad de que el cambio

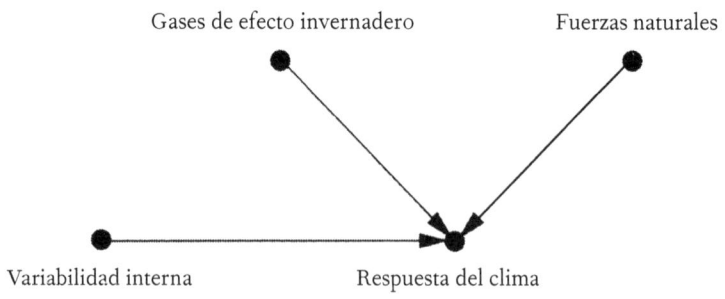

FIGURA 8.4. Diagrama causal para el ejemplo del cambio climático.

climático sea una causa suficiente de una ola de calor como la de 2003 (o peor) para un período de doscientos años. Esto quizá no suene aterrador, pero también se debe tener en cuenta que se supone el mismo nivel de gases de efecto invernadero que en la actualidad; en realidad, no cabe duda de que los niveles de CO_2 seguirán aumentando, lo cual necesariamente incrementará la *PS* y reducirá el espacio de tiempo hasta la próxima ola de calor.

¿La gente corriente podrá entender la diferencia entre las causas suficientes y las necesarias? No es una pregunta baladí. Hasta a los propios científicos les puede resultar complicado, en ocasiones. De hecho, se han publicado dos estudios contradictorios que analizaban la ola de calor que vivió Rusia en 2010, cuando el país experimentó el verano más caluroso de su historia y los incendios de la turba oscurecieron el cielo de Moscú. Un grupo llegó a la conclusión de que la variabilidad natural causó la ola de calor; otro concluyó por el contrario que la había causado el cambio climático. Con toda probabilidad el desacuerdo se produjo porque los dos equipos no definieron por igual el resultado. Al parecer un grupo basó su argumentación en la *PN*, y obtuvo una gran probabilidad de que el cambio climático fuera la causa; otro se refirió a la *PS* y obtuvo una probabilidad baja. El segundo equipo atribuyó la ola de calor a unas altas presiones persistentes, un «patrón de bloqueo» sobre Rusia —lo que me hace pensar en una causa suficiente— y constató que los gases de efecto invernadero tenían poco que ver con este fenómeno. Pero todo estudio que se refiera a una medida de la *PS* para un período temporal corto está poniendo muy alto el listón, a la hora de probar la causalidad.

Antes de pasar a terminar con este ejemplo quisiera volver sobre la cuestión de los modelos informáticos. En su mayoría, los demás científicos tienen que esforzarse mucho para obtener información contrafactual, por ejemplo con la penosa tarea de combinar los datos de los estudios experimentales y observacionales. Los expertos en clima, en cambio, pueden disponer muy fácilmente de contrafactuales, gracias a los modelos computerizados: basta con introducir una nueva cantidad para la concentración de dióxido de carbono y dejar que el programa haga su trabajo. Hablo de una «facilidad» relativa, claro está. Bajo el diagrama causal simple de la Figura 8.4 hay una función de respuesta de una complejidad fabulosa, derivada de los millones de líneas de código de programación que participan en una simulación climática.

Esto pone sobre la mesa una pregunta natural: ¿Hasta qué punto podemos confiar en las simulaciones informáticas? El interrogante tiene ramificaciones políticas, en particular aquí, en Estados Unidos. Sin embargo, intentaré dar una contestación apolítica. A mi modo de ver, en este ejemplo la función de respuesta resulta mucho más creíble que los modelos lineales que uno ve tan a menudo en las ciencias sociales y naturales. Con frecuencia se eligen los modelos lineales por mera razón de conveniencia. En comparación, los modelos climáticos reflejan más de un siglo de estudios de físicos, meteorólogos y científicos expertos en clima. Representan lo mejor del empeño de una comunidad de científicos por comprender los procesos que gobiernan el clima y el tiempo. Según todos los criterios científicos normales, los modelos climáticos son pruebas fuertes y convincentes, aunque con una prevención. Son excelentes para predecir el tiempo a unos pocos días vista, pero nunca se han verificado en ensayos prospectivos a lo largo de todo un siglo, con lo cual aún podrían contener errores sistemáticos de los que no tenemos noticia.

Un mundo de contrafactuales

Confío en que, llegados a este punto, será evidente que los contrafactuales son un elemento esencial del modo en que los seres humanos aprendemos cosas sobre el mundo y sobre la manera en que nuestras acciones afectan al mundo. Aunque nunca podremos recorrer las dos sendas que divergen en un bosque, en una gran cantidad de casos podemos saber, con una confianza notable, qué nos deparará cada una.

Sin lugar a dudas, la variedad y riqueza de los interrogantes causales que podemos plantear a nuestro «motor de inferencia» se amplía considerablemente cuando también podemos introducir los contrafactuales. Otra clase de interrogante muy popular que no he analizado aquí —llamado «efecto de tratamiento sobre los tratados», o ETT— se utiliza para evaluar si las personas que tienen acceso a un tratamiento son las que más se van a beneficiar al recibirlo. Esta medición es, en muchos casos, superior a la medición convencional de la efectividad de un tratamiento, el efecto causal medio (ECM). El ECM, que se puede obtener por medio de un ensayo controlado aleatorio, promedia la eficacia de un tratamiento en toda una población. Pero ¿qué ocurre si, en su utilización real, se recluta para un programa de tratamiento a quienes es menos probable que se beneficien de ello? Para evaluar la efectividad general del programa, el ETT mide cómo habría afectado a los pacientes con tratamiento adverso el hecho de no haber sido tratados; esta medición contrafactual tiene una importancia crucial a la hora de tomar decisiones prácticas. Mi ex estudiante Ilya Shpitser (ahora en la Johns Hopkins) ha hecho recientemente para la ETT lo que el cálculo *do* hizo para la ECM: ha proporcionado una comprensión completa de cuándo se puede estimar a partir de los datos, dado un diagrama causal.

Sin duda la aplicación más popular de los contrafactuales en la ciencia actual es lo que se denomina «análisis de la mediación». Por esta razón, le he dedicado un capítulo específico (el capítulo 9). Aunque resulte extraño, en muchas ocasiones, en particular quienes usan las técnicas clásicas del análisis de la mediación no caen en la cuenta de que se está hablando de un efecto contrafactual.

En un contexto científico, un mediador (o variable mediadora) es una variable que transmite el efecto del tratamiento al resultado. En este libro hemos visto muchos ejemplos de mediación, como Consumo de tabaco → Alquitrán → Cáncer, donde Alquitrán es un mediador. La pregunta relevante en tales casos es si la variable mediadora explica el efecto completo de la variable de tratamiento o bien alguna parte del efecto no requiere de un mediador. Deberíamos representar tal efecto con una flecha específica que llevara directamente del tratamiento al resultado, como sería Consumo de tabaco → Cáncer.

El análisis de la mediación aspira a desentrañar el efecto directo (que no pasa a través del mediador) del efecto indirecto (la parte que pasa por el mediador). Es fácil ver por qué resulta importante. Si fumar causa cáncer de pulmón solo por medio de la formación de depósitos de alquitrán, entonces podríamos eliminar el riesgo de cáncer adicional dándoles a los fumadores cigarrillos sin alquitrán, como podrían ser los cigarrillos electrónicos. En cambio si fumar causa cáncer directamente o a través de otros mediadores, entonces los cigarrillos electrónicos no bastarían para resolver el problema. En la actualidad esta cuestión médica aún no está cerrada.

En este punto, probablemente no le resulte obvio que los efectos directos e indirectos implican enunciados contrafactuales. Para mí no era en absoluto evidente. Más aún: ¡ha sido una de las principales sorpresas de mi carrera! El capítulo siguiente refiere esta historia y proporciona muchas aplicaciones del análisis de la mediación para la vida real.

En 1912, un túmulo de nieve y unos esquís en cruz señalaron el lugar de último reposo del capitán Robert Falcon Scott (derecha) y los últimos dos hombres de su expedición fatal al Polo Sur. Entre muchas penalidades, los hombres de Scott padecieron escorbuto. Esta parte de la tragedia se habría podido evitar si los científicos hubieran entendido el mecanismo por el que los cítricos previenen la enfermedad. (*Fuente*: Izquierda, fotografía atribuida a Tryggve Gran; derecha, fotografía de Herbert Ponting. Cortesía del Museo de Canterbury, Nueva Zelanda.)

9

MEDIACIÓN: LA BÚSQUEDA DE UN MECANISMO

> Por la falta de una herradura, el caballo se perdió.
> Por la falta de un caballo, el jinete se perdió.
> Por la falta de un jinete, el mensaje se perdió.
> Por la falta de un mensaje, la batalla se perdió.
> Por la falta de una batalla, el reino se perdió.
> Y todo por la falta de un clavo.
>
> Anónimo

En el lenguaje habitual, la pregunta «¿Por qué?» tiene por lo menos dos versiones. La primera es directa: vemos un efecto y queremos conocer la causa. El abuelo está en el hospital y uno se pregunta: «¿Por qué? ¿Cómo es posible que haya tenido un infarto, cuando se le veía tan sano?».

Pero hay una segunda versión del «¿Por qué?», que preguntamos cuando queremos comprender mejor la conexión entre una causa conocida y un efecto conocido. Por ejemplo observamos que el Fármaco B previene los ataques al corazón; u observamos, al igual que James Lind, que los cítricos previenen el escorbuto. La mente humana no descansa, siempre quiere saber más. Por lo tanto no tardamos en formular la segunda versión de la pregunta: «¿Por qué? ¿Cuál es el mecanismo por el que los cítricos previenen el escorbuto?». El presente capítulo se centra en esta segunda forma del porqué.

La búsqueda de mecanismos es crucial para la ciencia, al igual que para la vida cotidiana, porque los distintos mecanismos requerirán acciones distintas cuando las circunstancias cambien. Imaginemos que se nos acaban las naranjas. Sabemos cuál es el mecanismo por el que las naranjas funcionan y por lo tanto en su ausencia también podremos prevenir el escorbuto: simplemente necesitamos otra fuente de vitamina C. En cambio si no conocemos el mecanismo quizá tengamos la tentación de probar, pongamos, con los plátanos.

Para la segunda clase de «¿Por qué?», los científicos usan la palabra «mediación». En una revista especializada podríamos leer una frase como la siguiente: «El efecto del Fármaco B sobre los ataques al corazón está mediado por su efecto sobre la presión sanguínea». Este enunciado codifica un modelo causal simple: Fármaco $A \rightarrow$ Presión sanguínea $\rightarrow$ Ataque al corazón. En este caso el medicamento reduce la presión alta que, a su vez, reduce el riesgo coronario (entre biólogos se acostumbra a utilizar un símbolo distinto, $A - \mid B$, cuando la causa A inhibe el efecto B; pero en la bibliografía de la causalidad se suele usar $A \rightarrow B$ tanto para las causas positivas como para las negativas). Del mismo modo, podemos resumir el efecto de los cítricos sobre el escorbuto con el modelo causal Cítricos $\rightarrow$ Vitamina C $\rightarrow$ Escorbuto.

Queremos plantear ciertas preguntas típicas sobre un mediador: ¿Da cuenta del efecto al completo? ¿El Fármaco B funciona exclusivamente a través de la presión sanguínea o tal vez también a través de otros mecanismos? El efecto placebo es un tipo de mediador común en la medicina: si un fármaco actúa solo porque el paciente cree que es beneficioso, la mayoría de médicos no lo considerarán efectivo. La mediación también es un concepto importante en el Derecho. Si preguntamos si una empresa ha discriminado a las mujeres pagándoles un salario inferior, estamos planteando un interrogante sobre mediación. La contestación dependerá de si la disparidad salarial observada se ha producido como respuesta directa al género del empleado o indirectamente, por un mediador como la cualificación, que no está sometida al control del empresario.

Todas las preguntas citadas requieren de sensibilidad para diferenciar efectos totales, efectos directos (que no se producen a través de un mediador) y efectos indirectos (que sí incluyen mediación). La mera definición de estos conceptos ha supuesto todo un desafío para los científicos, durante el siglo pasado. Cohibidos por el tabú que impedía pronunciar la palabra «causa», algunos intentaron definir la mediación sin recurrir a ningún vocabulario de causalidad. Otros desdeñaron en su conjunto el análisis de la mediación porque, a su modo de ver, los conceptos de un efecto directo o indirecto eran «engañosos y no ayudaban a clarificar el pensamiento estadístico».

Personalmente, la mediación también me costó una lucha; pero ha acabado siendo una de las más gratificantes de mi carrera, porque empecé equivocado y, mientras aprendía de mi error, topé con una solución inesperada. Durante un tiempo fui de la opinión de que los efectos indirectos carecían de consecuencias operativas porque, a diferencia de los directos, no se pueden definir con el lenguaje de la intervención. Cuando caí en la cuenta de que se los puede definir con referencia a los contrafactuales, y que también pueden tener implicaciones importantes en materia de las decisiones que se toman, esto supuso un hito personal. Solo se pueden cuantificar cuando hemos alcanzado el tercer peldaño de la Escalera de la Causalidad, y por eso los he situado al final de este libro. En su nuevo hábitat, la mediación ha florecido y nos ha permitido cuantificar, a menudo a partir de los meros datos, la porción de un efecto mediada por cualquier camino en concreto.

Como es de esperar, dada la apariencia contrafactual, los efectos indirectos siguen siendo algo enigmáticos incluso entre los paladines de la Revolución Causal. Sin embargo creo que, dada su utilidad extraordinaria, acabarán superando cualquier duda que pueda quedar sobre el carácter metafísico de los contrafactuales. Quizá se los pueda comparar con los números irracionales e imaginarios: en un principio causaban incomodidad (por eso se los bautizó como «irracionales»), pero con el tiempo su utilidad convirtió la incomodidad en placer.

Para ilustrar este punto daré varios ejemplos de cómo los investigadores, en varias disciplinas, han logrado avances útiles gracias al análisis de mediación. Un experto estudió una reforma educativa denominada «Álgebra para todos» que, al principio, parecía haber fracasado, pero acabó siendo un éxito. Un estudio sobre el uso de torniquetes en las guerras de Iraq y Afganistán no logró demostrar que esta técnica sirviera de nada; con un análisis de mediación cuidado, en cambio, se ha podido ver qué ocultaba los beneficios de tal proceder.

En resumen, durante los últimos quince años, la Revolución Causal ha descubierto reglas simples y claras para cuantificar qué parte de un efecto dado es directa y qué parte, indirecta. Ha transformado la mediación, que ha pasado de ser un concepto apenas comprendido y de dudosa legitimidad, a una herramienta popular y versátil del análisis científico.

ESCORBUTO: EL MEDIADOR EQUIVOCADO

Quisiera comenzar con un ejemplo histórico, verdaderamente espantoso, que pone de relieve la importancia de entender la mediación.

Uno de los primeros ejemplos de experimento controlado fue el estudio del escorbuto por el capitán de Marina James Lind, publicado en 1747. En tiempos de Lin, esta era una enfermedad aterradora, que se calcula que costó la vida a dos millones de marineros entre 1500 y 1800. Lind determinó, tan concluyentemente como se podía en su momento, que una dieta de cítricos impedía que los marineros desarrollaran la temida dolencia. En los primeros años del siglo XIX, por fin, el escorbuto se había convertido en un temor del pasado, para la Armada británica; todas sus embarcaciones zarpaban con una provisión adecuada de cítricos. Los libros de historia suelen concluir aquí el relato, celebrando el gran triunfo del método científico.

Resulta ciertamente extraño, por lo tanto, que esta enfermedad tan fácil de prevenir hiciera un regreso inesperado un siglo más tarde, cuando los británicos empezaron a enviar expediciones de exploración a las regiones polares. La expedición británica al Ártico de 1875, la Jackson-Harmsworth también al Ártico, en 1894, y en particular las dos expediciones de Robert Falcon Scott a la Antártida, en 1903 y 1911, padecieron enormemente por el escorbuto.

¿Cómo pudo suceder? En dos palabras: ignorancia y arrogancia. La combinación siempre es poderosa... Hacia 1900, las figuras de la medicina británica habían olvidado las lecciones aprendidas hacía un siglo. El médico de Scott en la expedición de 1903, el doctor Reginald Koettlitz, atribuyó el escorbuto a la carne estropeada y, no solo eso, sino que aseguró que «el beneficio de los supuestos "antiescorbúticos" [como el zumo de lima, usado de forma preventiva] es ilusorio». En la expedición de 1911 Scott guardó reservas de carne cuidadosamente inspeccionada, sin ningún signo de descomposición; pero nada de cítricos, ni zumos ni frutas (véase la Figura 9.1). Que tuviera tanta confianza en su médico quizá contribuyera a la tragedia posterior. Los cinco hombres que alcanzaron el Polo Sur murieron, todos ellos (dos, de una enfermedad no especificada, que muy probablemente era escorbuto). Un miembro de la expedición, que se dio la vuelta antes de llegar al polo y logró regresar con vida, adolecía de un escorbuto grave.

Visto desde el presente, el consejo de Koettlitz ronda la mala práctica punible. ¿Cómo pudo ser que, un siglo más tarde, se hubiera olvidado —o peor: despreciado— lo descubierto por James Lind? La explicación, en parte, es que los médicos no entendían bien cómo funcionaban los cítricos contra el escorbuto. En otras palabras: desconocían el mediador.

FIGURA 9.1. Raciones diarias para los hombres de Scott en el camino al polo: chocolate, *pemmican* (carne en conserva), azúcar, galletas, mantequilla y té. Llama la atención la ausencia de cualquier fruta que contuviera vitamina C. (*Fuente*: Fotografía de Herbert Ponting, cortesía del Museo de Canterbury, Nueva Zelanda.)

Desde los tiempos de Lind siempre se había creído (pero no se había demostrado) que los cítricos prevenían el escorbuto gracias a la acidez. En otras palabras, los médicos creían que el proceso se regía por el siguiente diagrama causal:

$$\text{Cítricos} \rightarrow \text{Acidez} \rightarrow \text{Escorbuto}$$

Desde este punto de vista, cualquier ácido servía (habría servido la Coca-Cola, digamos, de haberse inventado ya). Al principio los marineros usaban limones españoles; pero por razones de economía los sustituyeron por limas de las Indias occidentales, que eran igual de ácidas que los citados limones, pero solo contenían un cuarto de su vitamina C. Para empeorar más la situación, empezaron a hervir el zumo de lima, con la intención de «purificarlo», lo que destruyó la vitamina C que aún pudieran contener. En otras palabras: estaban anulando el mediador.

Cuando los marineros de la expedición ártica de 1875 enfermaron de escorbuto a pesar de haber tomado zumo de lima, la comunidad médica quedó muy confundida. Los marinos que se habían alimentado con carne fresca no se pusieron enfermos, los que la habían tomado en lata, por el contrario, sí.[1] Koettlitz y otros le echaron la culpa a una carne mal conservada. Sir Almroth Wright se inventó una teoría según la cual la carne (supuestamente) contaminada contenía unas bacterias que causaban «envenenamiento por ptomaína» que a su vez provocaba el escorbuto. Y la teoría de que los cítricos podían prevenir el escorbuto se arrinconó.

La situación no se corrigió hasta que se descubrió el auténtico mediador. En 1912, un bioquímico polaco llamado Kazimierz Funk propuso la existencia de unos micronutrientes que bautizó como «vitaminas» (el nombre significaba 'aminas vitales'). En 1930 Albert Szent-Gyorgyi consiguió aislar el nutriente en particular que evitaba el escorbuto. No servía cualquier ácido en general, sino lo que hoy conocemos como vitamina C (o ácido ascórbico, en un guiño a su pasado «antiescorbútico»). Szent-Gyorgyi recibió el premio Nobel por su descubrimiento, en 1937. Gracias a él hoy sabemos que el camino causal real es: Cítricos → Vitamina C → Escorbuto.

Creo que es razonable predecir que los científicos no volverán a «olvidar» este camino causal. Y creo que habrá quedado claro que el análisis de la mediación es más que un ejercicio matemático abstracto.

¿NATURALEZA O CRIANZA? LA TRAGEDIA DE BARBARA BURKS

Hasta donde yo he podido averiguar, la primera persona que representó explícitamente un mediador con un diagrama fue una estudiante de posgrado de Stanford llamada Barbara Burks, en 1926. Esta pionera de la participación de las mujeres en la ciencia, aunque es muy poco conocida, es en realidad una de las verdaderas heroínas de este libro. Hay razones para creer que ella inventó de hecho los diagramas causales, con independencia de Sewall Wright. Y con respecto a la mediación, estaba por delante de Wright, y varias décadas por delante de su tiempo.

El centro de interés de las investigaciones de Burks, en una carrera que por desgracia fue breve, fue el papel de la naturaleza frente a la crianza a la hora de determinar la inteligencia humana. En Stanford estaba asesorada por Lewis Terman, un psicólogo famoso por haber desarrollado el test Stanford-Binet del coeficiente intelectual; Terman estaba convencido de que la inteligencia se heredaba, no se adquiría. Recordemos en qué fechas estamos: era el apogeo de la eugenesia, hoy desacreditada pero en aquel momento legitimada por la investigación activa de personas como Francis Galton, Karl Pearson o el propio Terman.

Este debate de naturaleza o crianza es, por descontado, muy antiguo, y se siguió discutiendo al respecto mucho después de Burks. La gran aportación de la autora fue reducirlo a un diagrama causal (véase la Figura 9.2) que utilizó para formular (y responder) la pregunta: «¿Qué parte del efecto causal se debe al camino directo Inteligencia de los padres → Inteligencia de los hijos (naturaleza) y cuánto se debe al camino indirecto Inteligencia de los padres → Condición social → Inteligencia de los hijos (crianza)?».

En este diagrama, Burks ha utilizado algunas flechas de doble dirección, ya sea para representar una causalidad mutua o por simple incertidumbre sobre la dirección de la causalidad. Por mor de la simpli-

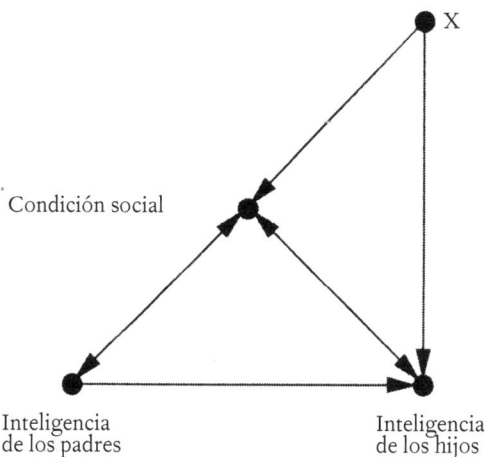

FIGURA 9.2. El debate de la naturaleza frente a la crianza, en el marco creado por Barbara Burks.

cidad supondremos que el efecto principal de ambas flechas irá de izquierda a derecha, lo que convierte la Condición social en un mediador, de modo que la inteligencia de los padres consolida la posición social lo que, a su vez, ofrece a la hija o el hijo mejores oportunidades de desarrollar su inteligencia. La variable X, por último, representa «otras causas remotas no medidas».

En su tesis Burks reunió datos de numerosas visitas domiciliarias a 204 familias con niños adoptados que, es de suponer, solo podían beneficiarse de la crianza en sus familias, no de la naturaleza de sus padres adoptivos (véase la Figura 9.3). Les entregó a todas unos tests de inteligencia, y también a un grupo de control de 105 familias sin hijos adoptivos. Además les dio cuestionarios que a Burks le sirvieron para clasificar diversos aspectos del entorno social de los pequeños. Con los datos recopilados y el análisis de caminos computó el efecto directo del CI parental en el de los hijos y halló que solo se hereda el 35 % (cerca

FIGURA 9.3. Barbara Burks (derecha) se interesó por separar dos componentes de la inteligencia, el «natural» y el derivado de la «crianza». Para su disertación visitó los hogares de más de doscientos hijos adoptivos, les dio tests de inteligencia y recopiló datos sobre su entorno social. No solo fue la primera investigadora que, aparte de Sewall Wright, utilizó diagramas causales, sino que en ciertos aspectos se anticipó a Wright. (*Fuente*: Ilustración de Dakota Harr.)

de un tercio) de la variación del CI. En otras palabras, los padres con un CI quince puntos superior a la media, típicamente, tenían hijos situados cinco puntos por encima de la media.

Como discípula de Terman, Burks debió de sentirse decepcionada al constatar un efecto tan reducido (cabe señalar, dicho sea de paso, que sus estimaciones han envejecido bastante bien). Así pues, puso en duda el método de análisis más aceptado en su momento, que incluía introducir un control para Condición social. «La auténtica medida de la aportación de una causa a un efecto resulta mutilada —escribió— si hacemos constantes variables que, *en parte o en todo, pueden estar causadas por cualquiera de los dos factores cuya verdadera relación se pretende medir, o por otras causas remotas todavía no medidas que también afecten a cualquiera de los dos factores aislados*».* En otras palabras: si uno se interesa por el efecto total de Inteligencia de los padres sobre Inteligencia de los hijos, no debería introducir ajustes para ninguna variable situada en el camino entre las dos (no debería «hacer[las] constantes»).

Pero Burks no se detuvo aquí. El criterio enfatizado en cursiva, si se traduce al lenguaje moderno, quiere decir que se introducirá un sesgo si condicionamos a variables que son (a) efectos de Inteligencia de los padres o de Inteligencia de los hijos, o (b) efectos de causas no medidas, sea de Inteligencia de los padres sea de Inteligencia de los hijos (como X en la Figura 9.2).

Son criterios muy adelantados a su tiempo y muy distintos de nada que hubiera escrito Sewall Wright. De hecho el criterio (b) es uno de los primeros ejemplos de sesgo de colisionador. Si examinamos la Figura 9.2 veremos que Condición social es un colisionador (Inteligencia de los padres → Condición social ← X). Por lo tanto, controlar Condición social abre el camino de puerta trasera Inteligencia de los padres → Condición social ← X → Inteligencia de los hijos. Cualquier estimación de los efectos directos e indirectos quedará, por lo tanto, sesgada. Como antes de Burks (ni tampoco después), los estadísticos no pensaban en términos de flechas y diagramas, estaban inmersos por completo en el mito de que, mientras que la correlación simple carece de implicaciones causales, en cambio la correlación controlada (o los coeficientes de regresión parcial, véase la p. 233) es un paso en dirección de la explicación causal.

Burks no fue la primera persona en descubrir el efecto de colisión,

---

* Cursivas en el original. *(N. del t.)*

pero entiendo que sí cabe afirmar que fue la primera en caracterizarlo en general con gráficos. Su criterio (b) se aplica a la perfección a los ejemplos del sesgo M, que vimos en el capítulo 4. Fue la primera en advertir contra los condicionamientos a un factor pretratamiento, una costumbre que parecía segura a todos los estadísticos del siglo xx y que, por extraño que sea, aún hay quien considera segura.

Ahora póngase en el lugar de Barbara Burks. Acaba de descubrir que todos los compañeros han estado controlando las variables equivocadas. Tiene dos factores netamente en contra: es una simple estudiante y es una mujer. ¿Qué hace? ¿Quizá agacha la cabeza, finge aceptar el conocimiento convencional y se comunica con los colegas por medio de su vocabulario inadecuado?

¡Pues no! Barbara Burks tituló su artículo —el primero que publicaba— «Sobre la inadecuación de la técnica de correlación múltiple y parcial»[2] y lo comenzó afirmando: «Hay consideraciones lógicas que nos llevan a la conclusión de que las técnicas de correlación múltiple y parcial están cargadas de peligros que restringen seriamente su aplicabilidad». Aún no tenía siquiera un título de doctora, ¡pero no se mordía la lengua! Como escribió Terman: «Su capacidad se veía algo empañada por su tendencia a chocar con los demás. El problema, creo, estaba en parte en el hecho de que era más agresiva, en la defensa de sus propias ideas, de lo que complacía a muchos profesores y muchos estudiantes varones». Es obvio que Burks iba por delante de su tiempo y no solo en un aspecto.

Burks quizá inventara los diagramas de caminos con independencia de Sewall Wright, que le había precedido por seis años. Tenemos la certeza de que nadie se lo enseñó en una clase. La Figura 9.2 es la primera aparición de un diagrama de caminos fuera de los trabajos de Wright, y la primera en absoluto en el campo de las ciencias sociales o conductuales. Es cierto que en el cierre del artículo de 1926 incluye una referencia a Wright; pero la forma en que lo incluye hace pensar en una adición de último minuto. Tengo el presentimiento de que tuvo noticia de los diagramas de Wright cuando ya había dibujado los suyos propios; cabe la posibilidad de que se lo indicara Terman, o tal vez algún reseñador avispado.

Es fascinante imaginar qué podría haber llegado a ser Burks, de no haber caído víctima de sus tiempos. Aunque se doctoró, no logró encontrar trabajo como profesora en ninguna universidad, pese a que no le faltaba cualificación. Tuvo que contentarse con puestos de investigación más inseguros, por ejemplo en la Institución Carnegie. En 1942 se prometió, lo que tal vez habría podido ser un punto de inflexión positivo; pero en la práctica se sumió en una profunda depresión. «Estoy convencida de que, con razón o sin ella, Barbara estaba segura de que su cerebro estaba experimentando un cambio siniestro del que no se podría recuperar —le escribió Frances Burks, la madre, a Terman—. Así que, con todo su amor y ternura, decidió ahorrarnos el pesar de compartir con ella el espectáculo de una decadencia tan trágica». El 25 de mayo de 1943, a los cuarenta años, Barbara se quitó la vida lanzándose desde el puente de George Washington, en Nueva York.

Pero las tragedias no siempre acaban con las ideas. Cuando los sociólogos Hubert Blalock y Otis Duncan resucitaron el análisis de caminos en la década de 1960, el artículo de Burks les sirvió de inspiración. Duncan explicó que uno de sus mentores, William Fielding Ogburn, había mencionado de pasada los coeficientes del camino en su charla de 1946 sobre las correlaciones parciales. «Ogburn tenía referencia de una nota de Wright que mencionaba el material de Burks, y yo adquirí una reimpresión», contó Duncan.

¡Aquí lo tenemos! El artículo de Burks, de 1926, hizo que Wright se interesara por el uso inapropiado de las correlaciones parciales. La respuesta de Wright se abrió paso hasta la conferencia de Ogburn, veinte años después, y quedó grabada en la cabeza de Duncan. Otros veinte años más tarde, cuando Duncan leyó la obra de Blalock sobre los diagramas de caminos, le vino a la memoria un recuerdo medio sepultado de sus años de estudiante. Es verdaderamente asombroso comprobar como la frágil mariposa de una idea estuvo aleteando casi inadvertidamente durante dos generaciones hasta que volvió a emerger de nuevo a la luz, victoriosa.

En busca de un lenguaje
(o la paradoja de las admisiones de Berkeley)

Aun a pesar del trabajo de Burks, medio siglo más tarde los estadísticos seguían topando con muchas dificultades para expresar la idea de los efectos directos e indirectos (ya no digamos, para calcularlos). Un buen ejemplo al respecto es una paradoja muy conocida, relacionada con la de Simpson, pero con una particularidad.

En 1973 Eugene Hammel, adjunto al decano en la universidad de California, se fijó en una tendencia preocupante entre las tasas de admisión de hombres y mujeres. Según sus datos, el 44 % de los hombres que solicitaban hacer el doctorado en Berkeley habían sido aceptados, pero en el caso de las mujeres, el porcentaje era de solo el 35 %. La discriminación por razón de género empezaba a despertar el interés de la opinión pública, y Hammel no quería esperar a que nadie empezara a hacer preguntas. Así pues optó por investigar él mismo las razones de la disparidad.

Las decisiones de admisión de licenciados, en Berkeley, como en otras universidades, las toman los distintos departamentos, más que la universidad como un todo. Así pues, tenía sentido examinar los datos de admisión departamento por departamento, hasta encontrar al culpable. Pero al hacerlo así, Hammel descubrió un hecho sorprendente. Un departamento tras otro, las decisiones de admisión eran, de forma consistente, más favorables a las mujeres que a los hombres. ¿Cómo podía ser?

En este punto Hammel tomó una decisión inteligente: llamó a un estadístico. En cuanto le mostraron los datos, Peter Bickel reconoció una variante de una paradoja de Simpson. Como vimos en el capítulo 6, la paradoja de Simpson se refiere a una tendencia que parece ir en una dirección en cada capa de la población (en cada departamento, la tasa de admisión de las mujeres es la superior) pero en la dirección opuesta para la población en su conjunto (en la universidad como un todo, la tasa de admisión superior es la masculina). En el capítulo 6 también vimos que la solución correcta de la paradoja depende, antes que nada, de la pregunta que uno quiera contestar. En este caso el interrogante está claro: La universidad (o alguien, dentro de la universidad) ¿está discriminando a las mujeres?

La primera vez que le conté este ejemplo a mi mujer reaccionó diciendo: «Es imposible. Si cada departamento discrimina en el mismo sentido, la universidad no puede discriminar en sentido contrario». ¡Y tiene razón! La paradoja ofende nuestra comprensión de la discriminación, que es un concepto causal que implica una respuesta preferencial según el sexo que se indica en la solicitud. Si todos los actores prefieren un sexo al otro, el grupo en su conjunto tiene que mostrar la misma preferencia. Y si los datos parecen decir otra cosa, entonces es que no estamos procesando los datos adecuadamente, de acuerdo con la lógica de la causalidad. Solo con esta lógica, y un relato causal claro, podemos determinar la culpa o inocencia de la universidad.

Bickel y Hammel, de hecho, encontraron una narración causal que los satisfacía del todo. Escribieron un artículo, publicado en la revista *Science* en 1975, que proponía una explicación simple: a las mujeres se las rechazaba en mayor número porque solicitaban entrar en departamentos a los que era más difícil acceder.

Seamos más específicos: un porcentaje mayor de mujeres que de hombres solicitaba el ingreso en los departamentos de humanidades y ciencias sociales. Tenían que hacer frente a un problema doble: el número de estudiantes que solicitaba entrar era mayor, y el número de plazas para esos estudiantes era menor. Por otro lado, las mujeres no pedían plaza tan a menudo en departamentos como los de ingeniería mecánica, donde era más fácil entrar. Eran departamentos con más dinero y más espacio para doctorandos; en resumen, su tasa de admisión era más elevada.

¿Por qué las mujeres solicitan entrar en departamentos de acceso más difícil? Quizá los campos más técnicos las disuadían porque se exigía un nivel de matemáticas más elevado, o porque los percibían como ámbitos más «masculinos». Quizá las habían discriminado ya en estadios anteriores de la educación: la sociedad tendía a alejar a las mujeres de los campos más técnicos, como por desgracia se puso de manifiesto en la historia de la propia Barbara Burks. Pero estas no eran circunstancias que Berkeley pudiera controlar y, por lo tanto, no representaban discriminación por parte de la universidad. Esta fue la conclusión a la que llegaron Bickel y Hammel: «El campus como un todo no adoptó medidas discriminatorias contra las solicitantes».

Aunque sea de paso quisiera dejar constancia de la precisión lingüística del artículo de Bickel. El autor distingue cuidadosamente entre dos conceptos que, en el inglés corriente, a menudo se consideran sinónimos: *bias* («sesgo») y *discrimination* («discriminación»). Define el «sesgo» como «un patrón de asociación entre una decisión concreta y un sexo concreto del solicitante». Fijémonos en las palabras «patrón» y «asociación»: nos indican que el sesgo es un fenómeno del primer peldaño de la Escalera de la Causalidad. Por otro lado, Bickel define la discriminación como «el ejercicio de una decisión influida por el sexo del solicitante cuando esta es intrascendente para los requisitos de acceso». Palabras como «ejercicio de una decisión», «influencia» e «intrascendente» destilan causalidad, aunque en 1975 Bickel no se atreviera a utilizar esta palabra. La discriminación, a diferencia del sesgo, pertenece a los peldaños dos o tres de la Escalera de la Causalidad.

En su análisis, Bickel entendió que había que estratificar los datos por departamento porque tal era la unidad de la toma de decisiones. ¿Era lo correcto? Para responder a esta pregunta empezaremos por dibujar un diagrama causal (Figura 9.4). También resultará muy aclarador examinar la definición de «discriminación» en la jurisprudencia. La jurisprudencia estadounidense utiliza una terminología contrafactual, indicio claro de que hemos ascendido al tercer peldaño de la Escalera de la Causalidad. En la causa de Carson contra la Bethlehem Steel Corp., de 1996, el Tribunal del Séptimo Circuito escribió: «La cuestión central, en toda causa sobre discriminación en el trabajo, es si el empresario habría actuado del mismo modo en el caso de que el empleado hubiera sido de otra raza (o edad, sexo, religión, origen nacional, etc.), manteniéndose igual todo lo demás». Esta definición expresa claramente la idea de que deberíamos anular o «congelar» todos los caminos causales que van del género a la admisión a través de cualquier otra variable (por ejemplo la cualificación, la elección de departamento, etc.). En otras palabras, la discriminación iguala el efecto directo del género sobre el resultado de la admisión.

Hemos visto antes que condicionar a un mediador es incorrecto si queremos estimar el efecto total de una variable sobre otra. Pero en un caso de discriminación, según el tribunal, lo que importa no es el efecto total sino el directo. Esto da la razón a Bickel y Hammel: con las premisas que se muestran en la Figura 9.4, acertaban al dividir los datos por departamentos y el resultado proporciona una estimación válida del efecto directo de Género sobre Resultado. Acertaron aun a pesar de que, en 1973, Bickel no podía disponer del lenguaje de los efectos directos e indirectos.

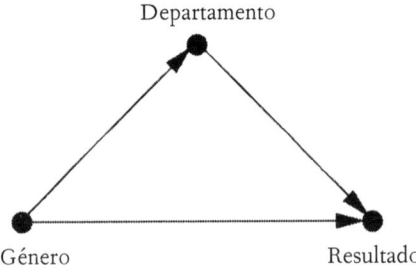

FIGURA 9.4. Diagrama causal para la paradoja de la admisión en Berkeley (versión simple).

Sin embargo, la parte más interesante de esta historia no es el artículo original de Bickel y Hammel, sino el debate que generó. Tras la publicación, William Kruskal, de la universidad de Chicago, envió una carta a Bickel aduciendo que su explicación no terminaba de exonerar a Berkeley. Más aún: Kruskal ponía en duda que se pudiera hacer con cualquier estudio puramente observacional (frente a un experimento aleatorio que usara, por ejemplo, formularios de solicitud falsos).

Personalmente, su correspondencia me resulta fascinante. No ocurre muy a menudo que podemos ser testigo de cómo dos grandes mentes batallan con un concepto (la causalidad) para el cual carecen de un vocabulario adecuado. En 1984 Bickel destacó al ganar una beca «Genius» de la Fundación MacArthur. Pero en 1975 estaba en el principio de su carrera y tuvo que representar un honor —y un reto— competir en ingenio con Kruskal, un gigante de la comunidad estadística estadounidense.

En su carta a Bickel, Kruskal señalaba que la relación entre Departamento y Resultado podía tener factores de confusión no medidos, como Estado de residencia (dentro de Estados Unidos). Utilizó exactamente los mismos datos que en el ejemplo de Bickel para inventar un ejemplo numérico de una universidad hipotética con dos departamentos que discriminaban por razón de sexo. Lo hizo presuponiendo que ambos departamentos aceptan a todos los varones del estado y todas las mujeres de otros estados, y rechazan a todos los varones de otros estados y todas las mujeres del propio estado, sin ningún otro criterio de decisión. Es obvio que esta política de admisiones sería un caso flagrante de discriminación, un caso de manual. Pero como el número total de solicitantes de cada género aceptados y rechazados era idéntico al del ejemplo de Bickel, este tendría que concluir que no había discriminación. Según Kruskal, los departamentos parecían inocentes porque Bickel tan solo había controlado una variable, no las dos.

Kruskal puso el dedo precisamente sobre el punto débil del artículo de Bickel: no se había justificado con claridad el criterio para determinar qué variables se controlaban. El profesor de Chicago no ofrecía una solución; de hecho en su carta no muestra ninguna esperanza de que se pueda llegar a encontrar.

A diferencia de Kruskal, nosotros podemos dibujar un diagrama y ver cuál es el problema exactamente. La Figura 9.5 muestra el diagrama causal que representa el contraejemplo de Kruskal. ¿Le resulta un

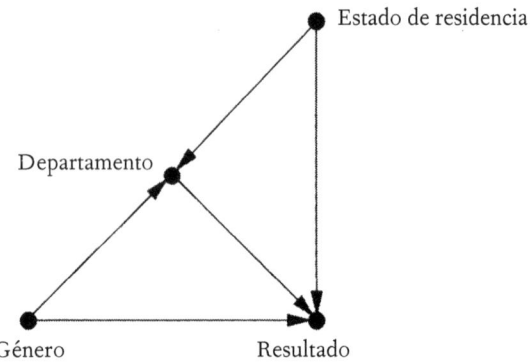

FIGURA 9.5. Diagrama causal para la paradoja de la admisión en Berkeley (versión de Kruskal).

poco familiar? ¡Pues claro! Es exactamente el mismo diagrama que Barbara Burks dibujó en 1926, solo que con otras variables. Uno tiene la tentación de exclamar: «¡Las grandes mentes piensan parecido!», pero quizá es más apropiado decir que los grandes problemas atraen a las grandes mentes.

Kruskal aducía que, en esta situación, el análisis debería controlar tanto el departamento universitario como el estado en el que reside el solicitante, y al examinar la Figura 9.5 podemos ver por qué. Para invalidar todos los caminos que no son el directo hay que estratificar por departamento. Esto cierra el camino indirecto Género → Departamento → Resultado. Pero al hacerlo así abrimos el camino espurio Género → Departamento ← Estado de residencia → Resultado, por el colisionador en Departamento. Si controlamos también Estado de residencia, cerramos este camino y, por lo tanto, toda correlación restante tendrá que deberse al camino directo (y discriminatorio) Género → Resultado. En ausencia de diagramas, Kruskal tuvo que convencer a Bickel con números, y de hecho sus números mostraban esto mismo. Si no creamos ajustes para las variables, entonces las mujeres tienen una tasa de admisión inferior. Si ajustamos por Departamento, las mujeres parecen tener una tasa superior. Si ajustamos por Departamento y Estado de residencia, entonces de nuevo los números indican que la tasa de admisión de las mujeres es inferior.

Esta clase de debates transmiten una idea de las sospechas que despertaba (y sigue despertando) el concepto de mediación. Parece inestable y difícil de precisar. Primero las tasas de admisión están sesgadas en contra de las mujeres, luego en contra de los hombres, luego en contra de las mujeres. En su réplica a Kruskal, Bickel siguió manteniendo que condicionar a una unidad decisora (Departamento) no es lo mismo que condicionar a un criterio de decisión (Estado de residencia). Pero sus palabras no suenan muy seguras. Se pregunta, en tono quejumbroso: «Aquí veo un problema que no es estadístico. ¿Qué queremos decir con "sesgo"?». ¿Por qué el signo del sesgo cambia según la manera en la que lo medimos? De hecho, había dado en el clavo al distinguir entre sesgo y discriminación. La noción de *sesgo* es estadística y elusiva, y puede desaparecer según el modo en que dividamos los datos. La *discriminación*, en cambio, como concepto causal, refleja una realidad y tiene que permanecer estable.

En el vocabulario de los dos autores faltaba un sintagma: «mantener constante». Para invalidar el camino indirecto de Género a Resultado tenemos que mantener constante la variable Departamento y luego retorcer la variable Género. Cuando el Departamento es constante impedimos (figuradamente) que los candidatos elijan ante qué departamento presentan su solicitud. Como los estadísticos no tienen una palabra para este concepto, hacen algo que superficialmente es parecido: condicionan a Departamento. Esto exactamente es lo que había hecho Bickel: examinar los datos departamento por departamento para llegar a la conclusión de que no había prueba de discriminación contra las mujeres. Es un procedimiento válido cuando no hay factor de confusión entre Departamento y Resultado; en tal caso, *ver* es lo mismo que *hacer*. Pero Kruskal acertaba al preguntarse qué pasaba si había un confundidor como el Estado de residencia. Probablemente no se dio cuenta de que estaba siguiendo los pasos de Burks, que en lo esencial había dibujado el mismo diagrama.

No podré hacer suficiente hincapié en cuán a menudo se ha repetido esta pifia a lo largo de los años: condicionar al mediador en vez de mantenerlo constante. Es lo que yo llamo, por esto mismo, la «Falacia de la mediación». Hay que admitir que el error no provoca perjuicios si no existe factor de confusión entre el mediador y el resultado. En cambio si hay confusión, puede invertir por completo el análisis, como demostraba el ejemplo numérico de Kruskal. Puede hacer que el investigador concluya que no hay discriminación donde de hecho la hay.

Burks y Kruskal se singularizaron por reconocer que la Falacia de la mediación entraña un error, aunque no lograron ofrecer una solución. R. A. Fisher cometió la misma pifia en 1936 y ochenta años más tarde, los estadísticos siguen lidiando con el problema. Por fortuna se ha avanzado muchísimo desde los tiempos de Fisher. Los epidemiólogos, por ejemplo, saben ahora que debemos estar al tanto de los factores de confusión entre mediador y resultado. Pero quienes huyen del lenguaje de los diagramas (como algunos economistas hacen todavía hoy) se quejan y confiesan que, cuando les toca explicar qué significa esta advertencia, supone toda una tortura.

Afortunadamente, el problema que Kruskal calificó en cierta ocasión de «quizá insoluble» se resolvió hace dos décadas. Tengo la extraña sensación de que a Kruskal le habría gustado la solución, y fantaseo imaginando que le muestro el poder del cálculo *do* y la algoritmación de contrafactuales. Por desgracia se retiró en 1990, justo cuando se estaba dando forma a las reglas del cálculo *do*, y falleció en 2005.

Estoy seguro de que habrá quien se esté preguntando: y al final, ¿qué pasó con el caso de Berkeley? Pues no pasó nada. Hammel y Bickel estaban convencidos de que Berkeley no tenía por qué preocuparse y de hecho nunca se materializaron ni procesos judiciales ni investigaciones federales. Los datos apuntaban a una discriminación inversa, contra los hombres, algo para lo cual había pruebas explícitas: «En la mayoría de los casos que tenían que ver con una condición de privilegio para las mujeres, parece ser que los comités de admisión estaban intentando superar la tradicional escasez de mujeres en sus campos de estudio», escribió Bickel. Tres años después, una denuncia contra la discriminación positiva en otro campus de la universidad de California llegó hasta el Tribunal Supremo. Si este tribunal hubiera censurado la acción afirmativa, la «condición de privilegio para las mujeres» podría haberse convertido en ilegal. Antes al contrario, el Supremo respaldó la acción afirmativa y el caso de Berkeley quedó relegado a una simple nota histórica.

Un hombre prudente no cede la última palabra al Tribunal Supremo, sino a su esposa. ¿Por qué la mía estaba tan convencida de que es del todo imposible que un centro universitario discrimine mientras cada uno de sus departamentos actúa justamente? Es un teorema de cálculo causal, similar al principio de lo seguro. El principio de lo seguro, en la formulación original de Leonard Savage, se refiere a los efectos totales, mientras que este teorema vale para los efectos directos. La mera definición de un efecto directo en un nivel global pasa por agregar los efectos directos de las subpoblaciones.

La justicia local, en suma, implica una justicia global. Mi mujer tenía razón.

«Daisy», los gatitos y los efectos indirectos

Hasta aquí hemos debatido los conceptos de efecto directo e indirecto, de una forma vaga e intuitiva, pero no les he dado un significado científico preciso. Esta omisión se tiene que rectificar sin más demora.

Empecemos por el efecto directo, que sin duda es más fácil. Podemos definir una versión de este por medio del cálculo *do* (es decir, en el segundo peldaño de la Escalera de la Causalidad). Primero veamos el caso más simple, que incluye tres variables: un tratamiento X, un resultado Y y un mediador M. Obtenemos el efecto directo de X sobre Y y «meneamos» X sin permitir que M cambie. En el contexto del ejemplo de la paradoja de las admisiones en Berkeley, forzamos que todos los candidatos y candidatas dirijan la solicitud al departamento de Historia; es decir, hacemos que M sea 0, $do(M = 0)$. Aleatoriamente, hacemos que algunas personas indiquen (en el formulario) que son varones $(do(X = 1))$ y otras que son mujeres $(do(X = 0))$, independientemente de su género real. Luego observamos la diferencia en las tasas de admisión entre los dos grupos. El resultado se conoce como «efecto directo controlado», o EDC(0). En símbolos:

$$EDC(0) =$$
$$P(Y = 1 \mid do(X = 1), do(M = 0)) - P(Y = 1 \mid do(X = 0), do(M = 0))$$
$$(9.1)$$

El 0 de EDC(0) indica que obligamos al mediador a adoptar un valor de cero. Podríamos hacer el mismo experimento obligando a todo el mundo a pedir plaza en Ingeniería, $do(M = 1)$. El efecto directo controlado resultante lo denotaríamos como EDC(1).

Ya podemos ver una diferencia entre los efectos directos y los efectos totales: tenemos dos versiones distintas del efecto directo controlado, EDC(0) y EDC(1). ¿Cuál es correcta? Una opción es sencillamente comunicar las dos versiones. De hecho no es impensable que un departamento discrimine contra las mujeres y otro lo haga contra los hombres, y resultaría interesante averiguar quién hace qué. A fin de cuentas esta era la intención original de Hammel.

Sin embargo yo no recomendaría realizar este experimento, y ahora diré por qué. Imaginemos a un solicitante, Juan, que toda su vida ha soñado con estudiar Ingeniería y (por azar) su solicitud se ha asignado al departamento de Historia. Como yo mismo he formado parte de comités de admisión, puedo asegurar, categóricamente, que el currículum de Juan causaría mucha extrañeza entre los evaluadores. La matrícula de honor en Ondas electromagnéticas y el Suficiente en Nacionalismo europeo distorsionarían sin duda la decisión del comité, independientemente de si en su ficha consta como «hombre» o como «mujer». La proporción de varones y mujeres admitidos en tales condiciones de distorsión difícilmente reflejaría la política de admisiones en comparación con los solicitantes que piden plaza con normalidad en ese departamento de Historia.

Por fortuna, una alternativa evita las deficiencias de este experimento excesivamente controlado. Los candidatos tendrán instrucciones de indicar el género al azar, pero podrán pedir la plaza en el departamento que habría sido su preferencia de entrada. Es lo que conocemos como «efecto directo natural» (EDN), porque cada candidato acaba en el departamento de su elección. La formulación «habría sido» es una pista de que la definición formal del EDN requiere de contrafactuales. Para quienes disfruten de las matemáticas, esta es la definición, expresada como fórmula:

$$EDN =$$
$$P\left(Y_{M=M_0} = 1 \mid do(X=1)\right) - P\left(Y_{M=M_0} = 1\right) \mid do(X=0))$$

$$(9.2)$$

El término interesante es el primero, que representa la probabilidad de que una estudiante que seleccione el departamento de su elección ($M = M_0$) sea admitida si falsea su sexo e indica «varón» ($do(X = 1)$). Aquí la elección del departamento se rige por el sexo actual, mientras que la admisión se decide según el sexo que se indica (falsamente). Como el primero no se puede estipular, no podemos traducir este término a uno que implique operadores *do*; hay que invocar el subíndice contrafactual.

Bien, ahora que sabemos definir el efecto directo controlado y el efecto directo natural, ¿cómo los computamos? La tarea es simple, en el caso del efecto directo controlado; dado que se puede expresar como una expresión *do*, basta con usar las leyes del cálculo *do* para reducir las expresiones de *hacer* (*do*) a expresiones de *ver* (es decir, probabilidades condicionales, que se pueden estimar a partir de los datos observacionales).

El efecto directo natural, en cambio, plantea un desafío mayor, porque no se puede definir en una expresión *do*. Requiere un lengua-je de contrafactuales y, por lo tanto, no se puede estimar por medio del cálculo *do*. Cuando logré desnudar la fórmula del EDN de todos los subíndices contrafactuales experimenté uno de los momentos más emocionantes de mi vida. El resultado, que denomino «Fórmula de mediación», convierte el EDN en un instrumento verdaderamen-te práctico porque lo podemos estimar a partir de los datos observa-cionales.

Los efectos indirectos, a diferencia de los directos, carecen de ver-sión «controlada» porque no hay modo de anular el camino directo manteniendo constante alguna variable. Pero sí tienen una versión «natural», el efecto indirecto natural (EIN), que se define (al igual que el EDN) por medio de contrafactuales. Para motivar la definición, plantearé un ejemplo más bien lúdico, sugerido por Dana Mackenzie, coautor de este libro.

Mi coautor y su esposa adoptaron a un perro, *Daisy*, una mezcla de caniche y chihuahua con un carácter bullicioso y muy autónomo. No fue tan sencillo educar a *Daisy* como a la mascota anterior y, al cabo de varias semanas, seguían repitiéndose los «accidentes» dentro de casa. Pero entonces ocurrió algo muy raro. Dana y su esposa llevaron a casa tres gatitos de la protectora y los accidentes se acabaron. Los gatitos se quedaron con la familia durante tres semanas y *Daisy* no hizo ningún estropicio ni una sola vez, durante este período.

¿Era una simple coincidencia o, de algún modo, los gatitos habían inspirado en *Daisy* una conducta civilizada? La mujer de Dana sugirió que los cachorros gatunos quizá le habían dado a la perrita la sensación de pertenecer a una «manada», y no quería ensuciar la zona donde esta vivía. La hipótesis se reforzó cuando, a los pocos días de que los gatitos hubieran vuelto a la protectora, *Daisy* empezó a orinarse en casa otra vez, como si se hubiera olvidado de las buenas maneras.

Pero Dana tendía a pensar que también había cambiado algo más, cuando los gatitos llegaron y se marcharon. Mientras los gatos estaban en casa, *Daisy* estaba o bien separada o bien sometida a una estrecha supervisión. Así pues pasaba períodos prolongados en la jaula o con-trolada de cerca, incluso atada a una persona. Coincide que las dos in-tervenciones —la estancia en la jaula y el uso de correa— son métodos reconocidos del entrenamiento doméstico.

Cuando los gatitos volvieron al refugio, los Mackenzie abandona-ron la supervisión intensiva y la mala conducta regresó. Dana conjeturó que el efecto de los gatos no era directo (como en la teoría de la manada) sino indirecto, mediado por la jaula y la vigilancia. La Figura 9.6 muestra un grafo causal. Llegados a este punto, Dana y su esposa probaron un experimento. Trataron a *Daisy* como si los gatitos estuvieran por la casa: o estaba en la jaula, o estaba fuera pero muy vigilada. Si dejaban de producirse accidentes, era razonable llegar a la conclusión de que el responsable era el mediador. Si no se interrumpían, cobraba mayor plausibilidad el efecto directo (la psicología de la manada).

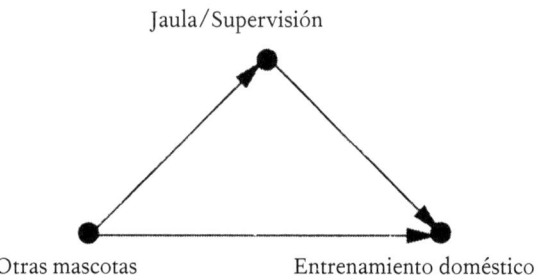

FIGURA 9.6. Diagrama causal para el entrenamiento doméstico de *Daisy*.

En la jerarquía de las pruebas científicas, este experimento casero se consideraría muy precario; no es de la clase que se publicaría en una revista científica. Un experimento real tendría que afectar a más de un perro y tanto en presencia como en ausencia de gatitos. Sin embargo, lo que aquí es relevante es la lógica causal que hay detrás del experimento. Pretendemos recrear qué habría sucedido en ausencia de los gatitos, pero con el mediador ajustado al valor que adoptaría en presencia de los gatos. En otras palabras, quitamos a los gatitos (intervención número uno) y vigilamos al perro como si los gatos estuvieran en la casa (intervención número dos).

En el párrafo anterior hay dos condicionales que no están ahí por casualidad: esos «tendría» y «habría» nos hablan de condiciones contrafactuales. Los gatitos estaban en la casa cuando la perra modificó la conducta, pero nos preguntamos qué habría sucedido si no hubieran estado. Al mismo tiempo, en ausencia de los gatitos, Dana no habría vigilado tan de cerca de *Daisy*; pero nos preguntamos qué habría pasado si lo hubiera hecho.

Aquí cabe observar por qué los estadísticos tuvieron problemas durante tanto tiempo para definir los efectos indirectos. Si un único contrafactual ya les resultaba extravagante, los contrafactuales doblemente anidados se tenían por completamente intolerables. Ahora bien, esta definición se adecua mucho a nuestra intuición natural sobre la causalidad. Se trata de una intuición tan convincente que a la esposa de Dana, sin ninguna formación en la materia, no le costó comprender la lógica del experimento propuesto.

Para los lectores que se sienten cómodos con las fórmulas, así es como se define el EIN que acabamos de describir con palabras:[3]

$$
\text{EIN} =
$$
$$
P(Y_{M=M_1} = 1 \mid do(X = 0)) - P(Y_{M=M_0} = 1 \mid do(X = 0))
$$

$$(9.3)$$

El primer término P es el resultado del experimento de *Daisy*: la probabilidad de concluir con éxito el entrenamiento doméstico ($Y = 1$), dado que no introduzcamos otras mascotas ($X = 0$) pero sí demos al mediador el valor que habría adquirido en presencia de estas ($M = M_1$). Lo contrastamos con la probabilidad de educar con éxito al animal en condiciones «normales», es decir, sin otras mascotas. Fijémonos en que el contrafactual, M_1, debe computarse caso por caso para cada animal: perros distintos pueden tener necesidades distintas de Jaula/Supervisión. Esto sitúa el efecto indirecto fuera del alcance del cálculo *do*. Además cabe la posibilidad de que convierta el experimento en inviable, porque el experimentador quizá no conozca $M_1(u)$ para un animal en concreto, u. No obstante, si suponemos que no hay factor de confusión entre M e Y, el efecto indirecto natural todavía se puede computar. Es posible eliminar todos los contrafactuales del EIN y llegar a establecer una Fórmula de mediación para él, como la del EDN. Esta cantidad, que requiere información del tercer peldaño de la Escalera de la Causalidad, se puede reducir sin embargo a una expresión computable con datos del primer peldaño. Esta reducción solo es posible porque hemos incluido el supuesto de que no hay confusión, que, debido a la naturaleza determinista de las ecuaciones de un modelo causal estructural, pertenece al peldaño tres.

Por cerrar la historia de *Daisy*, el experimento fue inconcluyente. Cabe poner en duda que Dana y su esposa controlaran a su mascota con el mismo rigor que habrían aplicado de haber tenido que mantenerla alejada de unos gatitos reales (por lo tanto no está claro que M fuera de hecho M_1). Con paciencia y bastante tiempo —varios meses— *Daisy* acabó aprendiendo a «hacer sus cosas» fuera de casa. Aun así, la historia de *Daisy* permite extraer algunas conclusiones útiles. Por el mero hecho de estar atento a la posibilidad de un mediador, Dana pudo especular con la idea un segundo mecanismo causal. Y este mecanismo causal tenía una consecuencia práctica importante: el matrimonio no tendría que tener, para toda la vida de *Daisy*, la casa llena con una «manada» de gatitos adoptivos.

La mediación en el País de las Maravillas Lineales

La primera vez que uno tiene noticia de los contrafactuales, quizá se pregunte si de verdad se necesita una maquinaria tan compleja para expresar un efecto indirecto. A fin de cuentas —se podría aducir— un efecto indirecto es sencillamente cuanto queda después de eliminar el efecto directo. Alternativamente podríamos escribir:

$$\text{Efecto total} = \text{Efecto directo} + \text{Efecto indirecto} \qquad (9.4)$$

Como respuesta breve habría que decir que esto no funciona en los modelos que implican interacciones (lo que a veces se llama «moderación»). Imaginemos por ejemplo un fármaco que causa que el cuerpo secrete una encima que actúa como catalizador: se combina con el medicamento para curar una enfermedad. El efecto total del fármaco es, por supuesto, positivo. Pero el efecto directo es cero porque si anulamos el mediador (por ejemplo impidiendo que el cuerpo estimule la encima), entonces el fármaco no funcionará. El efecto indirecto también es cero porque si no recibimos el medicamento y se nos proporciona la encima por medios artificiales, en tal caso la enfermedad no se curará. La encima en sí carece de poder de curación. Así pues la Ecuación 9.4 no se sostiene: el efecto total es positivo pero los efectos directo e indirecto son cero.

Sin embargo, la Ecuación 9.4 se cumple automáticamente en una situación, sin necesidad aparente de invocar contrafactuales. Me refiero al caso del modelo causal lineal, del tipo que vimos en el capítulo 8. Como se indicó allí, los modelos lineales no admiten interacciones, lo que puede suponer tanto una ventaja como un inconveniente. Es una virtud en el sentido de que facilita mucho el análisis de la mediación;

pero es un obstáculo si queremos describir un proceso causal del mundo real, que sí implica interacciones.

Como el análisis de la mediación es tanto más fácil para los modelos lineales, veamos cómo se hace y cuáles son sus peligros. Supongamos que tenemos un diagrama causal como el de la Figura 9.7. Como estamos trabajando con un modelo lineal podemos representar la fuerza de cada efecto con un único número. Las etiquetas (coeficientes del camino) indican que incrementar la variable Tratamiento en una unidad incrementará la variable Mediador en dos unidades. Paralelamente, un aumento de una unidad en Mediador redundará en un aumento de Resultado, en tres unidades, y un aumento de una unidad en Tratamiento, a su vez, incrementará Resultado en siete unidades. Todo esto son efectos directos. He aquí la primera razón por la que los modelos lineales son tan simples: los efectos directos no dependen del nivel del mediador. Es decir, el efecto directo controlado EDC(m) es el mismo para todos los valores m, y podemos hablar sencillamente de «el» efecto directo.

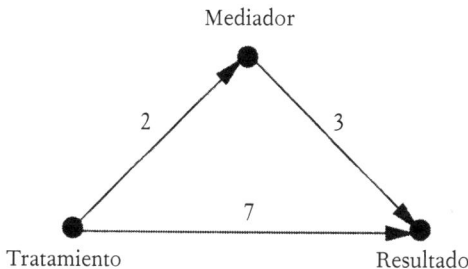

FIGURA 9.7. Ejemplo de un modelo lineal (diagrama de caminos) con mediación.

¿Cuál sería el efecto total de una intervención que cause que Tratamiento aumente en una unidad? En primer lugar esta intervención causa directamente que Resultado aumente en siete unidades (si mantenemos Mediador constante). También hace que Mediador se incremente en dos unidades. Por último, como cada incremento de una unidad en Mediador es causa directa de un aumento de tres unidades en Resultado, la adición de dos unidades a Mediador desembocará en un incremento adicional de seis unidades en Resultado. Por lo tanto el aumento neto de Resultado, a través de los dos caminos causales, será de trece unidades. Las primeras siete unidades se corresponden con el efecto directo y las otras seis, con el indirecto. ¡Es pan comido!

En general, si existe más de un camino indirecto de *X* a *Y*, evaluaremos el efecto indirecto de cada camino tomando el producto de todos los coeficientes del camino a lo largo de ese camino. Entonces obtendremos el efecto indirecto total sumando todos los caminos causales indirectos. Por último, el efecto total de *X* sobre *Y* resultará de sumar los efectos directos e indirectos. Esta regla de la «suma de productos» se ha estado utilizando desde que Sewall Wright inventó el análisis de caminos y, en un sentido formal, se sigue de hecho de la definición del efecto total con el operador *do*.

En 1986, Reuben Baron y David Kenny articularon un conjunto de principios para detectar y evaluar la mediación en un sistema de ecuaciones. Los principios esenciales son: en primer lugar, que todas las variables están relacionadas por ecuaciones lineales, que se estiman ajustándolas a los datos. En segundo lugar, los efectos directos e indirectos se computan ajustando dos ecuaciones a los datos: una con el mediador incluido, otra con el mediador excluido. Un cambio significativo en los coeficientes cuando se introduce el mediador se considera una prueba de mediación.

El método Baron-Kenny, por su simplicidad y plausibilidad, ha adquirido en las ciencias sociales una popularidad arrolladora. Según datos de 2014, su artículo ocupa el lugar treinta y tres en la lista de los artículos científicos más citados de todos los tiempos. En 2017 Google Scholar cifra en 73.000 los artículos académicos que han citado a Baron y Kenny. ¡Son cifras increíbles! Los han citado más veces que a Albert Einstein, más que a Sigmund Freud, más que a casi ningún otro científico famoso en el que se pueda pensar. Su texto ocupa el segundo lugar entre los artículos de psicología y psiquiatría, aunque no trata en ningún caso de psicología. Trata de la mediación no causal.

La popularidad sin precedentes del método Baron-Kenny procede de dos factores, sin lugar a dudas. En primer lugar la mediación tiene mucha demanda. Nuestro deseo de comprender «cómo funciona la naturaleza» (es decir, de encontrar la *M* de $X \to M \to Y$) es quizá más poderoso aún que el de cuantificarla. En segundo lugar, es fácil reducir el método a un sencillo procedimiento de manual, basado en conceptos familiares de la estadística, una disciplina que durante mucho tiempo se ha arrogado la posesión en exclusiva de la objetividad y la validez empírica. Así pues casi nadie prestó atención al gran salto adelante que implicaba: el hecho de que una cantidad causal (mediación) se definía y determinaba por medios puramente estadísticos.

Sin embargo, en los primeros años del siglo XXI se abrieron algunas grietas en este edificio basado en la regresión, cuando los practicantes intentaron generalizar la regla de la suma de productos y hacerla extensiva a los sistemas no lineales. Esta regla comporta dos supuestos —los efectos de los distintos caminos se suman, los coeficientes del camino de cada camino en concreto se multiplican— y los dos nos conducen a respuestas incorrectas en los modelos no lineales, como veremos a continuación.

Se ha tardado mucho, pero los practicantes del análisis de la mediación por fin han despertado. En 2001, mi difunto amigo y colega Rod McDonald escribió: «Creo que el mejor modo de analizar la cuestión de detectar o mostrar moderación o mediación en una regresión es dejar de lado toda la bibliografía dedicada a estos temas y empezar de cero». Los estudios más recientes sobre la mediación parecen haber hecho caso de McDonald; el enfoque de la regresión ha cedido gran parte del terreno a los métodos contrafactuales y gráficos. Y en 2014, David Kenny, el padre del método Baron-Kenny, incluyó una nueva sección en su sitio web, titulada «Análisis de la mediación causal». Aunque todavía no le considero un converso, es obvio que Kenny admite que los tiempos están cambiando y que el análisis de la mediación está entrando en una nueva era.

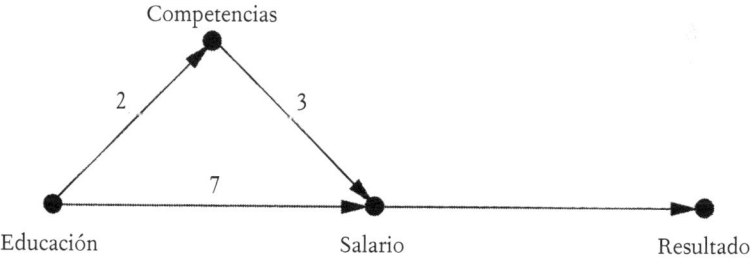

FIGURA 9.8. Mediación combinada con un umbral de efecto.

Por el momento examinemos un ejemplo muy simple de cómo nuestras expectativas quedan defraudadas cuando salimos del País de las Maravillas Lineales. Fijémonos en la Figura 9.8, que modifica ligeramente la Figura 9.7. Un aspirante a un puesto de trabajo decidirá si acepta un empleo si y solo si el salario ofrecido excede cierto umbral de valor; en nuestro caso, diez. La oferta salarial se determina, como se observa en el diagrama, de acuerdo con $7 \times$ Educación $+ 3 \times$ Competencias. Obsérvese que sigue actuando la premisa de que las funciones que determinan Competencias y Salario son lineales, pero la relación entre Salario y Resultado no es lineal porque tiene un umbral de efecto.

Ahora computemos, para este modelo, los efectos total, directo e indirecto asociados con un aumento de Educación en una unidad. Es evidente que el efecto total es igual a uno, porque cuando Educación pasa de cero a uno, Salario pasa de cero a $(7 \times 1) + (3 \times 2) = 13$, que está situado por encima del umbral de diez, con lo cual Resultado varía de cero a uno.

Recordemos que el efecto indirecto natural es el cambio esperado en el resultado dado que no hagamos cambios en Educación pero situemos Competencias en el nivel que habría adoptado si Educación se hubiera incrementado en una unidad. Queda por debajo del umbral de diez y por lo tanto el solicitante rechazará la oferta. En consecuencia EIN = 0.

Pasemos ahora al efecto directo. Como decíamos antes, tenemos el problema de averiguar a qué valor debemos mantener el mediador. Si mantenemos Competencias al mismo nivel que tenía antes de cambiar Educación, entonces Salario aumentará de cero a siete, con lo que Resultado = 0. Por lo tanto, EDC(0) = 0. Por otro lado, si mantenemos Competencias al nivel que adquiere después del cambio en Educación (esto es, dos), Salario pasará de seis a trece. Esto cambia Resultado de cero a uno, porque trece está por encima del umbral que decide si el candidato acepta la oferta de empleo; luego EDC(2) = 1.

Así pues, el efecto directo es cero o uno, según el valor constante que elijamos para el mediador. Frente a lo que sucede en el País de las Maravillas Lineales, la elección de un valor para el mediador supone una diferencia. Surge un dilema: si queremos preservar el principio aditivo, Efecto total = Efecto directo + Efecto indirecto, tenemos que usar EDC(2) como definición del efecto causal. Pero esto se antoja arbitrario, quizá incluso un poco antinatural. Si contemplamos un cambio en Educación y queremos conocer su efecto directo, lo más probable es que quisiéramos mantener Competencias al nivel que ya posee. En otras palabras: intuitivamente tiene más sentido utilizar EDC(0) como nuestro efecto directo. No solo eso, sino que además esto coincide con el efecto directo natural de este ejemplo. Pero entonces perdemos el carácter aditivo: Efecto total ≠ Efecto directo + Efecto indirecto.

Sin embargo —por sorprendente que pueda resultar— una versión algo modificada de la aditividad sí se cumple, no solo en este ejemplo, sino en general. A quienes no les importe hacer algunos cálculos quizá les resulte interesante computar el EIN de retroceder de $X = 1$ a $X = 0$. En este caso el salario experimenta un descenso de trece a siete y Resultado cae de uno a cero (es decir, el solicitante rechaza la oferta). Así pues, computado en dirección inversa, EIN = 1. Lo genial y asombroso del asunto es que:

$$\text{Efecto total } (X = 0 \rightarrow X = 1) =$$
$$\text{EDN } (X = 0 \rightarrow X = 1) - \text{EIN } (X = 1 \rightarrow X = 0)$$

0, en este caso, $1 = 0 - (-1)$. Es la versión de los «efectos naturales» del principio de la aditividad, solo que ¡es un principio de sustractividad! Me alegró sobremanera ver que, a pesar de que las ecuaciones no son lineales, del análisis emergía esta versión de la aditividad.

Se ha vertido una cantidad abrumadora de tinta sobre la forma «correcta» de generalizar los efectos directos e indirectos de los modelos lineales a los no lineales. Por desgracia, en su mayoría los artículos abordan el problema hacia atrás. En vez de volver a pensar desde cero qué queremos decir con los efectos directos e indirectos, se parte de la suposición de que basta con dar unos retoques a las definiciones lineales. Por ejemplo, en el País de las Maravillas Lineales vimos que el efecto indirecto resulta de un producto de dos coeficientes del camino. Así pues algunos investigadores han intentado definir el efecto indirecto en forma de producto de dos cantidades, una que mide el efecto de X sobre M, otra el efecto de M sobre Y. Se le dio el nombre de método del «producto de los coeficientes». Pero también vimos que en el País de las Maravillas Lineales el efecto indirecto resulta de la diferencia entre el efecto total y el efecto directo. Así pues, otro grupo de investigadores no menos entusiastas ha definido el efecto indirecto como una diferencia de dos cantidades, una que mide el efecto total, otra el efecto directo. Es lo que se denominó método de la «diferencia de coeficientes».

¿Qué grupo de investigadores está en lo cierto? ¡Ninguno! Ambos han confundido el procedimiento con el significado. El procedimiento es matemático; el significado es causal. De hecho el problema es aún más profundo: fuera de la burbuja de los modelos lineales, el efecto indirecto nunca tuvo ningún sentido en el análisis de la regresión. El único significado del efecto indirecto era como resultado de un procedimiento algebraico («multiplicar los coeficientes del camino»). Una vez que se vieron privados de este procedimiento, quedaron a la deriva, como un bote sin ancla.

Una lectora de mi libro *Causality* me envió una carta que describe bellamente el sentimiento perdido. Melanie Wall, que ahora está en la Universidad de Columbia, solía impartir un curso de modelado para estudiantes de bioestadística y salud pública. En cierta ocasión explicó a los alumnos, como acostumbraba, cómo computar el efecto indirecto tomando el producto de los coeficientes del camino directos. Un estudiante quiso saber qué quería decir lo de «efecto indirecto». «Le di la respuesta que siempre daba: que el efecto indirecto es el efecto que un cambio en *X* surte sobre *Y* por su relación con el mediador *Z*», me contó Wall.

Pero el estudiante insistía. Recordaba que la profesora había explicado el efecto directo como el efecto que quedaba después de mantener fijo el mediador, y preguntó: «Entonces ¿qué se mantiene constante cuando interpretamos un efecto indirecto?».

Wall no sabía qué decir. «No estoy segura de tener una buena respuesta —admitió—. ¿Qué te parece si consulto y te digo algo?».

Esto fue en octubre de 2001, tan solo cuatro meses después de que yo presentara una ponencia acerca de la mediación causal en el congreso de Seattle sobre «Incertidumbre en Inteligencia Artificial». No hará falta decir que yo estaba ansioso por impresionar a Melanie con la solución que acababa de desarrollar para su enigma, y le envié la misma respuesta que he dado aquí: «El efecto indirecto de *X* sobre *Y* es el incremento que veríamos en *Y* si mantenemos *X* constante e incrementamos *M* al valor que *M* adquiriría tras el aumento de una unidad en *X*».

No tengo la certeza de que Melanie quedara impresionada por mi respuesta, pero su inquisitivo estudiante me hizo reflexionar, seriamente, sobre el modo en que la ciencia avanza en nuestro tiempo. Aquí estamos, pensé, cuarenta años después de que Blalock y Duncan introdujeran el análisis de caminos en las ciencias sociales. Docenas de manuales y cientos de artículos de investigación se publican cada año sobre los efectos directos e indirectos, algunos con títulos de oxímoron evidente como «Un concepto de mediación basado en la regresión». Cada generación transmite a la siguiente el conocimiento heredado de que el efecto indirecto es tan solo el producto de otros dos efectos, o la diferencia entre los efectos total y directo. Nadie se atreve a plantear una pregunta tan simple como: «A ver, pero el efecto indirecto, ¿qué significa?». Al igual que el niño del cuento de Hans Christian Andersen «El traje nuevo del emperador», hizo falta un estudiante inocente, atrevido y desvergonzado, para hacer añicos la confianza en el papel oracular del consenso científico.

ASUMIR LOS «HABRÍA»

En este punto debería contar mi propio relato de conversión, porque durante no poco tiempo me vi bloqueado por la misma duda que desconcertaba al estudiante de Melanie Wall.

En el capítulo 4 ya hablé de Jamie Robins (Figura 9.9), pionero de la estadística y la epidemiología en la Universidad de Harvard, que, junto con Sander Greenland de la Universidad de California, Los Ángeles, es el principal responsable de la adopción generalizada de los modelos gráficos en la epidemiología actual. Estuvimos colaborando un par de años, de 1993 a 1995, y me hizo pensar en el problema de los planes de intervención secuencial, que era uno de sus temas de investigación principales.

FIGURA 9.9. Jamie Robins, pionero de la inferencia causal en la epidemiología. (*Fuente*: Fotografía de Kris Snibbe, por cortesía de los Servicios Fotográficos de la universidad de Harvard.)

Algunos años antes, como experto en salud y seguridad laborales, se había pedido a Robins que testificara en un juicio sobre la probabilidad de que la exposición a productos químicos en el lugar de trabajo hubiera causado la muerte de un empleado. Quedó consternado al descubrir que estadísticos y epidemiólogos carecían de herramientas para contestar tal clase de preguntas. Aún era la época en la que el lenguaje causal era tabú en la estadística. Solo se permitía en el caso de un ensayo controlado aleatorio y, por razones éticas evidentes, era inimaginable realizar este tipo de experimento con los efectos de la exposición al formaldehído.

Por lo general, un trabajador de una fábrica queda expuesto a un producto químico perjudicial no una sola vez, sino durante un período prolongado. Por esta razón, Robins se interesó vivamente por la exposición o los tratamientos que varían con el tiempo. No solo hablamos de exposiciones negativas: el tratamiento contra el SIDA, por ejemplo, se da en el transcurso de muchos años, con planes de acción distintos según vaya respondiendo el recuento de CD4 del paciente. ¿Cómo se puede deslindar el efecto causal de un tratamiento cuando puede producirse en muchos estadios y las variables intermedias (que uno tal vez querría utilizar como controles) dependen de fases anteriores del tratamiento? Esta ha sido una de las preguntas definitorias de la carrera de Robins.

Después de tomar un avión a California para charlar conmigo, al haber tenido noticia del «problema de la servilleta» (capítulo 7), Jamie estaba singularmente interesado por aplicar métodos gráficos a los planes de tratamiento secuencial que eran su especialidad. Entre los dos encontramos un criterio de puerta trasera secuencial con el que estimar el efecto causal de tal corriente de tratamiento. Esta colaboración me permitió comprender algunos aspectos importantes. En particular me mostró que en ocasiones es más fácil analizar dos acciones que una, porque una acción se corresponde con borrar flechas en un gráfico, lo que lo convierte en más escaso.

Nuestro criterio de la puerta trasera lidiaba con un tratamiento a largo plazo formado por un número arbitrariamente elevado de operadores *do*. Pero incluso dos operaciones comportarán unas matemáticas interesantes, incluido el efecto directo controlado, que consta de una acción que «menea» el valor del tratamiento, mientras otra acción fija el valor del mediador. Lo que es más importante aún: la idea de definir los efectos directos con relación a operadores *do* los liberó de los límites de los modelos lineales y los conectó con el cálculo causal.

Pero lo cierto es que la mediación no me interesó de verdad hasta más adelante, cuando vi que mucha gente seguía cometiendo errores elementales, como la Falacia de la mediación, que mencioné antes. Además me frustraba el hecho de que la definición del efecto directo basada en la acción no se hiciera extensiva al efecto indirecto. Como bien dijo el estudiante de Melanie Wall, no tenemos variable o conjuntos de variables en los que intervenir para invalidar el camino directo dejando activo el camino indirecto. Por esta razón el efecto indirecto me parecía un mero producto de la imaginación, carente de sentido independiente, más allá de recordarnos que el efecto total puede diferir del efecto directo. Así lo dije, de hecho, en la primera edición (2000) de mi libro *Causality*. Esta ha sido una de las tres grandes meteduras de pata de mi carrera.

Visto con perspectiva, me cegó el éxito del cálculo *do*, que me había llevado a creer que la única forma de anular un camino causal era tomar una variable y darle un valor concreto. No es así; si tengo un modelo causal, lo puedo manipular de varias maneras creativas, dictaminando quién atiende a quién, cuando y por qué. En particular puedo fijar la variable primaria con el fin de suprimir su efecto directo y, de manera hipotética pero simultánea, energizar la variable primaria con el fin de transmitir su efecto a través del mediador. Esto me permite situar en cero la variable de tratamiento (por ejemplo, los gatitos) y dar al mediador el valor que habría adquirido si los gatitos tuvieran valor de uno. Mi modelo del proceso de generación de datos me dirá entonces cómo computar el efecto de la intervención dividida.

Estoy en deuda con un lector de la primera edición, Jacques Hagenaars (autor de *Categorical Longitudinal Data*), por animarme a no abandonar el efecto indirecto. «Muchos expertos en ciencias sociales están de acuerdo en el *input* y el *output*, pero difieren con respecto al mecanismo», me escribió. Pero yo pasé casi dos años bloqueado por el dilema al que hice alusión en la sección precedente: ¿Cómo puedo anular el efecto directo?

Toda esta lucha llegó a una resolución repentina —casi una revelación divina— cuando leí la definición legal de discriminación que he citado en páginas anteriores: «en el caso de que el empleado hubiera sido de otra raza..., manteniéndose igual todo lo demás». Aquí lo tenemos, ¡el quid de la cuestión! Es un juego imaginario. Lidiamos con cada individuo de acuerdo con sus propios méritos y mantenemos constantes todas las características del individuo en el nivel que tenían antes del cambio en la variable de tratamiento.

¿Pero cómo resuelve esto nuestro dilema? Significa, antes que nada, que tenemos que volver a definir tanto el efecto directo como el efecto indirecto. Para el efecto directo dejamos que el mediador elija el valor que tendría —para cada individuo— en ausencia de tratamiento, y lo fijamos ahí. Ahora meneamos el tratamiento y registramos la diferencia. Esto es distinto del efecto directo controlado del que hablé antes, donde el mediador se fija en un valor para todos. Como dejamos que el mediador elija su valor «natural», lo denominé efecto directo natural. Paralelamente, para el efecto indirecto natural, primero niego el tratamiento a todo el mundo, y luego dejo que el mediador elija qué valor tendría, para cada individuo, en presencia del tratamiento. Por último anoto la diferencia.

No sé si la formulación legal de la definición de discriminación le habría afectado a usted, o a cualquier otro, de la misma manera. En todo caso en 2000 yo ya podía hablar en contrafactual como en una lengua nativa. Habiendo aprendido a leerlas en modelos causales, me di cuenta de que eran tan solo cantidades computadas por operaciones inocentes sobre ecuaciones o diagramas. Como tales, estaban listas para que las encapsuláramos en una fórmula matemática. Lo único que tenía que hacer era asumir los «habría».

Al instante comprendí que todo efecto directo e indirecto se podría traducir a una expresión contrafactual. Una vez que vi cómo hacerlo, fue sumamente fácil derivar una fórmula que te diga cómo estimar los efectos indirectos y directos naturales a partir de los datos, y cuándo es permisible. Una cuestión importante era que la fórmula no hace supuestos sobre la forma funcional específica de la relación entre X, M e Y. Hemos logrado escapar del País de las Maravillas Lineales.

Bauticé la nueva regla como Fórmula de mediación, pero en realidad hay dos fórmulas, una para el efecto directo natural y otra para el efecto indirecto natural. Al estar sometido a premisas transparentes, que se muestran explícitamente en el grafo, te dice cómo se pueden estimar con los datos. Por ejemplo, en una situación como la Figura 9.4, en la que no hay factor de confusión entre ninguna de las variables y M es el mediador entre el tratamiento X y el resultado Y:

$$EIN =$$
$$\sum_{m} [P(M=m \mid X=1) - P(M=m \mid X=0)] \times P(Y=1 \mid X=0, M=m) \quad (9.5)$$

La interpretación de esta fórmula es reveladora. La expresión entre corchetes representa el efecto de X sobre M, y la expresión siguiente, el efecto de M sobre Y (cuando $X = 0$). Por lo tanto revela el origen de la idea del producto de coeficientes, expresado como producto de dos efectos no lineales. Fijémonos también en que, a diferencia de la Ecuación 9.3, en la Ecuación 9.5 no hay ni subíndices ni operadores *do*, por lo que se puede estimar mediante datos del primer peldaño.

Tanto si uno es un científico en un laboratorio como si es un niño montado en una bicicleta, siempre es emocionante descubrir que hoy puedes hacer algo que ayer no podías hacer. Así es como me sentí cuando la Fórmula de mediación apareció impresa por primera vez. De un vistazo podía ver todo lo relacionado con los efectos directos e indirectos: qué se necesita para ampliarlos o reducirlos, cuándo podemos estimarlos a partir de datos de observaciones o intervenciones, y cuándo un mediador puede ser «responsable» de transmitir cambios observados a la variable resultado. La relación entre causa y efecto puede ser lineal o no lineal, numérica o lógica. Previamente cada uno de estos casos tenía que manejarse de una forma distinta, si es que se llegaban a abordar. Ahora en cambio se les podría aplicar a todos una única fórmula. Teniendo los datos correctos y el modelo correcto, podríamos determinar si un empleado era culpable de discriminación o qué clases de factores de confusión nos impedirían llegar a tal determinación. A partir de los datos de Barbara Burks podíamos estimar qué parte del CI de un niño procede de la naturaleza y qué parte de la crianza; incluso podíamos calcular el porcentaje del efecto total *explicado* por la mediación y el porcentaje *debido* a la mediación; son dos conceptos complementarios que, en los modelos lineales, se colapsan fundiéndose en uno solo.

Después de escribir la definición contrafactual de los efectos directos e indirectos me enteré de que no había sido el primero en tener esta idea. Robins y Greenland habían llegado antes a este punto, mucho antes, en 1992. Sin embargo su artículo describe el concepto del efecto natural con palabras, sin asociarlo a una fórmula matemática.

Un aspecto más serio es que los autores tenían una perspectiva pesimista sobre la idea de los efectos naturales en su conjunto, y afirmaron que tales efectos no se pueden estimar a partir de estudios experimentales y, desde luego, no desde los estudios observacionales. Tal aseveración impidió que otros investigadores vieran el potencial de los efectos naturales. Es difícil saber si Robins y Greenland habrían adoptado un punto de vista más optimista de haber dado el paso adicional de expresar el efecto natural como una fórmula articulada en lenguaje contrafactual. Para mí, este paso extra resultaba crucial.

Posiblemente hay otra razón para su perspectiva pesimista, con la que no estoy de acuerdo, pero que intentaré explicar. Examinaron la definición contrafactual del efecto natural y vieron que combina información de dos mundos distintos, uno en el que mantienes el tratamiento constante a cero y otro en el que cambias el mediador a lo que habría sido de haber situado el tratamiento en uno. Como esta condición «transfronteriza» entre los dos mundos no se puede replicar en ningún experimento, creyeron que quedaba fuera de los márgenes de lo posible.

He aquí una diferencia filosófica entre su escuela y la mía. Ellos creen que la legitimidad de la inferencia causal radica en replicar en todo lo posible un experimento aleatorizado, con la premisa de que esta es la única vía de acceso a la verdad científica. Creo que puede haber otras rutas que derivan su legitimidad de una combinación de datos y conocimiento científico establecido (o presupuesto). A este fin puede haber métodos más poderosos que un experimento aleatorizado, basado en supuestos del tercer peldaño, y por mi parte no vacilo en utilizarlos. Donde ellos frenaban a los investigadores con una luz roja, yo enciendo la luz verde, la Fórmula de mediación: quien se sienta cómodo con estos supuestos, ¡he aquí lo que puede hacer! Por desgracia, la luz roja de Robins y Greenland mantuvo en suspenso el campo de la mediación durante nueve largos años.

Para muchas personas, las fórmulas resultan abrumadoras, pues les parece que ocultan más información de la que revelan. Pero para un matemático, o para una persona lo suficientemente versada en el pensamiento matemático, la verdad es exactamente la contraria. Una fórmula lo revela todo: no deja margen para la duda ni la ambigüedad. Cuando leo un artículo científico, a menudo me encuentro saltando de fórmula a fórmula, como si las palabras no existieran. Para mí una fórmula es una idea acabada, lista para servir. Las palabras, en cambio, son ideas en el horno.

Una fórmula sirve a dos fines, uno práctico y uno social. Desde el punto de vista práctico, los estudiantes o colegas pueden leerla como si fuera una receta. Como tal receta será sencilla o compleja, pero en todo caso al final del día promete que si uno sigue los pasos, averiguará los efectos naturales, directos e indirectos; con la condición, por descontado, de que el modelo causal que uno utilice refleje adecuadamente el mundo real.

El segundo fin es más sutil. Yo tenía un amigo en Israel que era un artista famoso. Visité su estudio para adquirir una de sus pinturas y había lienzos suyos por todas partes: un centenar bajo la cama, varias decenas en la cocina. Costaban entre 300 y 500 dólares y no me resultó nada fácil decidirme. Al final señalé uno que estaba colgado en la pared: «Me gusta este». «Este vale 5.000 dólares». «¿Cómo puede ser?», pregunté, en parte sorprendido y en parte como protesta. «Este está enmarcado», contestó. Tardé varios minutos en comprender qué me quería decir, pero al final lo entendí: no era valioso porque estuviera enmarcado, sino que estaba enmarcado porque era valioso. De los varios cientos de pinturas de su apartamento, esta había sido su elección personal. Era la que mejor expresaba lo que se había esforzado por expresar en las demás y por lo tanto estaba ungida de un sello de completitud: el marco.

He aquí el segundo propósito de una fórmula: una fórmula es un contrato social. Pone un marco alrededor de una idea y afirma: «Esto es algo que creo que es importante. Es algo que merece compartirse».

Por eso he elegido enmarcar la Fórmula de mediación. Merece compartirse porque, para mí y para muchos otros como yo, representa el final de un dilema muy antiguo. Y es importante porque ofrece una herramienta práctica para identificar mecanismos y evaluar su importancia. Esta es la promesa social que expresa la Fórmula de mediación.

Desde entonces, una vez que ha arraigado el reconocimiento de que es posible hacer un análisis de la mediación no lineal, la investigación en este campo ha despegado. Si uno acude a una base de datos de artículos académicos y busca títulos con las palabras «análisis, mediación» no encontrará casi nada antes de 2004. Empezaron a ver la luz siete artículos en un año, luego diez, luego veinte; ahora se publican más de un centenar al año. Quisiera concluir este capítulo con tres ejemplos que confío que ilustrarán la variedad de posibilidades del análisis de la mediación.

Casos prácticos de mediación

«Álgebra para todos»: un programa y sus efectos secundarios

Como muchos sistemas escolares públicos de las grandes ciudades, el del distrito de Chicago (que tiene el nombre oficial de Escuelas Públicas de Chicago) se enfrenta a problemas que a veces parecen insolubles: índices de pobreza elevados, presupuestos bajos y enormes diferencias en el rendimiento de los estudiantes negros, latinos, blancos y asiáticos. En 1998, el que era entonces secretario de Educación del gobierno federal de Estados Unidos, William Bennett, aseveró que los centros públicos de Chicago eran los peores de toda la nación.

Pero en la década de 1990, bajo un nuevo liderazgo, Escuelas Públicas de Chicago emprendió varias reformas y pasó de ser «lo peor» a destacar a nivel nacional por su «innovación». Algunos de los superintendentes responsables de tales cambios adquirieron fama en todo el país, como por ejemplo Arne Duncan, que más adelante asumió la secretaría de Educación durante la presidencia de Barack Obama.

Una innovación, anterior de hecho a Duncan, fue la medida, adoptada en 1997, de eliminar los cursos de recuperación en la secundaria e imponer a todos los alumnos de noveno grado [14-15 años] cursos de lengua y matemáticas (Inglés I y Álgebra I). En concreto el programa de matemáticas se llamaba «Álgebra para todos».

¿«Álgebra para todos» fue un éxito? Resultó que era sorprendentemente difícil dar respuesta a esta pregunta. Había a la vez buenas y malas noticias. La buena noticia fue que las calificaciones mejoraron. Las notas de matemáticas subieron 7,8 puntos en un período de tres años, un cambio estadísticamente significativo, que equivale a decir que cerca del 75 % de los estudiantes obtuvieron notas superiores a la media imperante antes de los cambios en el sistema.

Pero no podremos hablar de causalidad hasta que hayamos excluido los factores de confusión, y en este caso hay uno importante. En 1997, las calificaciones de los estudiantes de noveno grado ya estaban mejorando gracias a modificaciones previas del currículo de las escuelas elementales y medias. Por lo tanto no estamos comparando manzanas con manzanas. Como estos chicos empezaron el noveno grado con conocimientos matemáticos más sólidos que los que poseían los estudiantes en 1994, quizá la mejora de las calificaciones se debía a los cambios introducidos en la escuela elemental, no al programa «Álgebra para todos».

Guanglei Hong, profesora de Desarrollo humano en la Universidad de Chicago, estudió los datos y encontró que, una vez considerado el factor de confusión, las notas no presentaban mejoras significativas. En este punto habría sido fácil que Hong concluyera que «Álgebra para todos» no había representado un éxito. Pero no lo hizo porque también había que tomar en cuenta otro factor: en este caso, no de confusión, sino un mediador.

Como todo buen maestro sabe, el éxito de los estudiantes no depende tan solo de lo que les enseñes, sino de cómo se lo enseñes. Cuando se introdujo el programa «Álgebra para todos» no solo cambió el currículum. A partir de entonces, los estudiantes con más dificultades pasaron a compartir la clase con estudiantes de mayor rendimiento, cuyo ritmo no podían seguir. Esto provocaba toda clase de consecuencias negativas: desánimo, novillos y, por supuesto, peores resultados en los exámenes. Además en una clase mixta los estudiantes con más dificultades quizá recibían menos atención de sus maestros que en una clase específica, de recuperación. Por último, a los propios maestros no siempre les resultaba fácil lidiar con las nuevas exigencias que se les imponían. Los profesores expertos en la enseñanza de Álgebra I probablemente carecían de experiencia en el trato con alumnos de menos capacidad, y a la inversa, los que se manejaban bien con los de menos conocimientos quizá no tenían la mejor cualificación para enseñar Álgebra. «Álgebra para todos» tenía todos estos efectos secundarios, que no se habían previsto. El análisis de la mediación es idóneo para evaluar precisamente la influencia de los efectos secundarios.

Hong conjeturó, por lo tanto, que el entorno de clase había cambiado y había afectado mucho el resultado de la intervención. En otras palabras, la profesora postuló el diagrama causal de la Figura 9.10. Aquí Entorno (que Hong midió según el nivel de competencias medio de todos los estudiantes de la clase) funciona como mediador entre la intervención «Álgebra para todos» y los resultados del aprendizaje de los estudiantes. La pregunta, como es habitual en el análisis de la mediación, es qué parte del efecto de las nuevas medidas fue directo y qué parte fue indirecto. En este caso resulta interesante observar que los dos efectos funcionaban en direcciones opuestas. Hong descubrió que el efecto directo era positivo: la nueva medida condujo directamente a

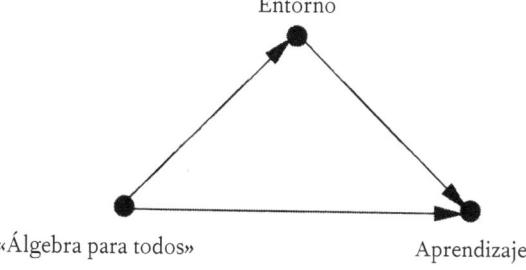

FIGURA 9.10. Diagrama causal para el experimento «Álgebra para todos».

un incremento de aproximadamente 2,7 puntos en las notas de los exámenes. Al menos fue un cambio en la buena dirección, y estadísticamente era significativo (es decir, que era improbable que tal mejora se produjera por azar). Sin embargo, por los cambios producidos en el entorno de clase, el efecto indirecto había cancelado casi por completo esta mejora y reducido las notas en 2,3 puntos.

Hong concluyó que la forma en que «Álgebra para todos» se había implantado había socavado las virtudes de las medidas. Así pues, mantener la modificación curricular pero volver al entorno de clase anterior a las medidas debería resultar en un incremento modesto de los resultados de los exámenes estudiantiles (y con un poco de suerte, en un aprendizaje más sólido).

Serendípicamente, esto es exactamente lo que pasó. En 2003, Escuelas Públicas de Chicago (a la sazón dirigido ya por Duncan) instituyó una nueva reforma denominada «Dosis doble de álgebra». Esta reforma aún requeriría que todos los estudiantes hicieran la especialidad de álgebra, pero los que acabaran el curso anterior, el octavo grado, con una calificación inferior a la media nacional, recibirían dos horas diarias de álgebra, en vez de una. Esto reparó el efecto secundario adverso de la reforma previa. Ahora, al menos una vez al día, los estudiantes con más dificultades gozaban de un entorno de clase más próximo al que tenían antes de la reforma «Álgebra para todos». La reforma «Dosis doble de álgebra» se consideró en general un éxito y sigue vigente en nuestros días.

Creo que la historia de «Álgebra para todos» también es un éxito para el análisis de la mediación, porque este análisis explica tanto los resultados poco impresionantes de las primeras medidas como la mejora de resultados cuando estas se modificaron. Aunque la inferencia causal se realizó demasiado tarde, sin posibilidad de afectar a las decisiones de gestión en tiempo real, sí que responde al porqué posterior a los hechos: ¿Por qué la reforma original tuvo poco efecto? ¿Por qué la segunda reforma funcionó mejor? Y por lo tanto puede servir de guía para decisiones futuras.

Quiero señalar otro aspecto interesante del trabajo de Hong. La profesora conocía bien la propuesta de Baron-Kenny para los efectos directos e indirectos, que he denominado «País de las Maravillas Lineales». En su documento, de hecho, realizó el mismo análisis por dos veces: una mediante una variación de la Fórmula de mediación, otra mediante los «procedimientos convencionales» (en palabras de Hong) de Baron y Kenny. Pues bien, el método Baron-Kenny no logró detectar el efecto indirecto. La razón, muy probablemente, es la que he indicado antes: los métodos lineales no pueden detectar interacciones entre el tratamiento y el mediador. Quizá la combinación de un material más difícil y un entorno de clase con menos respaldo causó que los estudiantes con más dificultades se desanimaran. ¿Es plausible? Entiendo que sí. El álgebra es una materia ardua. Quizá su complejidad hizo que la atención adicional de los maestros, una vez implantada la política de la dosis doble, resultara tanto más valiosa.

El gen del consumo de tabaco: mediación e interacción

En el capítulo 5 me ocupé de la guerra científica y política que se desató en torno del tabaco en las décadas de 1950 y 1960. Los escépticos de aquel tiempo, entre los que figuraban R. A. Fisher y Jacob Yerushalmy, alegaban que la vinculación aparente entre el tabaco y el cáncer podía ser un producto estadístico debido a una variable confundidora. Yerushalmy se refería a un tipo de personalidad fumadora; por su parte Fisher sugirió la posibilidad de un gen que predispusiera a la gente tanto a fumar como a desarrollar cáncer de pulmón.

Irónicamente, los investigadores en materia de genómica descubrieron en 2008 que Fisher tenía razón: existe un «gen del tabaco» que funciona exactamente como él apuntó. El descubrimiento se produjo gracias a una nueva técnica de análisis genómico, el «estudio de asociación de genoma completo» (EAGC). Es un método prototípico de los «macrodatos», que permite que los investigadores peinen todo el genoma buscando genes que aparezcan con mayor frecuencia en personas con una enfermedad determinada, como pueda ser la diabetes, o la esquizofrenia, o el cáncer de pulmón.

Hay que destacar que el EAGC incluye en su nombre la palabra «asociación». Este método no demuestra causalidad; solo identifica genes asociados con una determinada enfermedad en una muestra dada. Es un método impulsado por datos, no por hipótesis, y esto presenta problemas para la inferencia causal.

Aunque los estudios genéticos previos, guiados por hipótesis, no habían logrado encontrar pruebas claras de genes relacionados con el consumo de tabaco o el cáncer de pulmón, en 2008 la situación cambió de la noche a la mañana. Aquel año los investigadores identificaron un gen situado en una región del cromosoma quince que codifica receptores de nicotina en las células del pulmón.[4] Tiene un nombre oficial, rs16969968, que incluso a los expertos en genoma les resulta imposible pronunciar. Así que empezaron a llamarlo «Mr. Big», por su asociación extremadamente fuerte con el cáncer de pulmón. «En el campo del consumo de tabaco, si dices "Mr. Big" la gente sabrá de qué estás hablando», cuenta Laura Bierut, experta en la materia de la Universidad Washington en San Luis (Misuri). Yo lo llamaré, como hasta ahora, el gen del consumo de tabaco.

En este punto creo oír al fantasma gruñón de R. A. Fisher, que hace sonar las cadenas en el sótano y exige que me retracte de todo lo escrito en el capítulo 5. Pues sí: el gen del consumo de tabaco está asociado con el cáncer de pulmón. Tiene dos variantes, una común y otra menos común. Las personas que heredan dos copias de la variante menos común (alrededor de una novena parte de la población) tienen un riesgo mayor (un 77 % mayor) de contraer cáncer de pulmón. Este gen parece relacionarse también con la conducta fumadora. Las personas que poseen la variante más peligrosa parecen necesitar asimismo más nicotina para sentir satisfacción y tener más dificultades para dejarlo. Sin embargo, en parte hay también buenas noticias: estas mismas personas responden mejor a la terapia de sustitución de la nicotina que las personas sin el gen del consumo de tabaco.

El descubrimiento de este gen no debería cambiar la opinión de nadie al respecto del factor causal que es, abrumadoramente, el más importante en el cáncer de pulmón: fumar. Sabemos que fumar se asocia con un incremento claro en el riesgo de contraer cáncer: se multiplica por más de diez. Compárese hasta con la dosis doble del gen del consumo de tabaco: esta no llega ni a duplicar el riesgo. Una duplicación es grave, sin duda; pero no es comparable al riesgo más que decuplicado que (sin ninguna buena razón) afrontan los fumadores habituales.

Como siempre, un diagrama causal ayuda a visualizar el debate. Fisher pensaba que el gen del consumo de tabaco (en aquel momento, puramente hipotético) era un factor de confusión entre fumar y el cáncer (Figura 9.11). Pero como factor de confusión, carece de la fuerza suficiente para dar cuenta del efecto abrumadoramente intenso de fumar sobre el riesgo de padecer cáncer de pulmón. Esencialmente, este es el argumento por el que Jerome Cornfield abogó en 1959, en el texto que puso fin a las discusiones sobre la hipótesis genética.

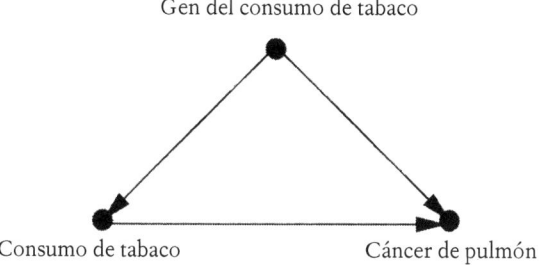

FIGURA 9.11. Diagrama causal para el ejemplo del gen del consumo de tabaco.

Es fácil reescribir el mismo diagrama causal según se muestra en la Figura 9.12. Cuando miramos el diagrama de esta manera, vemos que la conducta fumadora es un mediador entre el gen del consumo de tabaco y el cáncer de pulmón. Es un cambio de perspectiva diminuto, pero renueva por completo el debate científico. En vez de preguntar si fumar causa cáncer (ya conocemos la respuesta a este interrogante), nos preguntamos ahora cómo funciona el gen. ¿Hace que la gente fume más e inhale con más fuerza? ¿O hace que, de alguna manera, las células pulmonares sean más vulnerables al cáncer? ¿Qué es más fuerte: el efecto directo o el efecto indirecto?

La contestación es relevante para el tratamiento. Si el efecto es directo, entonces las personas con el gen de mayor riesgo quizá deberían gozar de revisiones oncológicas más frecuentes. Por otro lado, si el efecto es indirecto, la conducta fumadora se vuelve crucial. Deberíamos advertir a los pacientes sobre el incremento del riesgo y la importancia de empezar por no fumar. Si ya fuman, tenemos que intervenir con más energía, quizá con una terapia de sustitución de la nicotina.

Tyler VanderWeele, epidemiólogo de Harvard, leyó el primer informe sobre el gen del consumo de tabaco en *Nature* y contactó con un

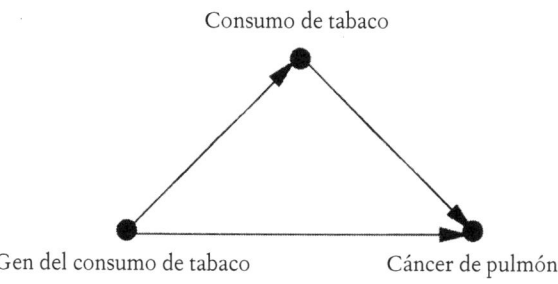

FIGURA 9.12. La Figura 9.11, ligeramente reorganizada.

grupo de investigación de su universidad, dirigido por David Christiani. Desde 1992, Christiani ha estado pidiendo a sus pacientes de cáncer de pulmón, así como a sus amigos y familia, que rellenen cuestionarios y cedan muestras de ADN para ayudar al proyecto de investigación. Mediada la década de 2000 había reunido datos sobre 1.800 pacientes con cáncer y otras 1.400 personas sin cáncer de pulmón, que servían como controles. Las muestras de ADN seguían almacenadas en un congelador cuando VanderWeele llamó.

Los resultados del análisis de VanderWeele, al principio, fueron sorprendentes. Halló que el riesgo incrementado de padecer cáncer de pulmón por el efecto indirecto era de tan solo de un 1 a un 3 %. Las personas con la variante de alto riesgo del gen tan solo fumaban de media un cigarrillo más al día, un dato que clínicamente no llegaba a ser relevante. Sin embargo, sus cuerpos no respondían igual al hecho de fumar. El efecto del gen del consumo de tabaco sobre el cáncer de pulmón era elevado y significativo, pero solo para las personas que fumaban.

En tal contexto casi propio de un rompecabezas, ¿cómo informar de los resultados? En este caso, EDC(0) sería esencialmente cero: si uno no fuma, el gen no le hará daño. Ahora bien, si situamos el mediador en un paquete al día o dos paquetes al día —yo lo denotaría con EDC(1) o EDC(2)—, entonces el efecto del gen es potente. Así pues el efecto directo natural, EDN, es positivo y así lo hizo constar VanderWeele.

Este ejemplo es un caso típico de interacción, un caso de manual. Al final, el análisis de VanderWeele demuestra tres cosas importantes respecto del gen del tabaco. En primer lugar, no incrementa significativamente el consumo de cigarrillos. En segundo lugar, no causa cáncer de pulmón a través de un camino independiente del tabaco. En tercer lugar, para las personas que sí fuman, aumenta significativamente el riesgo de un cáncer de pulmón. La interacción entre el gen y la conducta del sujeto lo es todo.

Como sucede con todo resultado nuevo, es obvio que hace falta investigar más. Bierut ha señalado un problema del análisis de VanderWeele y Christiani: solo contaban con una medida de la conducta fumadora: la cantidad de cigarrillos consumidos. Cabía la posibilidad de que el gen causara que los fumadores inhalaran con más intensidad para conseguir una mayor dosis de nicotina por bocanada. El estudio de Harvard, sencillamente, no tenía datos para verificar esta teoría.

Incluso si pervive cierta incertidumbre, la investigación sobre el gen del consumo de tabaco proporciona un vistazo de lo que podría ser el futuro de la medicina personalizada. Parece muy evidente que, en este caso, lo importante es cómo interactúan el comportamiento y el gen. Aún no tenemos la certeza de si el gen cambia la conducta (como sugiere Bierut) o tan solo interactúa con una conducta que se habría producido en todo caso (como sugiere el análisis de VanderWeele). No obstante, quizá podamos usar el estado genético para que la gente maneje una información mejor sobre los riesgos a los que se enfrentan. En el futuro, no cabe duda de que se usarán modelos causales capaces de detectar interacciones entre genes y conductas, o genes y entornos, que ocuparán un lugar destacado en la caja de herramientas del epidemiólogo.

Torniquetes: una falacia oculta

Cuando John Kragh, cirujano del ejército, llegó para su primer día de servicio en un hospital de Bagdad, en 2006, tuvo que despertar de inmediato a las nuevas realidades de la medicina de guerra. Al ver un sujetapapeles con los casos del día, le comentó a la enfermera de servicio: «Oye, esto es interesante. Durante tu turno habéis hecho un torniquete de emergencia».

A lo que la enfermera contestó: «¿Y qué tiene eso de interesante? Si hay uno en cada turno...».

En sus cinco primeros minutos en el trabajo, Kragh había topado con un cambio abismal en la atención a los traumatismos, que se vivió durante las guerras de Iraq y Afganistán. Aunque se han usado durante siglos, tanto en el campo de batalla como en la sala de operaciones, el torniquete siempre ha sido un poco controvertido. Si se recurre a él demasiado tiempo, causará la pérdida de un miembro. Por otro lado ha sido habitual improvisar los torniquetes en circunstancias de urgencia, a partir de cintas o cualquier material a mano, por lo que siempre han estado rodeados de incertidumbre. Tras la segunda guerra mundial, se los consideró un tratamiento de último recurso y oficialmente se desaconsejó utilizarlos.

Las guerras de Iraq y Afganistán cambiaron radicalmente esta orientación. Hubo dos novedades: una mayor cantidad de las heridas graves requerían el uso de torniquetes y, por otro lado, los diseños habían mejorado. En 2005 el cirujano general del ejército de Tierra de

Estados Unidos recomendó pertrechar a todos los soldados con torniquetes prefabricados. En 2006, como apuntó Kragh, cada día llegaban al hospital soldados heridos con un torniquete en el brazo o la pierna, una situación sin precedentes en la historia médica.

De 2002 a 2012, Kragh calcula que los torniquetes salvaron la vida a unos dos mil militares. En el frente, los soldados se dieron cuenta. Según David Welling, cirujano del ejército de Estados Unidos, «se dice que las tropas de combate salen a las misiones de patrulla más peligrosas con los torniquetes ya colocados en las extremidades, como si desearan estar plenamente preparadas para responder al sangrado de un miembro en caso de que estalle un AEI (artefacto explosivo improvisado)».

A juzgar por las evidencias anecdóticas y la popularidad de los torniquetes entre los soldados del frente, el valor de este dispositivo debería estar fuera de toda duda. Sin embargo apenas se han realizado estudios a gran escala sobre su uso (si es que se han llegado a hacer). En la vida civil, la clase de heridas que requieren torniquetes son muy infrecuentes, y en la vida militar, el caos de la guerra dificulta realizar un estudio científico como es debido. Pero Kragh vio una oportunidad para documentar los efectos de su utilización. Él y las enfermeras reunieron datos sobre todos los casos que pasaron por las puertas del hospital, y quien había empezado siendo un novato en la materia acabó siendo conocido como «el tío de los torniquetes».

Los resultados del estudio, publicado en 2015, no se correspondían con las previsiones de Kragh. Según los datos, los pacientes a los que se había aplicado un torniquete antes de llegar al hospital no mostraban un índice de supervivencia superior al de aquellos que, con heridas similares, no habían recibido torniquetes. Para empezar, por supuesto —razonaba Kragh—, era posible que quienes recibían torniquetes hubieran sufrido heridas más graves. Pero incluso cuando controló este factor —comparando casos de gravedad similar—, los torniquetes no parecían mejorar el índice de supervivencia (véase la Tabla 9.1).

Aquí no estamos ante una paradoja de Simpson. No importa si agregamos los datos o los estratificamos; en cada categoría de gravedad, así como en el agregado, la supervivencia es ligeramente mayor para los soldados que no recibieron torniquetes (aunque se se trata de una diferencia tan reducida que carece de significación estadística).

¿Qué salió mal? Una posibilidad, por descontado, es que los torniquetes no sean mejores. Quizá creemos en ellos por un caso de sesgo

Tabla 9.1. Datos sobre supervivencia, con y sin torniquetes.

Gravedad de la herida	Supervivientes/ Total (sin torniquete)	Índice de supervivencia (sin torniquete)	Supervivientes/ Total (con torniquete)	Índice de supervivencia (con torniquete)
3 (Grave)	502/555	90%	416/465	89%
4 (Muy grave)	96/111	86%	212/248	85%
5 (Crítica)	16/27	59%	4/7	57%
Total	614/693	89%	632/720	88%

de confirmación. Cuando a un soldado se le comprime la hemorragia con este dispositivo y sobrevive, los médicos y los colegas dirán: «¡El torniquete le ha salvado la vida!». Pero si no se le aplica el dispositivo y sobrevive igualmente, a nadie se le ocurre decir: «¡No usar el torniquete le ha salvado la vida!». Así pues quizá los torniquetes reciban más crédito del que merecen en realidad, a diferencia de la falta de intervención, a la que nunca se le reconoce el mérito.

Pero en el estudio había otro sesgo posible que el propio Kragh señaló: los médicos solo reunían datos sobre aquellos soldados que sobrevivían el tiempo suficiente para llegar al hospital. Para ver por qué importa, dibujemos un diagrama causal (Figura 9.13).

En esta figura, podemos ver que Gravedad de la herida es un factor de confusión de las tres variables: el tratamiento (Uso del torniquete), el mediador (Supervivencia antes del ingreso) y el resultado (Supervivencia después del ingreso). Es por lo tanto apropiado y ne-

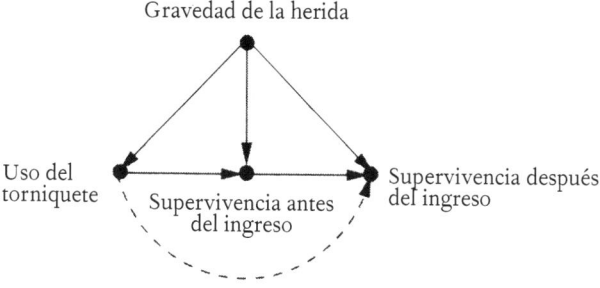

FIGURA 9.13. Diagrama causal para el ejemplo del torniquete. La línea discontinua marca un efecto causal hipotético (sin apoyo en los datos).

cesario condicionar a Gravedad de la herida, como hizo Kragh en su artículo.

Sin embargo, como Kragh solo estudió a los pacientes que de hecho vivieron hasta llegar al hospital, también condicionaba al mediador, Supervivencia antes del ingreso. En la práctica, estaba bloqueando el camino indirecto de Uso del torniquete a Supervivencia después del ingreso, y por lo tanto computaba el efecto directo, indicado en la Figura 9.13 por la flecha discontinua. Ese efecto era esencialmente cero. Sin embargo aún podía existir un efecto indirecto. Si los torniquetes permitían que más soldados sobrevivieran hasta llegar al hospital, entonces el torniquete sería una intervención muy favorable. Significaría que la función de un torniquete es mantener con vida al paciente hasta el hospital y que, una vez logrado esto, carece de cualquier otra utilidad. Por desgracia en los datos (Tabla 9.1) no hay nada que pueda ni confirmar ni refutar la hipótesis.

William Kruskal lamentó en cierta ocasión que no haya un Homero que ensalce a los estadísticos. Me gustaría entonar un elogio de Kragh que, en las condiciones más adversas imaginables, tuvo la presencia de mente de reunir datos y someter el tratamiento estándar a una prueba científica. Su ejemplo es un foco de luz que sirve de orientación a todo aquel que quiera practicar medicina basándose en pruebas. Es una ironía particularmente amarga que su estudio no pudiera ser más exitoso porque no tenía modo de reunir datos sobre soldados que no habían sobrevivido hasta ingresar en el hospital. Es razonable desear que hubiera podido demostrar, de una vez por todas, que los torniquetes salvan vidas. El propio Kragh escribió en un correo electrónico: «No me cabe ninguna duda de que los torniquetes son una intervención deseable». Pero al final tuvo que comunicar un «resultado nulo» de la clase que no se destaca en titulares. Sea como sea, merece todo el crédito por la sensatez de sus instintos científicos.

10

MACRODATOS, INTELIGENCIA ARTIFICIAL Y LAS GRANDES PREGUNTAS

> Todo está predeterminado, pero siempre se otorgan permisos.
>
> MAIMÓNIDES (MOSHÉ BEN MAIMÓN)
> (1138-1204)

Cuando emprendí el viaje a la causalidad, seguía la pista de una anomalía. Gracias a las redes bayesianas habíamos enseñado a las máquinas a pensar en tonos de gris, lo que era un paso importante hacia el pensamiento de tipo humano. Pero aún no podíamos enseñar a las máquinas a comprender causas y efectos. No le podíamos explicar a un ordenador por qué mover el indicador de un barómetro no será causa de lluvia. Tampoco podíamos enseñarle qué esperar cuando uno de los tiradores de un pelotón de fusilamiento cambia de opinión y decide no disparar. Sin la capacidad de concebir realidades alternativas y contrastarlas con la realidad que existe actualmente, una máquina no puede pasar el minitest de Turing; no puede responder a la pregunta más básica entre las que nos hacen humanos: «¿Por qué?». Lo tomé como una anomalía porque no preveía que tales preguntas naturales e intuitivas residieran fuera del alcance de los sistemas de razonamiento más avanzados de la época.

Solo más adelante caí en la cuenta de que esta anomalía no afligía tan solo al campo de la inteligencia artificial (IA). Las propias personas que más debían preocuparse más por los porqués, los científicos, trabajaban bajo una cultura estadística que les negaba el derecho a plantear tales interrogantes. Por supuesto los planteaban igualmente, de manera informal; pero cada vez que querían someterlos a un análisis matemático, tenían que formularlos como cuestiones de asociación.

Perseguir esta anomalía me hizo entrar en contacto con personas de una diversidad de campos, como Clark Glymour y su equipo (Richard Scheines y Peter Spirtes), de filosofía; Joseph Halpern, de ciencias de la computación; Jamie Robins y Sander Greenland, de epidemiología; Chris Winship, de sociología; y Don Rubin y Philip Dawid, de estadística, que reflexionaban sobre el mismo problema. Juntos encendimos la chispa de la Revolución Causal, que se ha extendido como la pólvora, de una disciplina a la siguiente: epidemiología, psicología, genética, ecología, geología, climatología, etc. A cada año que pasa veo una voluntad creciente, entre los científicos, de hablar y escribir sobre causas y efectos, y no con apologías y expresiones de timidez, sino con asertividad y confianza. Ha evolucionado un nuevo paradigma de acuerdo con el cual está bien basar las afirmaciones en premisas, con la condición de que les demos transparencia, para que tanto uno mismo como los demás puedan juzgar cómo son de plausibles y cómo de sensibles son las afirmaciones a la violación de los supuestos previos. La Revolución Causal quizá no ha derivado en ningún artilugio concreto que haya cambiado nuestras vidas, pero ha comportado una transformación de las actitudes que conducirá, inevitablemente, a una ciencia más sana.

A menudo creo que esta transformación es «el segundo regalo de la IA a la humanidad», y ha sido el foco de atención central de este libro. Pero ahora que nuestra narración se acerca a su fin, va siendo hora de volver atrás y preguntarnos por el primer regalo, que ha tardado un tiempo insospechadamente largo en materializarse. ¿Nos estamos aproximando al día en que los ordenadores o robots podrán comprender conversaciones causales? ¿Podemos crear inteligencias artificiales con tanta imaginación como una niña o un niño de tres años? En este capítulo final compartiré algunas reflexiones, sin aportar conclusiones definitivas.

MODELOS CAUSALES Y MACRODATOS

Para todas las disciplinas de la ciencia, los negocios, el gobierno e incluso los deportes, la cantidad de datos brutos sobre nuestro mundo ha crecido a un ritmo vertiginoso durante los últimos años. El cambio quizá sea especialmente visible entre los que usamos Internet y las redes sociales. En 2014, el último año del que he visto datos, se dice que Facebook alojaba 300 petabytes de datos sobre sus 2.000 millones de usuarios activos, o 150 megabytes de datos por usuario. Los juegos que cada cuál practica, los productos que desea comprar, los nombres de todos sus amigos de Facebook y, por supuesto, todos sus vídeos de gatos: todo eso está ahí, en un magnífico océano de unos y ceros.

Aunque resulte menos obvio para el público en general, el ascenso de bancos de datos colosales en la ciencia no es menos importante. Por ejemplo, el Proyecto 1000 Genomas recopiló doscientos terabytes de información en lo que califica de «el mayor catálogo público de datos genotípicos y variación humana». El Archivo Mikulski de Telescopios Espaciales, de la NASA, ha reunido 2,5 petabytes de datos de varios estudios del espacio profundo. Pero los macrodatos, los *Big Data*, no han afectado tan solo a las ciencias más mediáticas, sino que han hecho incursión en todas y cada una de las ciencias. Una generación atrás, una experta o un experto en biología marina podía pasar varios meses realizando un censo de su especie favorita. Ahora tiene acceso inmediato a millones de puntos de datos sobre peces, huevas, contenidos estomacales o cualquier otra cosa que le interese. En vez de limitarse a realizar un censo, el biólogo puede narrar una historia.

Para nosotros, resulta más relevante la pregunta de qué sucede a continuación. ¿Cómo extraemos significado de todos esos números, bits, píxeles? Los datos pueden ser inmensos, pero las preguntas que formulamos son simples. ¿Existe un gen que cause cáncer de pulmón? ¿Qué factores están causando que la población de nuestro pescado favorito esté menguando, y qué podemos hacer al respecto?

En determinados círculos impera una fe casi religiosa en que podemos encontrar las respuestas a estas preguntas en los datos mismos, si somos suficientemente astutos a la hora de escavar en ellos. Es una propaganda probablemente errónea, como se habrá podido ver a lo largo de este libro. Las preguntas que he planteado son todas causales, y nunca se pueden responder tan solo a partir de los datos. Requieren que formulemos un modelo del proceso que genera los datos o, al menos, algunos aspectos de ese proceso. Cada vez que vemos una ponencia o un estudio que analiza los datos sin referencia a modelo alguno, podemos tener la certeza de que el resultado del estudio no hará más que compendiar, y quizá transformar, pero nunca interpretar los datos.

Esto no equivale a decir que la minería de datos resulte inútil. Puede ser un primer paso esencial para buscar patrones de asociación interesantes y plantear preguntas interpretativas más precisas. En vez de querer saber si existen genes que causen cáncer de pulmón, ahora podemos empezar a escanear el genoma buscando genes con una elevada correlación con el cáncer de pulmón (como el gen «Mr. Big», mencionado en el capítulo 9). Luego podemos preguntar: «¿Este gen causa cáncer de pulmón? (¿Y de qué manera?)». Nunca habríamos podido preguntar sobre «Mr. Big» de no haber dispuesto de la minería de datos. Para llegar más lejos, sin embargo, necesitamos desarrollar un modelo causal que especifique (por ejemplo) a qué variables creemos que el gen afecta, qué factores de confusión podrían existir, qué otros caminos causales podrían provocar tal resultado. Interpretar los datos significa formular hipótesis sobre cómo funcionan las cosas en el mundo real.

Otra función de los macrodatos en los problemas de inferencia causal se halla en el último estadio del motor de inferencia descrito en la introducción (paso 8), que nos lleva del estimando a la estimación. Este paso de la estimación estadística no es trivial cuando el número de variables es grande; y solo los macrodatos y las técnicas modernas de aprendizaje de las máquinas pueden ayudarnos a superar la maldición de la dimensionalidad. Del mismo modo, los macrodatos y la inferencia causal, en colaboración, interpretan un papel crucial en el área emergente de la medicina personalizada. Aquí buscamos hacer inferencias a partir de la conducta pasada de un conjunto de individuos que son similares, en tantas características como sea posible, al individuo en cuestión. La inferencia causal nos permite ocultar las características irrelevantes y reclutar a esos individuos desde diversos estudios, mientras que los macrodatos nos permiten reunir suficiente información sobre ellos.

Es fácil comprender por qué algunas personas ven la minería de datos como una meta, no como un primer paso. Promete una solución por medio de la tecnología disponible. Nos ahorra (a nosotros y a las futuras máquinas) el trabajo de tener que considerar y articular supuestos de calado sobre cómo funciona el mundo. En algunos campos nuestro conocimiento puede hallarse en un estado tan embrionario que no tenemos ninguna pista de cómo empezar a dibujar un modelo del mundo. Pero los macrodatos no resolverán este problema. La parte más importante de la respuesta debe proceder de dicho modelo, ya sea esbozado por nosotros o hipotetizado y refinado por máquinas.

Para no parecer demasiado crítico con la tarea de los macrodatos, quisiera mencionar una nueva oportunidad de simbiosis entre el *Big Data* y la inferencia causal. Se llama transportabilidad.

Gracias a los macrodatos, no solo podemos acceder a una cantidad enorme de individuos en cualquier estudio dado, sino también a un número enorme de estudios, realizados en ubicaciones distintas y condiciones distintas. A menudo queremos combinar los resultados de estos estudios y trasladarlos a nuevas poblaciones que pueden ser distintas incluso en formas que no hemos previsto.

El proceso de traslado de los resultados desde el estudio de un escenario a otro es fundamental para la ciencia. De hecho el progreso científico quedaría detenido de no ser por la capacidad de generalizar los resultados de los experimentos de laboratorio de cara al mundo real; por ejemplo, de los tubos de ensayo a los animales y a los humanos. Pero hasta hace poco cada ciencia tenía que desarrollar sus propios criterios para separar las generalizaciones válidas de las inválidas, y no ha habido métodos sistemáticos para abordar la «transportabilidad» en general.

En los últimos cinco años, mi antiguo estudiante (ahora colega) Elias Bareinboim y yo hemos logrado ofrecer un criterio completo para decidir cuándo los resultados son transportables y cuándo no lo son. Con la salvedad, como de costumbre, de que para usar este criterio hay que representar los rasgos más destacados del proceso de generación de datos con un diagrama causal, marcado con ubicaciones de disparidades potenciales. Trasladar o «transportar» un resultado no necesariamente significa tomarlo en su valor literal y aplicarlo sin más al nuevo entorno. El investigador quizá tenga que recalibrarlo para tener en cuenta las disparidades entre los dos entornos.

Supongamos que queremos conocer el efecto de un anuncio en línea (*X*) sobre la probabilidad de que un consumidor adquiera el producto (*Y*); una tabla de surf, por ejemplo. Tenemos datos de estudios en cinco lugares distintos: Los Ángeles, Boston, San Francisco, Toronto y Honolulu. Ahora queremos estimar qué efectividad tendrá el anuncio en Arkansas. Por desgracia, cada población y cada estudio difieren ligeramente. Por ejemplo, la población de Los Ángeles es más joven que nuestra población objetivo, y la de San Francisco difiere en la proporción de veces que clica en los anuncios. La Figura 10.1 muestra las características únicas de cada población y cada estudio. ¿Podemos combinar los datos de estos estudios remotos y dispares para estimar la efectividad del anuncio en Arkansas? ¿Podemos hacerlo sin recopilar ningún dato en Arkansas? ¿O quizá midiendo tan solo un pequeño conjunto de variables o realizando un estudio observacional piloto?

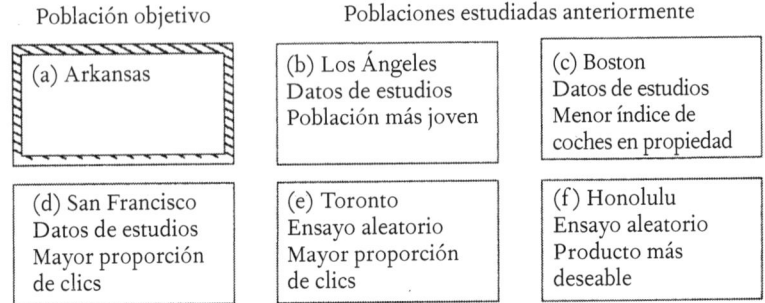

Figura 10.1. El problema de la transportabilidad

La Figura 10.2 traduce estas diferencias en forma gráfica. La variable Z representa la edad, que es un factor de confusión; parece más probable que la gente joven vea el anuncio y más probable que compre el producto incluso si no ve el anuncio. La variable W representa pinchar en un enlace para obtener más información. Es un mediador, un paso que se debe producir para convertir «ver el anuncio» en «comprar el producto». La letra S, en todos los casos, representa una variable que «produce una diferencia»: una variable hipotética que apunta a la característica por la que difieren las dos poblaciones. Por ejemplo, en Los Ángeles (b), el indicador S apunta a Z, edad. En cada una de las demás ciudades el indicador apunta al rasgo distintivo de la población mencionada en la Figura 10.1.

Para la agencia de publicidad, la buena noticia es que ahora un ordenador puede gestionar este complicado problema de «fusión de datos» y, con la guía del cálculo *do*, decirnos qué estudios podemos utilizar para responder a nuestro interrogante y por qué medio, así como qué información debemos reunir en Arkansas en apoyo de la conclusión. En algunos casos, el efecto puede «transportarse» directamente, sin más trabajo y sin que pongamos siquiera el pie en Arkansas. Por ejemplo, el efecto del anuncio en Arkansas debería ser el mismo que en Boston, porque según el diagrama, Boston (c) solo difiere de Arkansas en la variable V, que no afecta ni al tratamiento X ni al resultado Y.

Necesitaremos ponderar de nuevo los datos en algunos otros estudios; por ejemplo, para dar cuenta de la diferencia en la estructura de

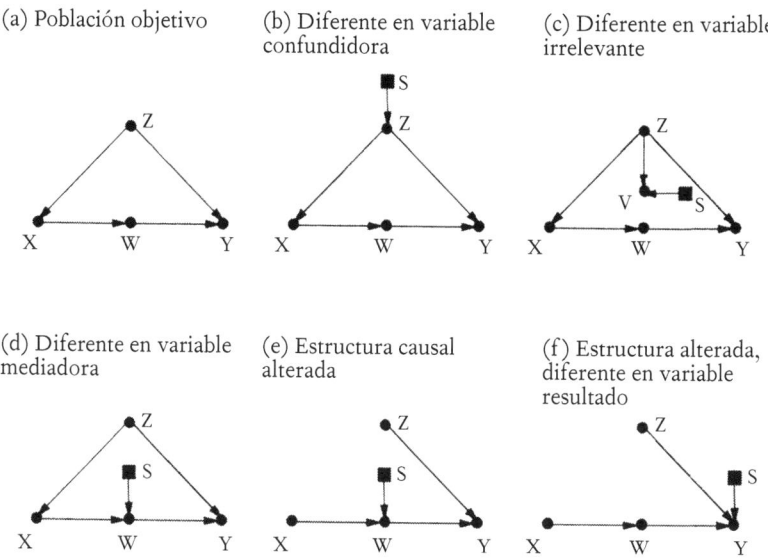

(a) Población objetivo

(b) Diferente en variable confundidora

(c) Diferente en variable irrelevante

(d) Diferente en variable mediadora

(e) Estructura causal alterada

(f) Estructura alterada, diferente en variable resultado

X = Anuncio, Y = Decisión de compra, Z = Edad, W = Proporción de clics, V = Coches en posesión, S = Variable indicador

FIGURA 10.2. Diferencias entre las poblaciones estudiadas, expresadas en forma gráfica.

edad de la población del estudio de Los Ángeles (b). Es interesante observar que el estudio experimental de Toronto (e) es suficiente para estimar el interrogante de Arkansas pese a la disparidad de W, a condición de que en Arkansas podamos medir X, W e Y.

Llamativamente, hemos encontrado ejemplos en los que no es viable el transporte desde ningún otro de los estudios disponibles; sin embargo la cantidad objetivo se puede estimar por medio de la combinación de estos. Por otro lado, aunque haya estudios no transportables, no por ello carecen de toda utilidad. Tomemos como ejemplo el estudio de Honolulu (f) en la Figura 10.2, que no es transportable a consecuencia de la flecha $S \rightarrow Y$. La flecha $X \rightarrow W$, por su parte, no está contaminada por S, y por lo tanto los datos disponibles de Honolulu se pueden usar para estimar $P(W \mid X)$. Al combinar esto con estimaciones de $P(W \mid X)$ a partir de otros estudios, podemos incrementar la precisión de esta subexpresión. Al combinar con cuidado tales subexpresiones, podríamos ser capaces de sintetizar una estimación general precisa de la cantidad objetivo.

Aunque en los casos simples estos resultados son intuitivamente razonables, cuando los diagramas se complican necesitamos la ayuda de un método formal. El cálculo *do* proporciona un criterio general para determinar la transportabilidad en tales casos. La regla es bastante simple: si podemos realizar una secuencia válida de operaciones *do* (usando las reglas del capítulo 7) que transforme la cantidad objetivo en otra expresión en la que cualquier factor que tenga que ver con *S* esté libre de operadores *do*, entonces la estimación es transportable. La lógica es sencilla; cualquier factor de esta clase se puede estimar a partir de los datos disponibles, sin contaminación por el factor de disparidad *S*.

Elias Bareinboim ha logrado hacer, para el problema de la transportabilidad, lo mismo que Ilya Shpitser hizo para el problema de las intervenciones: ha desarrollado un algoritmo que puede determinar automáticamente si el efecto que estamos buscando es transportable, y ello a partir tan solo de criterios gráficos. En otras palabras, te puede decir si el requerimiento de la separación de *S* y los operadores *do* se puede hacer realidad o no.

Los resultados de Bareinboim son emocionantes, porque lo que antes se veía como una amenaza para la validez pasa a ser una oportunidad de potenciar los múltiples estudios en los que la participación no puede ser mandataria y, por lo tanto, no podemos garantizar que la población de estudio sea la misma que la población de interés. En vez de ver la diferencia entre poblaciones como una amenaza para la «validez externa» de un estudio, ahora tenemos una metodología para establecer la validez en situaciones que, de otro modo, habrían parecido irresolubles. Precisamente porque vivimos en la era de los macrodatos tenemos acceso a información sobre muchos estudios y muchas de las variables auxiliares (como *Z* y *W*) que nos permitirán transportar resultados de una población a otra.

Mencionaré de paso que Bareinboim también ha demostrado resultados análogos para otro problema que lleva mucho tiempo complicando la vida a los estadísticos: el sesgo de selección. Esta clase de sesgo se produce cuando el grupo de muestra que se está estudiando difiere de la población objetivo en algún aspecto relevante. Esto recuerda mucho al problema de la transportabilidad, y con razón, salvo por una modificación importante: en vez de trazar una flecha de la variable indicador *S* a la variable afectada, dibujamos la flecha hacia *S*. Podemos imaginar que *S* representa la «selección» (como parte del estudio). Por ejemplo si nuestro estudio observa solo a pacientes hospitalizados (como en el ejemplo del sesgo de Berkson), trazaríamos una flecha de Hospitalización a *S* para indicar que la hospitalización es una causa de selección para nuestro estudio. En el capítulo 6 vimos que esta situación amenazaba la validez de nuestro estudio. Pero ahora también podemos concebirla como una oportunidad. Si entendemos el mecanismo por el que reclutamos sujetos para el estudio, podemos recuperarnos del sesgo por la vía de reunir datos sobre el conjunto adecuado de factores de confusión y de utilizar una fórmula adecuada de ponderación o ajuste. El trabajo de Bareinboim nos permite sacar partido de la lógica causal y los macrodatos para realizar milagros antes inconcebibles.

Palabras como «milagros» e «inconcebible» son raras en el discurso científico y quizá se pregunte si no me estoy excediendo en mi entusiasmo. Pero las uso por una buena razón. El concepto de la validez externa como amenaza a la ciencia experimental lleva al menos medio siglo dando vueltas, desde que Donald Campbell y Julian Stanley reconocieron y definieron el término en 1963. He hablado con decenas de expertos y autores destacados que han escrito sobre este tema. Para mi asombro, nadie fue capaz de abordar los problemas de juguete que he presentado en la Figura 10.2. Los califico literalmente como «de juguete» porque es fácil describir estos problemas, fácil resolverlos y fácil verificar si una solución dada es correcta.

En el momento actual, la cultura de la «validez externa» está absorbida por el afán de enumerar y categorizar las amenazas a la validez, en vez de ocuparse de combatirlas. De hecho está tan paralizada por las amenazas, que contempla con suspicacia y desconfianza la mera idea de que haya forma de desarmar esas amenazas. A los expertos, cuando carecen de formación en los modelos gráficos, les resulta más sencillo configurar amenazas adicionales que intentar remediar ni una sola de ellas. El vocabulario de los «milagros» —confío— empujará a mis colegas a contemplar estos problemas como un desafío intelectual, no como una razón para la desesperanza.

Ojalá pudiera presentar ante el lector casos prácticos exitosos de una tarea de transportabilidad compleja y de recuperación del sesgo de selección, pero las técnicas aún son demasiado nuevas y no han penetrado en el uso general. Aun así tengo plena confianza en que los investigadores no tardarán en descubrir el poder de los algoritmos de Bareinboim y a partir de entonces la validez externa —como anteriormente, los factores de confusión— dejará de tener su poder místico y aterrador.

IA FUERTE Y LIBRE ALBEDRÍO

Cuando apenas se había secado la tinta del excelente artículo de Alan Turing «Maquinaria computacional e inteligencia», los autores de ciencia ficción y los futurólogos empezaron a jugar con la expectativa de máquinas pensantes. En ocasiones concibieron máquinas benignas o incluso figuras nobles, como el animado y chirriante R2D2 o el singular androide «británico» C3PO, de *Star Wars*. Otras veces las máquinas son mucho más siniestras y traman la destrucción de la especie humana, como en las películas de *Terminator*, o esclavizan a los humanos en una realidad virtual, como en *Matrix*.

En todos estos casos, las IA cuentan mucho más sobre las inquietudes de los autores o las capacidades del departamento de efectos especiales de la película, que sobre investigación real en materia de inteligencia artificial. La inteligencia artificial ha resultado ser una meta mucho más esquiva de lo que Turing llegó a sospechar, pese a que la potencia computacional en sí de nuestros ordenadores ha superado, sin duda, todas sus expectativas.

En el capítulo 3 hablé de algunas de las razones por las que se ha avanzado con tanta lentitud. En la década de 1970 y los primeros años de la de 1980, la investigación en inteligencia artificial se vio obstaculizada por centrarse en los sistemas basados en reglas, que resultaron ser una pista errónea. Eran sistemas demasiado frágiles. Cada alteración en sus premisas de funcionamiento, por mínima que fuera, requería volver a escribirlas todas. No toleraban bien la incertidumbre ni los datos contradictorios. Por último, científicamente no eran transparentes; no se podía demostrar matemáticamente que se comportaran de una forma determinada y cuando no lo hacían, tampoco se podía establecer exactamente qué había que reparar. No todos los investigadores en IA veían un problema en la falta de transparencia. En aquel momento el campo se dividía entre los «pulcros» (que buscaban sistemas transparentes con garantías de comportamiento) y los «desaliñados» (que se conformaban con algo que funcionara). Yo siempre fui un «pulcro».

Tuve la suerte de presentarme en el campo cuando este estaba preparado para adoptar un nuevo enfoque. Las redes bayesianas eran probabilísticas; podían lidiar con un mundo repleto de datos conflictivos e inciertos. A diferencia de los sistemas basados en reglas, eran modulares y era fácil implantarlas en una plataforma de computación distribuida, lo que aumentaba su velocidad. Por último, en una faceta que a mí personalmente me importaba (al igual que a otros «pulcros»), las redes bayesianas lidiaban con las probabilidades de una manera matemáticamente sensata. Esto garantizaba que si algo salía mal, el fallo estaba en el programa, no en nuestro pensamiento.

Incluso con todas estas ventajas, las redes bayesianas todavía no eran capaces de entender causas y efectos. Por su concepción, en una red bayesiana la información fluye en las dos direcciones, causal y diagnóstica: el humo incrementa la probabilidad del fuego y el fuego incrementa la probabilidad del humo. De hecho una red bayesiana ni siquiera puede saber cuál es la «dirección causal». Ir en pos de esta anomalía —una anomalía que resultó ser maravillosa— me alejó del campo del aprendizaje de las máquinas en dirección al estudio de la causalidad. No podía aceptar sin más la idea de que los futuros robots no podrían comunicarse con nosotros en nuestra lengua nativa de causa y efecto. Una vez en tierras de la causalidad, sentí una atracción natural hacia el vasto espectro de las otras ciencias en las que la asimetría causal es de suma importancia.

Así pues, durante los últimos veinticinco años, he venido a ser un expatriado del país del razonamiento automatizado y el aprendizaje de las máquinas. Sin embargo, desde mi atalaya distante, todavía puedo ver las modas y tendencias actuales.

En años recientes, los avances más llamativos en IA se han producido en un ámbito llamado «aprendizaje profundo», que utiliza métodos como las redes neuronales convolucionales. Estas redes no se ajustan a las reglas de probabilidad; no lidian con la incertidumbre de una forma rigurosa o transparente. Menos aún incorporan una representación explícita del entorno en el que operan. En lugar de esto, la arquitectura de la red tiene libertad para evolucionar por sí misma. Cuando se acaba de instruir una nueva red, quien la programa no tiene ni idea de qué computaciones está realizando o por qué funcionan. Si la red falla, tampoco tenemos ni idea de por qué.

Quizá el ejemplo prototípico es AlphaGo, un programa basado en las redes neuronales convolucionales que practica el antiguo juego chino del go. Lo ha desarrollado DeepMind, subsidiaria de Google. Entre los juegos humanos de información perfecta, siempre se ha considerado que el go era el menos asequible para la IA. Mientras que los ordenadores ya habían conquistado el ajedrez en 1987, en cambio no se los pudo considerar rivales siquiera de los jugadores profesionales de go de menor nivel hasta 2015. La comunidad del go pensaba que a los ordenadores aún les faltaba por lo menos una década hasta poder plantear una batalla real a los humanos.

Esto cambió casi de la noche a la mañana, con la aparición de AlphaGo. La mayoría de los jugadores de go tuvieron la primera noticia de este programa a finales de 2015, cuando AlphaGo dio una paliza a un jugador profesional, 5-0. En marzo de 2016 derrotó por 4-1 a Lee Sedol, quien durante años había gozado de la reputación de ser el mejor de los jugadores humanos. Pocos meses más tarde jugó sesenta partidas en línea contra jugadores destacados, sin perder ni una; en 2017 se lo retiró oficialmente después de derrotar al campeón mundial vigente, Ke Jie. Alpha Go solo ha perdido un juego contra un jugador humano, Sedol, y la lista ya no crecerá.

Todo esto es emocionante, y los resultados no dejan lugar a dudas: el aprendizaje profundo funciona muy bien para determinadas tareas. Pero es la antítesis de la transparencia. Ni siquiera los programadores de AlphaGo pueden decir por qué el programa juega tan bien. La experiencia les ha enseñado que las redes profundas tienen éxito en tareas de reconocimiento de voz y visión por ordenador. No obstante, nuestra comprensión del aprendizaje profundo es por completo empírica y carece de garantías. El equipo de AlphaGo no podía haber predicho de entrada que el programa derrotaría al mejor jugador humano en un plazo de un año, o dos, o cinco. Simplemente, experimentaron y AlphaGo lo logró.

Habrá quien defienda que la transparencia no es necesaria, en realidad. Que tampoco entendemos con detalle cómo funciona el cerebro humano, y sin embargo funciona bien, por pobre que sea nuestra comprensión al respecto. Así pues —se dice—, ¿por qué no desarrollar sin trabas los sistemas de aprendizaje profundo y crear una nueva clase de inteligencia sin entender cómo funciona? No puedo afirmar que se equivoquen. En el momento actual los «desaliñados» han tomado la delantera. Lo que sí puedo afirmar, no obstante, es que los sistemas opacos no me gustan; y por eso no elijo investigar sobre ellos.

Dejando de lado mis preferencias personales, debemos añadir otro factor a esta analogía con el cerebro humano. Es cierto que podemos disculpar lo poco que entendemos el funcionamiento de nuestro cerebro; pero en todo caso nos podemos comunicar con otras personas, aprender de ellas, enseñarles cosas, motivarlas en nuestra propia lengua nativa de causas y efectos. Podemos hacerlo porque nuestros cerebros funcionan todos igual. Pero si nuestros robots serán todos tan opacos como AlphaGo, entonces no podremos mantener una conversación significativa con ellos, lo que sería muy desafortunado.

Cuando mi robot doméstico conecte la aspiradora mientras estoy durmiendo (Figura 10.3) y yo le diga: «¡No deberías haberme despertado!», quiero que entienda que la decisión de aspirar estaba mal, pero no quiero que lo interprete como una instrucción de no volver a pasar la aspiradora por la planta superior de la casa. Debería entender lo que usted y yo entendemos sin más en este contexto: las aspiradoras hacen ruido, el ruido despierta, eso puede causar descontento. Nuestro robot, en otras palabras, tendrá que comprender relaciones de causa y efecto; más propiamente aún, relaciones contrafactuales como las que se codifican en el sintagma: «no deberías».

Observemos, de hecho, la riqueza de contenido de esta breve frase de instrucciones. No deberíamos tener que decirle al robot que lo mismo se aplica a pasar la aspiradora por la planta baja, o cualquier otro lugar de la casa, pero no se aplica cuando estoy despierto, o no estoy en

FIGURA 10.3. Un robot inteligente contempla las ramificaciones causales de sus acciones. (*Fuente*: Ilustración de Maayan Harel.)

casa, o el aspirador está pertrechado de un mecanismo silenciador, etc. Un programa de aprendizaje profundo ¿está en condiciones de aprehender la riqueza de esta instrucción? Por eso no me satisface el rendimiento, en apariencia soberbio, de los sistemas opacos. La transparencia permite una comunicación efectiva.

Un aspecto del aprendizaje profundo sí me interesa en particular: las limitaciones teóricas de estos sistemas, que proceden ante todo de su incapacidad de ir más allá del primer peldaño de la Escalera de la Causalidad. Esta limitación no obstaculiza el rendimiento de AlphaGo en el estrecho mundo de las partidas de go, porque la descripción del tablero más las reglas del juego constituyen un modelo causal adecuado del mundo del go. En cambio sí obstaculiza los sistemas de aprendizaje que actúan en entornos regidos por redes abundantes de fuerzas causales, con acceso tan solo a las manifestaciones superficiales de estas fuerzas. La medicina, la economía, la educación, la climatología y los asuntos sociales son ejemplos típicos de tales entornos. Como los prisioneros de la famosa caverna de Platón, los sistemas de aprendizaje profundo exploran las sombras de las paredes interiores y aprenden a predecir sus movimientos con exactitud. Pero no pueden comprender que las sombras que ven son simples proyecciones de objetos tridimensionales que se mueven en un espacio tridimensional. La IA fuerte requiere esta comprensión.

A los investigadores en aprendizaje profundo, estas limitaciones básicas no se les escapan. Por ejemplo, los economistas que utilizan el aprendizaje de las máquinas se han dado cuenta de que sus métodos no responden a cuestiones de un interés crucial, tales como estimar el impacto de acciones y medidas que no se han puesto a prueba. Como ejemplos típicos: introducir nuevas estructuras de precios, o subsidios, o modificar el salario mínimo. En términos técnicos, los métodos de aprendizaje de las máquinas nos proporcionan, a día de hoy, una forma eficiente de pasar de las estimaciones de muestras finitas a las probabilidades de distribución, pero les falta pasar de las distribuciones a las relaciones de causa y efecto.

Cuando empezamos a hablar de una IA fuerte, los modelos causales dejan de ser un lujo y se convierten en una necesidad. Para mí, una IA fuerte debería ser una máquina capaz de reflexionar sobre sus propias acciones y aprender de los errores pasados. Debería ser capaz de comprender la afirmación: «Debería haber actuado de otra forma», tanto si se la dirige una persona como si ella misma llega a tal conclusión. La interpretación contrafactual de esta afirmación se lee: «He hecho $X = x$, y el resultado ha sido $Y = y$. Pero si hubiera actuado de otra forma, pongamos $X = x$', entonces el resultado habría sido mejor, quizá $Y = y$'». Como hemos visto, la estimación de tales probabilidades se ha automatizado por completo, a condición de disponer de datos suficientes y un modelo causal adecuadamente especificado.

De hecho, creo que el aprendizaje de las máquinas tiene una meta muy importante en la probabilidad más simple, $P(Y_{X = x^l} = y' \mid X = x)$, donde la máquina observa un acontecimiento $X = x$, pero no el resultado Y, y entonces pregunta por el resultado en caso de un acontecimiento alternativo $X = x$'. Si podemos calcular esta cantidad, la máquina puede tratar la acción pretendida como un acontecimiento observado $(X = x)$ y preguntar: «¿Y si cambio de opinión y en su lugar hago $X = x$'?». Esta expresión, matemáticamente, es la misma que el efecto del tratamiento sobre lo tratado (visto en el capítulo 8), y disponemos de muchos resultados que indican cómo calcularla.

La intención es una parte muy importante de todo proceso personal de decisión. Si un exfumador tiene la tentación de encenderse un cigarrillo, debería pensar en serio sobre las razones que le empujan a actuar así y preguntarse si una acción contraria no redundaría de hecho en un resultado mejor. La capacidad de concebir la propia intención y utilizarla como prueba en un razonamiento causal es un nivel de autoconciencia —si no de conciencia sin más— que no ha alcanzado ninguna máquina que yo conozca. Pero me gustaría ser capaz de tentar a una máquina y hacer que diga: «No».

Todo análisis de la intención nos lleva a otro tema principal de la IA fuerte: el libre albedrío. Si le pedimos a una máquina que tenga la intención de hacer $X - x$, sea consciente de ello, y elija por el contrario hacer $X = x$', parece que le estamos pidiendo que posea libre albedrío. Pero ¿cómo puede un robot poseer tal libertad cuando tan solo sigue instrucciones almacenadas en su programa?

El filósofo de Berkeley John Searle ha calificado el problema del libre albedrío como «un escándalo de la filosofía», en parte debido a los nulos avances conseguidos en la materia desde la Antigüedad, en parte porque no podemos descartarlo como una ilusión óptica. Todo nuestro concepto del «yo» presupone que existe algo que podemos denominar «elección». Por ejemplo, no parece haber modo de reconciliar mi sensación vívida e inconfundible de tener una opción (digamos: si me toco la nariz o no) con mi comprensión de la realidad, que supone un determinismo causal: todas nuestras acciones las desencadenan señales neuronales eléctricas que emanan del cerebro.

Mientras que muchos problemas filosóficos han ido desapareciendo con el paso del tiempo, a la luz del progreso científico, el libre albedrío sigue siendo obstinadamente enigmático, tanto como les pareció a Aristóteles y a Maimónides. Más aún: aunque a veces el libre albedrío humano se ha justificado por razones espirituales o teológicas, estas explicaciones no se podrían aplicar a una máquina programada. Así pues toda muestra de libre albedrío robótico tiene que ser un truco. Tal es, al menos, el dogma convencional.

No todos los filósofos están convencidos de que exista de veras un choque entre el libre albedrío y el determinismo. El grupo de los «compatibilistas» —entre los que me cuento— consideran que se trata tan solo de un choque aparente entre dos niveles de descripción: el nivel neuronal, en el que los procesos parecen deterministas (salvando la indeterminación cuántica) y el nivel cognitivo en el que impera la vívida sensación de que tenemos opciones. Tales choques aparentes no son inhabituales en la ciencia. Por ejemplo, las ecuaciones de la física pueden revertirse en el tiempo a nivel microscópico, pero en el nivel de descripción macroscópico parecen irreversibles: el humo nunca fluye de regreso a la chimenea. Pero esto hace surgir nuevas preguntas: suponiendo que el libre albedrío es (o puede ser) una ilusión, ¿por qué tener esta ilusión nos resulta tan importante, a los seres humanos? ¿Por qué la evolución trabajó para dotarnos de este concepto? Haya truco o no, ¿deberíamos programar la próxima generación de ordenadores para que posean esta ilusión? ¿Para qué? ¿Qué beneficios computacionales entraña?

Creo que comprender los beneficios de la ilusión del libre albedrío es la clave del problema, obstinadamente enigmático, de reconciliarla con el determinismo. El problema se disipará ante nuestros propios ojos una vez dotemos a una máquina determinista con las mismas ventajas.

Además de la cuestión funcional, también debemos lidiar con cuestiones de simulación. Si las señales neuronales del cerebro desencadenan todas nuestras acciones, entonces el cerebro debe estar no poco ocupado etiquetando algunas acciones con los títulos de «voluntaria» o «intencionada», y otras con el de «involuntaria». Este proceso de etiquetado, ¿qué es, exactamente? ¿Qué camino neuronal otorgaría a una señal dada la marca de «voluntaria»?

En muchos casos, las acciones voluntarias se reconocen por la huella que dejan en la memoria a corto plazo, una huella que refleja un propósito o un motivo. Por ejemplo: «¿Por qué lo has hecho?». «Porque quería impresionarte». O, como respondió Eva con inocencia: «La serpiente me engañó, y comí». Pero en muchos otros casos se emprende una acción intencionada sin que se nos ocurran motivos o razones. La racionalización de las acciones podría ser un proceso reconstructivo, posterior a la acción. Imaginemos que un jugador de fútbol explica por qué ha decidido pasarle el balón a Juan, y no a Pedro; pero en realidad es raro el caso en el que tales razones han desencadenado la acción de forma consciente. En mitad del partido, miles de señales de entrada compiten por la atención de un jugador. La decisión crucial es qué señales se priorizan, y las razones a duras penas se pueden recordar y articular.

Todos los investigadores de la IA, por lo tanto, están intentando responder a dos temas, la función y la simulación, con la primera como impulsora de la segunda. Una vez comprendamos qué función computacional desempeña el libre albedrío en nuestras vidas, ya podremos dedicarnos a pertrechar a las máquinas con tales funciones. Se convierte en un problema de ingeniería, por difícil que resulte.

A mi modo de ver, hay ciertos aspectos de la cuestión funcional que se destacan con claridad. La ilusión del libre albedrío nos posibilita hablar de nuestras intenciones y someterlas a un pensamiento racional, posiblemente recurriendo a la lógica contrafactual. Imaginemos pues que el entrenador nos sienta en el banquillo y alega: «Deberías haberle pasado el balón a Pedro», y reflexionemos sobre todos los significados complejos que estas siete palabras encierran.

En primer lugar, el propósito de una instrucción tal con «debería» es transmitir rápidamente una información valiosa, del entrenador al jugador: en el futuro, cuando te enfrentes a una situación similar, elige la acción B, no la acción A. Pero las «situaciones similares» son con mucho demasiado numerosas: no se pueden enumerar y ni el propio entrenador las conocerá todas. En vez de enumerar las características de esas «situaciones similares», el entrenador apunta a la acción del jugador, que es representativa de su intención en el momento decisivo. Al declarar que la acción es inadecuada, el entrenador le pide al jugador que identifique los paquetes de programación que condujeron a su decisión y reajuste las prioridades entre estos paquetes, de forma que «pasarle a Pedro» se convierta en la acción preferida. Esta instrucción entraña un conocimiento profundo porque ¿quién, si no el propio jugador, puede saber las identidades de tales paquetes? Son caminos neuronales innominados, que no pueden detallar ni el entrenador ni ningún observador externo. Pedirle al jugador que actúe de un modo distinto equivale a animarlo a realizar un análisis específico de intenciones, como el que acabamos de mencionar. Pensar en términos de intenciones, por lo tanto, es un atajo que convierte instrucciones causales complicadas en otras simples.

Conjeturaría, por lo tanto, que los integrantes de un equipo robótico jugarían mejor a fútbol si los programaran para comunicarse, más que si tuvieran libre albedrío. Independientemente de la capacidad técnica de los distintos robots en este juego, el rendimiento del equipo mejorará cuando puedan hablar unos con otros no como si fueran robots preprogramados, sino agentes autónomos que creen que tienen opciones.

Aunque está por ver si la ilusión del libre albedrío potencia la comunicación entre robots, la cuestión es mucho menos incierta en cuanto a la comunicación entre robots y personas. Para poder comunicarse naturalmente con humanos, las IA fuertes sin duda necesitarán comprender el vocabulario de opciones e intenciones y, por lo tanto, les hará falta emular la ilusión del libre albedrío. Como explicaba arriba, quizá incluso les resulte ventajoso «creer» en su propio libre albedrío hasta el punto de ser capaces de observar sus propias intenciones y actuar de formas diferentes.

La capacidad de razonar sobre las propias creencias, intenciones y deseos ha supuesto un gran desafío para los investigadores de la IA, y define la noción de «agencia». Los filósofos, por otro lado, han estudiado estas competencias como parte de la cuestión clásica de la conciencia. Interrogantes como «¿Las máquinas pueden tener conciencia?» o «¿Qué diferencia un agente de *software* de un programa ordinario?» han ocupado a las mentes más selectas de muchas generaciones y yo no puedo pretender darles una contestación plena. Creo, no obstante, que la algoritmación de los contrafactuales es un gran paso adelante hacia la comprensión de estas cuestiones y la conversión de la conciencia y la agencia en una realidad computacional. Los métodos descritos para pertrechar una máquina con una representación simbólica de su entorno y la capacidad de imaginar una perturbación hipotética de ese medio se pueden ampliar hasta incluir a la máquina en sí como parte del entorno. Ninguna máquina puede procesar una copia completa de su propia programación, pero puede tener un resumen esquemático de sus principales componentes de software. En tal caso otros componentes pueden razonar sobre ese esquema e imitar un estado de autoconciencia.

Para crear la percepción de agencia, también debemos equipar a este paquete de programas con una memoria que registre las activaciones pasadas, a la que se podrá referir cuando se le pregunte: «¿Por qué lo has hecho?». Las acciones que aprueben determinados modelos de activación de caminos recibirán explicaciones razonadas, como por ejemplo: «Porque la alternativa ha resultado ser menos atractiva». Otras acabarán en respuestas evasivas e inútiles como: «¡Ojalá lo supiera!» o «Porque me has programado así».

En resumen, creo que el paquete de programas que puede dotar a una máquina pensante de los beneficios de la agencia constaría de por lo menos tres partes: un modelo causal del mundo; un modelo causal de su propio programa, por superficial que sea; y una memoria que archive cómo las intenciones de su mente se corresponden con sucesos del mundo exterior.

Quizá sea así, incluso, como empieza nuestra propia educación causal, en la infancia. Tal vez tengamos en la mente algo parecido a un «generador de intenciones» que nos indique que se supone que debemos emprender la acción $X = x$. Pero a las criaturas les encanta experimentar —desafiar a sus padres, a sus maestros, incluso sus propias intenciones iniciales— y hacer algo distinto, por simple placer. Somos plenamente conscientes que se espera que hagamos $X = x$, pero con ánimo lúdico hacemos en su lugar $X = x'$. Observamos qué ocurre, repetimos el proceso y mantenemos un archivo sobre la calidad de nuestro generador de intenciones. Por último, cuando empezamos a ajustar nuestro propio *software* es cuando empezamos a asumir la responsabilidad moral por nuestras acciones. Esta responsabilidad quizá sea una ilusión en el nivel de la activación neuronal, pero no lo es en el nivel del programa de autoconciencia.

Animado por estas posibilidades, creo que la IA fuerte, con comprensión causal y capacidad de agencia, es una promesa realizable. Esto pone sobre la mesa la pregunta que los autores de ficción científica llevan formulando desde la década de 1950: ¿Debemos preocuparnos? ¿Es la IA fuerte una caja de Pandora que no deberíamos abrir?

En fechas recientes, figuras públicas como Elon Musk y Stephen Hawking han hecho constar que en su opinión sí debemos inquietarnos. En Twitter, Musk aseveró que las IA eran, «en potencia, más peligrosas que las armas nucleares». En 2015, Edge.org, la página web de John Brockman, planteó como su pregunta anual: «¿Qué piensa usted sobre las máquinas que piensan?». Recibió 186 respuestas reflexivas y provocadoras (reunidas *a posteriori* en el libro titulado *What to Think About Machines That Think*).

La pregunta de Brockman, intencionadamente vaga, se puede subdividir al menos en cinco interrogantes relacionados:

1. ¿Ya hemos hecho máquinas que piensan?
2. ¿Podemos hacer máquinas que piensan?
3. ¿Haremos máquinas que piensan?
4. ¿Deberíamos hacer máquinas que piensan?

Y por último, la pregunta tácita, en el centro mismo de nuestras angustias:

5. ¿Podemos hacer máquinas capaces de distinguir el bien del mal?

La respuesta a la primera pregunta es un no; pero creo que a todas las demás podemos contestar que sí. Desde luego por ahora no hemos hecho máquinas que piensen en ninguna interpretación suficientemente humana de la palabra. Hasta ahora solo podemos simular el pensamiento humano en dominios de definición muy reducida, que únicamente cuentan con las estructuras causales más primitivas. En este ámbito podemos crear máquinas cuyo rendimiento supera incluso al humano, porque hablamos de dominios que recompensan lo único que los ordenadores saben hacer bien: computar.

La respuesta a la segunda pregunta es, sin apenas lugar a dudas, un sí, mientras definamos *pensar* como ser capaz de pasar el test de Turing. Lo digo sobre la base de lo que hemos aprendido con el minitest de Turing. La capacidad de contestar interrogantes de los tres niveles de la Escalera de la Causalidad proporciona las semillas del programa de «agencia», de modo que la máquina puede pensar sobre sus propias intenciones y reflexionar sobre sus propios errores. Los algoritmos para responder a interrogantes causales y contrafactuales ya existen (gracias en buena medida a mis estudiantes) y están tan solo a la espera de que investigadores de IA se apliquen a implantarlas.

La tercera pregunta depende, claro está, de acontecimientos humanos difíciles de predecir. Pero históricamente los seres humanos casi nunca nos hemos abstenido de crear o hacer las cosas que tecnológicamente estábamos en condiciones de hacer. En parte es así porque no sabemos que somos tecnológicamente capaces de crear algo hasta que *de facto* lo hacemos, ya sea clonar animales o enviar astronautas a la Luna. La detonación de la bomba atómica, no obstante, fue un punto de inflexión. Mucha gente considera que esta tecnología no se debería haber desarrollado nunca.

Con posterioridad a la segunda guerra mundial, un buen ejemplo de científicos que se abstienen de lo factible fue la conferencia de Asilomar, en 1975, sobre la recombinación de ADN. Los medios de comunicación contemplaban esta tecnología de un modo más bien apocalíptico. Los científicos que trabajaban en este campo lograron llegar a un consenso sobre qué prácticas eran razonablemente seguras, y el acuerdo alcanzado se ha mantenido durante las cuatro décadas posteriores. El ADN recombinado es hoy una tecnología madura y común.

En 2017, el Instituto por el Futuro de la Vida (FLI, de Boston) reunió una conferencia parecida a la de Asilomar, sobre el tema de la inteligencia artificial, de donde surgió un acuerdo de veintitrés puntos sobre la futura investigación en «IA beneficiosa». Mientras que la mayoría de los criterios carecen de relevancia para las cuestiones abordadas en este libro, en cambio vale la pena prestar atención, sin duda, a las recomendaciones sobre valores y ética. Por ejemplo, las recomendaciones 6: «Los sistemas de IA deberían ser seguros durante toda su vida operativa, y se debe poder verificar que lo sean», y 7: «Si un sistema de IA causa un perjuicio, debería ser posible determinar el porqué», hablan claramente a favor de la importancia de la transparencia. La recomendación 10: «Los sistemas de IA de mayor autonomía deben diseñarse de modo que se asegure que sus objetivos y comportamientos son acordes con los valores humanos durante todo su período de operación» es bastante vaga, en esta formulación; pero podría adquirir valor operativo si se requiere que tales sistemas sean capaces de declarar sus propias intenciones y comunicarse con las personas sobre causas y efectos.

Mi respuesta a la cuarta pregunta también es un sí, y para ello me baso en la respuesta a la quinta. Creo que seremos capaces de crear máquinas que distingan el bien del mal, al menos con la misma fiabilidad que los seres humanos (confiemos en que más). El primer requisito de una máquina moral es la capacidad de reflexionar sobre sus propias acciones, lo que se sitúa en el ámbito del análisis contrafactual. Una vez que programemos la autoconciencia, por limitada que sea, de ella se derivarán la empatía y la justicia, porque se basan en los mismos principios computacionales, con un agente adicional en la ecuación.

Existe una gran diferencia de espíritu entre abordar la construcción de robots morales con un enfoque causal o bien con un enfoque que se ha estudiado y repetido sin descanso, en la ficción científica, desde la década de 1950: las leyes de la robótica, de Asimov. Isaac Asimov propuso tres leyes absolutas, que empiezan por: «Un robot no puede causar daño a un ser humano ni, por inacción, permitir que un ser humano sufra daño». Pero como la ciencia ficción ha puesto de relieve una y otra vez, las leyes de Asimov siempre culminan en contradicciones. Para los científicos expertos en IA, esto no resulta sorprendente: los sistemas basados en reglas nunca dan buen resultado. Pero esto no equivale a decir que sea imposible construir un robot moral. Significa que el enfoque no puede ser prescriptivo y basarse en reglas. Significa que debemos pertrechar a las máquinas pensantes con las mismas capacidades cognitivas que nosotros poseemos, entre ellas: la empatía, la predicción a largo plazo y la autocontención; y luego permitirles que decidan por sí mismas.

Una vez que hayamos construido un robot moral, muchas visiones apocalípticas irán cayendo en la irrelevancia. No hay razón para abstenerse de construir máquinas que sean más capaces que nosotros de distinguir el bien del mal, de resistir la tentación, de atribuir culpas y méritos. En este punto, como los jugadores de ajedrez y de go, quizá incluso empezaremos a aprender de nuestra propia creación. Podremos obtener de nuestras máquinas un sentido de la justicia clarividente y causalmente sensato. Podremos aprender cómo funciona nuestro propio programa de libre albedrío y cómo logra ocultarnos sus secretos. Esta clase de máquina pensante sería una compañía maravillosa para nuestra especie y sin duda podríamos calificarla de regalo —el primero y mejor— de la IA a la humanidad.

AGRADECIMIENTOS

Para enumerar a todo el reparto de estudiantes, amigos, colegas y profesores que han aportado ideas a este libro tendría que escribir otro libro entero. Aun así, desde mi perspectiva personal, es necesario hacer mención especial a unos pocos actores. Quisiera dar las gracias a Phil Dawid, por ofrecerme la primera audición de *Biométrica* a mis páginas; a Jamie Robins y Sander Greenland, por hacer que la comunidad de la epidemiología haya pasado a hablar con gráficos; al difunto Dennis Lindley, por tranquilizarme con la constatación de que incluso los estadísticos más avezados pueden reconocer las deficiencias de su campo y abogar por su reforma; a Chris Winship, Steven Morgan y Felix Elwert, por introducir las ciencias sociales en la era de la causalidad; y por último a Peter Spirtes, Clark Glymour y Richard Scheines, que me ayudaron a lanzarme del precipicio de las probabilidades a las agitadas aguas de la causalidad.

Excavando hasta mi historia más antigua, es obligado dar las gracias a Joseph Hermony, el doctor Shimshon Lange, el profesor Franz Ollendorff y otros entusiastas maestros de ciencias que me han servido de inspiración desde la escuela primaria hasta la universidad. Insuflaron en muchos de nosotros, israelíes de primera generación, la idea de que teníamos una misión que cumplir y una responsabilidad histórica de emprender exploraciones científicas como el desafío más noble, y divertido, de la humanidad.

Este libro no habría pasado de la ilusión a la realidad de no haber sido por mi coautor, Dana Mackenzie, que se tomó mis anhelos en serio, hasta que se han encarnado en el papel. No solo ha corregido mi acento extranjero sino que me ha llevado por tierras remotas, desde los buques de la Armada del capitán James Lind hasta la expedición ártica del capitán Robert Scott, añadiendo conocimiento, narraciones, estructura y claridad a un batiburrillo de ecuaciones matemáticas a la espera de un relato organizador.

Me siento muy en deuda con muchos miembros del Laboratorio de Sistemas Cognitivos de la UCLA, cuyos trabajos e ideas de las últimas tres décadas y media han formado la base científica de este libro: Alex Balke, Elias Bareinboim, Blai Bonet, Carlo Brito, Avin Chen, Bryant Chen, David Chickering, Adnan Darwiche, Rina Dechter, Andrew Forney, David Galles, Hector Geffner, Dan Geiger, Moises Goldszmidt, David Heckerman, Mark Hopkins, Jin Kim, Manabu Kuroki, Trent Kyono, Karthika Mohan, Azaria Paz, George Rebane, Ilya Shpitser, Jin Tian, Thomas Verma e Ingrid Zukerman.

Los organismos de financiación reciben agradecimientos ritualizados en las publicaciones académicas, pero un crédito real del todo insuficiente cuando se tiene en cuenta que desempeñan un papel crucial al reconocer las semillas de ideas antes de que se pongan de moda. Debo reconocer el apoyo constante e inquebrantable de la Fundación Nacional de Ciencia y la Oficina de Investigación Naval, por medio del programa «Inteligencia y aprendizaje de las máquinas», encabezado por Behzad Kamgar-Parsi.

Dana y yo querríamos dar las gracias a nuestro agente, John Brockman, que nos dio los ánimos oportunos y los beneficios de su experiencia profesional. Nuestro editor en Basic Books, T. J. Kelleher, nos planteó las preguntas idóneas y convenció a Basic Books de que un relato así de ambicioso no se podía narrar en 200 páginas. Nuestras ilustradoras, Maayan Harel y Dakota, lograron lidiar con nuestras instrucciones a veces contradictorias y dar vida a temas abstractos con belleza y humor. A Kaoru Mulvihill, de UCLA, se le debe mucho por haber revisado las pruebas de varias versiones del manuscrito e ilustrado los incontables grafos y diagramas.

Dana ha contraído una eterna deuda de gratitud con John Wilkes, que fundó el Programa de Comunicación Científica de la UC Santa Cruz, que aún está en marcha y es la mejor vía de acceso imaginable a una carrera como escritor científico. Dana también quisiera dar las gracias a su esposa Kay, que le animó a perseguir el sueño infantil de convertirse en escritor, aun cuando esto significaba levantar la tienda, atravesar el país y empezar de nuevo.

Por último, mi agradecimiento más profundo a mi familia por su paciencia, comprensión y apoyo. En especial a mi esposa Ruth, mi brújula moral, por su amor y sabiduría inacabables. A mi difunto hijo Danny por haberme enseñado la tácita audacia de la verdad. A mis hijas Tamara y Michelle, por haber confiado en mi promesa perpetua de que este libro acabaría por escribirse. Y a mis nietas y nietos, Leora, Tori, Adam, Ari y Evan, por dar un propósito a mis largos viajes y haber disuelto todos mis porqués.

NOTAS

INTRODUCCIÓN

1. Posiblemente, con una excepción: si hemos realizado un ensayo controlado aleatorio, como se explica en el capítulo 4.

1. LA ESCALERA DE LA CAUSALIDAD

1. En otras palabras, cuando se evalúa una intervención en un modelo causal, hacemos los mínimos cambios posibles para hacer valer su efecto inmediato. Así «rompemos» el modelo en lo que respecta a A, pero no a B.
2. También debería mencionar aquí que los contrafactuales nos permiten hablar de causalidad en casos individuales: ¿Qué le habría pasado al sr. García, que no estaba vacunado y murió de viruela, si se hubiera vacunado? Esta clase de preguntas, que integran la columna vertebral de la medicina personalizada, no se pueden responder a partir de la información del segundo peldaño.
3. Para ser más precisos, en geometría los términos indefinidos como «punto» o «línea» son primitivos. En la inferencia causal lo primitivo es la relación de «atender a», indicada por una flecha.

2. DE LOS BUCANEROS A LOS COBAYAS: LA GÉNESIS DE LA INFERENCIA CAUSAL

1. Para quien se tome la molestia de leer el texto de Wright, quisiera advertirle que él no computa sus coeficientes del camino en gramos diarios, sino en «unidades estándar» que luego convierte, al final, en gramos por día.

5. UN DEBATE LLENO DE HUMO: DESPEJAR EL PANORAMA

1. En aquel momento la evidencia era menos clara en el caso de las mujeres, sobre todo porque en las primeras décadas del siglo las mujeres habían fumado mucho menos que los hombres.

8. CONTRAFACTUALES: MINERÍA DE LOS MUNDOS QUE PODRÍAN HABER SIDO

1. Mi original parte de la versión autorizada del rey Jacobo, pero introduzco algunas modificaciones para aproximarla más al texto hebreo.
2. En 2013, el congreso Joint Statistical Meetings dedicó toda una sesión al tema «Inferencias causales como un problema de falta de datos», lo que es el mantra tradicional de Rubin. En aquella conferencia se presentó una ponencia provocadora, llamada «¿Qué no es un problema de falta de datos?». Este título resume a la perfección lo que yo pienso.
3. Quien vea esta distinción por primera vez no debería sentirse solo: en Estados Unidos hay más de 100.000 analistas de regresión que se sienten confundidos por este mismo tema, junto con la mayoría de autores de manuales de estadística. La situación solo cambiará cuando las lectoras y lectores de este libro llamen a capítulo a esos autores.
4. «La obra de Pearl es a todas luces interesante, y muchos investigadores encuentran atractivos sus argumentos conforme los diagramas de caminos son una forma conveniente y natural de expresar supuestos sobre estructuras causales. En nuestra propia obra, quizá influida por la clase de ejemplos que surgen en las ciencias médicas y sociales, no hemos encontrado que este enfoque sea de ayuda para el trazado de las inferencias causales» (Imbens y Rubin, 2013, p. 25).
5. Se trata de modelos con flechas que forman un bucle. He renunciado a abordarlos en el presente libro, pero son modelos bastante importantes en el estudio de la economía, por ejemplo.
6. Entre 1995 y 1998, presenté el siguiente experimento mental a cientos de estudiantes y profesores de econometría, en facultades de todo Estados Unidos:

Consideremos las ecuaciones clásicas de la oferta y la demanda que todo estudiante de economía resuelve en primero de carrera.

1. ¿Cuál es el valor esperado de la demanda Q si *se nos indica* que el precio es $P = p_o$?

2. ¿Cuál es el valor esperado de la demanda Q si el precio *se fija* en $P = p_o$?

3. Dado que el precio actual es $P = p_o$, ¿cuál sería el valor esperado de la demanda Q si fijáramos el precio en $P = p_1$?

A estas alturas del libro habrá quedado claro que estos interrogantes proceden de los tres niveles de la Escalera de la Causalidad: predicciones, acciones y contrafactuales. Como esperaba, no hubo problemas para responder a la primera pregunta; una persona (un catedrático distinguido) acertó a resolver la segunda pregunta, y nadie consiguió contestar la tercera.

7. Se trata de un conjunto estándar de principios legales que el Instituto Legal de Estados Unidos propuso en 1962 para aportar uniformidad a los diversos códigos legales estatales. No posee plena validez legal en ningún estado, pero según Wikipedia, en 2016 más de dos tercios de los estados han implantado partes del Código Penal Modelo.

9. MEDIACIÓN: LA BÚSQUEDA DE UN MECANISMO

1. Se debe a que el hígado de los osos polares contiene vitamina C.

2. El título se refiere a la correlación parcial, un método estándar para controlar un factor de confusión, según vimos en el capítulo 7.

3. En el momento de su concepción, el EIN se expresaba por medio de subíndices anidados, como en $Y_{(o, M_1)}$. Confío en que la solución de mezclar subíndices contrafactuales y operadores *do* resultará más transparente.

4. Por mor de la corrección técnica se debería calificar de «polimorfismo de un solo nucleótido» (en sus siglas inglesas, SNP). Es una letra única del código genético, mientras que un gen es más bien una palabra o incluso una frase. Sin embargo, para no cargar al lector con una terminología extraña, me limitaré a llamarlo «gen».

BIBLIOGRAFÍA

INTRODUCCIÓN

Bibliografía razonada

La historia de la probabilidad y la estadística, de la antigüedad a nuestros días, se analiza con profundidad en Hacking (1990) y Stigler (1986, 1999, 2016); hay una versión menos técnica en Salsburg (2002). Carecemos por desgracia de descripciones completas sobre la historia del pensamiento causal, aunque cabe hallar material interesante en Hoover (2008), Kleinberg (2015), Losee (2012), y Mumford y Anjum (2014). El veto al lenguaje causal se puede encontrar en casi cada manual de estadística, por ejemplo en Freedman, Pisan y Purves (2007) o en Efron y Hastie (2016). Para un análisis de esta prohibición como impedimento lingüístico, véase Pearl (2009, capítulos 5 y 11), y como barrera cultural, véase Pearl (2000b).

Algunas narraciones recientes sobre los logros y limitaciones de los macrodatos (*Big Data*) y el aprendizaje de las máquinas son Darwiche (2017), Pearl (2017), Mayer-Schönberger y Cukier (2013), Domingos (2015), Marcus (30 de julio de 2017). Toulmin (1961) aporta contexto histórico a este debate.

Los lectores interesados en un tratamiento más técnico del operador *do* pueden consultar Pearl (1994, 2000a, capítulos 2-3), y Spirtes, Glymour y Scheines (2000). Para una introducción más asequible véase Pearl, Glymour y Jewell (2016). Esta última fuente se recomienda para lectores con conocimientos matemáticos de nivel universitario pero sin formación en estadística o informática; también proporciona una introducción básica a las probabilidades condicionales, el teorema de Bayes, la regresión y los grafos.

Cabe hallar versiones anteriores del motor de inferencia mostrado en la Figura 1.1 en Pearl (2012), y Pearl y Bareinboim (2014).

Referencias

Darwiche, A. (2017), «Human-level intelligence or animal-like abilities?», Informe técnico, Departamento de Informática, Universidad de California en Los Ángeles (CA). Enviado a *Communications of the ACM*. Se ha accedido en línea por https://arxiv.org/, referencia arXiv:1707.04327 [cs.AI].

Domingos, P. (2015), *The Master Algorithm: How the Quest for the Ultimate Learning Machine Will Remake Our World*, Basic Books, Nueva York (NY).

Efron, B., y Hastie, T. (2016), *Computer Age Statistical Inference*, Cambridge University Press, Nueva York (NY).

Freedman, D., Pisani, R. y Purves, R. (2007), *Statistics*, 4.ª ed., W. W. Norton & Company, Nueva York (NY).

Hacking, I. (1990), *The Taming of Chance (Ideas in Context)*, Cambridge University Press, Cambridge (RU).

Hoover, K. (2008), «Causality in economics and econometrics», en *The New Palgrave Dictionary of Economics* (S. Durlauf y L. Blume, eds.), 2.ª ed., Palgrave Macmillan, Nueva York (NY).

Kleinberg, S. (2015), *Why: A Guide to Finding and Using Causes*, O'Reilly Media, Sebastopol (CA).

Losee, J. (2012), *Theories of Causality: From Antiquity to the Present*, Routledge, Nueva York (NY).

Marcus, G. (30 de julio de 2017), «Artificial intelligence is stuck. Here's how to move it forward», *New York Times*, SR6.

Mayer-Schönberger, V. y Cukier, K. (2013), *Big Data: A Revolution That Will Transform How We Live, Work, and Think*, Houghton Mifflin Harcourt Publishing, Nueva York (NY).

Morgan, S., y Winship, C. (2015), *Counterfactuals and Causal Inference: Methods and Principles for Social Research (Analytical Methods for Social Research)*, 2.ª ed., Cambridge University Press, Nueva York (NY).

Mumford, S., y Anjum, R. L. (2014), *Causation: A Very Short Introduction (Very Short Introductions)*, Oxford University Press, Nueva York (NY).

Pearl, J. (1988), *Probabilistic Reasoning in Intelligent Systems*, Morgan Kaufmann, San Mateo (CA).

Pearl, J. (1994), «A probabilistic calculus of actions», en *Uncertainty in Artificial Intelligence 10* (R. L. de Mantaras y D. Poole, eds.), Morgan Kaufmann, San Mateo (CA), pp. 454-462.

Pearl, J. (1995), «Causal diagrams for empirical research», *Biométrica* 82, pp. 669-710.

Pearl, J. (2000a), *Causality: Models, Reasoning, and Inference*, Cambridge University Press, Nueva York (NY).

Pearl, J. (2000b), «Comment on A. P. Dawid's *Causal inference without counter-factuals*», *Journal of the American Statistical Association* 95, pp. 428-431.

Pearl, J. (2009), *Causality: Models, Reasoning, and Inference*, 2.ª ed., Cambridge University Press, Nueva York (NY).

Pearl, J. (2012), «The causal foundations of structural equation modeling», en *Handbook of Structural Equation Modeling* (R. Hoyle, ed.), Guilford Press, Nueva York (NY), pp. 68-91.

Pearl, J. (2017), «Advances in deep neural networks», en la «Turing 50 Celebration» de la ACM (Association for Computing Machinery), disponible en: https://www.youtube.com/watch?v=mFYM9j8bGtg (23 de junio de 2017).

Pearl, J., y Bareinboim, E. (2014), «External validity: From *do*-calculus to transportability across populations», en *Statistical Science* 29, pp. 579-595.

Pearl, J., Glymour, M., y Jewell, N. (2016), *Causal Inference in Statistics: A Primer*, Wiley, Nueva York (NY).

Provine, W. B. (1986), *Sewall Wright and Evolutionary Biology*, University of Chicago Press, Chicago (IL).

Salsburg, D. (2002), *The Lady Tasting Tea: How Statistics Revolutionized Science in the Twentieth Century*. Henry Holt and Company, LLC, Nueva York (NY).

Spirtes, P., Glymour, C., y Scheines, R. (2000), *Causation, Prediction, and Search*, 2.ª ed., MIT Press, Cambridge (MA).

Stigler, S. M. (1986), *The History of Statistics: The Measurement of Uncertainty Before 1900*, Belknap Press of Harvard University Press, Cambridge (MA).

Stigler, S. M. (1999), *Statistics on the Table: The History of Statistical Concepts and Methods*, Harvard University Press, Cambridge (MA).

Stigler, S. M. (2016), *The Seven Pillars of Statistical Wisdom*, Harvard University Press, Cambridge (MA).

Toulmin, S. (1961), *Foresight and Understanding: An Enquiry into the Aims of Science*, University of Indiana Press, Bloomington (IN).

Virgilio (29 a. C.), *Georgics*, verso 490, Libro 2 (hay trad. esp.: *Geórgicas*, Ediciones Cátedra, Madrid, 2012).

1. LA ESCALERA DE LA CAUSALIDAD

Bibliografía razonada

Para una narración técnica de las diferencias entre los tres niveles de la Escalera de la Causalidad, véase el capítulo 1 de Pearl (2009).

Nuestras comparaciones entre la Escalera de la Causalidad y el desarrollo cognitivo humano se inspiran en Harari (2015) y los hallazgos recientes de Kind *et al.* (2014). El artículo de Kina contiene detalles sobre el Hombre León y el yacimiento en el que apareció. Para una investigación afín sobre el desarrollo de la compresión causal en los bebés, Weisberg y Gopnik (2013).

El test de Turing se propuso primero en 1950, como un juego de imitación (Turing, 1950). El argumento de Searle y la «habitación china» apareció en Searle (1980) y desde entonces se ha debatido mucho al respecto. Véase Russell y Norvig (2003), Preston y Bishop (2002) y Pinker (1997).

El uso de la modificación de modelos para representar la intervención hunde sus raíces conceptuales en el economista Trygve Haavelmo (1943); para un relato detallado véase Pearl (2015). Spirtes, Glymour y Scheines (1993) le dieron representación gráfica por medio del borrado de flechas. Balke y Pearl (1994a, 1994b) lo hicieron extensivo al razonamiento contrafactual según se demuestra en el ejemplo del pelotón de fusilamiento.

Hitchcock (2016) ofrece un comprendio exhaustivo de la causalidad probabilística. Podemos encontrar ideas clave en Reichenbach (1956), Suppes (1970), Cartwright (1983), y Spohn (2012). Mis análisis de la causalidad probabilidad y el cálculo de probabilidades se presentan en Pearl (2000; 2009, sección 7.5; 2011).

Referencias

Balke, A., y Pearl, J. (1994a), «Counterfactual probabilities: Computational methods, bounds, and applications», en *Uncertainty in Artificial Intelligence 10* (R. L. de Mantaras y D. Poole, eds.), Morgan Kaufmann, San Mateo (CA), pp. 46-54.

Balke, A., y Pearl, J. (1994b), «Probabilistic evaluation of counterfactual queries», en *Proceedings of the Twelfth National Conference on Artificial Intelligence*, vol. 1. MIT Press, Menlo Park (CA), pp. 230-237.

Cartwright, N. (1983), *How the Laws of Physics Lie*, Clarendon Press, Oxford (UK).

Haavelmo, T. (1943), «The statistical implications of a system of simultaneous equations», *Econometrica* 11, pp. 1-12. Reimpreso en D. F. Hendry y M. S. Morgan (eds.), *The Foundations of Econometric Analysis*, Cambridge University Press, Cambridge (RU), 1995, pp. 477-490.

Harari, Y. N. (2015), *Sapiens: A Brief History of Humankind*, HarperCollins Publishers, Nueva York (NY) (hay trad. esp.: *Sapiens. De animales a dioses*, Debat, Barcelona, 2015).

Hitchcock, C. (2016), «Probabilistic causation», en *Stanford Encyclopedia of Philosophy (Winter 2016)* (E. N. Zalta, ed.), Metaphysics Research Lab,

Stanford (CA). Disponible en: https://stanford.library.sydney.edu. au/archives/win2016/entries/causation-probabilistic.

Kind, C.-J., Ebinger-Rist, N., Wolf, S., Beutelspacher, T., y Wehrberger, K. (2014), «The smile of the Lion Man. Recent excavations in Stadel cave (Baden-Württemberg, south-western Germany) and the restoration of the famous upper palaeolithic figurine», *Quartär* 61, pp. 129-145.

Pearl, J. (2000), *Causality: Models, Reasoning, and Inference*, Cambridge University Press, Nueva York (NY).

Pearl, J. (2009), *Causality: Models, Reasoning, and Inference*, 2.ª ed., Cambridge University Press, Nueva York (NY).

Pearl, J. (2011), «The structural theory of causation», en *Causality in the Sciences* (P. M. Illari, F. Russo, y J. Williamson, eds.), capítulo 33, Clarendon Press, Oxford (RU), pp. 697-727.

Pearl, J. (2015), «Trygve Haavelmo and the emergence of causal calculus», *Econometric Theory* 31, pp. 152-179 (número especial en el centenario de Haavelmo).

Pinker, S. (1997), *How the Mind Works*, W. W. Norton and Company, Inc., Nueva York (NY) (hay trad. esp.: *Cómo funciona la mente*, Destino, Barcelona, 2001).

Preston, J., y Bishop, M. (2002), *Views into the Chinese Room: New Essays on Searle and Artificial Intelligence*, Oxford University Press, Nueva York (NY).

Reichenbach, H. (1956), *The Direction of Time*, University of California Press, Berkeley (CA) (hay trad. esp.: *El sentido del tiempo*, Plaza y Valdés, Madrid, 2006).

Russell, S. J., y Norvig, P. (2003), *Artificial Intelligence: A Modern Approach*, 2.ª ed. Prentice Hall, Upper Saddle River (NJ).

Searle, J. (1980), «Minds, brains, and programs», *Behavioral and Brain Sciences* 3, pp. 417-457.

Spirtes, P., Glymour, C., y Scheines, R. (1993), *Causation, Prediction, and Search*, Springer-Verlag, Nueva York (NY).

Spohn, W. (2012), *The Laws of Belief: Ranking Theory and Its Philosophical Applications*, Oxford University Press, Oxford (RU).

Suppes, P. (1970), *A Probabilistic Theory of Causality*, North-Holland Publishing Co., Ámsterdam, Países Bajos.

Turing, A. (1950), «Computing machinery and intelligence», *Mind* 59, pp. 433-460.

Weisberg, D. S., y Gopnik, A. (2013), «Pretense, counterfactuals, and Bayesian causal models: Why what is not real really matters», *Cognitive Science* 37, pp. 1368-1381.

2. DE LOS BUCANEROS A LOS COBAYAS: LA GÉNESIS DE LA INFERENCIA CAUSAL

Bibliografía razonada

Las exploraciones de Galton en materia de herencia y correlación se describen en sus libros (Galton, 1869, 1883, 1889) y se documentan también en Stigler (2012, 2016).

Para una introducción básica al equilibrio de Hardy-Weinberg, véase Wikipedia (2016a). Para el origen de la cita de Galileo *E pur si muove*, Wikipedia (2016b). La cuestión de las Catacumbas de París y el disgusto de Pearson por las correlaciones debidas a una «combinación artificial» se pueden encontrar en Stigler (2012, p. 9).

Como Wright vivió casi cien años, tuvo el raro privilegio de ver una biografía en vida (Provine, 1986). La biografía de Provine sigue siendo el mejor lugar para conocer la carrera de Wright y recomendamos en particular el capítulo 5 sobre el análisis de caminos. Los dos esbozos biográficos de Crow (1982, 1990) también proporcionan una perspectiva biográfica muy útil. Wright (1920) sembró la semilla de los diagramas de caminos; Wright (1921) es una exposición más completa y la fuente del ejemplo de los cobayas y el peso al nacer. Wright (1983) es la respuesta de Wright a la crítica de Karlin, redactada cuando el autor contaba ya más de noventa años.

La suerte del análisis de caminos en las ciencias sociales y la economía se narra en el capítulo 5 de Pearl (2000) y en Bollen y Pearl (2013). Blalock (1964), Duncan (1966) y Goldberger (1972) introdujeron con gran entusiasmo las ideas de Wright en las ciencias sociales, pero sin una base teórica bien articulada. Una década después, cuando Freedman (1987) retó a los analistas de caminos a explicar cómo se modelan las intervenciones, el entusiasmo se desvaneció y los principales investigadores se echaron atrás y relegaron el modelo de ecuaciones estructurales a ejercicio de análisis estadístico. Este debate revelador, entre doce expertos, se documenta en el mismo número del *Journal of Educational Statistics* que el artículo de Freedman.

La reticencia de los economistas a aceptar los diagramas y la notación estructural se describe en Pearl (2015). Las dolorosas consecuencias para la educación económica se documentan en Chen y Pearl (2013).

Como exposición popular del debate de bayesianos y frecuentistas, véase McGrayne (2011).

Pueden hallarse más análisis técnicos en Efron (2013) y Lindley (1987).

Referencias

Blalock, H., Jr. (1964), *Causal Inferences in Nonexperimental Research*, University of North Carolina Press, Chapel Hill (NC).

Bollen, K., y Pearl, J. (2013), *Eight myths about causality and structural equation models*, en *Handbook of Causal Analysis for Social Research* (S. Morgan, ed.), Springer, Dordrecht (Países Bajos), pp. 301-328.

Chen, B., y Pearl, J. (2013), «Regression and causation: A critical examination of econometrics textbooks», *Real-World Economics Review* 65, pp. 2-20.

Crow, J. F. (1982), «Sewall Wright, the scientist and the man», *Perspectives in Biology and Medicine* 25, pp. 279-294.

Crow, J. F. (1990), «Sewall Wright's place in twentieth-century biology», *Journal of the History of Biology* 23, pp. 57-89.

Duncan, O. D. (1966), «Path análisis», *American Journal of Sociology* 72, pp. 1-16.

Efron, B. (2013), «Bayes' theorem in the 21st century», *Science* 340, pp. 1177-1178.

Freedman, D. (1987), «As others see us: A case study in path analysis (with discussion)», *Journal of Educational Statistics* 12, pp. 101-223.

Galton, F. (1869), *Hereditary Genios*, Macmillan, Londres (RU).

Galton, F. (1883), *Inquiries into Human Faculty and Its Development*, Macmillan, Londres (RU).

Galton, F. (1889), *Natural Inheritance*, Macmillan, Londres (RU).

Goldberger, A. (1972), «Structural equation models in the social sciences», *Econometrica: Journal of the Econometric Society* 40, pp. 979-1001.

Lindley, D. (1987), *Bayesian Statistics: A Review. (CBMS-NSF Regional Conference Series in Applied Mathematics, Book 2)*, Society for Industrial and Applied Mathematics, Filadelfia (PA).

McGrayne, S. B. (2011), *The Theory That Would Not Die*, Yale University Press, New Haven (CT) (hay trad. esp.: *La teoría que nunca murió*, Crítica, Barcelona, 2012).

Pearl, J. (2000), *Causality: Models, Reasoning, and Inference*, Cambridge University Press, Nueva York (NY).

Pearl, J. (2015), «Trygve Haavelmo and the emergence of causal calculus», *Econometric Theory* 31, pp. 152-179 (número especial en el centenario de Haavelmo).

Provine, W. B. (1986), *Sewall Wright and Evolutionary Biology*, University of Chicago Press, Chicago (IL).

Stigler, S. M. (2012), «Studies in the history of probability and statistics, L: Karl Pearson and the rule of three», *Biometrika* 99, pp. 1-14.

Stigler, S. M. (2016), *The Seven Pillars of Statistical Wisdom*, Harvard University Press, Cambridge (MA) (hay trad. esp.: *Los siete pilares de la sabiduría estadística*, Grano de Sal, 2018).

Wikipedia (2016a), «Hardy-Weinberg principle», disponible en: https://
  en.wikipedia.org/wiki/Hardy-Weinberg-principle (última edición: 2
  de octubre de 2016).
Wikipedia (2016b), «Galileo Galilei», disponible en: https://en.wikipedia.
  org/wiki/Galileo Galilei (última edición: 6 de octubre de 2017).
Wright, S. (1920), «The relative importance of heredity and environment in
  determining the piebald pattern of guinea-pigs», *Proceedings of the National Academy of Sciences of the United States of America* 6, pp. 320-332.
Wright, S. (1921), «Correlation and causation», *Journal of Agricultural Research* 20, pp. 557-585.
Wright, S. (1983), «On "Path analysis in genetic epidemiology: A critique»,
  American Journal of Human Genetics 35, pp. 757-768.

3. De las evidencias a las causas: el reverendo Bayes se encuentra con el señor Holmes

Bibliografía razonada

Se pueden encontrar introducciones elementales al teorema de Bayes y el pensamiento bayesiano en Lindley (2014) y Pearl, Glymour y Jewell (2016). Pearl (1988) contiene debates sobre representaciones alternativas de la incertidumbre, y ofrece una lista de referencias muy extensa.

Los datos de las mamografías se basan primariamente en información del Consorcio de Vigilancia del Cáncer de Mama (BCSC, 2009) y el Grupo de Trabajo de Servicios de Prevención de Estados Unidos (USPSTF, 2016) y se ofrecen tan solo con fines de instrucción.

Las «redes bayesianas» recibieron este nombre en 1985 (Pearl, 1985) y se presentaron primero como un modelo de memoria autoactivada. Las aplicaciones en sistemas expertos siguieron al desarrollo de los algoritmos de actualización de creencias de las redes en bucle (Pearl, 1986; Lauritzen y Spiegelhalter, 1988).

El concepto de la D-separación, que conecta el bloqueo de caminos en un diagrama con dependencias en los datos, hunde sus raíces en la teoría de grafoides (Pearl y Paz, 1985). Esta teoría desvela las propiedades comunes de los grafos (de ahí el nombre) y las probabilidades y explica por qué estos dos objetos matemáticos, en apariencia extraños, se pueden apoyar mutuamente de múltiples maneras. Véase también «Grafo» en Wikipedia.

El ejemplo lúdico del equipaje y la línea aérea se puede encontrar en Conrady y Jouffe (2015, capítulo 4).

El desastre del Vuelo 17 de Malaysia Airlines recibió una amplia cobertura en los medios de comunicación; para una actualización de la investigación, un año después del incidente, véase Clark y Kramer (14 de octubre de 2015). Wiegerinck, Burgers y Kappen (2013) describe cómo funciona Bonaparte. Para más detalles sobre la identificación de las víctimas del Vuelo 17, incluida la genealogía de la Figura 3.7, se toman de la correspondencia personal de W. Burgers D. Mackenzie (24 de agosto de 2016) y una entrevista telefónica de D. Mackenzie a W. Burgers y B. Kappen (23 de agosto de 2016).

La historia compleja y fascinante de los turbo códigos de verificación de paridad y de baja densidad no se ha contado aún para los legos en la materia, pero como buenos puntos de partida están Costello y Forney (2007) y Hardesty (2010a, 2010b). El hecho crucial de darse cuenta de que los códigos turbo funcionan según el algoritmo de propagación de creencias se debe a McEliece, David y Cheng (1998).

La eficiencia de los códigos sigue siendo un campo de batalla en la comunicación sin hilos; Carlton (2016) examina los competidores actuales por los teléfonos «5 G» (que se espera estén disponibles en la década de 2020).

Referencias

BCSC (Consorcio de Vigilancia del Cáncer de Mama) (2009), «Performance measures for 1,838,372 screening mammography examinations from 2004 to 2008 by age», disponible en: http://www.bcsc-research.org/statistics/performance/screening/2009/perf_age.html (con acceso el 12 de octubre de 2016). [Este enlace remite ahora a: https://www.bcsc-research.org/statistics.]

Carlton, A. (2016), «Surprise! Polar codes are coming in from the cold», *Computerworld*, disponible en: https://www.computerworld.com/article/3151866/mobile-wireless/surprise-polar-codes-are-coming-in-from-the-cold.html (publicado el 22 de diciembre de 2016).

Clark, N., y Kramer, A. (14 de octubre de 2015), «Malaysia Airlines Flight 17 most likely hit by Russian-made missile, inquiry says», *New York Times*.

Conrady, S., y Jouffe, L. (2015), *Bayesian Networks and Bayesia Lab: A Practical Introduction for Researchers*, Bayesia USA, Franklin (TN).

Costello, D. J., y Forney, G. D., Jr. (2007), «Channel coding: The road to channel capacity», *Proceedings of IEEE* 95, pp. 1150-1177.

Hardesty, L. (2010a), «Explained: Gallager codes», *MIT News*, disponible en: http://news.mit.edu/2010/gallager-codes-0121 (publicado el 21 de enero de 2010).

Hardesty, L. (2010b), «Explained: The Shannon limit», *MIT News*, disponible en: http://news.mit.edu/2010/explained-shannon-0115 (publicado el 19 de enero de 2010).

Lauritzen, S., y Spiegelhalter, D. (1988), «Local computations with probabilities on graphical structures and their application to expert systems (with discussion)», *Journal of the Royal Statistical Society*, serie B, 50, pp. 157-224.

Lindley, D. V. (2014), *Understanding Uncertainty*, ed. rev., John Wiley and Sons, Inc., Hoboken (NJ).

McEliece, R. J., David, J. M., y Cheng, J. (1998), «Turbo decoding as an instance of Pearl's "belief propagation" algorithm», *IEEE Journal on Selected Areas in Communications* 16, pp. 140-152.

Pearl, J. (1985), «Bayesian networks: A model of self-activated memory for evidential reasoning», en *Proceedings, Cognitive Science Society* (CSS-7), Departamento de Informática de UCLA, Irvine (CA).

Pearl, J. (1986), «Fusion, propagation, and structuring in belief networks», *Artificial Intelligence* 29, pp. 241-288.

Pearl, J. (1988), *Probabilistic Reasoning in Intelligent Systems*, Morgan Kaufmann, San Mateo (CA).

Pearl, J., Glymour, M., and Jewell, N. (2016), *Causal Inference in Statistics: A Primer*, Wiley, Nueva York (NY).

Pearl, J., y Paz, A. (1985), «GRAPHOIDS: A graph-based logic for reasoning about relevance relations», informe técnico 850038 (R-53-L), Universidad de California, Los Ángeles, Departamento de Informática. Versión compendiada en B. DuBoulay, D. How y L. Steels (eds.), *Advances in Artificial Intelligence-II*, Ámsterdam, Países Bajos, 1987, pp. 357-363.

USPSTF (Grupo de Trabajo de Servicios de Prevención de Estados Unidos) (2016), «Final recommendation statement: Breast cancer: Screening», disponible en: https://www.uspreventiveservicestaskforce.org/Page/Document/RecommendationStatementFinal/breast-cancer-screening1 (actualizado en enero de 2016).

Wiegerinck, W., Burgers, W., y Kappen, B. (2013), «Bayesian networks, introduction and practical applications», en *Handbook on Neural Information Processing* (M. Bianchini, M. Maggini y L. C. Jain, eds.), Intelligent Systems Reference Library 49, Springer, Berlín (Alemania), pp. 401-431.

Wikipedia (2018), «Grafo», disponible en https://en.wikipedia.org/wiki/Grafo.

4. Confusión y desconfusión, o cómo eliminar la variable agazapada

Bibliografía razonada

La historia de Daniel se ha citado con frecuencia como el primer ensayo controlado; véase por ejemplo Lilienfeld (1982) o Stigler (2016). Hakim (1998) informó sobre los resultados del estudio de Honolulu sobre los paseos.

La extensa cita de Fisher Box sobre el «hábil interrogatorio a la naturaleza» se toma de la excelente biografía que dedicó a su padre (Box, 1978, capítulo 6). Fisher también escribió sobre los experimentos como un diálogo con la naturaleza; véase Stigler (2016). Así pues tiendo a pensar que la cita procede prácticamente del propio patriarca, solo que expresada con más belleza.

Es fascinante leer en paralelo los textos de Weinberg sobre los factores de confusión (Weinberg, 1993; Howards *et al.*, 2012). Son como dos instantáneas de la historia de la confusión. La primera se captó justo antes de que los diagramas causales se generalizaran y la segunda (tomada veinte años después) vuelve sobre los mismos ejemplos pero recurriendo a los diagramas causales. El complicado diagrama de Forbes sobre la red causal del asma y el consumo de tabaco se puede encontrar en Williamson *et al.* (2014).

La «definición clásica del factor de confusión en la epidemiología», de Morabia, se puede leer en Morabia (2011). Las citas de David Cox pertenecen a Cox (1992, pp. 66-67). Otras fuentes buenas sobre la historia de la confusión son Greenland y Robins (2009) y Wikipedia (2016).

El criterio de la puerta trasera para eliminar el sesgo de confusión, junto con la fórmula de ajuste, se introdujeron en Pearl (1993). El impacto que ha tenido en la epidemiología se puede ver por todo Greenland, Pearl y Robins (1999). La ampliación a las intervenciones causales y otros matices se desarrollan en Pearl (2000, 2009) y se describen de un modo más asequible en Pearl, Glymour y Jewell (2016). Los programas para computar efectos causales por medio del cálculo *do* están disponibles en Tikka y Karvanen (2017).

El artículo de Greenland y Robins (1986) fue revisitado por los autores un cuarto de siglo después, a la luz de las importantes novedades que se han producido desde entonces, incluida la difusión de los diagramas causales (Greenland y Robins, 2009).

Referencias

Box, J. F. (1978), *R. A. Fisher: The Life of a Scientist*, John Wiley and Sons, Nueva York (NY).

Cox, D. (1992), *Planning of Experiments*, Wiley-Interscience, Nueva York (NY).

Greenland, S., Pearl, J., and Robins, J. (1999), «Causal diagrams for epidemiologic research», *Epidemiology* 10, pp. 37-48.

Greenland, S., y Robins, J. (1986), «Identifiability, exchangeability, and epidemiological confounding», *International Journal of Epidemiology* 15, pp. 413-419.

Greenland, S., y Robins, J. (2009), «Identifiability, exchangeability, and confounding revisited», *Epidemiologic Perspectives & Innovations* 6. doi:10.1186/1742-5573-6-4.

Hakim, A. (1998), «Effects of walking on mortality among nonsmoking retired men», *New England Journal of Medicine* 338, pp. 94-99.

Hernberg, S. (1996), «Significance testing of potential confounders and other properties of study groups—misuse of statistics», *Scandinavian Journal of Work, Environment and Health* 22, pp. 315-316.

Howards, P. P., Schisterman, E. F., Poole, C., Kaufman, J. S., y Weinberg, C. R. (2012), «Toward a clearer definition of confounding" revisited with directed acyclic graphs», *American Journal of Epidemiology* 176, pp. 506-511.

Lilienfeld, A. (1982), «Ceteris paribus: The evolution of the clinical trial», *Bulletin of the History of Medicine* 56, pp. 1-18.

Morabia, A. (2011), «History of the modern epidemiological concept of confounding», *Journal of Epidemiology and Community Health* 65, pp. 297-300.

Pearl, J. (1993), «Comment: Graphical models, causality, and intervention», *Statistical Science* 8, pp. 266-269.

Pearl, J. (2000), *Causality: Models, Reasoning, and Inference*, Cambridge University Press, Nueva York (NY).

Pearl, J. (2009), *Causality: Models, Reasoning, and Inference*, 2.ª ed., Cambridge University Press, Nueva York (NY).

Pearl, J., Glymour, M., y Jewell, N. (2016), *Causal Inference in Statistics: A Primer*, Wiley, Nueva York (NY).

Stigler, S. M. (2016), *The Seven Pillars of Statistical Wisdom*, Harvard University Press, Cambridge (MA) (hay trad. esp.: *Los siete pilares de la sabiduría estadística*, Grano de Sal, 2018).

Tikka, J., y Karvanen, J. (2017), «Identifying causal effects with the R Package causaleffect», *Journal of Statistical Software* 76, n.º 12, doi: 10.18637/jss.r076.i12.

Weinberg, C. (1993), «Toward a clearer definition of confounding», *American Journal of Epidemiology* 137, pp. 1-8.

Wikipedia (2016), «Confounding», disponible en: https://en.wikipedia.org/wiki/Confounding (consultado el 16 de septiembre de 2016).

Williamson, E., Aitken, Z., Lawrie, J., Dharmage, S., Burgess, H., y Forbes,

A. (2014), «Introduction to causal diagrams for confounder selection», *Respirology* 19, pp. 303-311.

5. Un debate lleno de humo: despejar el panorama

Bibliografía razonada

Dos estudios extensos, los libros de Brandt (2007) y Proctor (2012a), contienen toda la información que cualquier lector pueda desear sobre el debate relativo a fumar y el cáncer de pulmón, con la excepción de la consulta de los documentos de las propias empresas tabaqueras (que están disponibles en línea). Para compendios más breves, sobre el debate en la década de 1950, véase Salsburg (2002, capítulo 18), Parascandola (2004) y Proctor (2012b). Stolley (1991) examina el papel singular de R. A. Fisher, y Greenhouse (2009) comenta la importancia de Jerome Cornfield. El hito que tuvo eco en todo el mundo fue Doll y Hill (1950), el primer estudio que implicó al consumo de tabaco en el cáncer de pulmón. Aunque técnico, es un clásico científico.

Para la historia del comité del cirujano general y la aparición de los criterios de causalidad de Hill, véanse Blackburn y Labarthe (2012) y Morabia (2013). Hill describió sus propios criterios en Hill (1965).

Lilienfeld (2007) es la fuente del relato de Abe y Yak con el que se abría el capítulo.

VanderWeele (2014) y Hernández-Díaz, Schisterman y Hernán (2006) resuelven la paradoja del peso al nacer por medio de diagramas causales. Una pareja de artículos interesantes, del tipo «antes y después», es la de Wilcox (2001, 2006), escritos antes y después de que el autor tuviera noticia de los diagramas causales; en el último artículo se puede palpar la emoción.

Para quienes se interesen por las últimas estadísticas y tendencias históricas del consumo de tabaco y la mortalidad por cáncer, pueden consultar los datos del Departamento de Salud y Servicios Humanos de Estados Unidos (USDHHS, 2014), Sociedad Americana contra el Cáncer (American Cancer Society, 2017), y Wingo (2003).

Referencias

American Cancer Society (Sociedad Americana contra el Cáncer, 2017), «Cancer facts and figures», disponible en: https://www.cancer.org/research/cancer-facts-statistics.html (publicado el 19 de febrero de 2015).

Blackburn, H., y Labarthe, D. (2012), «Stories from the evolution of guidelines for causal inference in epidemiologic associations: 1953-1965», *American Journal of Epidemiology* 176, pp. 1071-1077.

Brandt, A. (2007), *The Cigarette Century*, Basic Books, Nueva York (NY).

Doll, R., y Hill, A. B. (1950), «Smoking and carcinoma of the lung», *British Medical Journal* 2, pp. 739-748.

Greenhouse, J. (2009), «Commentary: Cornfield, epidemiology, and causality», *International Journal of Epidemiology* 38, pp. 1199-1201.

Hernández-Díaz, S., Schisterman, E., y Hernán, M. (2006), «The birth weight "paradox" uncovered?», *American Journal of Epidemiology* 164, pp. 1115-1120.

Hill, A. B. (1965), «The environment and disease: Association or causation?», *Journal of the Royal Society of Medicine* 58, pp. 295-300.

Lilienfeld, A. (2007), «Abe and Yak: The interactions of Abraham M. Lilienfeld and Jacob Yerushalmy in the development of modern epidemiology (1945-1973)», *Epidemiology* 18, pp. 507-514.

Morabia, A. (2013), «Hume, Mill, Hill, and the sui generis epidemiologic approach to causal inference», *American Journal of Epidemiology* 178, pp. 1526-1532.

Parascandola, M. (2004), «Two approaches to etiology: The debate over smoking and lung cancer in the 1950s», *Endeavour* 28, pp. 81-86.

Proctor, R. (2012a), *Golden Holocaust: Origins of the Cigarette Catastrophe and the Case for Abolition*, University of California Press, Berkeley (CA).

Proctor, R. (2012b), «The history of the discovery of the cigarette-lung cancer link: Evidentiary traditions, corporate denial, and global toll», *Tobacco Control* 21, pp. 87-91.

Salsburg, D. (2002), *The Lady Tasting Tea: How Statistics Revolutionized Science in the Twentieth Century*, Henry Holt and Company, LLC, Nueva York (NY).

Stolley, P. (1991), «When genius errs: R. A. Fisher and the lung cancer controversy», *American Journal of Epidemiology* 133, pp. 416-425.

USDHHS (Departamento de Salud y Servicios Humanos de Estados Unidos) (2014), *The health consequences of smoking—50 years of progress: A report of the surgeon general*, USDHHS and Centers for Disease Control and Prevention, Atlanta (GA).

VanderWeele, T. (2014), «Commentary: Resolutions of the birthweight paradox: Competing explanations and analytical insights», *International Journal of Epidemiology* 43, pp. 1368-1373.

Wilcox, A. (2001), «On the importance—and the unimportance—of birthweight», *International Journal of Epidemiology* 30, pp. 1233-1241.

Wilcox, A. (2006), «The perils of birth weight—a lesson from directed acyclic graphs», *American Journal of Epidemiology* 164, pp. 1121-1123.

Wingo, P. (2003), «Long-term trends in cancer mortality in the United States, 1930-1998», *Cancer* 97, pp. 3133-3275.

6. ¡PARADOJAS A MOGOLLÓN!

Bibliografía razonada

La paradoja de Monty Hall aparece en muchos libros de introducción a la teoría de la probabilidad (por ejemplo en Grinstead y Snell, 1998, p. 136; Lindley, 2014, p. 201). Un equivalente, el «dilema de los tres prisioneros» se usó para demostrar la inadecuación de los enfoques no bayesianos en Pearl (1988, pp. 58-62).

Tierney (21 de julio de 1991) y Crockett (2015) narran la asombrosa historia de la columna de Vos Savant en la paradoja de Monty Hall; Crockett incluye varios otros ejemplos, divertidos o penosos que Vos Savant recibió de quienes se presentaban como expertos. El artículo de Tierney cuenta también qué pensaba Monty Hall sobre todo el follón, ¡un ángulo interesante, de interés humano!

Para una narración extensa de la historia de la paradoja de Simpson véase Pearl (2009, pp. 174-182), que incluye muchos intentos de resolverla, de estadísticos y filósofos, sin invocar la causalidad. Una versión más reciente, dirigida a educadores, se ofrece en Pearl (2014).

Savage (2009), Julious y Mullee (1994), y Appleton, French y Vanderpump (1996) dan los tres ejemplos reales de la paradoja de Simpson que se mencionan en el texto (relativos al béisbol, las piedras del riñón y el consumo de tabaco, respectivamente).

El principio de lo seguro, de Savage (1954), se trata en Pearl (2016b), y la versión causal corregida se deriva en Pearl (2009, pp. 181-182).

Se describen versiones de la paradoja de Lord (1967) en Glymour (2006), Hernández-Díaz, Schisterman y Hernán (2006), Senn (2006), Wainer (1991) y Warner y Brown (2007). Para un análisis exhaustivo, Pearl (2016a).

Las paradojas que invocan contrafactuales no se han incluido en este capítulo, pero no son menos intrigantes. Para una muestra véase Pearl (2013).

Referencias

Appleton, D., French, J., y Vanderpump, M. (1996), «Ignoring a co-variate: An example of Simpson's paradox», *American Statistician* 50, pp. 340-341.

Crockett, Z. (2015), «The time everyone "corrected" the world's smartest woman», *Priceonomics*, disponible en: http://priceonomics.com/the-time-everyone-corrected-the-worlds-smartest (publicado el 19 de febrero de 2015).

Glymour, M. M. (2006), «Using causal diagrams to understand common problems in social epidemiology», en *Methods in Social Epidemiology*, John Wiley and Sons, San Francisco (CA), pp. 393-428.

Grinstead, C. M., y Snell, J. L. (1998), *Introduction to Probability*, 2.ª ed. rev., American Mathematical Society, Providence (RI).

Hernández-Díaz, S., Schisterman, E., y Hernán, M. (2006), «The birth weight "paradox" uncovered?», *American Journal of Epidemiology* 164, pp. 1115-1120.

Julious, S., y Mullee, M. (1994), «Confounding and Simpson's paradox», *British Medical Journal* 309, pp. 1480-1481.

Lindley, D. V. (2014), *Understanding Uncertainty*, ed. rev., John Wiley and Sons, Inc., Hoboken (NJ).

Lord, F. M. (1967), «A paradox in the interpretation of group comparisons», *Psychological Bulletin* 68, pp. 304-305.

Pearl, J. (1988), *Probabilistic Reasoning in Intelligent Systems*, Morgan Kaufmann, San Mateo (CA).

Pearl, J. (2009), *Causality: Models, Reasoning, and Inference*, 2.ª ed., Cambridge University Press, Nueva York (NY).

Pearl, J. (2013), «The curse of free-will and paradox of inevitable regret», *Journal of Causal Inference* 1, pp. 255-257.

Pearl, J. (2014), «Understanding Simpson's paradox», *American Statistician* 88, pp. 8-13.

Pearl, J. (2016a), «Lord's paradox revisited—(Oh Lord! Kumbaya!)», *Journal of Causal Inference* 4, doi.10.1515/jci-2016-0021.

Pearl, J. (2016b), «The sure-thing principle», *Journal of Causal Inference* 4, pp. 81-86.

Savage, L. (1954), *The Foundations of Statistics*, John Wiley and Sons, Inc., Nueva York (NY).

Savage, S. (2009), *The Flaw of Averages: Why We Underestimate Risk in the Face of Uncertainty*, John Wiley and Sons, Hoboken (NJ).

Senn, S. (2006), «Change from baseline and analysis of covariance revisited», *Statistics in Medicine* 25, pp. 4334-4344.

Simon, H. (1954), «Spurious correlation: A causal interpretation», *Journal of the American Statistical Association* 49, pp. 467-479.

Tierney, J. (21 de julio de 1991), «Behind Monty Hall's doors: Puzzle, debate and answer?», *New York Times*.

Wainer, H. (1991), «Adjusting for differential base rates: Lord's paradox again», *Psychological Bulletin* 109, pp. 147-151.

Wainer, H., y Brown, L. (2007), «Three statistical paradoxes in the interpretation of group differences, illustrated with medical school admission and licensing data», Rao C., Sinharay S. (eds.), *Handbook of Statistics 26: Psychometrics*, Elsevier B. V., Países Bajos, pp. 893-918.

7. MÁS ALLÁ DEL AJUSTE: LA CONQUISTA DEL MONTE INTERVENCIÓN

Bibliografía razonada

Las ampliaciones de los ajustes de puerta trasera y puerta delantera se comunicaron primero en Tian y Pearl (2002) a partir de la factorización del componente *c*, de Tian. Le siguieron la algoritmación del cálculo *do* por Shpitser (Shpitser y Pearl, 2006a) y luego los resultados de completitud de Shpitser y Pearl (2006b) y Huang y Valtorta (2006).

Quienes hayan estudiado Economía deberían saber que la resistencia cultural de algunos economistas a las herramientas gráficas de análisis (Heckman y Pinto, 2015; Imbens y Rubin, 2015) no es compartida por toda la profesión. White y Chalak (2009), por ejemplo, han generalizado y aplicado el cálculo *do* a sistemas económicos que implican equilibrio y aprendizaje. Manuales recientes de ciencias sociales y conductuales, como Morgan y Winship (2007) y Kline (2016), también transmiten a los investigadores jóvenes que en las ciencias la ortodoxia cultural —como el temor a los telescopios en el siglo XVII— no es duradera.

La investigación del cólera por John Snow gozó de un reconocimiento muy escaso en vida del médico; la necrológica de *Lancet*, de un párrafo, ni siquiera lo mencionaba. Llama la atención que la principal revista de medicina del Reino Unido «corrigiera» la necrológica 155 años más tarde (Hempel, 2013). Para más material biográfico sobre Snow, véase Hill (1955) y Cameron y Jones (1983). Glynn y Kashin (2018) es uno de los primeros textos que demuestra empíricamente que el ajuste de puerta delantera es superior al ajuste de puerta trasera cuando existen factores de confusión no observados. La crítica de Freedman sobre el ejemplo del consumo de tabaco, el alquitrán y el cáncer de pulmón se puede encontrar en un capítulo de Freedman (2010) titulado «On Specifying Graphical Models for Causation».

Hallaremos introducciones a las variables instrumentales en Greenland (2000) y muchos manuales de econometría (por ejemplo Bowden y Turkington, 1984; Wooldridge, 2013).

Las variables instrumentales generalizadas, que han ampliado la definición clásica que se ofrece en nuestro texto, se introdujeron en Brito y Pearl (2002).

El programa DAGitty (disponible en línea en http://www.dagitty.net/dags.html) permite que los usuarios busquen en el diagrama variables instrumentales generalizadas y comunica los estimandos resultantes (Textor, Hardt y Knüppel, 2011). Otro paquete de software basado en diagramas para la toma de decisiones es BayesiaLab (www.bayesia.com).

Los límites a las estimaciones de variables instrumentales se estudian con detalle en el capítulo 8 de Pearl (2009) y se aplican al problema de incumplimiento. Imbens (2010) debate sobre la aproximadación LATE y aboga por ella.

Referencias

Bareinboim, E., y Pearl, J. (2012), «Causal inference by surrogate experiments: z-identifiability», en *Proceedings of the Twenty-Eighth Conference on Uncertainty in Artificial Intelligence* (N. de Freitas y K. Murphy, eds.), AUAI Press, Corvallis (OR).

Bowden, R., y Turkington, D. (1984), *Instrumental Variables*, Cambridge University Press, Cambridge (RU).

Brito, C., y Pearl, J. (2002), «Generalized instrumental variables», en *Uncertainty in Artificial Intelligence, Proceedings of the Eighteenth Conference* (A. Darwiche y N. Friedman, eds.), Morgan Kaufmann, San Francisco (CA), pp. 85-93.

Cameron, D., y Jones, I. (1983), «John Snow, the Broad Street pump, and modern epidemiology», *International Journal of Epidemiology* 12, pp. 393-396.

Cox, D., y Wermuth, N. (2015), «Design and interpretation of studies: Relevant concepts from the past and some extensions. Observational Studies 1», disponible en: https://arxiv.org/pdf/1505.02452.pdf.

Freedman, D. (2010), *Statistical Models and Causal Inference: A Dialogue with the Social Sciences*, Cambridge University Press, Nueva York (NY).

Glynn, A., y Kashin, K. (2018), «Front-door versus back-door adjustment with unmeasured confounding: Bias formulas for front-door and hybrid adjustments», *Journal of the American Statistical Association*. En prensa.

Greenland, S. (2000), «An introduction to instrumental variables for epidemiologists», *International Journal of Epidemiology* 29, pp. 722-729.

Heckman, J. J., y Pinto, R. (2015), «Causal analysis after Haavelmo», *Econometric Theory* 31, pp. 115-151.

Hempel, S. (2013), «Obituary: John Snow», *Lancet* 381, pp. 1269-1270.

Hill, A. B. (1955), «Snow—an appreciation», *Journal of Economic Perspectives* 48, pp. 1008-1012.

Huang, Y., y Valtorta, M. (2006), «Pearl's calculus of intervention is complete», en *Proceedings of the Twenty-Second Conference on Uncertainty in Artificial Intelligence* (R. Dechter y T. Richardson, eds.), AUAI Press, Corvallis (OR), pp. 217-224.

Imbens, G. W. (2010), «Better LATE than nothing: Some comments on Deaton (2009) and Heckman and Urzua (2009)», *Journal of Economic Literature* 48, pp. 399-423.

Imbens, G. W., y Rubin, D. B. (2015), *Causal Inference for Statistics, Social, and Biomedical Sciences: An Introduction*. Cambridge University Press, Cambridge (MA).

Kline, R. B. (2016), *Principles and practice of structural equation modeling*, 3.ª ed., Guilford, Nueva York (NY).

Morgan, S., y Winship, C. (2007), *Counterfactuals and Causal Inference: Methods and Principles for Social Research (Analytical Methods for Social Research)*, Cambridge University Press, Nueva York (NY).

Pearl, J. (2009), *Causality: Models, Reasoning, and Inference*, 2.ª ed., Cambridge University Press, Nueva York (NY).

Pearl, J. (2013), «Reflections on Heckman and Pinto's "Causal analysis after Haavelmo"», informe técnico R-420, Departamento de Informática, Universidad de California, Los Ángeles (CA). Documento de trabajo.

Pearl, J. (2015), «Indirect confounding and causal calculus (on three papers by Cox and Wermuth)», informe técnico R-457, Departamento de Informática, Universidad de California, Los Ángeles (CA).

Shpitser, I., y Pearl, J. (2006a), «Identification of conditional interventional distributions», en *Proceedings of the Twenty-Second Conference on Uncertainty in Artificial Intelligence* (R. Dechter y T. Richardson, eds.), AUAI Press, Corvallis (OR), pp. 437-444.

Shpitser, I., y Pearl, J. (2006b), «Identification of joint interventional distributions in recursive semi-Markovian causal models», en *Proceedings of the Twenty-First National Conference on Artificial Intelligence*, AAAI Press, Menlo Park (CA), pp. 1219-1226.

Stock, J., y Trebbi, F. (2003), «Who invented instrumental variable regression?», *Journal of Economic Perspectives* 17, pp. 177-194.

Textor, J., Hardt, J., y Knüppel, S. (2011), «DAGitty: A graphical tool for analyzing causal diagrams», *Epidemiology* 22, p. 745.

Tian, J., y Pearl, J. (2002), «A general identification condition for causal effects», en *Proceedings of the Eighteenth National Conference on Artificial Intelligence*, AAAI Press/MIT Press, Menlo Park (CA), pp. 567-573.

Wermuth, N., y Cox, D. (2008), «Distortion of effects caused by indirect confounding», *Biometrika* 95, pp. 17-33. Para una solución general véase Pearl, 2009, capítulo 4.

Wermuth, N., y Cox, D. (2014), «Graphical Markov models: Overview», ArXiv: 1407.7783.

White, H., y Chalak, K. (2009), «Settable systems: An extension of Pearl's causal model with optimization, equilibrium and learning», *Journal of Machine Learning Research* 10, pp. 1759-1799.

Wooldridge, J. (2013), «Introductory Econometrics: A Modern Approach», 5.ª ed., South-Western, Mason (OH).

8. CONTRAFACTUALES: MINERÍA DE LOS MUNDOS QUE PODRÍAN HABER SIDO

Bibliografía razonada

La definición de contrafactuales como derivaciones de ecuaciones estructurales la introdujeron Balke y Pearl (1994a, 1994b) y se usó para estimar probabilidades de causalidad en escenarios legales. Las relaciones entre este marco y los desarrollados por Rubin y Lewis se analizan con detalle en Pearl (2000, capítulo 7), donde se muestra que lógicamente son equivalentes: un problema resuelto en un marco daría la misma solución en otro.

Libros recientes de ciencias sociales (por ejemplo, Morgan y Winship, 2015) y ciencias de la salud (por ejemplo VanderWeele, 2015) han adoptado el enfoque híbrido, de grafos contrafactuales, que se presenta en nuestro libro.

La sección sobre contrafactuales lineales se basa en Pearl (2009, pp. 389-391), que también proporciona la solución al problema expuesto en la nota 6 del capítulo 8. Nuestro análisis del ETT se basa en Shpitser y Pearl (2009).

Las cuestiones de atribución de responsabilidades legales, así como las probabilidades de la causalidad, se analizan por extenso en Greenland (1999), que fue pionero del enfoque contrafactual de estas cuestiones. Nuestra forma de tratar *PN*, *PS* y *PNS* se basa en Tian y Pearl (2000) y Pearl (2009, capítulo 9). Como introducción asequible a la atribución contrafactual, incluido un conjunto de útiles para la estimación, véase Pearl, Glymour y Jewell (2016). Se puede hallar un tratamiento formal avanzado de la causalidad real en Halpern (2016).

Los investigadores en materia de resultados potenciales usan de forma rutinaria las técnicas de emparejamiento para estimar los efectos causales

(Sekhon, 2007), pero por lo general hacen caso omiso de las trampas que se muestran en nuestro ejemplo de la formación, la experiencia y el salario. Llegué a darme cuenta de que los problemas de ausencia de datos se deben contemplar en el contexto del modelado causal por medio del análisis de Mohan y Pearl (2014).

Cowles (2016) y Reid (1998) refieren la historia de los tumultuosos años de Neyman en Londres, incluida la anécdota de Fisher y las maquetas. Greiner (2008) es una introducción extensa y sustanciosa a la causalidad *but-for* («de no haber sido por...») en el ámbito del Derecho. Allen (2003), Stott *et al.* (2013), Trenberth (2012) y Hannart *et al.* (2016) abordan el problema de la atribución de acontecimientos meteorológicos al cambio climático, y Hannart en particular invoca las ideas de probabilidad necesaria y suficiente, que aportan más claridad al tema.

Referencias

Allen, M. (2003), «Liability for climate change», *Nature* 421, pp. 891-892.

Balke, A., y Pearl, J. (1994a), «Counterfactual probabilities: Computational methods, bounds, and applications», en *Uncertainty in Artificial Intelligence* 10 (R. L. de Mantaras y D. Poole, eds.), Morgan Kaufmann, San Mateo (CA), pp. 46-54.

Balke, A., y Pearl, J. (1994b), «Probabilistic evaluation of counterfactual queries», en *Proceedings of the Twelfth National Conference on Artificial Intelligence*, vol. 1. MIT Press, Menlo Park (CA), pp. 230-237.

Cowles, M. (2016), *Statistics in Psychology: An Historical Perspective*, 2.ª ed., Routledge, Nueva York (NY).

Duncan, O. (1975). *Introduction to Structural Equation Models*, Academic Press, Nueva York (NY).

Freedman, D. (1987), «As others see us: A case study in path analysis (with discussion)», *Journal of Educational Statistics* 12, pp. 101-223.

Greenland, S. (1999), «Relation of probability of causation, relative risk, and doubling dose: A methodologic error that has become a social problem», *American Journal of Public Health* 89, pp. 1166-1169.

Greiner, D. J. (2008), «Causal inference in civil rights litigation», *Harvard Law Review* 81, pp. 533-598.

Haavelmo, T. (1943), «The statistical implications of a system of simultaneous equations», *Econometrica* 11, pp. 1-12. Reimpreso en D. F. Hendry y M. S. Morgan (eds.), *The Foundations of Econometric Analysis*, Cambridge University Press, Cambridge (RU), 1995, pp. 477-490.

Halpern, J. (2016), *Actual Causality*, MIT Press, Cambridge (MA).

Hannart, A., Pearl, J., Otto, F., Naveu, P., y Chil, M. (2016), «Causal counter factual theory for the attribution of weather and climate-related events», *Bulletin of the American Meteorological Society (BAMS)* 97, pp. 99-110.

Holland, P. (1986), «Statistics and causal inference», *Journal of the American Statistical Association* 81, pp. 945-960.

Hume, D. (1739), *A Treatise of Human Nature*, Oxford University Press, Oxford (RU), reimpresión de 1888 (hay trad. esp.: *Tratado de la naturaleza humana*, Tecnos, Madrid, 2005).

Hume, D. (1748), *An Enquiry Concerning Human Understanding*. Reimpresión de Open Court Press, LaSalle (IL), 1958 (hay trad. esp.: *Investigación sobre el conocimiento humano*, Alianza Editorial, Madrid, 2015).

Joffe, M. M., Yang, W. P., y Feldman, H. I. (2010), «Selective ignorability assumptions in causal inference», *International Journal of Biostatistics* 6, doi:10.2202/1557-4679.1199.

Lewis, D. (1973a), «Causation», *Journal of Philosophy* 70, pp. 556-567. Reimpreso con una posdata en D. Lewis, *Philosophical Papers*, vol. 2, Oxford University Press, Nueva York (NY), 1986.

Lewis, D. (1973b), *Counterfactuals*, Harvard University Press, Cambridge (MA).

Lewis, M. (2016), *The Undoing Project: A Friendship That Changed Our Minds*, W. W. Norton and Company, Nueva York (NY) (hay trad. esp.: *Deshaciendo errores*, Debate, Barcelona, 2017).

Mohan, K. y Pearl, J. (2014), «Graphical models for recovering probabilistic and causal queries from missing data», *Proceedings of Neural Information Processing* 27, pp. 1520-1528.

Morgan, S., y Winship, C. (2015), *Counterfactuals and Causal Inference: Methods and Principles for Social Research (Analytical Methods for Social Research)*, 2.ª ed., Cambridge University Press, Nueva York (NY).

Neyman, J. (1923), «On the application of probability theory to agricultural experiments. Essay on principles. Section 9», *Statistical Science* 5, pp. 465-480.

Pearl, J. (2000), *Causality: Models, Reasoning, and Inference*, Cambridge University Press, Nueva York (NY).

Pearl, J. (2009), *Causality: Models, Reasoning, and Inference*, 2.ª ed., Cambridge University Press, Nueva York (NY).

Pearl, J., Glymour, M., y Jewell, N. (2016), *Causal Inference in Statistics: A Primer*, Wiley, Nueva York (NY).

Reid, C. (1998), *Neyman*, Springer-Verlag, Nueva York (NY).

Rubin, D. (1974), «Estimating causal effects of treatments in randomized and nonrandomized studies», *Journal of Educational Psychology* 66, pp. 688-701.

Sekhon, J. (2007), «The Neyman-Rubin model of causal inference and estimation via matching methods», en *The Oxford Handbook of Political*

Methodology (J. M. Box-Steffensmeier, H. E. Brady y D. Collier, eds.), Oxford University Press, Oxford (RU).

Shpitser, I., y Pearl, J. (2009), «Effects of treatment on the treated: Identification and generalization», en *Proceedings of the Twenty-Fifth Conference on Uncertainty in Artificial Intelligence*, AUAI Press, Montreal (Québec), pp. 514-521.

Stott, P. A., Allen, M., Christidis, N., Dole, R. M., Hoerling, M., Huntingford, C., Pardeep Pall, J. P., y Stone, D. (2013), «Attribution of weather and climate-related events», en *Climate Science for Serving Society: Research, Modeling, and Prediction Priorities* (G. R. Asrar y J. W. Hurrell, eds.), Springer, Dordrecht (Países Bajos), pp. 449-484.

Tian, J., y Pearl, J. (2000), «Probabilities of causation: Bounds and identification», *Annals of Mathematics and Artificial Intelligence* 28, pp. 287-313.

Trenberth, K. (2012), «Framing the way to relate climate extremes to climate change», *Climatic Change* 115, pp. 283-290.

VanderWeele, T. (2015), *Explanation in Causal Inference: Methods for Mediation and Interaction*, Oxford University Press, Nueva York (NY).

9. Mediación: la búsqueda de un mecanismo

Bibliografía razonada

Hay varios libros dedicados al tema de la mediación. La referencia más actualizada es VanderWeele (2015); MacKinnon (2008) también contiene muchos ejemplos. La transición radical del enfoque estadístico de Baron y Kenny (1986) al enfoque de la mediación causal basado en los contrafactuales se describe en Pearl (2014) y Kline (2015). La cita de McDonald (para abordar la mediación hay que «empezar de cero») se toma de McDonald (2001).

Los efectos directos e indirectos naturales se conceptualizaron en Robins y Greenland (1992), pero se consideraron problemáticos. Más adelante se formalizaron y legitimaron en Pearl (2001), hasta llegar a la Fórmula de mediación.

Además del exhaustivo texto de VanderWeele (2015), se pueden encontrar nuevos resultados y aplicaciones del análisis de la mediación en De Stavola *et al.* (2015), Imai, Keele y Yamamoto (2010), y Muthén y Asparouhov (2015). Shpitser (2013) proporciona un criterio general para estimar en los grafos efectos arbitrarios de los distintos caminos en particular.

La Falacia de la mediación y la falacia de «condicionar» a un mediador se demuestran en Pearl (1998) y Cole y Hernán (2002). Rubin (2005) cuenta cómo Fisher cayó en la falacia, y en Rubin (2004) se expresa el desdén del autor por el análisis de la mediación, a su juicio «engañoso».

La asombrosa historia de cómo «se perdió» la cura del escorbuto se narra en Lewis (1972) y Ceglowski (2010). La historia de Barbara Burks se cuenta en King, Montañez Ramírez y Wertheimer (1996); las citas de Terman y la madre de Burks se toman de las cartas (L. Terman a R. Tolman, 1943).

El artículo del que nace la paradoja de las admisiones en Berkeley es Bickel, Hammel y O'Connell (1975), más la correspondencia posterior entre Bickel y Kruskal, reproducida en Fairley y Mosteller (1977).

VanderWeele (2014) es la fuente del ejemplo del «gen del consumo de tabaco», y Bierut y Cesarini (2015) cuentan la historia del descubrimiento del gen.

La sorprendente historia de los torniquetes, antes y después de la guerra del Golfo, se refiere en Welling *et al.* (2012) y Kragh *et al.* (2013). Este último artículo está escrito en tono personal y entretenido que es muy infrecuente en las publicaciones académicas. Kragh *et al.* (2015) describe la investigación que, por desgracia, no logró demostrar que los torniquetes mejoran las probabilidades de sobrevivir.

Referencias

Baron, R., y Kenny, D. (1986), «The moderator-mediator variable distinction in social psychological research: Conceptual, strategic, and statistical considerations», *Journal of Personality and Social Psychology* 51, pp. 1173-1182.

Bickel, P. J., Hammel, E. A., y O'Connell, J. W. (1975), «Sex bias in graduate admissions: Data from Berkeley», *Science* 187, pp. 398-404.

Bierut, L., y Cesarini, D. (2015), «How genetic and other biological factors interact with smoking decisions», *Big Data* 3, pp. 198-202.

Burks, B. S. (1926), «On the inadequacy of the partial and multiple correlation technique (parts I–II)», *Journal of Experimental Psychology* 17, pp. 532-540, 625-630.

Burks, F., a sra. Terman (16 de junio de 1943), correspondencia. Archivos de Lewis M. Terman, Universidad de Stanford.

Ceglowski, M. (2010), «Scott and scurvy», en *Idle Words* (blog), disponible en: http://www.idlewords.com/2010/03/scott_and_scurvy.htm (publicado el 6 de marzo de 2010).

Cole, S., y Hernán, M. (2002), «Fallibility in estimating direct effects», *International Journal of Epidemiology* 31, pp. 163-165.

De Stavola, B. L., Daniel, R. M., Ploubidis, G. B., y Micali, N. (2015), «Mediation analysis with intermediate confounding», *American Journal of Epidemiology* 181, pp. 64-80.

Fairley, W. B., y Mosteller, F. (1977), *Statistics and Public Policy*, Addison-Wesley, Reading (MA).

Imai, K., Keele, L., y Yamamoto, T. (2010), «Identification, inference, and sensitivity analysis for causal mediation effects», *Statistical Science* 25, pp. 51-71.

King, D. B., Montañez Ramírez, L., y Wertheimer, M. (1996), «Barbara Stoddard Burks: Pioneer behavioral geneticist and humanitarian», en *Portraits of Pioneers in Psychology* (C. W. G. A. Kimble y M. Wertheimer, eds.), vol. 2., Erlbaum Associates, Hillsdale (NJ), pp. 212-225.

Kline, R. B. (2015), «The mediation myth», *Chance* 14, pp. 202-213.

Kragh, J. F., Jr., Nam, J. J., Berry, K. A., Mase, V. J., Jr., Aden, J. K., III, Walters, T. J., Dubick, M. A., Baer, D. G., Wade, C. E., y Blackbourne, L. H. (2015), «Transfusion for shock in U.S. military war casualties with and without tourniquet use», *Annals of Emergency Medicine* 65, pp. 290-296.

Kragh, J. F., Jr., Walters, T. J., Westmoreland, T., Miller, R. M., Mabry, R. L., Kotwal, R. S., Ritter, B. A., Hodge, D. C., Greydanus, D. J., Cain, J. S., Parsons, D. S., Edgar, E. P., Harcke, T., Baer, D. G., Dubick, M. A., Blackbourne, L. H., Montgomery, H. R., Holcomb, J. B., y Butler, F. K. (2013), «Tragedy into drama: An American history of tourniquet use in the current war», *Journal of Special Operations Medicine* 13, pp. 5-25.

Lewis, H. (1972), «Medical aspects of polar exploration: Sixtieth anniversary of Scott's last expedition», *Journal of the Royal Society of Medicine* 65, pp. 39-42.

MacKinnon, D. (2008), «Introduction to Statistical Mediation Análisis», Lawrence Erlbaum Associates, Nueva York (NY).

McDonald, R. (2001), «Structural equations modeling», *Journal of Consumer Psychology* 10, pp. 92-93.

Muthén, B., y Asparouhov, T. (2015), «Causal effects in mediation modeling», *Structural Equation Modeling* 22, pp. 12-23.

Pearl, J. (1998), «Graphs, causality, and structural equation models», *Sociological Methods and Research* 27, pp. 226-284.

Pearl, J. (2001), «Direct and indirect effects», en *Proceedings of the Seventeenth Conference on Uncertainty in Artificial Intelligence*, Morgan Kaufmann, San Francisco (CA), pp. 411-420.

Pearl, J. (2014), «Interpretation and identification of causal mediation», *Psychological Methods* 19, pp. 459-481.

Robins, J., y Greenland, S. (1992), «Identifiability and exchangeability for direct and indirect effects», *Epidemiology* 3, pp. 143-155.

Rubin, D. (2004), «Direct and indirect causal effects via potential outcomes», *Scandinavian Journal of Statistics* 31, pp. 161-170.

Rubin, D. (2005), «Causal inference using potential outcomes: Design, modeling, decisions», *Journal of the American Statistical Association*, 100, pp. 322-331.

Shpitser, I. (2013), «Counterfactual graphical models for longitudinal mediation analysis with unobserved confounding», *Cognitive Science* 37, pp. 1011-1035.

Terman, L., a Tolman, R. (6 de agosto de 1943), correspondencia. Archivos de Lewis M. Terman, Universidad de Stanford.

VanderWeele, T. (2014), «A unification of mediation and interaction: A four-way decomposition», *Epidemiology* 25, pp. 749-761.

VanderWeele, T. (2015), *Explanation in Causal Inference: Methods for Mediation and Interaction*, Oxford University Press, Nueva York (NY).

Welling, D., MacKay, P., Rasmussen, T., y Rich, N. (2012), «A brief history of the tourniquet», *Journal of Vascular Surgery* 55, pp. 286-290.

10. MACRODATOS, INTELIGENCIA ARTIFICIAL
Y LAS GRANDES PREGUNTAS

Bibliografía razonada

Como fuente accesible sobre el debate en torno al libre albedrío véase Harris (2012). La escuela de los filósofos compatibilistas tiene representación en los escritos de Mumford y Anjum (2014) y Dennett (2003).

Pueden hallarse conceptualizaciones de la agencia en la inteligencia artificial en Russell y Norvig (2003) y Wooldridge (2009). Los puntos de vista filosóficos sobre la agencia se recopilan en Bratman (2007). Para la descripción de un sistema de aprendizaje basado en la intención, Forney *et al.* (2017).

Los veintitrés principios de una «IA beneficiosa» acordados en la conferencia de Asilomar, en 2017, se pueden encontrar en FLI (2017).

Referencias

Bratman, M. E. (2007), *Structures of Agency: Essays*, Oxford University Press, Nueva York (NY).

Brockman, J. (2015), *What to Think About Machines That Think*, HarperCollins, Nueva York (NY).

Dennett, D. C. (2003), *Freedom Evolves*, Viking Books, Nueva York (NY).

FLI (Instituto del Futuro de la Vida) (2017), «Asilomar AI principles», disponible en: https://futureoflife.org/ai-principles (consultado el 2 de diciembre de 2017).

Forney, A. Pearl, J., y Bareinboim, E. (2017), «Counterfactual data-fusion for online reinforcement learners», *Proceedings of the 34th International Conference on Machine Learning. Proceedings of Machine Learning Research* 70, pp. 1156-1164.

Harris, S. (2012), *Free Will*, Free Press, Nueva York (NY).

Mumford, S., y Anjum, R. L. (2014), *Causation: A Very Short Introduction (Very Short Introductions)*. Oxford University Press, Nueva York (NY).

Russell, S. J., y Norvig, P. (2003), *Artificial Intelligence: A Modern Approach*, 2.ª ed., Prentice Hall, Upper Saddle River (NJ).

Wooldridge, J. (2009), *Introduction to Multi-agent Systems*, 2.ª ed., John Wiley and Sons, Nueva York (NY).

ÍNDICE ALFABÉTICO

ÍNDICE

PASADO & PRESENTE

Primera edición: julio de 2020
Primera edición en Imperdibles: noviembre de 2025

El título original de esta obra de *The book of Why. The new science of cause and effect*

Su primera edición en lengua inglesa fue publicada por Basic Books Hachette Book Group

Los derechos de esta obra pertenecen a:

© Judea Pearl y Dana MacKenzie, 2018

Los derechos exclusivos de publicación en lengua castellana pertenecen a:

© Ediciones de Pasado y Presente, S.L., 2020
Mallorca, 237 bis, principal 1B, 08008 Barcelona
ediciones@pasadopresente.com
www.pasadopresente.com

Esta edición de *El libro del porqué* ha sido compuesta en tipos Fournier por La Letra, S.L., y Gonzalo Pontón ha realizado la corrección de pruebas. Se ha impreso sobre papel marfil de 80 g y encuadernado en tapa dura por Gráficas Rey. El 5 de noviembre de 2025 fue puesta a la venta a través de la distribuidora UDL.

ISBN: 978-84-128995-5-9
Depósito legal: B. 11494-2020

Muchas gracias por leer este libro.
Esperamos que su lectura haya sido enriquecedora y placentera.

Le animamos a seguir descubriendo nuestras novedades y el catálogo
de Pasado & Presente a través de nuestra web: pasadopresente.com
y comentar sus opiniones en nuestras redes sociales.

Instagram 〔O〕: @pasadopresenteeditor
〔X〕: @Pasado_Presente
🦋: pasadopresente.bsky.social